U0936160

珍藏本·增订本

纪念版

汉译世界学术名著丛书

关于托勒密和哥白尼两大世界体系的对话

〔意〕伽利略 著

张卜天 译

Galileo Galilei
DIALOGUE CONCERNING THE TWO CHIEF WORLD SYSTEMS
——Ptolemaic and Copernican
University of California Press 1953
本书根据美国加利福尼亚大学出版社 1953 年英译本译出

伽利略·伽利莱(1564—1642)

《关于托勒密和哥白尼两大世界体系的对话》

1632 年意大利文版卷首插图

DIALOGO
DI
GALILEO GALILEI LINCEO
MATEMATICO SOPRAORDINARIO

DELLO STVDIO DI PISA.

E Filoſofo, è Matematico primario del

SERENISSIMO

GR. DVCA DI TOSCANA.

Doue ne i congreſſi di quattro giornate ſi diſcorre ſopra i due

MASSIMI SISTEMI DEL MONDO
TOLEMAICO, E COPERNICANO;

Proponendo indeterminatamente le ragioni Filoſofiche, e Naturali tanto per l'vna, quanto per l'altra parte.

CON PRI

VILEGI.

IN FIORENZA, Per Gio: Batiſta Landini MDCXXXII.

CON LICENZA DE' SVPERIORI.

《关于托勒密和哥白尼两大世界体系的对话》

1632 年意大利文版标题页

汉译世界学术名著丛书
（120 年纪念版・珍藏本）
增订本出版说明

2017 年 10 月，为纪念商务印书馆创立 120 周年，本馆推出“汉译世界学术名著丛书”（120 年纪念版・珍藏本），计七百种。近五六年来，仰赖学界同人倾力支持，订正旧译，增补新译，拓展新著，积累日多。为满足读者需要，本馆在七百种的基础上，继续推出“汉译世界学术名著丛书”（120 年纪念版・珍藏本・增订本）三百种。至此，“汉译世界学术名著丛书”累计出版已达千种。

今后，本馆将继续推进丛书的翻译出版工作，在积累单本名著的基础上陆续分辑刊行，汇印出版。为促进中外文明互鉴、推动我国学术发展，使“汉译世界学术名著丛书”这项对我国学术文化有基本建设意义的重大工程发挥更大作用，诚望海内外学术界、翻译界继续给予支持，帮助我们把这套丛书出得更好。

商务印书馆编辑部

2024 年 2 月

汉译世界学术名著丛书
（120 年纪念版·珍藏本）
出 版 说 明

2017 年 2 月 11 日，商务印书馆迎来 120 岁的生日。120 年前，商务印书馆前贤怀揣文化救国的理想，抱持“昌明教育，开启民智”的使命，立足本土，放眼寰宇，以出版为津梁，沟通中西，为中国、为世界提供最富智慧的思想文化成果。无论世事白云苍狗，潮流左右激荡，甚至战火硝烟弥漫，始终践行学术报国之志，无改初心。

逐译世界各国学术名著，即其一端。早在 20 世纪初年便出版《原富》《天演论》等影响至今的代表性著作，1950 年代后更致力于外国哲学和社会科学经典的译介，及至 1980 年代，辑为“汉译世界学术名著丛书”，汇涓为流，蔚为大观。丛书自 1981 年开始出版，历时三十余年，迄今已推出七百种，是我国现代出版史上规模最大、最为重要的学术翻译工程。

丛书所选之书，立场观点不囿于一派，学科领域不限于一门，皆为文明开启以来，各时代、各国家、各民族的思想与文化精粹，代表着人类已经到达过的精神境界。丛书系统译介世界学术经典，引领时代思想，为本土原创学术的发展提供丰富的文化滋养，为推动中国现代学术和现代化进程做出了突出的贡献。

为纪念商务印书馆成立120周年，我们整体推出“汉译世界学术名著丛书”120年纪念版的珍藏本，寄望既利于文化积累，又便于研读查考，同时向长期支持丛书出版的译者、编者和读者致以敬意。

两甲子后的今天，商务印书馆又站在了一个新的历史时间节点上。我们不仅要铭记先辈的身影和足迹，更须让我们的步伐充满新的时代精神。这是商务人代代相传的事业，更是与国家和民族的命运始终紧密相连的事业。我们责无旁贷，必须做好我们这代人的传承与创造，让我们的努力和成果不仅凝聚成民族文化的记忆，还能成为后来人可以接续的事业。唯此，才能不负前贤，无愧来者。

商务印书馆编辑部

2017年10月

神学家们，请注意，当你们企图把关于太阳和地球是固定不动的命题说成是信仰问题时，就存在着你们最终不得不把一些人谴责为异端的危险，这些人宣称地球静止不动而太阳改变位置。而在这样一个时代，总有一天会在物理上或逻辑上证明，地球运动而太阳静止不动。

——伽利略在其个人《对话》副本
正文前的书页上加的注

目　录

vii

序 言

阿尔伯特·爱因斯坦

每一个对西方文化史及其对经济和政治发展的影响感兴趣的人都会发现，伽利略的《关于托勒密和哥白尼两大世界体系的对话》是个知识宝库。

本书所展现的伽利略拥有热情的意志、理智和勇气，代表理性思维反对这样一些人，他们倚仗民众的蒙昧无知、披着教士和学者外衣的教师的好逸恶劳，维护并捍卫自己的权威立场。他凭借非凡的文学天赋，用清晰生动的语言向他那个时代有教养的人宣讲，以克服其同时代人神秘的人类中心主义思想，引导他们重新回到一种对待宇宙的客观的因果态度，随着希腊文化的衰落，人类已经失去了这种态度。

说这些话时，我注意到我也具有人们的普遍弱点，即因为醉心于一种过度的挚爱而夸大了自己偶像的地位。在 17 世纪，中世纪僵化的权威传统所导致的心灵麻痹很可能已经大为减弱，不论有没有伽利略，过时思想传统的束缚都不可能维持多久了。

然而，这些疑虑只涉及以下一般问题的一个特例：在我们看来具有偶然的独特品质的那些个人，可以对历史进程产生多

大程度的决定性影响。与 18 世纪和 19 世纪上半叶相比，我们
的时代对于个人的角色采取一种更加怀疑的态度，那是可以理 ix
解的。原因在于，职业和知识的广泛专业化，使个人在我们看
来宛如批量生产的机器的部件一样是“可替换的”。

好在我们把《对话》当作一份历史文献来评价，这与我们对那些有争议的问题持什么态度无关。首先，《对话》极为生动和令人信服地阐述了当时关于整个宇宙结构的各种流行观点。中世纪早期流行着一种幼稚的看法，将地球看成一张扁平的圆盘，与此相关的还有关于布满星体的空间和天体运动等模糊不清的观念。这种观点代表着早先希腊人宇宙观的一种退化，特别是亚里士多德的思想和托勒密关于天体及其运动的一致的空间概念的一种退化。在伽利略的时代仍然占支配地位的宇宙观可以描述如下：

存在着空间，空间中有一个优先的点，即宇宙中心。物质——至少是其较为致密的部分——倾向于尽可能地趋近这个中心。因此，物质近似于具有球形（即地球）。由于地球是这样形成的，地心和宇宙中心实际上是重合的。日月星辰之所以不落向宇宙中心，是因为它们都被固定在刚性的（透明的）球壳上，而这些球壳的中心就是宇宙（或空间）的中心。这些球壳以略为不同的角速度围绕着不动的地球（或宇宙中心）旋转。月亮的球壳半径最小，它包围着“地界的”万物。月亮外面的那些球壳同它们的天体一起代表“天球”，天球上的物体被认为永恒、不灭、不变，与“较低的地球”相反，地球被月亮的球壳包围着，包含一切短暂的、可毁灭的、“可朽的”东西。

当然，这种幼稚的结构并不能归咎于希腊天文学家，随着天文观测日趋精确，他们用来描绘天体运动的抽象的几何结构
xi 变得越来越复杂。由于缺乏力学理论，他们试图把一切复杂的（视）运动都归结为他们所能设想的最简单的运动，即匀速圆周运动及其叠加。从伽利略的著作中仍然可以清楚地看出，他也认为圆周运动是真正自然的运动；之所以如此，很可能是因为他没有**充分**认识到惯性定律及其重大意义。

简而言之，希腊晚期的这些思想就这样被粗陋地加工，以适应当时欧洲人野蛮而原始的思维方式。这些希腊化思想虽然不是因果的，但仍然是客观的，而且摆脱了万物有灵论观点——不过，这一优点只能有条件地归功于亚里士多德主义宇宙论。

在为哥白尼学说进行辩护和斗争时，伽利略不仅试图简化对天体运动的描绘，而且希望不带偏见且更为深入一致地理解物理事实和天文事实，以取代那个僵化而贫乏的思想体系。

本书之所以采用对话体，部分原因可能在于柏拉图的光辉范例，这种体例使伽利略得以将其卓越的文学才能用于尖锐而生动的观点交锋。诚然，他想避免在这些有争议的问题上公开做出承诺，以免受到宗教裁判所的迫害。事实上，伽利略已被明令禁止支持哥白尼的理论。撇开其革命性的事实内容不论，《对话》表现了一种十分狡黠的企图，想在表面上服从这项法令，而实际上却不予理会。不幸的是，事实表明，宗教裁判所不大能欣赏这种微妙的幽默。

地球静止不动的理论基于这样一个假说，即存在着一个抽象的宇宙中心。据说正是这个中心引起地面上的重物下落，因

为物体都有趋向于宇宙中心的倾向，只要不超出地球的不可入性所能允许的范围。这便导致地球的形状近乎球形。

伽利略反对引入这样一个据说可以对物体发生作用的“无”（宇宙中心）。他认为这一假说完全不能让人满意。

但他也使我们注意到，这个不尽如人意的假说所能完成的 xiii
任务太少了。它虽然解释了地球的球形，却解释不了其他天体的球形。然而，他后来用新发明的望远镜发现了月相和金星的相位，证明这两个天体都是球形的；对太阳黑子的细致观测证明太阳也是如此。实际上，在伽利略的时代，行星和恒星的球形几乎是无可置疑的。

因此，必须用一个不仅能解释地球的球形、而且能解释星体球形的假说来取代“宇宙中心”假说。伽利略说得很清楚，组成星体的物质必定存在某种相互作用（相互趋近的倾向）。（废除了“宇宙中心”之后）地面上重物的自由下落也必须归于同样的原因。

这里我想插句话。伽利略拒绝假设宇宙中心来解释重物的下落和拒绝假设惯性系来解释物质的惯性行为，两者之间有密切的相似性。（后者是广义相对论的基础。）这两种假说都引入了一个具有如下属性的概念对象：

（1）它不像有重量的物质（或“场”）那样被认为是实在的。

（2）它决定了实际物体的行为，但丝毫不受它们的影响。

引入这些概念要素与科学直觉是相抵触的，虽然从纯粹逻辑的观点看并非完全不能允许。

伽利略还认识到，重力对自由落体的影响表现为一个具有恒常数值的竖直加速度，而且非加速的水平运动可以与这种竖直加速运动叠加起来。

至少在定性意义上，这些发现本质上包含着后来牛顿所提出的理论的基础。但它首先缺少对惯性原理的一般表述，虽然不难用极限方法由伽利略的落体定律得出惯性原理。（过渡到
xv 逐渐消失的竖直加速度。）同样缺少的是这样一种观念：在一个天体表面引起竖直加速度的物质，也能使另一个天体加速运动；这种加速度与惯性一起能够产生旋转运动。不过当时已经知道，物质（地球）的存在引起了（地球表面的）自由物体的加速度。

今天我们已经很难体会，精确地表述加速度概念并且认识到其物理意义需要多么巨大的想象力。

宇宙中心概念一旦以充分的理由被拒斥，地球不动的思想，以及一般地，地球的特殊角色的思想，就不再具有合理性。于是在描述天体运动时，什么东西应被视为“静止”就成了一个方便与否的问题。根据阿里斯塔克（Aristarchus）和哥白尼的说法，假定太阳静止会有很多好处（根据伽利略的说法，这不是纯粹的约定，而是一个非“真”即“假”的假说）。当然，假定地球绕轴自转要比假定所有恒星都绕地球旋转更简单。此外，假定地球绕太阳旋转可以使内行星和外行星的运动显得相似，并且消除外行星麻烦的逆行运动，或者说，用地球的绕日运动来解释这种逆行运动。

这些论据虽然不无说服力——特别是联系到伽利略发现，木星及其卫星可以说代表一种微型的哥白尼体系——但仍然只

是定性的。由于人被束缚在地球上，所以我们的观察永远无法直接向我们揭示“真正的”行星运动，而只能揭示视线(地球-行星)与“恒星天球”的交点。要想超出定性的论据来支持哥白尼体系，只有确定行星的“真正轨道”——这是一个几乎无法克服的困难，而开普勒(在伽利略在世时)却以独特而巧妙的方式解决了它。然而，这一决定性的进展并没有在伽利略毕生的工作中留下任何印迹。这古怪地例证了一个事实，即有创造力的个人往往缺乏接受力。

伽利略煞费苦心地试图证明，虽然我们观察不到地球自转 xvii
和公转的任何力学结果，但这并不能证明地球自转和公转的假说不成立。严格说来，由于缺乏完整的力学理论，这种证明是不可能的。我认为，正是在与这个问题角力的过程中，伽利略的原创性得到了淋漓尽致的展现。当然，伽利略也希望表明，由于恒星太过遥远，用当时的测量仪器不可能检测出地球的周年运动所产生的视差。这种研究虽然简陋，但却精妙。

正因为急于为地球的运动找到一种力学证明，伽利略才提出了一种错误的潮汐理论。若不是受性情影响，伽利略几乎不会把最后一天的对话中那些迷人的论据当作证明。关于这个话题，我忍不住要多说几句。

据我了解，伽利略工作的主题是要竭力反对任何基于权威的教条。他认为只有经验和周密的思考才是真理的标准。今天，我们很难理解这种态度在伽利略的时代是多么危险和具有革命性；当时只要对那些除权威以外别无基础的观点的真理性提出质疑，就会被认为罪大恶极，并受到相应的惩罚。实际上，即使在今天，我们也绝不像很多人喜欢自诩的那样已经远离了这种状况；不过至少在理论上，无偏见思考的原则已经取胜，大多数人都愿意在口头上支持这一原则。

常有人说，伽利略之所以成为近代科学之父，是因为他用经验的、实验的方法取代了思辨的、演绎的方法。但我认为，这种诠释是经不起细查的。任何经验方法都有其思辨概念和思辨体系；经过更为仔细的考察，任何思辨思考的概念都会显示出产生它们的经验材料。将经验态度与演绎态度截然对立起来会产生误导，而且与伽利略完全格格不入。实际上，直到 19 世
xix 纪，结构完全独立于经验内容的逻辑（数学）体系才被完全提取出来。此外，伽利略掌握的实验方法很不完备，只有最大胆的思辨才可能弥补经验材料之间的空隙。（例如，当时无法测量小于 1 秒钟的时间。）在伽利略的工作中，经验论与唯理论的对立似乎并非争论焦点。只有认为亚里士多德及其支持者的前提是任意的或站不住脚时，伽利略才会反对他们的演绎法，而并不仅仅因为其对手使用了演绎法而责难他们。在第一天的对话中，他曾多次强调，同样是根据亚里士多德的说法，即使是看起来极为可信的演绎，若与经验发现不相容，也应搁置一旁。另一方面，伽利略本人也大量使用逻辑演绎。他努力追求的与其说是“事实知识”，不如说是“理解”。但理解本质上是从一个业已接受的逻辑体系中引出结论。

1952 年 7 月于普林斯顿

xxi

英译者序

斯蒂尔曼·德雷克(Stillman Drake)

伽利略的《对话》在科学经典中名列前茅，作为争取思想自由的一个篇章，它理应更为著名。该书并非伽利略对科学知识体系的最大贡献，然而在某种意义上却是他对科学本身最重要的贡献，因为它向科学家和非科学家有效地阐明了关于实验和观察的主张与关于权威和传统的主张之间的对抗。正如爱因斯坦教授所说，即使伽利略没有完成这项任务，它也会被完成，即使没有伽利略，也不会被拖延太久。但《对话》仍然是历史上最有助于打破反对自由科学思想的宗教和学术壁垒的书籍。此外，与大多数科学经典不同，这是一本能够引起外行兴趣的书，时至今日仍然如此。尽管如此，时隔近3个世纪，英语世界的读者仍然几乎无法读到《对话》。大约20年前，我第一次注意到我们的科学史与科学哲学文献中这个异乎寻常的缺口，自从我开始修补它，时间已经过去十多年了。

关于伽利略和这本书的故事经常被人娓娓道来。伽利略1564年生于比萨，父母出身高贵但一贫如洗。伽利略童年时代的教育来自他的父亲，后者不仅精通数学，而且是一位成就卓著的音乐家，曾著有《古代音乐与现代音乐的对话》(*Dialogue*

on Ancient and Modern Music)。伽利略从他那里学会了演奏管风琴等乐器，其中鲁特琴是他最喜欢的，在他失明的最后几 xxii
年给了他慰藉。

17 岁那年，伽利略被送到比萨大学学习医学。他设法从托斯卡纳宫廷的一位私人教师那里获得的数学指导很快就让他对自己的医学课程失去了兴趣。到了 1586 年，他完成了自己的第一部科学作品，这是一篇关于流体静力学平衡的论文（直到 1644 年才出版）。他已经注意到摆的等时性，并建议将摆用作计时器。到了 1589 年，他已在比萨大学获得数学教授职位。有未受当时记录支持的传言说，大约在这个时候，他从比萨斜塔上同时丢下两个重量相差悬殊的球，从而公开显示亚里士多德的物理观点是不可靠的。1592 年，他获得了帕多瓦大学的数学教授职位，在那里一直待到 1610 年。在帕多瓦时期，他努力有所作为，比如发明了一种原始的温度计，并把望远镜用于天界。

从 1611 年到被宗教法庭监禁，伽利略担任佛罗伦萨大公的数学家和哲学家。获得这项新任命之后的 5 年里，他硕果累累，撰写了关于月亮表面的粗糙度、浮体、太阳黑子和潮汐的论文。我们最感兴趣的是他的《致克里斯蒂娜大公夫人的信》(Letter to the Grand Duchess Christina)，讨论了如何将《圣经》与他的新天文学发现以及哥白尼体系调和起来。许多朋友都劝他不要卷入争论，让他克制自己不要发表："何必为了扭转几个傻瓜的愚蠢想法而惹来杀身之祸呢?"但伽利略坚持已见，1615 年末，他前往罗马，希望赢得教会高级官员对哥白尼观点的支持。虽然受到几位红衣主教和教皇的友好接待，但他不仅未达目的，情况反而更糟；禁书审定院（Congregation of the Index）明令禁止哥白尼的著作，直到做出某些“修正”，伽利略被警告不得继续持有或捍卫书中的学说。他可能还被命令不要讲授这些学说，尽管支持这一点的证据只有1633年他最后受审和被谴责时产生的一份未签字的备忘录（曾被认为是伪造的）。

xxiii 1620年，主要因为出版作品中关于太阳黑子（伽利略是对的）和彗星（伽利略是错的）之本性的诸多争议，伽利略在耶稣会士和多明我会修士当中树了敌。1623年，他出版了科学哲学方面的杰作《试金者》（*Il Saggiatore*），对耶稣会关于1618年三颗彗星的著作做出了回应，并且详细阐释了实验科学和经验论哲学的基本原理。在其出版前不久，教皇格雷戈里十五世去世，红衣主教马菲奥·巴贝里尼（Maffeo Barberini）当选为教皇乌尔班八世。巴贝里尼热衷于艺术和科学，一直反对1616年的法令，个人倾向于支持伽利略。伽利略立即将他的书献给了这位新教皇，并迫使其对手采取守势。他那时全神贯注于撰写《对话》，相信它会被准许出版。然而当它1629年被完成时，却出现了一系列全新的障碍，他花了一年多时间来满足强加给他的各种条件，或者尽可能地避开它们。

《对话》一经出版便大获成功。伽利略的敌人们成功地将《对话》查禁大约5个月后，各家书商那里几乎已经寻不到它的踪影。伽利略被命令前往罗马，尽管他借口自己年事已高（将近70岁）、身体虚弱。在那里他受到了人道的对待，但宗教裁判所坚决要求他宣誓放弃错误，不再持有和讲授哥白尼的学说。一腔热忱的审问者自己犯了一个关系重大的错误，他们宣称，认为太阳静止不动在形式上是异端邪说——它从未具有也从未获得这样一种地位。伽利略本人曾诚挚地希望教会不会犯这个错误，因为将一个最终可能在物理上被证明为真的观点视为异端邪说会对宗教造成严重后果。表达这个意思的一个注成了本书的座右铭，属于他在其个人《对话》副本中所写的只言片语。类似的论点在《致克里斯蒂娜大公夫人的信》中占了相当大一部分。整个过程中一个有趣而讽刺的插曲是，虽然教
皇乌尔班八世在审讯时对伽利略的愤怒源于伽利略干涉了“高 xxiv
级事务”，也就是既试图论证这个案例的科学方面，又试图论证这个案例的神学价值，但教会最终不仅承认了伽利略科学的正确性，而且最近还采纳了非常类似于其神学论点的观点。例如，1950 年 8 月 12 日的教皇通谕《人类》（*Humani Generis*）中说，“朴素的、象征性的说话方式［在《圣经》的前 11 卷中］非常适合初民的理解”。在伽利略 1615 年的信中则有以下段落：“显然，有必要将运动归于太阳，把静止归于地球，以免使普通人的肤浅理解变得混乱，并且防止他们顽固而偏执地相信主要信仰条款，既然如此，《圣经》非常明智地做到这一点也就不足为奇了。”

一些批评者把伽利略的宣誓放弃描述为一个懦夫，将他与乔尔达诺 · 布鲁诺（Giordano Bruno）进行对比，后者于 1600 年被烧死在火刑柱上，而不是宣布放弃他对哥白尼体系和多重世界的信仰。另一些人则把伽利略描述成科学的殉道者。在我看来，这两种观点都非常不切实际。伽利略既不是懦夫也不

是殉道者，他像任何精明而务实的人一样行事。既已确保其大作的出版，看到它广为流传并且广受赞誉，他知道自己无论接下来做什么，书中的事实和思想都会自行发挥作用，他并不希望遭受无谓的酷刑和处决，遂同意在一份为他准备的声明上签字，其中最重要的一段话基本上是正确的：

“在宗教法庭依据判决向我发出禁令之后，我必须完全放弃太阳是世界中心并且静止不动、地球不是世界中心并且在运动这一错误观点，并且不以任何方式在口头或书面上持有、捍卫和讲授这一学说。然而，在我已被告知上述学说与《圣经》相违背之后，我撰写并出版了一本书，在书中讨论了这个已被遣责的学说，并且引证了对其有利的令人信服的论据，但却没
xxv 有提出解决这些问题的任何办法；为此，宗教法庭强烈怀疑我是异端，也就是说，持有并相信太阳是世界中心并且静止不动，地球不是世界中心并且在运动：

“因此，我希望从诸位大人和所有忠实的基督徒的头脑中消除这种对我的强烈怀疑，我怀着真诚不虚的信仰，宣誓放弃、诅咒、憎恶上述错误和异端邪说以及违背宗教法庭的每一个错误和条款……”

尽管严格说来，伽利略在余生中遭到监禁，但他实际上受到了人道而体贴的对待。他居住在舒适的环境中，并且被允许在其最挚爱的学生们的陪伴下从事研究。在其余生中，伽利略撰写了《关于两门新科学的谈话和数学证明》(*Discourses and Mathematical Demonstrations Concerning Two New Sciences*)，这是他对物理学的最大贡献，1638 年在莱顿出版。那年 1 月，

他完全失明了。几个月后拜访他的约翰·弥尔顿(John Milton)写道:“正是在那里,我找到并且拜访了著名的伽利略,他年事已高,因其天文学思想与方济各会和多明我会的思想检查者相左而被宗教法庭监禁。”1642 年 1 月 8 日,伽利略逝世。

《对话》是用意大利口语而不是用拉丁语写的(很快就被译成拉丁语),以惠及尽可能广泛的读者。不到 30 年,它就被托马斯·萨卢斯伯里(Thomas Salusbury)译成了英文(《数学文集和翻译》[*Mathematical Collections and Translations*],伦敦,1661 年),但只有几个副本幸存下来,也许是由于 5 年后的伦敦大火。它从未重印过,[①]而且会给现代英语读者造成困难,萨卢斯伯里的工作虽然认真而尽责,但他试图在英语中保留意大利语原文中那些冗长且复杂的句子。在我看来,这部著作的特点和历史角色要求不太死板的阅读,而不是严格的字面翻译,即使为此不得不对文本做一些自由处理。伽利略对迂腐众所周知的厌恶使我深受鼓舞,我毫不犹豫地选择这样做。他在他保存的安东尼奥·罗科(Antonio Rocco)攻击《对话》的书的页边空白处写道:“如果我是为卖弄学问的人而写作, xxvi
我应该像卖弄学问的人一样说话,就像你所做的那样;但我是为那些习惯于阅读严肃作家的人而写作,我会像这些人一样说话。”我希望让萨尔维阿蒂这样对现代人说话。

① 萨卢斯伯里的译本由乔治·德·桑蒂利亚纳(Giorgio de Santillana)修订和编辑,1953 年由芝加哥大学出版社出版。萨卢斯伯里《数学文集和翻译》的摹真复制本行将在伦敦刊印。——英译者[以下脚注若无特别说明,均为英译者注——中译者]

目前的翻译是用权威的国家版(National Edition)全新制作的,国家版是在安东尼奥·法瓦罗(Antonio Favaro)指导下于1897年在佛罗伦萨出版的。书中包括了第一版出版之后(1632年)伽利略特别添加的材料,用方括号标明。伽利略的批注(持续不断的页边注)已经尽可能靠近其涉及的文本。被用作卷首插图的伽利略肖像是从《试金者》中复制的。

有一本由埃米尔·施特劳斯(Emil Strauss)翻译的出色的德译本(莱比锡,1891),在我翻译过程中,它和萨卢斯伯里的书一直在给我指导。在做注释时,我大量借鉴了埃米尔·施特劳斯和彼得罗·帕格尼尼(Pietro Pagnini)教授的渊博学识,后者为Casa Editrice Adriano Salani出版的一个卓越的现代意大利语版本(佛罗伦萨,1935年)做了注释。为了避免无谓地影响读者的观感,所有注释(伽利略的页边注除外)均已放在全书末尾,按照所指页面的顺序进行排列。[①]

非常感谢旧金山的维托里奥·迪·苏维罗(Vittorio di Suvero)先生帮我检查了译文,并且提出了一些重要修正和宝贵建议。应我的请求,旧金山的丹尼尔·贝尔蒙特(Daniel Belmont)先生、马克·埃迪(Mark Eudey)博士以及伯克利的拉尔夫·赫尔特格伦(Ralph Hultgren)教授阅读了英文版。我对他们深表感谢,他们提出的各种修正和改进均已纳入本书的正文和注释。罗斯的斯蒂芬·海勒(Stephen Heller)先生准备了许多插图。伯克利的威廉·哈迪·亚历山大(William Hardy

① 为方便读者阅读,中译本翻译了其中大部分注释并将其变为脚注。——中译者

Alexander)教授在拉丁文翻译和英语文本方面给了我宝贵的帮助。麦克斯韦·奈特(Maxwell E. Knight)先生和约翰·詹宁斯(John Jennings)先生在本书的最终付型方面提供了很大帮助。扉页上著名的雕刻画复制自约翰·豪厄尔(John Howell) xxvii
收藏的第一版。此外,还要感谢马里奥·萨拉尼(Mario Salani)先生惠允借鉴帕格尼尼教授的注释,感谢克拉伦登出版社允许我直接引用亚里士多德著作的牛津译本,特别是斯托克斯(J. L. Stocks)翻译的《论天》(*De Caelo*)以及哈迪(R. P. Hardie)和盖伊(R. K. Gaye)翻译的《物理学》(*Physica*)。

英译本第二版序

前面的序言与1953年版序言基本相同,几乎未作改动。我不再相信伽利略在彗星方面完全错了,我目前的观点载于《1618年的彗星争论》(*The Controversy on the Comets of 1618*,费城,1960)。我对导致伽利略宣誓放弃和宣判的1615—1616年和1633年事件的重建,已经作为卢多维科·杰莫纳特(Ludovico Geymonat)的《伽利略·伽利莱》(*Galileo Galilei*,纽约,1965)的附录出版。

在本版中,我对正文和注释做了许多更正或修订。一些未在正文中标出的附加注释按其固有顺序见于书末,和以前一样按照页码和标记字标明。

1966年11月25日于旧金山

3

作者致托斯卡纳大公的献词

最尊贵的大公殿下：

尽管人与其他动物差异巨大，但也许可以合理地说，这种差异并不亚于人与人之间的差异。一比一千的比例如何？然而俗话说，就价值而论，一人即可抵千人。这种差异取决于不同的心智能力，我把它归结为哲学家与非哲学家之间的差异。因为哲学，作为那些以之为给养的人的真正食粮，确实能将单个人与普通民众区分开来，根据其食物的不同，其长处也会有所不同。

目力所及越是高远，人就越尊贵，翻阅自然这本大书（它是哲学的固有目标）可以提升一个人的眼光。尽管我们在书中读到的是全能造物主按照比例做出良好安排的创造，但这个部分最为恰当和最有价值，能使我们最清楚地看到他的作品和技艺。在一切可以认识的自然物中，我相信宇宙的构造也许可以
4 排在第一位，因其无所不包的内容，其宏伟已经超出了所有其他事物，作为它们的准则和标准，其高贵也必定超出了所有其他事物。因此，如果可以说有人在理智上高于所有其他人，那么托勒密和哥白尼就是这样的人，他们仰望高处，对世界的结构进行哲学思考。我的这些对话主要围绕他们的作品而展开，

在我看来，我不应把它们献给除殿下以外的任何人。因为它们阐述了这两个人的教导，我认为他们具有最伟大的思想，在其作品中为我们留下了这些思索；而且，为了避免任何严重的损失，必须将其置于我所知道的最大支持和庇护下，使之可以得到名声和赞助。如果我的理解力如此得益于那两个人，以至于我的这部作品在很大程度上可以归于他们，那么可以恰当地说，它也属于殿下，您的慷慨大方和宽宏大量不仅使我有闲暇和安宁来写作，而且正是由于您对我持续不断、卓有成效的支持和帮助，它才最终得以出版。

因此，请殿下以您一贯的仁慈接受它。如果热爱真理的人可以从中收获更大的知识和功用，那么他们务必承认，这其实来自于您一贯的乐善好施。在您幸福的国度里，没有人感受到世间普遍的痛苦，也没有人遭受任何烦恼不安之事。祝您万事如意，虔敬日增，慷慨日盛，向您表示最谦卑的敬意。

殿下最谦卑、最忠诚的仆人和臣民

伽利略·伽利莱

5

致明智的读者

几年以前，为了消除我们这个时代的危险倾向，罗马颁布了一项有益的敕令，及时禁止了人们谈论关于地球运动的毕达哥拉斯主义[①]观点。有些人无礼地断言，这项敕令并非源于明智的调查，而是源于知识不够所导致的激愤。还可以听到一些人抱怨说，对天文观测完全外行的顾问们不应通过草率的禁令来阻止理智的反思。

听到这些吹毛求疵的傲慢言论，我的热情再也无法抑制。我对那项审慎的决定一清二楚，决意作为这一客观真理的见证者公开登场。那时我在罗马，不仅得到教廷最著名的高级教士的接见，而且受到他们的赞扬；事实上，这项敕令在颁布之前就有人通知了我。因此我打算在本书中向国外表明，在意大利，特别是在罗马，对这个问题的理解并不亚于阿尔卑斯山以北广大地区的研究者。我收集了专门涉及哥白尼体系的所有想法，并将告诉大家，罗马的审查机关已经注意到了这一切，这

---

① 毕达哥拉斯主义：毕达哥拉斯是公元前6世纪的一个近乎传说的人物，哥白尼认为他提出了某种日心天文学。这一体系据说由与苏格拉底同时代的毕达哥拉斯主义哲学家菲洛劳斯（Philolaus）所发展。但现代学者表明，尽管毕达哥拉斯主义者认为地球在运动，但他们并不认为地球在绕太阳旋转，因此不应被视为哥白尼的先驱。

个地方不仅提供了确保灵魂安宁的教义，而且提供了愉悦心智的许多奇妙发现。

为此目的，我在对话中站在哥白尼体系一方，把它当作一种纯数学假说，并且千方百计使它看起来比假定地球不动更 6
好——事实上并非绝对如此，而是相对于一些自称为逍遥学派[①]的人的论据而言。这些人甚至连这个称号都不配，因为他们并不逍遥漫步；他们满足于崇拜虚无缥缈的东西，不是以应有的审慎来做哲学，而仅仅是用他们记住的几条不甚了了的原则来谈哲学。

这里讨论三个主题：第一，我将力图表明，地球上所能做的一切实验都不足以证明地球在运动，因为无论地球运动还是静止，这些实验都同样可以适用。我希望这样做可以展示不为古人所知的许多观察。第二，我将考察一些天界现象来加强哥白尼的假说，直到这一假说看起来稳操胜券。同时会阐述一些新的想法以简化天文学，尽管这并非因为大自然必然如此。第三，我将提出一种巧妙的推测。很久以前我曾说，假定地球在运动有助于解决海洋潮汐这个悬而未决的问题。我的这个主张辗转传到了许多仁爱的神父耳朵里，他们将它当作自己聪明才智的产儿来对待。为使任何一个用我们的武器武装起来的外人无法指控我们对这样一个重要问题掉以轻心，我认为有必要揭示在假定地球运动的情况下使这一现象言之成理的依据。

我希望这些思考将向世界表明，如果说其他国家航海较

① 逍遥学派(Peripatetics)：这个术语被用来指称亚里士多德的追随者，因为这位哲学家习惯于一边和他的门徒们交谈，一边在吕克昂(Lyceum)漫步。

多，那么我们在理论方面并不逊色。我们承认地球不动，认为相反的观点仅仅是一种数学上的空想，这并非因为不知道别人的想法，而是因为（如果不是出于别的什么理由的话）虔敬、宗教、认识到神的全能以及意识到人类心灵的有限性。

我认为用对话形式来解释这些概念最为合适。对话体不受严格遵守数学定律的限制，有时还可插入一些与主要论据同样有趣的闲话。

7 多年以前，我常常造访美妙的威尼斯城，同出身高贵、犀利而机智的乔万尼·弗朗切斯科·沙格列陀①先生讨论问题。菲利普·萨尔维阿蒂②先生来自佛罗伦萨，别的不说，单以出身名门和家财万贯而论，他已经足够令人艳羡了。他才智过

① 沙格列陀（Giovanni Francesco Sagredo）：1571年生于威尼斯，是伽利略在帕多瓦的学生，也可能是他最亲密的朋友。作为一个致力于享受生活的坚定的独身者，他不厌其烦地嘱咐伽利略更好地保重身体，不要公布自己的发现以远离麻烦。他那些宝贵务实的建议及其高层关系屡次帮到伽利略。他本人是一位不错的业余科学爱好者，喜欢制造和摆弄实验仪器，在哲学方面受过良好的教育，也是出色的健谈者。他充当了伽利略和韦尔泽（Welser）就太阳黑子进行通信的中间人。1608年至1611年，沙格列陀在阿勒颇担任威尼斯共和国领事。据信，若他没有收到这一任命，伽利略很可能会继续留在帕多瓦。沙格列陀于1620年去世。在《对话》中，他代表受过教育的外行，另外两位专业人士则在力争他的支持。

② 萨尔维阿蒂（Filippo Salviati）：1582年生于佛罗伦萨一个古老而高贵的家族。对于他的生平，我们知之甚少。据信他曾求学于帕多瓦时期的伽利略，并从伽利略那里获得了猞猁学院（Lincean Academy）院士的提名。正是在萨尔维阿蒂在锡尼亚（Signa）附近的塞尔维庄园（Villa delle Selve），伽利略写下了《关于太阳黑子的通信》（*Letters on the Solar Spots*），并将该书献给萨尔维阿蒂；伽利略十分珍惜此次静修期间受到的款待，并在那里完成了他的大部分工作。1614年，萨尔维阿蒂在西班牙旅居期间去世。他去西班牙原是为了恢复内心的平静，在那之前他曾因为一些优先权的事情饱受美第奇家族某位成员的羞辱。在《对话》中，萨尔维阿蒂以科学专业人士的身份代表伽利略本人。

人，以纯粹的沉思而不以感官的快乐为最大乐事。我常常在某位逍遥学派哲学家面前同这二位谈论上述问题。那位哲学家[①]在领悟真理方面的最大障碍，似乎是他因为诠释亚里士多德而获得的声誉。

现在，由于残酷的死神已经夺去了威尼斯和佛罗伦萨这两位还在壮年的杰出人物的生命，我决定让他们作为对话者参与本书的讨论，尽己所能使其荣名得以长存（那位善良的逍遥学派学者也将占有一席之地；由于他格外钟爱辛普利邱［Simplicius］的评注，我想最好是用他倍加崇敬的作者之名来称呼他，而不提他的真实姓名）。愿我衷心敬重的这两个伟大灵魂能够欣然接受这份出于永恒之爱的公开纪念物，愿我对其雄辩的记忆能够帮助我将他们的光辉思想流传后世。

这几位先生在不同时间偶然有过几次讨论，这些讨论更加激发了而不是满足了他们对学问的渴求。因此，他们非常明智地决定在某几天相聚，将所有其他事务搁置一旁，从而能够更有条理地沉思上帝在天上地下创造的奇迹。他们在显赫的沙格列陀的豪宅中会面；经过惯常而简短的相互问候，萨尔维阿蒂开始了以下对话。

---

① 这里所说的“哲学家”的名字即后文所说的“辛普利邱”（Simplicius）。辛普利邱是公元6世纪的一位著名的亚里士多德评注者。毫无疑问，这个人代表了伽利略遇到的所有内行和外行的文人哲士的某个综合体。传统上认为伽利略以此影射马菲奥·巴贝里尼（Maffeo Barberini，教皇乌尔班八世）的说法是站不住脚的，因为这会显得相当荒谬无礼，除了展示恶意并无任何意义。事实上在撰写《对话》时，两人关系还不错。当然在这部作品中，辛普利邱代表哲学行家和萨尔维阿蒂的对手。

9 # 第　一　天

对话者：萨尔维阿蒂、沙格列陀、辛普利邱

哥白尼认为地球是一个与行星类似的球体。

萨尔维阿蒂： 昨天我们决定今天会面，对自然定律的特性和功效做出尽可能清晰详细的讨论。到目前为止，提出这些自然定律的一方面是亚里士多德①和托勒密②立场的拥护者，另一方面是哥白尼体系的追随者。③由于哥白尼把地球列为运动的天体，使之成为像行星一样的球体，所以我们的讨论不妨从

---

① 亚里士多德（Aristotle）：古代大哲学家，主导了整个中世纪的西方思想，公元前 384 年生于希腊斯塔吉拉（Stagira）。他是柏拉图的学生，亚历山大大帝的老师。他于公元前 322 年去世，留下了关于逻辑学、形而上学和各门科学的著作，是有史以来最为睿智多才的天才学者之一。

② 托勒密（Claudius Ptolemy）：活跃于公元 150 年左右的埃及亚历山大城。他构造了古代最权威的地心天文学体系，并为之贡献了许多概念。若无这些概念，当时精密的观测结果就很难与地静假设相调和。他的学说要求所有天界现象都应该用匀速圆周运动加以解释，就像亚里士多德的学说那样。托勒密的体系主要在《至大论》（*Almagest*）中得到阐述。

③ 哥白尼（Nicholas Copernicus）：1473 年生于波兰托伦（Torun）。直到 1543 年临终前，他伟大的天文学经典著作《天球运行论》（*De Revolutionibus Orbium Coelestium*）才得以出版。实际上，他的天文学体系在 30 年前即已完成，学界已经知道其手稿的存在。尽管人们一再敦促他将其发表，但他出于谨慎未有动作。作为教士的他将这部作品献给教皇保罗三世，使之 70 余年未遭禁止。起初，新教徒比天主教徒对哥白尼体系更有敌意，尤其是新教领袖路德一度谴责哥白尼是“疯子”。和托勒密一样，哥白尼也坚持行星做完美的圆周运动，因而不得不保留一些充斥于地心体系的人为技巧。

考察逍遥学派论证哥白尼这个假说不能成立的步骤开始，看看这些步骤的效力有多大。为此，必须把两种有本质不同的物质引入自然，那就是天界物质和元素物质。前者是不变的[①]、永恒的，后者是暂时的、可毁灭的。亚里士多德在其《论天》(*De Caelo*)一书中对此做了讨论，他引入这个论点时先根据某些一般假设论述一番，然后再以实验和某些特定的论证来确证。我现在也采用同样的方法，先做阐述，然后自由发表我的看法，并听取你们对我的批评——特别是亚里士多德学说的坚定拥护者和捍卫者辛普利邱的批评。

在亚里士多德看来，不变的天界物质和可变的元素物质是自然之中必不可少的。

逍遥学派的论证首先提出了亚里士多德对世界的完全性(completeness)和完满性(perfection)的证明。因为他告诉我们，世界不仅仅是一条线，也不仅仅是一个面，而是一个有长度、宽度和深度的物体。既然只可能存在这三个维度，那么具有这三个维度的世界就已经全了，既然整全，也就是完满的了。诚然，我很希望亚里士多德当初能通过严格的推理向我证明，简单的长度构成了我们称为线(line)的维度，加上宽度就成为面(surface)，再加上高度或深度就成为体(solid)，而有了这三个维度之后，就不能再继续下去——所以单靠这三者，便可得出完全性或者说整全性(wholeness)。特别是亚里士多德可以

亚里士多德认为世界是完满的，因为它有三个维度。

① 不变的(invariant)：字面意思是“无法被作用的”(impassible)，即“不能在任何作用中扮演受动者的角色”。选择“不变的”作为译名，是为了暗示在影响或修改某物的所有尝试下，某物仍然保持不变。在需要反义词的情况下，我们会用“variable”而不是“variant”来翻译，因为“variant”有“状态”(state)而非“潜能”(potentiality)的含义。

非常明白和迅速地推论出这一点。

辛普利邱：继定义“连续”之后，你对《论天》第二、第三、第四段文本中那些优雅的证明[①]怎么看呢？他不是在那里首先证明只可能有三个维度，因为“三”即一切，是到处都有的吗？而且这一点不是为毕达哥拉斯学派的学说和权威所证实了吗？因为这个学派说，一切事物都取决于“三”——即开端、中间、结尾——所以“三”是整全之数。还有，你为什么漏过了亚里士多德的另一个理由不谈，即祭神时也用“三”牲，仿佛被自然定律规定了一样？此外，只有在事物不少于三个时，我们才能用“全部”（all）这个字眼，这难道不是自然所规定的吗？对于两个事物，我们只称“两者”（both），只有对于三个事物，我们才说“全部”。

亚里士多德关于只可能有三个而不能有更多维度的证明。

毕达哥拉斯学派所颂扬的“三”数。

你在第二段文本中可以找到这个学说。后来，我们在第三段文本中读到，为使知识更加完备（ad pleniorem scientiam），[②]须知“全部”（All）、“整全”（Whole）和“完满”（Perfect）[③]在形式上是同一个东西；因此在各种形状里，只有体是完全的。因为只有体是由“三”决定的，而“三”就是“全”；它能以三

① 这里的“证明”见亚里士多德《论天》（Aristotle, *De Caelo* I, 1, 268a）。辛普利邱在这里和其他地方引用亚里士多德时使用的“文本”（texts）一词反映了当时评注者的习惯。

② “为使知识更加完备”通常被用来在对相关论点给出充分证明后引入其他材料。

③ 这里所说的“完满”（Perfect），在亚里士多德哲学中具有“完全”的含义，而非意指“完美”或“极其卓越”。但伽利略使用的“完满”（perfetto）一词却通常与“完美”挂钩。无疑，他正是要利用这种模糊性以削弱辛普利邱在读者心目中的地位。

种方式分开，就能以一切可能的方式分开。至于其他形状，线只能以一种方式分开，面只能以两种方式分开，因为它们的可分性和连续性是由赋予它们的维数决定的。所以线在一种方式上是连续的，面在两种方式上是连续的；而第三种形状，即体，在任何方式上都是连续的。

此外，在第四段文本中阐述了其他一些学说之后，亚里士多德不是用另一条证明最终解决了这个问题吗？也就是说，只有缺少某种东西才会发生转化，因此存在着从线到面的转化，因为线没有宽度。但完满的东西在一切方面都是完整的，不可能缺少任何东西，因此体不可能转化为任何别的形状。

在所有这些地方，你难道不认为亚里士多德已经充分证明了，在长度、宽度、厚度这三个维度之外，再也没有什么转化；而具有所有这些维度的体就是完满的了，是不是？

萨尔维阿蒂：说实话，我觉得所有这些理由都说服不了我， 11
我只承认一点：任何拥有开端、中间和结尾的东西都可以而且应当被称为完满的。我觉得没有必要承认“三”是一个完满的数，也不认为“三”这个数能够赋予其拥有者以完满性。我甚至不认为，更谈不上相信，比如为什么“三”条腿要比“四”条腿或“二”条腿更完满，也不认为“四”种元素有什么不完满的地方，而“三”种元素就会更完满些。所以亚里士多德最好还是让修辞学家去玩弄这些玄虚吧，他应该通过适用于证明性（demonstrative）科学的那种严格的证明来证明他的论点。

辛普利邱：你好像在嘲笑这些理由，而所有这些理由都是毕达哥拉斯学派的基本信条，他们对于数非常重视。你是数学家，相信毕达哥拉斯学派的许多哲学观点，而现在却好像对他们的玄理不屑一顾。

柏拉图认为，人的心灵之所以分有神性，是因为它能理解数。

毕达哥拉斯学派关于数的玄理带有传说性质。

萨尔维阿蒂：毕达哥拉斯学派非常推崇数的科学，柏拉图本人之所以赞赏人的理性，相信人的理性分有了神性，正是因为它理解数的本性。我很了解这一切，我的看法也与之相去不远。但我根本不相信，使毕达哥拉斯及其学派对数的科学推崇备至的那些玄理，仅仅是充斥于俗人言谈著述中的胡说八道。我所知道的毋宁说是，正是为了防止他们所推崇的东西受到民众的诋毁和嘲笑，毕达哥拉斯学派才把将他们所研究的数或不可公度量和无理量的最隐秘性质公布出来谴责为亵渎神灵。他们教导说，谁要是泄露了这些秘密，谁就会在来世受折磨。所以我相信，他们当中的某些人只是为了满足普通人的好奇并且摆脱他们的追问，才谎称数的玄理无甚价值；这套说法后来在俗人当中传播开来。这种精明和审慎让我想起一个聪明的年轻人，他的母亲还是他好奇的妻子（我记不清是谁了），总是逼他把元老院的秘密讲出来；为了使之不再追问，他就编了一套说辞，后来使他的母亲或妻子还有其他许多女人沦为元老院的笑柄。[①]

12 **辛普利邱：**对于毕达哥拉斯学派的玄理，我本人并未感到太过好奇。不过就目前讨论的问题而言，我的回答是，亚里士

① 这则轶事载于马可罗比乌斯的《农神节》(Macrobius, *Saturnalia* I, 6)。书中帕皮里乌斯(Papirius)告诉母亲，元老院正在就一个议题进行秘密辩论，即允许一个男人娶两个妻子，还是允许一个女人嫁两个丈夫更好。结果可想而知：面对惊愕的元老院议员，一大群雄辩的城镇妇女代表为争取后一选项而辩论。

多德用来证明只可能有三维而不能有更多维度的理由，在我看来是令人信服的。我相信，如果存在更有说服力的证明，他是不会略而不谈的。

沙格列陀：你至少可以补充一句，“如果他当时知道或想到的话”。萨尔维阿蒂，如果有什么足够清晰的论证是我可以领会的，请你提出来，我将感激不尽。

萨尔维阿蒂：不但你能领会，辛普利邱也能领会；不但领会，而且已经知道——尽管未必意识到。[①] 为使这些论证更容易理解，让我们拿起早已备好的纸笔画几张图。

对三重维度的几何学证明。

图 1

我们先标明两个点 A 和 B，然后从 A 到 B 画曲线 ACB 和 ADB，再画直线 AB。现在我问，在你们看来，决定 A 与 B 之间距离的是哪条线，为什么？

沙格列陀：我会说是这条直线，而不是那两条曲线，因为直线较短，而且是唯一、明确和确定的，而其他无数条曲线则是不确定、不相等和更长的。在我看来，选择应当取决于哪条线是唯一和确定的。

萨尔维阿蒂：那么我们是以直线来确定两点之间的距离了。现在，我们再画一条与 AB 平行的直线——设它为 CD——这样两条直线之间就有了

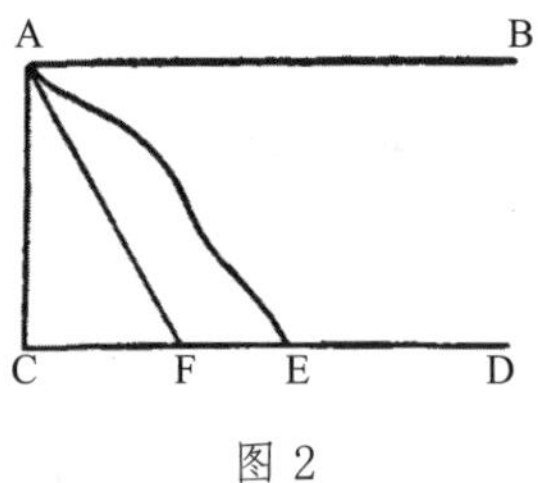

图 2

① 这里指的是苏格拉底的学说，即未被意识到的知识存在于记忆中，通过提问可以将其提取出来。

一个面，我要向你们表明其宽度。所以请告诉我，从 A 点开始，到 CD 线为止，你们将如何向我显示这两条直线之间的宽度。你们是根据曲线 AE 来度量，还是根据直线 AF 来度量，还是……？

辛普利邱：根据直线 AF，而不是根据曲线；对于这样一个用途，这种曲线早已被排除了。

13 **沙格列陀：**但这两条线我都不采用，因为直线 AF 是斜的。我要画一条与 CD 垂直的线，因为这条线在我看来是最短的；而且从 A 点到对面 CD 线上任何其他点可以画出无数条更长和不相等的线，其中只有这条垂线是唯一的。

萨尔维阿蒂：在我看来，你的选择和援引的理由棒极了。所以我们现在认为，第一个维度由一条直线决定；第二个维度（即宽度）则由另一条直线决定，它不仅是直的，而且与那条决定长度的直线成直角。这样我们就定义了一个面的两个维度，即长度和宽度。

然而，假定你需要确定高度，比如确定这个平台比下面的路面高出多少。既然从平台上任一点到下面路面的无数个点可以画无数条线，这些线有曲有直，长度不一，你会利用其中哪条线呢？

沙格列陀：我会在平台上系一根绳子，绳子的另一头悬一个铅锤，让铅锤自由落下，直到接近路面；这根绳子的长度是从平台上同一点到路面所能画出的所有线中最直和最短的，所以我说，在这个例子中，绳子长度就是真正的高度。

萨尔维阿蒂：很好。如果你从这根悬着的绳子在路面上标出的一点（假定路面是平的而不是斜的）画另外两条直线，一条代表路面的长度，另一条代表路面的宽度，那么这两条直线将和绳子成怎样的角度？

沙格列陀： 当然成直角，因为绳子是垂直落下的，路面也很平。

萨尔维阿蒂： 因此，如果你指定任一点作为测量的原点，并且从该点画一条直线来确定第一个测量（即长度），那么确定宽度的那条直线必然与第一条直线成直角。而从同一点画出的表示高度的直线，即第三维度，也和另外两条直线成直角而不是斜角。于是，通过三条垂线，你可以确定三个维度，AB 是
长度，AC 是宽度，AD 是高度，这是三条唯一的、确定的、最 14
短的线。由于从上述那一点显然画不出更多的线与这些线成直角，而且维度只能由彼此成直角的那些直线来确定，所以维度不可能多于“三”；任何东西如果有了“三”就全都有了，而全都有了的东西可以用任何方式分开，这样一来就是完满的了，如此等等。[①]

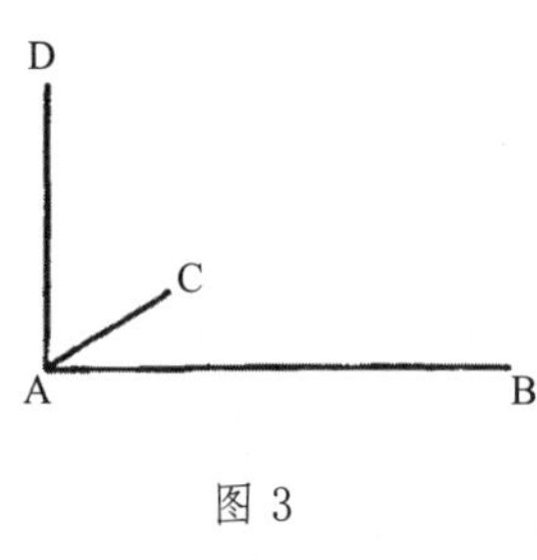

图 3

辛普利邱： 谁说我画不出别的线？为什么我不能从下面到点 A 再画一条线，它不是也和别的线垂直吗？

萨尔维阿蒂： 你肯定不能让三条以上的直线在同一点相遇

① “如此等等”的说法并非删减，而是伽利略本人常用的一种缩写法，译文中予以保留以显示原文的风格。

并且彼此成直角。

沙格列陀：是的，因为在我看来，辛普利邱的意思是把同一条 AD 向下延长。这样一来，另外两条线也可以这样延长；但它们将和原先的三条线一样，不同之处仅仅在于，现在它们只是相遇，那样一画就变成相交了。但这样产生不了任何新的维度。

在物理证明方面，不应寻求几何的精确性。

辛普利邱：我不会说你的这个论证缺乏说服力。但我仍然赞同亚里士多德的看法，认为在自然（naturali）事务上，我们无需总是要求做数学证明。

沙格列陀：当然是这样，如果找不到数学证明的话；但如果有一个现成的数学证明，你为什么不去用它呢？不过在这一点上还是不要多费口舌，因为我认为萨尔维阿蒂无需做进一步证明，就会同意亚里士多德和你的看法，即世界是一个完满的整体，事实上是最完满的整体，因为它是上帝的主要作品。

亚里士多德将宇宙分成互不相容的天界部分和元素部分。

萨尔维阿蒂：确实如此。所以让我们不再从总体上沉思整体，而去思考各个部分吧。亚里士多德在做第一次划分时将整体分成了两个不同甚至相反的部分，即天界部分和元素部分，前者不生、不灭、不变、不可入，等等，而后者则不断地变化和改变，等等。他根据位置运动（local motions）的多样性，将这种差异当作他的基本原则。在此基础上，他继续论证下去。

位置运动有三种——直线的、圆周的和混合的。

15 可以说，他这时离开了可感世界，而退避到理想世界中去了。他开始从宇宙结构上考虑，自然［本性］既是运动的本原，自然物被赋予位置运动便是恰当的了。他于是宣称，位置运动有三种，即圆周运动、直线运动、直线与圆周混合的运动。他直线运动和圆周运动沿着简单的线进行，是简单运动。

把前两种运动称为简单的，因为在所有线里，只有圆周和直线是简单的。因此，稍加限制之后，他又在简单运动中把圆周运动定义为围绕中心所做的运动，把直线运动定义为向上和向下的运动——向上的运动远离中心，向下的运动则朝向中心。由此他推论说，所有简单运动都必然仅限于这三种，即向心的、离心的和绕心的运动。他说这美妙而和谐地符合之前所说的关于物体的情况；物体因具有三个维度而完满，物体的运动也是类似。

这些运动一经确立，亚里士多德就接着说，有些自然物是简单的，另一些则由这些简单物复合而成（他把那些拥有自然运动本原的物体称为简单物，例如火和土）；因此，简单运动应属于简单物，混合运动应属于复合物；而且据此而论，复合物的运动应当是在其构成中占支配地位那个部分的运动。

沙格列陀：等一下，萨尔维阿蒂，在这个论证中，我发现有诸多疑虑全方位地向我袭来，以至于我若想留意你接下来说什么，就得把这些疑虑告诉你，否则为了记住我的疑虑，我将无法集中注意力。

萨尔维阿蒂：我很愿意停一下，因为我也冒着同样的危险，几乎要翻船。眼下，我正航行于礁石和汹涌的波浪之间，正如人们所说，有些晕头转向。因此，为了不增加你的困难，请把那些疑虑提出来吧。

沙格列陀：你仿照亚里士多德的做法，先使我远离可感世界，向我表明这个可感世界必定是按照某种结构建立起来的。我觉得你开头应当告诉我，自然物是自然可运动的，因为正如亚里士多德在别处所定义的那样，[①] 自然[本性]是运动的本原。这里我感到有些疑虑；既然在他的定义中，自然既是运动的本原，又是静止的本原，为什么亚里士多德不说，在自然物当中，
16 有些是自然可运动的，另一些是自然不动的呢？因为如果所有自然物都有运动本原，那么要么不需要把静止包括在对自然的定义中，要么不需要在这里引入这样一个定义。

亚里士多德提出的对自然的定义要么有缺陷，要么不是时候。

其次，关于亚里士多德对他所谓简单运动的解释，以及他如何根据空间的性质来确定简单运动，把简单运动称为沿着简单的线的运动，即只有直线运动和圆周运动，这些我都愿意接受；我也不想举圆柱形螺旋线的例子进行争辩，这种线的各个部分都相似，因此似乎也属于简单的线。但我非常反感必须把圆周运动称为“绕心的运动”（而他似乎只是用不同的字眼来重复同一定义），而把直线运动称为“向上”（sursum）和“向下” *33*
（deorsum）。因为这些术语只可适用于现实世界，意味着这个世界不仅是构造出来的，而且我们早已居于其中。你看，如果直线运动因直线的简单性而是简单的，而简单运动是自然的，那么不论它朝向上、向下、向后、向前、向右、向左，不管哪个方向进行，都始终是简单的；而且即使能想象出任何其他方向，

圆柱形螺旋线或可称为简单的线。

① “在别处”这段话相当令人困惑。萨尔维阿蒂所使用的，以及亚里士多德在包含“所有自然物都是可以运动的”这一陈述的句子中所给出的，正是这个定义。（“我们认为，一切自然物都能做位置运动；因为我们说，自然是其运动本原。” Aristotle, *De Caelo* I, 2, 268b, 15–17。）另一个定义出现在《物理学》（Aristotle, *Physica* II, 1, 192b, 22–23）中：“自然是[一个事物]在其主要所属的事物中运动和静止的来源或原因。”萨尔维阿蒂论点背后的想法很清楚，但表达方式仍令人费解；法瓦罗和施特劳斯所提供的说明也只能消除一部分困难。不过，如果将“在别处”一词移到下一句的“定义”一词之后，似乎就不那么让人费解了。

只要是直的，简单运动也适用于任何简单的自然物。否则的话，亚里士多德的假设就是有缺陷的。

亚里士多德让建筑学规则适应他的宇宙构造，而不是让宇宙构造适应建筑学规则。

再者，亚里士多德的意思似乎是说，世界上只存在一种圆周运动，因此向上和向下的运动只是相对一个中心而言。所有这些都似乎暗示他在耍花招，企图让建筑学来适应建筑，而不是按照建筑学的准则来制造建筑。因为如果我说现实的宇宙中有成千上万个圆周运动，因此有成千上万个中心，那么也就有成千上万个向上和向下的运动。此外，亚里士多德假定了(正如刚才所说)简单运动和混合运动，并把圆周运动和直线运动称为“简单的”，把两种合成的运动称为“混合的”。他称某些自然物是简单的(即拥有简单运动的自然本原的那些物体)，另一些自然物是复合的，并把简单运动归于简单物，而把混合运动归于复合物。但他所说的“混合运动”不再是指直线运动与
圆周运动相混合的、世界上找得到的运动。他所引入的混合运 17
动是不可能存在的，就像不可能在同一条直线上把相反的运动混合起来，从而产生一种部分向上、部分向下的运动一样。为了弱化这种荒谬性和不可能性，亚里士多德只好说，这种复合物是按照占支配地位的简单部分而运动的；以至于人们最后不得不说，即使是沿同一直线所做的运动，也有时是简单的，有时是混合的。结果，运动的简单性不再仅仅对应于线的简单性了。

根据亚里士多德的说法，直线运动有时是简单的，有时是混合的。

辛普利邱： 简单的、绝对的运动要比来自占支配地位的部分的运动快，你看这样来区别它们是不是够了呢？试想一大块纯粹的土落下来，要比一根木头快多少！

沙格列陀：妙极了，辛普利邱。但如果这会改变简单性，那么除了还需要许许多多的混合运动，你将无法向我表明如何对简单运动加以区分。此外，如果速度大小能够改变运动的简单性，那么简单物将永远不会做简单运动，因为在所有自然的直线运动中，速度总在不断增加，因此其简单性也一直在改变——而简单性既然是简单性，本应是不能改变的。但更重要的是，你又给亚里士多德增加了一个新的漏洞，因为在定义混合运动时，亚里士多德并没有提及快慢，而你现在却把速度作为一个必不可少的关键点包括进来。再说，你有这样一条原则并非更为有利，因为有些（而且还不少）复合物比简单物运动更快，有些复合物运动更慢。例如，铅和木头较之土就是如此。在这些运动中，你说哪一种是简单的，哪一种是混合的呢？

辛普利邱：我会把简单物所做的运动称为“简单的”，把复合物所做的运动称为“混合的”。

沙格列陀：很好。可是辛普利邱，你现在说的是什么呢？刚才你还认为，简单运动和混合运动可以表明哪些物体是复合的，哪些物体是简单的。而现在你又想用简单物和复合物来查明哪种运动是简单的，哪种是混合的——这个办法真妙啊，让我们既理解不了运动，也理解不了物体。不仅如此，你刚才还
18 宣称，甚至连速度快也不够，还要找到第三个条件来定义简单运动，而亚里士多德却认为一个条件就够了，即空间的简单性。于是根据你的说法，简单运动就是一个简单的运动物体以某一确定的速度沿一条简单的线所做的运动。

好，随你怎么说吧，让我们回到亚里士多德，他把混合运

动定义为直线运动与圆周运动的复合，尽管他没能向我表明有任何物体以这种运动自然地运动着。

萨尔维阿蒂： 那我就再谈谈亚里士多德吧。他开头论述得很好、很有条理，然而在谈到这一点时（他一心想要达成自己头脑中预先确立的结论，而不是按照论证的发展一步步走下去），他忽然打断原有的论述思路，假定直接向上和向下的运动对应于火和土是一件人所共知的明显事实。因此，除了我们周围的这些物体，自然之中一定还有别的什么物体适合圆周运动。而这种物体又必然是卓越得多的东西，就像圆周运动比直线运动更完满一样。至于圆周运动比直线运动完满多少，他是根据圆比直线完满来确定的。他称圆是完满的，直线是不完满的；之所以不完满，是因为如果直线是无限的，那么它就缺少一个尽头或终点，如果直线是有限的，那么就可以把直线延长到它之外的某种东西中。这就是亚里士多德宇宙的整个结构的基石和基础，在此基础上又叠加了所有其他天界性质，比如没有轻重，不生不灭，除位置运动以外不发生任何变化，等等。他将所有这些性质都归于做圆周运动的简单物。而像轻重、可朽等相反的性质，则被他归于自然沿直线运动的物体。

为什么亚里士多德认为圆是完满的，直线是不完满的。

36

不论何时，只要我们发现基础出了毛病，就有理由怀疑在此基础上建立的任何东西。我并不否认，亚里士多德迄今为止所介绍的东西连同他关于普遍第一原理的一般论述，后来在其论证中通过一些特定的理由和实验而得到加强，所有这些理由和实验都必须分别加以考虑和衡量。但他所说的东西确实存在许多严重的困难，而基本原理和基础必须稳固、坚实和有充分理由，只有这样才有把握在此基础上进行建构。因此，在怀疑增加之前，我们不妨看看能否（我相信是可以的）另辟蹊径，找到一条更为直接和确定的路径，用更可靠的建筑准则来确立我们的基本原理。因此，让我们把亚里士多德的论述暂时搁置一下，等到合适的时候再来谈它，并加以详细考察。现在我要说，到目前为止，我同意亚里士多德的那些结论，我承认世界是一个具有所有维度的体，因此是最完满的。我还要说，世界本身必定是最有秩序的，它的各个部分都是按照最高和最完满的秩序来安排的。我相信你或其他任何人都不会否认这个假定。

作者假定宇宙有完满的秩序。

辛普利邱：你认为谁会否认它呢？第一点是亚里士多德自己的假定，而且它的名称似乎就源于世界完全包含的那种秩序。

萨尔维阿蒂：这个原则既已确定，我们便立刻可以断言，如果世界上所有完整的物体依其本性都是可运动的，那它们的运动就不可能是直线运动或其他什么运动，而只能是圆周运动，理由非常清楚和明显。因为任何做直线运动的东西都会改变位置，而且在继续运动时，距离其出发点和它相继经过的每一个位置会越来越远。如果这就是天然适合它的运动，那么从一开始它就不在其固有位置。这样一来，世界的各个部分就并非处于最完满的秩序中。但如果我们假定世界的各个部分是秩序井然的，那么改变位置从而沿直线运动就不可能是它们的本性。

在一个秩序井然的宇宙中不可能有直线运动。

再者，直线运动既然依其本性是无限的（因为直线是无限和无定限的），任何东西依其本性就不可能拥有做直线运动的

直线运动依其本性是无限的。直线运动对于自然来说是不可能的。

本原；或者换句话说，就不可能朝着一个它无法到达的位置运动，因为不存在有限的终点。正如亚里士多德自己所说，自然从来不做不可能做到的事情，也不可能朝着它不可能到达的位置运动。

自然从来不做不可能做到的事情。

直线运动在原始混沌中是可能的。

尽管如此，有人也许会说，虽然直线（从而沿直线的运动）
可以无限延伸（也就是没有尽头），但可以说大自然任意给它 20
指定了某个终点，并且赋予自然物一种朝着这个终点运动的自然本能。我会回答说，这可能被虚构成是在原始的混沌中发生的，在那里，模糊不清的物质毫无秩序地游走；为了调整这种混乱无序，大自然采用直线运动是很恰当的。借助于直线运动，正如排列得很好的物体一旦运动就会变得无序一样，原先排列很乱的东西也会变得秩序井然。但在分布和安排得最适宜
38 之后，它们不应再存在什么做直线运动的自然倾向，因为做直线运动会使它们离开其固有的自然位置，也就是说，会使它们混乱无序。[①]

直线运动适用于排列很乱的物体。

因此我们可以说，直线运动用来在建筑工事中运送材料；一旦工事完成，就会静止不动——或者如果可以运动，就只能做圆周运动。除非我们希望仿效柏拉图，说这些天体被创造出来、整个宇宙被确立之后，造物主曾一度让它们做直线运动。[②]后来，到达某些明确的位置之后，它们便依次旋转起来，从直

根据柏拉图的说法，诸天体先做直线运动，后来才做圆周运动。

① 这一论证实质上由哥白尼在其《天球运行论》中给出（Copernicus, *De Revolutionibus*, bk. i, ch. 8）。

② 这里伽利略想到的很可能是柏拉图《蒂迈欧篇》（38–39）中的话。但伽利略显然对柏拉图的文本做了更为自由的解读。

线运动过渡到圆周运动，从那以后一直保持这个状态。这是一个崇高的想法，的确配得上柏拉图，我记得听我们那位猞猁学院的朋友讨论过。[①] 如果我记得不错，他是这样说的：

处于静止的物体除非趋向于某个特定位置，否则不会移动。

物体朝着其倾向的方向运动时，运动在加速。

物体脱离静止状态后要经过各种慢度。

任何处于静止状态但自然可运动的物体，只有在可以自由运动并且具有一种朝着某个特定位置的自然倾向时，才会运动起来；因为如果物体对所有位置都一视同仁，它就会始终保持静止，没有理由以这种方式而不是那种方式运动。由于具有这种倾向，它的运动自然会不断加速。从最慢的运动开始，物体先要经过所有慢度（或者说更大的慢）才能达到某种速度。[②] 因为静止状态是无限程度的慢，物体摆脱静止状态之后，要想达到一定的速度，必须先动得很慢，而在这之前还要动得更慢。更为合理的说法似乎是，物体先要经过最接近它出发时的那些慢度，然后再逐渐加快。但运动物体开始运动即离开静止时，
21 动的程度是极慢极慢的。运动的这种加速只有在物体持续运动时才会出现，而且只有通过接近目标才会实现。所以不管它的自然倾向将它引向哪个方向，它总是沿着最短的线即直线到达那里。因此我们也许有理由说，大自然在赋予起初静止的物体

静止是无限程度的慢。

物体只有通过接近目标才会加速。

① 这位“朋友”实际就是伽利略自己。《对话》中每次提到他，都用这个或类似的短语加以指称。猞猁学院（Accademia dei Lincei）是塞西亲王（Prince Cesi）于1603年在罗马成立的杰出科学家和数学家团体。1611年，伽利略成为该学院的院士，这是他引以自豪的荣誉。

② 伽利略使用的“速度”（velocità）一词尚无后来物理学中的专业特征；因此在本书中，它经常被译为“快的程度”意义上的“速度”（speed），与他的另一个术语“慢度”（tardità）相对。这表明他的运动概念在很大程度上仍然受到关于性质和对立面的某些古老观念的束缚。这方面的例子是，我们直到今天仍然在谈论热和冷，仿佛它们是两种不同的事物，而不是用来测量某一物理实体的任意范畴。

以某个速度时，赋予它的乃是一种通过一定时间和空间的直线运动。

大自然先让物体沿直线运动，使之达到一定速度。
匀速符合圆周运动。

既然如此，让我们假定上帝创造了比如说木星之后，决定赋予它如此这般的速度，而且从此以后一直保持着这个均匀速度。我们可以仿照柏拉图说，上帝起初赋予木星一种直线的加速运动，后来在木星达到这个速度后，就把它的直线运动变成圆周运动，此后它的速度当然是均匀的。

在静止与任何指定速度之间存在着无限程度的较低速度。

沙格列陀：很高兴听到这段论述，但你若能为我解决一个疑问，那就更好了。一个运动物体从静止进入它具有自然倾向的运动，需要经过静止状态与任何指定的速度之间的所有在先的慢度，这些程度既然是无限的，我看不出为什么因此大自然就必然无法赋予新创造的木星的圆周运动以如此这般的速度。

大自然并非一下子赋予物体以一定的速度，虽然她并非做不到。

萨尔维阿蒂：我并没有说，也不敢说，大自然或上帝不可能一下子就赋予木星以你所说的速度。我实际上说的是，事实上大自然并没有这样做——这种做法超出了自然进程，因此是奇迹。[假定某个巨大的物体以任一速度运动着，并且撞上了任何静止物体，即使是最不结实、最没有抵抗力的也行。撞上这个静止物体时，原先的物体绝不可能一下子就让静止物体具有自己的速度。一个明显的迹象就是两者撞击时可以听到声响，而如果静止物体被运动物体撞上时获得相等的速度，我们就不会听到撞击声，或者更确切地说，就不会发出声响。]①

① 这段文字（以及下文中所有方括号内的文本）并未出现在《对话》的原版中，而是伽利略在其第一版的私人藏本中补充的内容，该书现藏于帕多瓦神学院的图书馆。此后的文本源于安东尼奥·法瓦罗（Antonio Favaro）教授编纂的权威版本“国家版”（Florence, 1897），作者的此类补充均以脚注形式添加进去。

沙格列陀：那么你认为，从静止状态进入朝向地心的自然运动的一块石头，需要经过小于某一速度的所有慢度了？

22 **萨尔维阿蒂：**我认为是如此，事实上我对此深信不疑；我自信也能使你同样确信这一点。

沙格列陀：经过这一整天的讨论，即使我只获得了这项知识，所花的时间也是很值得的。

物体脱离静止后虽要经历所有程度的速度，但并不停留在任一程度上。

萨尔维阿蒂：从你的话里我似乎感到，你的疑虑大都源于接受这样一种说法，即运动物体在一定时间内获得某个速度之前，需要快速经过无限个慢度。因此在继续讨论之前，我先来试着消除你的疑虑。这应当不难，因为你要知道，物体的确经过了所说的各个程度，但并不停留在任何一个程度上。因此，即使这种经过只需要一瞬间，由于再短的时间也包含着无限个瞬间，我们也仍然有足够的瞬间给每一瞬间都指定其自身的无限个慢度，不论你把时间定得多么短。

沙格列陀：这些我都同意。但我仍然觉得奇怪，一颗炮弹（因为我设想落体也是这样）看上去下落得如此之快，在不到10次脉搏跳动的时间里就能从200码[①]的高度落下来，可是它

① 伽利略时代的“码”（braccio）略短于2英尺，虽然在这里被译成“yard”。为了避免更改文中的数或引入不熟悉的测量单位，我们在翻译伽利略使用的单位名称时作了权宜处理。由此产生的距离失真对于理解伽利略的文本没有什么影响，因为它们大都只出现在示例中。幸运的是，“英寸”和“英里”这两个词很好地对应于在《对话》中常被用来指称实际距离的两个意大利单位。以下表格基于施特劳斯和现代意大利语版本的著名评注者彼得罗·帕格尼尼（Pietro Pagnini）提供的信息，列出了原文中不同单位的大致长度和对应译法。

意大利语	大致长度	中译 / 英译
dito	大拇指的宽度	英寸 / inch

（转下页）

在运动过程中的速度竟然会如此之小，以至于它若继续以这样的速度运动下去而没有进一步加速，那么一整天也经过不了同样的距离。

萨尔维阿蒂： 毋宁说，1 整年、10 年甚至 1000 年也经过不了。我将试图说服你相信这一点，请允许我问你几个很简单的问题。请告诉我，你是否承认炮弹下落时获得的冲力[①]和速度总是越来越大？

沙格列陀： 我很确信这一点。

萨尔维阿蒂： 如果我说，炮弹运动时在任一点上获得的冲力将足以使它回到开始时的高度，你是否同意呢？

42
重的落体获得的冲力足以使它回到相等的高度。

沙格列陀： 我毫无异议地同意这一点，只要炮弹的全部冲力能够毫无阻碍地用于使炮弹（或一个等价的球体）回到同样高度这一操作上。因此，如果挖一个穿过地心的地道，让炮弹朝地心落下 100 码或 1000 码，我深信炮弹会经过中心，并且上升到与下落之前同样的高度。从一个实验中可以清楚地看到
这一点：用绳子悬挂一只铅锤，使铅锤离开垂线（其静止状态） 23
再放掉，铅锤就会落向垂线，然后经过垂线到达同样距离——

（接上页）

palmo	4 英寸	拃 / span
pied	8 英寸	英尺 / foot
braccio	21-22 英寸	码 / yard
canna	39 英寸	厄尔 / ell
miglio	5375 英尺	英里 / mile

① 对于伽利略来说，这里的“冲力”（impetus）并不是一个用数学定义的概念，而是一个直观的概念，即运动物体具有的某种性质，能被保存或传递给其他物体。有时他谈到的“冲力”似乎是“速度”（velocity）的同义词，但在那些情况下，他讨论的往往是相同的物体或质量相等的物体。

或者由于受到绳子、空气阻力和其他偶然事件的阻碍而比原来距离少一点。水向下流经虹吸管之后还会爬升得和向下流之前一样高，也说明了同样的道理。

萨尔维阿蒂：你论证得非常好。我知道你会毫不怀疑地承认，冲力的获得是按照运动物体离开起点和趋向中心来度量的。所以只要承认，两个相同的运动物体沿着不同的路线且不受任何阻碍地下落，只要对中心的趋近是相等的，就会获得相等的冲力，你的疑虑不就解决了吗？

沙格列陀：这个问题我不太懂。

萨尔维阿蒂：让我画张草图把问题讲得更清楚一些。我画一条线 AB 与地平线平行，在 B 点作垂线 BC，再添加斜线 CA。现在 CA 线代表一个光滑而坚硬的斜面，从它上面滚下一个用很硬的材料做成的正圆球体。假定另一个与之完全相似的球体沿垂线 CB 自由落下。我问你是否承认，那个沿斜面 CA 滚下的球体到达 A 点时，它的冲力将和另一个沿垂线 CB 落下的球体到达 B 点时的冲力相等？

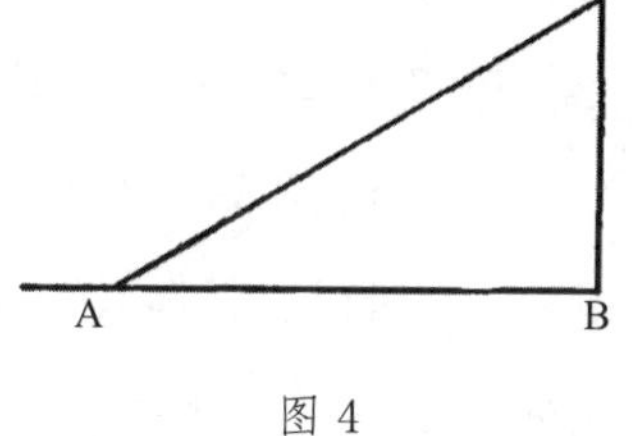

图 4

沙格列陀：我确信会相等。事实上，它们都同等地趋向中心。根据我刚才的假定，每个球体的冲力将足以使它回到同样的高度。

朝着中心下落相等距离的两个物体具有相等的冲力。

萨尔维阿蒂：现在请告诉我，如果把同一个球置于水平面 AB 上，它会怎样呢？

沙格列陀：它会停止不动，这个平面没有斜度。

物体在水平面上会停止不动。

萨尔维阿蒂：但在斜面 CA 上，它会滚下来，尽管要比沿垂线下降得慢些，是不是？

沙格列陀：我本来想说肯定是这样，因为在我看来，沿垂
线 CB 落下必然要比沿斜面 CA 落下更快。但果真如此，那个 24
沿斜面落下的球到达 A 点时又如何能与沿垂线落下的球在 B
点的冲力相等（即相同的速度）呢？这两个命题似乎是矛盾的。

沿斜面的速度等于沿垂线的速度，沿垂线的运动要比沿斜面的运动更快。

萨尔维阿蒂：那么如果我断言，沿垂线下落的物体的速度与沿斜面下落的物体的速度相等，在你看来就更加错误了。然而，这个命题是完全正确的，正如物体沿垂线运动要比沿斜面运动更快一样。

沙格列陀：在我听来，这两个命题似乎是矛盾的。你怎么看，辛普利邱？

辛普利邱：我也一样。

萨尔维阿蒂：我觉得你在开玩笑，你和我一样懂这里面的道理，然而却假装不懂。请告诉我，辛普利邱，当你想到一个物体比另一个物体更快时，你头脑中形成了什么样的概念？

辛普利邱：我会想象一个物体比另一个物体在相同时间内经过了更大的空间，或者在较少时间内经过了相等的空间。

萨尔维阿蒂：很好。现在来谈谈相等速度的物体，你怎么看？

辛普利邱：我认为它们是在相等时间内经过了相等的空间。[①]

① 见亚里士多德《物理学》（Aristotle, *Physica* VII, 4, 249a, 20）。

萨尔维阿蒂：仅仅如此吗？

辛普利邱：在我看来，这似乎就是对相等运动的严格定义。

萨尔维阿蒂：可是让我们再补充一条，当经过的空间与经过的时间成正比时，就称速度是相等的。这将是一个更一般的定义。

所谓速度相等，是指经过的空间与经过的时间成正比。

沙格列陀：是这样，因为这个定义既包括在相等时间内经过相等的空间，又包括在相应时间内经过不等的空间。现在再回到这张图，运用你刚才形成的关于较快运动的概念，请告诉我，你为什么认为物体沿 CB 落下的速度要大于沿 CA 落下的速度？

辛普利邱：在我看来，这是因为在一个物体经过全部 CB 的时间内，另一个物体在 CA 上只能经过比 CB 更短的距离。

萨尔维阿蒂：一点不错，这就证明，物体沿垂线运动要比沿斜线运动更快。现在根据同一张图，看看我们能不能证实另一个概念，弄清楚物体沿着 CA 线和 CB 线运动为何会有相等的速度。

25 **辛普利邱：**我一点也看不出来。恰恰相反，我认为这与刚才所说是相抵触的。

萨尔维阿蒂：沙格列陀，你怎么说呢？我不想教你那些你已经知道并且刚刚定义过的东西。

沙格列陀：我所下的定义是，如果两个运动物体经过的空间与经过的时间成正比，它们运动得就同样快。因此，要把这条定义用于目前这个例子，就要求沿 CA 下降的时间与沿 CB 下降的时间之比等于 CA 线与 CB 线之比。但我不明白怎么可能是如此，因为沿 CB 的运动要比沿 CA 的运动更快。

萨尔维阿蒂：但这是必然的。请告诉我，这些运动是不是在不断加速呢？

沙格列陀：是的，但沿垂线比沿斜线加速更快。

萨尔维阿蒂：那么，如果我们在这两条线上任何地方取两个相等的部分，按照沿垂线比沿斜线加速更快的说法，垂线部分的速度是否总是比斜线部分的速度更快呢？

沙格列陀：当然不会。我可以在斜线上选一个位置，使物体经过这段距离的速度远远大于经过沿垂线所取的相等距离的速度。如果在垂线上所取的距离靠近 C 点，而在斜线上所取的距离离 C 点很远，就会是这种情形。

萨尔维阿蒂：所以你看，“沿垂线的运动比沿斜线的运动更快”这一命题并非普遍为真，而是只适用于从出发点即静止点开始的运动。没有这个限制，这一命题就很有缺陷，甚至于与之相反的结论倒可能为真，也就是说，沿斜线的运动比沿垂线的运动更快。因为我们肯定可以在斜线上选出一段距离，使运动物体经过的时间比在垂线上经过相等距离的时间更短。既然沿斜线的运动在某些位置比沿垂线的运动更快，在某些位置比沿垂线的运动更慢，那么一个运动物体沿斜线某些部分所花费的时间与一个物体沿垂线某些部分所花费的时间之比，将会 26
大于这两个物体所经过的距离之比。例如，考虑从静止——即从 C 点——出发的两个物体，一个沿垂线 CB 运动，另一个沿斜线 CA 运动。

在沿垂线运动的物体经过整个 CB 的时间里，另一个沿斜线的物体将会经过较短的CT。因此，沿CT与沿CB运动的时间之比（这两个时间相等）将会大于CT线与CB线之比，因为一个给定的事物与一个较小事物之比要大于它与一个较大事物之比。另一方面，如果沿CA（可以随意延长）取一段距离等于CB，但经过它的时间较短，那么沿斜线运动的时间与沿垂线运动的时间之比将会小于这两个距离之比。现在，既然我们能够设想沿斜线和沿垂线运动的距离和速度，使得距离之比有时大于、有时小于时间之比，我们就很有理由认为，沿某些地方运动的时间之比等于距离之比。

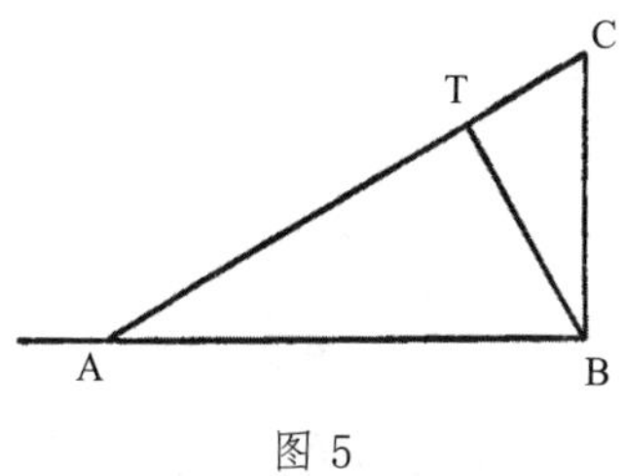

图5

沙格列陀：我已经解决了我的主要疑惑，认识到在我看来像矛盾的东西不仅是可能的，而且是必然的。但我们现在需要证明，沿CA下落的时间与沿CB下落的时间之比等于CA线与CB线之比，这样我们才能不自相矛盾地说，沿斜线CA运动的速度等于沿垂线CB运动的速度；而你举的那些可能的或必然的例子，我仍然看不出对此有什么作用。

萨尔维阿蒂：既然我已经消除了你的怀疑，你就知足吧。至于精确的知识，改天让你看看我们那位院士朋友[①]就位置运动所做的证明。你会看到他已经证明，在一个物体下落整个CB距离的时间里，另一个沿CA下落的物体只能到达T点，也就是从B所引的垂线落到CA的地方。要想知道沿斜线运动

① 指伽利略本人。

的物体到达A点时，那个沿垂线下落的物体会到达什么地方，你只需从A点引一条线与CA垂直，使它和CB相交就得到了。27
由此可以看出，同样取C为运动的起点，沿CB的运动要比沿CA的运动更快。因为CB比CT更长，而CB的延长线和从A点引的CA的垂线交叉的一段又比CA更长，所以沿CB的运动总是比沿CA的运动更快。但如果我们不是把沿CA的运动与同一时间内沿CB延长线的全部运动相比较，而只是将它与一部分时间内沿CB的运动相比较，那么沿CA运动的物体越过T点继续下落到A点的时间将使线CA与线CB之比等于时间之比，也就并不荒谬了。

现在让我们回到原先的目标，也就是表明一个从静止出发的重物在下落过程中，不论获得了怎样的速度，在此以前一定要经过所有慢度。

再来看看这张图，记得我们曾经都同意，分别沿垂线和沿斜线下落的物体在B点和A点获得了相等程度的速度。由此出发，我相信你不难承认，在另一个没有AC那么斜的平面例如AD上，下落物体的运动将比沿AC的运动更慢。因此毫无疑问，如果斜面只比水平面AB高出一点点，圆球可能需要任意长的时间才能到达A点。如果它沿着平面BA运动，那就需要无限长的时间，因为坡度越小，运动就越慢。因此你必须承认，可以在B点上方取一个与B非常接近的点，如果从它到点A作一个平面，那个球甚至走一整年也走不到头。

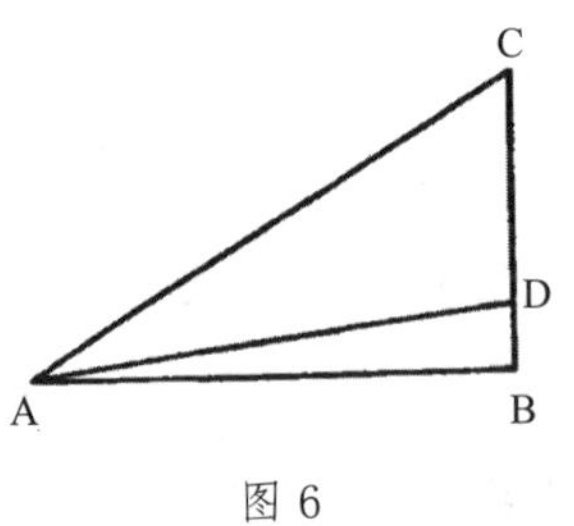

图6

其次，你应该知道，圆球到达 A 点时所获得的冲力（即快慢的程度）使得如果圆球继续以这一速度做匀速运动，既不加
28 速也不减慢，它在相同时间内所走过的距离就会是以前沿斜面所走过距离的两倍。例如，如果圆球在 1 小时内走过了整个 DA 平面，到达 A 点后即以它在 A 点的速度匀速运动，那么在之后的 1 小时它将走过 DA 距离的二倍。而且正如我们所说，两个物体从垂线 CB 上所取的任意一点下落，一个沿斜面，另一个沿垂线，它们在点 A 和点 B 所获得的速度总是相等的。然而，如果物体从非常靠近 B 的一点沿垂线下落，那么它在 B 点所获得的速度（如果始终保持恒定），将使它即使运动 1 年、10 年甚至 100 年也走不了二倍的斜面距离。

因此我们可以认为，在通常的自然进程中，如果除去所有外在的和偶然的阻碍，物体沿斜面的运动将会随着坡度的减小而变得越来越慢；最后当这个斜面差不多与水平面重合时，它就会变得几乎无限慢。我们同样可以认为，物体在斜面上某一点所获得的速度，等于物体沿垂线下落到从斜面上那一点所做的与水平面平行的线与垂线相交的那一点时的速度。如果这两个命题都为真，那么从静止出发的物体就必然要经过所有无限个慢度。因此，要想获得一定程度的速度，它就必须先沿直线运动，按照所获得速度的大小和斜面的倾斜程度来下落或长或短的距离。于是，如果平面倾斜很小，物体要想获得所指定的速度，就必须先走很长的距离，花费很长一段时间。在水平面上，物体不可能自然获得任何速度，因为物体在这种情况下永远不会运动。而地平线上的运动既不向上也不向下，是一个围

除非先有直线运动，否则不可能自然地获得圆周运动。

圆周运动永远是均匀的。

绕中心的圆周运动，所以除非先有直线运动，否则绝不可能自然地获得圆周运动。然而一旦获得，圆周运动就会以均匀的速度永远持续下去。

我可以用其他论证向你解释这个真理，甚至证明给你看， 29
但我不想离题太远，以免打断我们的主要讨论。我们探讨这一点不是为了把它用作一项必要的证明，而是为了说明柏拉图的一个概念，所以我们还是以后再谈吧。这里我想补充一下我们院士朋友的一个颇不寻常的特殊观点。让我们假定，神圣的造物主规定要在宇宙中创造那些在我们看来不断旋转的天体，而太阳就静止于其旋转中心。其次，假定上述天体都是在同一个位置创造出来的，并且在那里被指定了向中心下落的运动倾向，直到它们获得神最初认为善的那些速度。最后我们假定，获得这些速度之后，神就让它们运转起来，每一个天体都在自己的轨道(cerchio)上维持着预先确定的速度。现在的问题是，上述这些天体在最初被创造出来时离太阳的高度和距离是多少，而且是否可能都在同一个位置被创造的呢？

要想做这种考察，我们必须从最熟练的天文学家那里弄清楚各行星运转轨道的大小及其运转时间。由这些数据我们可以推出比如木星的运动比土星快多少。我们发现(事实确乎如此)，木星的确运转得较快，那么从同一高度落下的木星就必然比土星下落得更多——我们知道这就是实际情形，木星的轨道小于土星的轨道。再进一步，我们还可以根据木星和土星的速度之比、其轨道之间的距离以及自然运动加速的天然比率来确定，它们最初的出发位置距离其旋转中心有多高多远。这个位

行星运动的轨道尺寸和速度大小同它们从同一位置下落的距离，在比例上是一致的。

置一经确定和承认，我们就可以问，从这里落到其轨道的火星，其轨道尺寸和运动速度是否与计算结果相一致。对于地球、金星和水星也可以如法炮制，其轨道尺寸和运动速度与计算结果非常接近，这实在是神奇。

30 **沙格列陀：**我听到过这种想法，而且极有兴致。我相信这些计算要想做得准确，需要许多时间精力，对我来说可能很难理解，所以我没有要求看这些计算。

萨尔维阿蒂：计算程序的确漫长而艰巨，而且我并不确定能否当场把它重建出来。所以我们还是改日再来谈它吧。

辛普利邱：你可以说我在数学上缺乏训练，但我不得不说，你那些基于“较大比例”“较小比例”以及其他我弄不大懂的术语的论证并不能消除我的疑虑。我仍然不相信，一个 100 磅重的铅球脱离其静止状态从高处落下时必须经过所有慢度，而我们可以看到它在 4 个脉搏的时间里运动一百多码。后一事实使我完全不能相信，铅球会在某一时刻处于这样一个慢的状态，以至于它继续这样运动时，一千年也走不了半英寸。倘若真是这样，我倒希望你能说服我。

沙格列陀：萨尔维阿蒂的学问很渊博，常常以为他所熟知的那些专业表达别人也同样熟知，所以他有时会忘记，在他同我们交谈时，需要有人用较为浅显的论证来帮助说明一下我们不懂的东西。我这个人没有那么高的能力，因此（如果萨尔维阿蒂允许的话）会尝试用确凿的证据来帮助消除辛普利邱的至少一部分疑虑。现在就炮弹问题而言，辛普利邱，请告诉我，你是否承认，物体从一个状态过渡到另一个状态，达到一个较近的状态要比达到一个较远的状态更为自然和容易呢?

辛普利邱: 这一点我明白,而且也承认。例如,一块烧热的铁在冷却时,无疑是先从 10 度的热下降到 9 度,而不是先从 10 度的热下降到 6 度。

沙格列陀: 很好。那么请告诉我:被火药的力量竖直向上发射出去的炮弹是不是在持续减速,直到最后到达其最高的高度才静止不动呢?而当炮弹减小速度时(或者说我的意思是增加其慢度),它的慢度从 10 度变成 11 度要早于从 10 度变成 31
12 度,从 1000 度变成 1001 度要早于变成 1002 度,简而言之,从任何慢度总是先达到较近的慢度,而不是先达到较远的慢度,这难道不是很合理吗?

辛普利邱: 这样说是合理的。

沙格列陀: 但不管慢到什么程度,它和静止状态(即无限的慢)还是有差别的,不是吗?由此我们不应怀疑,球体在到达静止点之前会经过越来越大的所有慢度,因此会经过这样一个慢度,使它一千年也走不出一英寸的距离。既然如此,辛普利邱,你应当认为以下情况是完全有可能的:同一个球从上升转为下落,脱离静止并恢复其运动速度时,将会经过上升所经过的同样那些慢度;它也不会越过那些接近静止状态的更大的慢度,一下就跳到那些和静止相差较大的慢度。

辛普利邱: 与之前那些复杂的数学相比,这个论证要让我信服得多。因此,萨尔维阿蒂,你就重新开始,继续论证下去吧。

萨尔维阿蒂: 那么让我们回到原先的讨论,从离题的地方开始。如果我记得不错，我们是在证明直线运动对于世界上那些秩序井然的部分是无用的。我们接着又说，圆周运动则不然，圆周运动会让运动物体永远保持在同一位置，那种使运动物体沿着圆周围绕一个固定中心的运动不会使物体本身及其周围的物体变得无序，因为这种运动本质上是有限和有终止的。不仅如此，在旋转中，圆周上每一点都既是起点、又是终点，因此物体始终保持在为它指定的圆周上，把圆周以内和以外的其他一切都留给别的物体用，而绝不阻碍或打乱它们。这种运动使运动物体不断离开、又不断到达终点，只有这种运动才可能本质上是均匀的。[①] 因为当运动物体趋近于它所倾向的点时会产生加速，而减速之所以产生，是因为物体不愿离开和远离那一点；由于在圆周运动中，运动物体在不断远离和接近它的自
32 然终点，所以排斥和趋向永远具有相等的力（forze）。这种相等产生了一种既不减速也不加速的速度，即运动的均匀性。由于这种均匀性，以及运动是有限的，物体会持续不断地重复它的转动，而在物体沿着一条无界的线运动，或者持续加速或减速时，这种情况是不会天然（naturally）存在的。我说“天然”，是因为减速的直线运动是不能持久的受迫（violento）运动，而

有限、有界的圆周运动不会使宇宙的各个部分变得无序。

在圆周运动中，圆周上每一点都既是起点，又是终点。

只有圆周运动是均匀的。

圆周运动可以永久保持下去。直线运动天然不能持久。

① 见亚里士多德《物理学》（Aristotle, *Physica* VIII, 8, 265a, 34 ff.）。下面这段话是《对话》开篇常被用来显示据说伽利略无力摆脱“圆的完美”魔咒的段落之一。见爱因斯坦在序言中的评论。事实上，类似的段落也许更应被视为他的一种策略，即利用亚里士多德反对者关于宇宙圆周运动的论证来抵消他们自身的敌对倾向。而在其他作品中，伽利略嘲笑了那种认为任何几何形体都具有特定物理性质的看法。应当指出，伽利略在这里使用“forze”一词并不是为了引入“力”的概念，而是指“自然倾向”的强度。伽利略用“violenza”和“virtù”等词来指外在的力或约束。

加速运动必然要达到一个终点，如果有终点的话。如果没有任何终点，就不可能有朝向终点的运动，因为大自然不会向它不可能达到的地方运动。

直线运动被赋予自然物，以使它们混乱无序时能够恢复其完美秩序。

只有静止和圆周运动才适合维持秩序。

因此我的结论是，只有圆周运动才适合构成秩序井然的宇宙所必需部分的那些物体，而对于直线运动，我们最多只能说，只要物体（及其各个部分）不在其固有位置，排列很糟糕，因而需要由最短的路径恢复其自然状态，自然就会赋予它们。因此在我看来，有理由断言，为了维持宇宙各个部分之间的完美秩序，不得不说，运动物体只可能做圆周运动；如果有什么物体不做圆周运动，它就必然是不动的；只有静止和圆周运动才适合维持秩序。让我颇感惊讶的是，亚里士多德虽然认为地球静居于宇宙的中心，但并没有说有些自然物是天然可运动的，另一些自然物是天然不动的，尤其是他老早就把自然定义为运动和静止的本原。

感觉经验应当高于人的理性。

谁否认感觉，就应失去这些感觉。

我们的感官表明，重物朝着中心运动，轻物朝着月亮的轨道运动。

辛普利邱：亚里士多德尽管是个伟大的天才，但他绝不过分确信自己的推理。他在做哲学时总是认为，应把感觉经验置于由人的才智所建立的任何论证之上。他说，谁若违反了感觉证据，就应以失去这种感觉作为惩罚。现在，一个人只要不是瞎子，谁会看不见，凡属于土和水的部分，由于是重的东西，都会自然地向下运动——也就是朝着宇宙中心运动，这个中心被自然本身指定为向下的直线运动的终点——呢？同样，有谁会看不见，火和气都是朝着作为向上运动的自然终点的月亮轨道（orbit）[①] 的

① 字面意思是"球体"（orb），并非指我们认为的月亮路径，而是（转下页）

33 弧直接上升的呢？既然这一切都看得清清楚楚，而且肯定“适用于整体的道理也适用于部分”，[1]那么亚里士多德为何不说，“土的自然运动是朝着中心的直线运动，火的自然运动是远离中心的直线运动”是一个正确而明显的命题呢？

萨尔维阿蒂：凭你这个论证，我最多只能承认，地球的各个部分在脱离整体（即离开其天然静止的位置）时，简而言之在变得乱七八糟时，会以直线运动自然而且自动地回到原位；因此可以推断（假定“适用于整体的道理也适用于部分”），如果强行使地球脱离其自然位置，地球将沿直线回到原位。正如我所说，即使对你的论证加以全面考虑，最多也只能承认这一点。谁要想严格考察这些问题，从一开始就会否认，地球的各个部分回到其整体时，将会沿直线运动，而不会沿圆周或混合的线运动。你若要证明相反的结论，肯定会碰到许多麻烦，正如你从托勒密和亚里士多德所采用的回答理由和特殊实验中清楚看到的那样。

下落重物是否沿直线运动是有疑问的。

其次，如果说地球各个部分的运动并不是为了趋向于宇宙中心，而是为了与整个地球结合在一起（因此它们具有一种朝向地心的自然倾向，凭借这种倾向，它们形成了地球并且保持

地球之所以是球形，是因为它的各个部分都趋向于中心。

（接上页）指月亮据信嵌入的水晶天球。不过，译成“轨道”似乎比要求读者始终牢记旧的托勒密概念更好。“月亮轨道的弧”（字面意思是“月亮天球的凹处”）是一个经常出现的短语，指的是包含所有元素物质的假想容器。火元素被认为会自然地笔直上升，但始终被月亮天球所限。

① 这句话（eadem est ratio totius et partium）出自亚里士多德《论天》（Aristotle, *De Caelo* I, 3, 270a, 11）。亚里士多德的这一公理还以各种语法变体出现，以适应不同的语境。

其球形），那么你能给宇宙找到什么其他“整体”和其他“中心”呢？这样才能使整个地球从那里移开之后还能回到它们，才能使“适用于整体的道理也适用于部分”仍然管用。

我可以再补充一句，不论是亚里士多德还是阁下都无法证明地球**事实上**是宇宙的中心；如果要给宇宙指定一个中心，我们会发现太阳位于宇宙的中心，这一点你以后会明白。

很可能是太阳而不是地球位于宇宙的中心。

所有天体的各个部分都有趋向其中心的自然倾向。

现在的问题是，既然地球的各个部分相互合作形成一个整体，并可由此推出，它们拥有聚在一起的相同倾向，从而以最好的方式结合在一起，并使自己呈现为一个球形，既然如此，为什么我们不能认为，太阳、月亮和其他天体纯粹因其各个组
成部分拥有一种协调的本能和自然倾向，所以也是球形呢？如 34
果在某个时刻其中一部分被迫脱离整体，我们不是有理由认为它将凭借自然倾向自动回到整体吗？这样看来，我们应当断言，直线运动同样适用于所有天体。

辛普利邱：既然你不仅想否认科学的原理，而且想否认感觉经验和感觉本身，那么你肯定是说服不了的，也无法摆脱任何先入之见。因此我将保持缄默，这是因为“同否认基本原理的人无法争辩”，[①] 而不是因为我被你的推理说服了。

重物的直线运动是通过感觉知道的。

关于你刚才讲的那些事情，甚至质疑重物的运动是不是直线的，你有什么理由能否认，地球的那些部分（即重物）是直着朝中心下落呢？因为如果你把一块石头从一座墙壁是竖直的高

① 这句话（contra negantem principia non est disputandum）出自亚里士多德《物理学》（Aristotle, *Physica* I, 2, 185a, 3）。引出这种说法的萨尔维阿蒂的论证本质上是哥白尼在《天球运行论》（bk. I, chs. 8 & 9）中给出的那些论证。

塔上丢下，它将擦着塔壁落向地球，而且正落在从塔上同一处用绳子系一只铅锤放下来所碰到的那个位置。这个论证难道不是再清楚不过地说明，这种运动是直线的、朝向中心的吗？

其次你还质疑，地球的各个部分之所以运动，是否是像亚里士多德所断言的那样是为了走向宇宙的中心，就好像他不曾用相反运动的学说决定性地证明了这一点似的。他的证明如下：重物的运动与轻物的运动相反。我们可以看到，轻物的运动是竖直向上的，即朝向宇宙的圆周；而重物的运动则是竖直朝向宇宙的中心，这**碰巧**也是朝向地心，因为地球的中心和宇宙中心是一致的，是结合在一起的。[1]

亚里士多德的论证，以证明重物运动是为了走向宇宙的中心。

重物朝着地心运动只是巧合。

此外，你问太阳或月亮的一部分如果脱离整体会怎么样，这是徒劳的，因为你所究问的情形是不可能发生的。正如亚里士多德同样表明的，天体是不变的、不可入的、打不破的，所以这种情形永远也不会发生。即使发生，即使分离的部分回到了整体，那也不是由于轻或重的缘故，因为亚里士多德证明，天体是没有轻重的。

究问不可能发生的事情是愚蠢的。

按照亚里士多德的说法，天体是没有轻重的。

35 **萨尔维阿蒂**：正如我之前所说，你将会明白，当我考察那个特殊论证时，我怀疑重物是否沿一条笔直的垂线运动，这一怀疑是多么合理。关于第二点，我很惊讶你竟然需要我把亚里士多德如此显而易见的谬误揭露出来。奇怪的是，你竟然觉察不到亚里士多德假定了可疑的东西。因为你看……

辛普利邱：萨尔维阿蒂，请你谈到亚里士多德时放尊重

① 见亚里士多德《论天》(Aristotle, *De Caelo* II, 14, 296b, 15–16)。

些。他第一次，也只有他，令人钦佩地阐述了三段论形式、证明、反证以及如何发现诡辩和谬误——简而言之，阐述了所有逻辑——你怎么可能让人相信，他后来竟会那样模棱两可，以致把可疑的东西视为理所当然呢？两位先生，你们最好还是先彻底理解亚里士多德，然后再决定要不要反驳他吧。

亚里士多德是逻辑的发明者，不可能说模棱两可的话。

萨尔维阿蒂：辛普利邱，我们彼此之间做一些友好讨论，为的是探究某些真理。你暴露我的错误，我绝不会介意；如果我把亚里士多德的思想理解错了，你只管驳斥我，我将欣然接受。但请让我详述我的疑虑，并且对你刚才说的那番话做些回应。一般理解的逻辑是我们用来做哲学的工具。但正如一个工匠可能擅长制作风琴，却不知道如何演奏风琴，一个人也可能是伟大的逻辑学家，却不擅长利用逻辑。同样，许多人在理论上理解整个诗歌艺术，却连一首四行诗也写不好；还有一些人能够欣赏达·芬奇的所有绘画准则，却连一只凳子也不会画。演奏风琴不是由制造风琴的人来教的，而是由知道如何演奏的人来教的；诗歌是靠不断阅读诗人的作品而学会的；绘画是靠不断作画和制图而学会的；证明的艺术是靠阅读那些充满证明的书而学会的——这些书都是纯数学的著作，而不是逻辑著作。

现在回到我们的正题，我说在轻物的运动上，亚里士多德只看到火离开了地球表面的任何部分向上升起，直接远离了地面；事实上，这是移向了一个比地球圆周更大的圆周。亚里士多德认为，火移向了月亮路径的弧。但他无法证实这就是宇宙的圆周或者与之同心，以至于移向它就是移向宇宙的圆周。为 36
此他必须假定，我们看到轻物上升时离开的地心就是宇宙的中

心；这就等于说，地球位于宇宙的中心。而这一点正是我们感到可疑的，也是亚里士多德想要证明的。你说这不是明显的谬误吗？

亚里士多德关于地球位于宇宙中心的证明是错误的。

沙格列陀： 在我看来，即使我们承认亚里士多德的看法，认为火沿直线移向的圆周就是那个包围宇宙的圆周，他的这个论证从另一个方面来看也是有缺陷和不得要领的。因为不仅是离开中心的物体，而且离开圆上任何其他一点的物体，如果沿直线移向任意一点，都无疑会移向圆周，而且如果继续运动下去就会到达那里。于是我们可以有把握地说，它移向了圆周；但沿同一条线朝相反方向移动的任何物体，并不一定总是移向中心。只有所取的点本身就是中心，或者从给定的点把运动所沿的那条线延长后能穿过中心，才能移向中心。因此，只有假定火的这些线延长后能穿过宇宙中心，
59
“沿直线运动的火移向宇宙的圆周，因此沿同样的线朝相反方向移动的土微粒移向宇宙中心”这句话才是有效的。尽管我们确定地知道，火所走的直线（与地面垂直，而不是倾斜）穿过地心，但要想得出任何结论，我们必须假定地球的中心就是宇宙的中心，否则火微粒和土微粒就只能沿一条穿过宇宙中心的特殊的线上升和下降。这是错误的，而且与经验相抵触，因为经验表明，火微粒总是沿着与地面垂直的线上升，而且绝非只沿某一条线，而是沿着从地心向宇宙每一个部分延伸的无数条不同的线。

亚里士多德说的模棱两可的话，可以用另一种方式来揭露。

萨尔维阿蒂： 沙格列陀，你非常巧妙地使亚里士多德陷入了同样的难题，显示了明显的错误，还给它增加了另一种不一致性。
37 我们注意到地球是球形，因此确定它有一个中心，而且

看到地球的各个部分都移向这个中心。我们不得不这样说，因为各个部分的运动都与地面垂直，我们还知道，它们移向地心时也是移向其整体或共同母体。但我们不能说，它们的自然本能不是移向地心，而是移向宇宙中心；这种论证现在我们最好还是放弃吧，因为我们不知道宇宙中心在哪里，或者究竟是否存在。即使存在，它也不过是个想象的点罢了，一个没有任何性质的无。

重物趋于地球的中心而不是趋于宇宙的中心，这样的说法更为合理。

现在谈谈辛普利邱最后那句话。他说，关于太阳、月亮或任何其他天体的各个部分如果脱离其整体，会不会自然地回去，这种争论很愚蠢，因为（他说）这种情形是不可能的。根据亚里士多德的证明，天体显然是不变的、不可入的、不可分的，等等。我的回答是，亚里士多德用以区分天体与元素物体的那些条件，除了他从两者的自然运动有所不同而导出的推论外，没有任何依据。这样一来，如果我们否认圆周运动是天体所特有的，而是认为圆周运动属于一切自然运动的物体，那么就必须从两种必然推论中选其一：要么可生与不可生、可变与不可变、可分与不可分等属性同样而且普遍地适用于宇宙万物——既适用于天体，又适用于元素物体——要么亚里士多德错误地由圆周运动导出了他为天体指定的那些属性。

天体与元素物体的不同，取决于亚里士多德为它们指定的运动。

辛普利邱：这种做哲学的方式推翻了整个自然哲学，而且把天、地和整个宇宙搞得混乱无序。但我相信，逍遥学派的基本原理会使新科学安全无虞地在它们的废墟上建立起来。

萨尔维阿蒂：你不要为天和地担心，也不要怕把它们颠覆了，或者怕毁了哲学。拿天来说，既然你认为天是不变的，那么为它担忧就是徒劳的。拿地来说，现在我们努力使它和天体相似，是为了使它变得高贵和完美，就好像你们哲学家把地球逐出了天界，而我们要把它放回天上。哲学本身只可能从我们的争论中受益，因为如果事实证明我们的见解是对的，哲学就
38 会取得新的成果；如果是错的，那么反驳这些见解将会进一步确证原先的学说。你要担心还是担心某些哲学家吧，去帮助他们、为他们辩护吧。至于科学本身，它只可能变得更好。

哲学可以从哲学家的争论和分歧中受益。

现在言归正传，请你随意发表什么观点来确证亚里士多德在天体与元素物体之间所确立的巨大差别，他说天体是不生、不灭、不变的，等等，元素物体是可灭、可变的，等等。

辛普利邱：到目前为止，我看不出亚里士多德需要什么帮助，他立场坚定，地位稳固，连攻击都没有受过，更不用说败在你的手里。不仅如此，你如何来抵御他初始的这一击呢？

亚里士多德写道："物之所以生，是由于物体中存在着某种对立；同样，物之所以灭，是由于物体中的一种对立面转化成另一种对立面。"[①] 所以你看，生和灭只有在存在对立时才会出现。"然而对立面的运动都是对立的。因此，如果不能给天体指定对立面（圆周运动并无对立的运动），那么大自然为那些不生不灭的东西排除了对立面，就做得很对了。"这个原则一经确立，就立刻可以得出一个推论，即这样一个物体是不增、不变的，最终是永恒的，并且是不朽神明的适当居所——这也符

亚里士多德证明天界不灭的论据。

按照亚里士多德的说法，生和灭只存在于对立面之间。

圆周运动没有对立运动。

天界是不朽神明的居所。

① 见亚里士多德《论天》（Aristotle, *De Caelo* I, 3, 270a, 14–17）。此处伽利略对亚里士多德的话做了一定程度的意译。

感官把握的天界的不变性。

合对神明有所认识的人的看法。接着，亚里士多德又通过感官确证了同一结论。因为在过去的所有时代，根据人们的记忆和传统，无论是最遥远的天界，还是天界的某个不可或缺的部分，都没有看到有任何变动。

关于圆周运动没有对立面的证据。

至于圆周运动没有对立运动，亚里士多德用许多方式证明了这一点。我们无需全部重述，而是只讲一个非常清楚的证明，就是简单运动只有三种，即向心的、离心的和绕心的；在这三种运动中，两种直线运动（**向上的和向下的**）显然是对立的。既然一个东西只能有一个对立面，那就不剩什么运动和圆周运动相对立了。啊，你看亚里士多德用来证明天界不灭的这个论证是多么微妙和令人信服啊！

萨尔维阿蒂：可是你所讲的和我刚才暗示的亚里士多德的那种步骤并无不同，而且如果我说，你归于天体的那种运动并不适用于地球，那么你根据它所做的推论就始终是徒劳的。但
我要告诉你，你归于天体的圆周运动也适用于地球。根据这个 39
结论，即使你的其余论述都让人信服，我们也仍然可以得出三个结论之一，我方才已经讲过了，现在再重复一遍：要么地球本身也和天体一样是不生不灭的，要么天体也和元素物体一样是可生可变的，要么这种运动上的差别与生灭没有关系。亚里士多德的论证和你的论证都包含着许多不能轻易接受的命题。为了更好地考察这些命题，我们不妨把它们讲得尽可能清晰分明。——请原谅，沙格列陀，如果我这样翻来覆去地讲让你感到厌烦的话，你就当我是在一场公开辩论中大发议论吧。

你说："生和灭只有在存在对立时才会出现；对立面只存

在于简单的自然物中，这些物体可以做对立的运动；对立运动只包括那些在相反两端之间所做的直线运动；它们只有两种，即离心的和向心的；这些运动不属于除土、火和另外两种元素以外的任何自然物；因此生和灭只存在于元素中。由于第三种简单运动即绕心的圆周运动没有对立面（因为另外两种运动是对立的，而一个东西只有一个对立面），所以凡具有这种运动的自然物就缺少一个对立面，而没有对立面就是不生不灭的，等等，因为没有对立面的地方就没有生、灭，等等。但圆周运动只属于天体，所以只有这些天体才是不生不灭的，等等。”

发现地球是否运动，要比发现对立面是否导致毁灭更容易。

现在首先，我会认为确定地球是否运动得非常之快，以至于每 24 小时就要绕轴自转一周，要比理解和确定生和灭是否产生于对立面，或者生、灭和对立面在自然中是否存在，容易得多。因为地球是一个极为庞大的物体，由于靠近我们而便于考察。还有，辛普利邱，你看少量发霉的酒气就能很快地孳生
40 出成千上万只苍蝇，如果你能教给我自然是如何操作的，表明在这个事例中什么是对立面，什么东西毁灭了以及是如何毁灭的，我就会比现在更加尊敬你，因为我根本不懂这些事情。此外，我很想弄明白，为什么这些起毁灭作用的对立面对穴鸟那样有利，对鸽子却那样残忍，对牡鹿那样纵容，对马却那样不耐烦，以至于穴鸟和牡鹿可以活好多年（也就是多年不灭），而鸽子和马的生命用星期计还不及前者。把桃树和橄榄树种植在同一块土壤里，让它们遭受同样的酷暑严寒、同样的风吹雨打，简而言之，暴露于同样的对立面下，而桃树不用多久就会死掉，橄榄树则可以活成百上千年。此外，我从来也不相信，物质的

任何转变（我们始终局限于纯粹自然的现象）会使物质被完全摧毁，以至于原来的物体变得一点不剩，而被另一个完全不同的物体取而代之。如果我设想一个物体先处于一种形态，然后又处于另一种完全不同的形态，我看只要把物体的各个部分简单地置换一下，不毁灭任何东西，也不产生任何新的东西，就可以使转变发生，因为我们每天都可以看到类似的形态变化。

将物体的各个部分简单地重新排列，就能显示物体的各种不同形态。

所以再说一遍，我的回答是，由于你想说服我相信，地球因为有生有灭而不能做圆周运动，你的任务要比我艰巨得多，因为我会向你证明事实正好相反，我的论证的确要难一些，但却同样有说服力。

沙格列陀：对不起，我要打断你一下，萨尔维阿蒂，你讲的这些尽管让我很感兴趣（因为我自己也陷入了同样的难题），但我怀疑，如果我们不把主题完全置于一旁，你什么时候才能讲完。因此，为了能继续讨论我们的第一个论点，最好是把这个生灭问题留待日后专门讨论。还有，如果你和辛普利邱觉得合适，对于讨论过程中碰到的其他特殊问题也可以如法炮制。这些问题我会分别记在心里，改天再提出来做详细考察。

至于当前的问题：亚里士多德声称圆周运动只属于天体而
不属于地球，你说如果否认这一点，那么对于地球为真的东西， 41
比如可生、可变等，对于天界也为真。所以我们不要再探究像生灭这样的事情在自然中是否存在，还是来研究地球的实际情况如何吧。

辛普利邱：我很少听到有人质疑生灭在自然中是否存在，这是我们司空见惯的事情，亚里士多德已经为此写了整整两本书。然而一旦你否认那些科学原理，并且对最明显的事物表示质疑，人人都知道你想证明什么就可以证明什么，任何悖论都可以坚持。你难道看不见地球上的草木、植物、动物天天在生长和衰败吗？难道看不见对立面在相互竞争，土变成水，水变成气，气变成火，气又凝聚成云、雨、雹和风暴吗？

通过否认科学原理，一个人可以坚持任何悖论。

沙格列陀：这些东西我们当然都看得见，而且愿意承认亚里士多德关于对立面引起的生与灭这个方面的论证。但如果我基于亚里士多德所承认的那些命题向你证明，天体本身和元素物体一样有生有灭，你会怎么说呢？

辛普利邱：我会说，那是不可能做到的。

65

沙格列陀：请告诉我，辛普利邱，这些性质是不是相互对立的？

辛普利邱：哪些性质？

沙格列陀：怎么，就是这些嘛：可变和不变，可生和不生，可灭和不灭。

辛普利邱：它们是完全对立的。

沙格列陀：既然如此，而且既然天体是不生不灭的，我将向你证明天体必然是有生有灭的。

辛普利邱：这只可能是诡辩。

沙格列陀：你先听听我的论证，然后再来批评和解决。

天体既然是不生不灭的，在自然中有其对立，那么天体就是有生有灭的物体。但哪里有对立性，哪里也就有生灭。所以天体是有生有灭的。

天体是不生不灭的，因此是有生有灭的。

辛普利邱：我不是跟你说过吗？这只可能是一种诡辩。这欺骗的论证，或者被称为连锁诡辩。

是那种被称为“连锁诡辩”[1]的欺骗论证之一，就像那个克里特人说所有克里特人都是说谎者一样。他既然是克里特人，那么他说克里特人都是说谎者，就是在说谎。既然是说谎，那么克里特人就并不都是说谎者，因此作为一个克里特人，他说的就是真话。既然克里特人都是说谎者这说的是真话，而他自己是一个克里特人，那么他一定也是个说谎者。所以在这种诡辩中，一个人可以一直兜圈子，永远得不出结论。

沙格列陀： 到目前为止，你算是给了它一个名称；你还得解决它，揭示它的谬误。

天体之间不存在对立。

辛普利邱： 关于解决它和揭示它的谬误，你难道看不出其中包含着一个明显的矛盾吗？天体是不生不灭的，因此，天体是有生有灭的！还有，对立性不存在于天体之间，而存在于元素之间，因为元素有向上运动与向下运动的对立，有轻与重的对立。但是做圆周运动（这种运动没有对立的运动）的天体缺少对立性，所以是不灭的，如此等等。

沙格列陀： 不要着急嘛，辛普利邱。这种让你把某些简单物称为可灭的对立性，是存在于可灭的物体中呢，还是只存在于它与其他物体的关系中？我的意思是，例如，使一块土腐败的湿是存在于这块土本身呢，还是存在于其他物体，即气或水？我相信你会说，正如向上运动与向下运动，或者重与轻等

① 据施特劳斯所说，这里的克里特悖论并不是“连锁诡辩”（sorites）；他称之为“伪证明”（Scheinbeweis），这与现代逻辑学的角度相一致。“连锁诡辩”本质上属于连锁论证（chain argument），最经典的例子是通过每次移除对小麦堆来说无关紧要的一粒小麦，以此反驳小麦堆的存在。

等你所理解的原初对立面不能并存于同一物体中，干与湿、冷与热也不能并存于同一物体中。所以你只能说，物体的腐败是由存在于另一物体中的与之对立的性质所引起的。因此，要想证明天体可灭，我们只需指出自然之中有物体具有和天体对立的性质就够了。而那些元素正是如此，倘若可灭与不灭果真对立的话。

引起腐败的对立面并不存在于变得腐败的物体中。

辛普利邱： 不，我亲爱的先生，这是不够的。那些元素之所以改变和腐败，是因为它们相互接触和混合，因此能运用它们的对立性。但天体和元素物体是分开的，元素物体连触都触
43 不到天体——虽然天体的确会影响那些元素。如果你想在天体中确立生灭，你必须表明对立性存在于天体之间。

天体触得到元素物体，但元素物体触不到天体。

沙格列陀： 我会这样在它们之间找到对立性。你之所以导出元素的对立性，其最初来源是其向上运动与向下运动的对立性。因此，这些运动依靠的无论什么本原也会相互对立。现在，既然任何向上运动的东西之所以向上都是因为轻性，任何向下运动的东西之所以向下都因为重性[①]，轻与重就必定相互对立。同样，我们也应认为，任何其他使物体成为轻的本原和使物体成为重的本原是对立的。按照你自己的说法，轻性和重性是由疏和密引起的，所以疏和密也是对立的。这些性质遍布于天体中，以至于我们认为星体仅仅是天界较为致密的部分罢了。如果是这样，那么星体的密度就要几乎无限超出天界其余

重与轻，疏与密，都是对立的性质。

星体在密度上无限超出天界其余部分的物质。

① 为了避免使人以为伽利略已经有了牛顿意义上的“重力”概念，在涉及原因概念的地方，“重力”一律翻译为“重性”（除了一两处必要的例外）。如果这个词仅被用来表示物体的一种性质（例如与“轻”相对时），则可译为“重”。

部分的密度(这显见于天球极端透明而星体极端不透明，而透明度之所以有大小之别，其原因只可能是疏密程度有大有小)。既然天体之间存在这种对立性，它们就必然和元素物体一样有生有灭，否则对立性就不是可灭性的原因了，等等。

天体的疏密不同于元素物体的疏密。——克雷莫尼诺

辛普利邱：这两种选项都不是必然的，因为天体的疏与密并不像元素物体的疏与密那样相互对立。因为在天上，疏与密并不取决于冷与热这两种对立的原初性质，而是取决于同一体积内所含物质的多少。“多”和“少”只有一种相对的对立性，这种对立性最微不足道，与生灭毫无关系。

沙格列陀：那么，要想认为疏与密是元素轻与重的原因，轻与重是向上和向下两种对立运动的原因，**向上**和**向下**运动又是生与灭这个对立面的原因，单单说“密”与“疏”取决于同一体积内所含物质的多少，还不够，“密”与“疏”还需要有冷与热这些原初性质来帮忙，否则就什么结果也没有。

但如果这样，亚里士多德就欺骗了我们。他本应一开头就说清楚这一点，并且写下来，那些有生有灭的、可以做向上 44
向下的简单运动的简单物是由轻和重造成的，轻和重又是由疏和密造成的，疏和密又是由物质的多和少造成的，而所有这一切又是由冷和热造成的。他不应停留在简单的**向上**和**向下**运动上，因为我可以向你保证，只要物体有疏密，物体就能因为轻重而做对立的运动，至于这种疏密来自于热和冷，还是来自于你能想象的随便什么东西，都没有关系。我们通过实验可以发现，一块烧红的铁肯定可以说是热的，但称量起来和它冷的时候却一样重，运动起来也和冷的时候一样。不过撇开这些不

亚里士多德因为给元素的生灭指定原因而声望受损。

谈，你怎么知道天体的疏密与冷热无关呢？

辛普利邱： 我之所以知道，是因为那些性质在天体中并不存在，天体是没有冷热的。

萨尔维阿蒂： 我看我们又一次被汪洋大海所包围，永远出不来了。这等于航海而没有罗盘、星体或桨舵，这样我们势必要么沿着海岸航行，要么搁浅，要么永远迷失方向。倘若如你所说，我们继续讨论我们的主题，那就必须把直线运动在自然之中是否必要、是否为某些物体所固有等一般问题暂时搁置一旁，继续进行证明、观察和某些实验。首先，我们必须阐述亚里士多德和托勒密等人为了证明地球不动而提出的所有论据，然后再尝试解决它们。最后，我们必须提出一些论据，让人相信地球和月亮或任何其他行星一样，也是做圆周运动的自然物。

沙格列陀： 我很同意你最后讲的内容，因为你的宏论和一般论述比亚里士多德的更让我感到满意。你的话没有让我产生任何疑虑，而亚里士多德却常常让我想不通。你提出，只要我们假定宇宙的各个部分被安排得尽善尽美、井然有序，那就证明直线运动在自然之中不可能有位置，我不明白辛普利邱为什么对这个论证不太满意。

45 **萨尔维阿蒂：** 且停一下，沙格列陀，我想到了一个让辛普利邱满意的办法，只要他不把亚里士多德的话奉为金科玉律，以致有稍微偏离就会被看成亵渎神圣。

毫无疑问，只有圆周运动和静止才能保持宇宙的各个部分被安排得尽善尽美、秩序井然。至于直线运动，正如我们刚才所说，除了让那些偶然脱离整体的不可或缺的物体回到其自然位置，我看不出有什么用处。

亚里士多德和托勒密认为地球是不动的。

静止应当比向下运动更符合地球的本性。

现在让我们看看整个地球，看看什么能让地球和其他天体保持其自然的最佳安排。我们只能说，地球要么永远静止于它的位置，要么永远待在其位置上自转，要么围绕一个中心，沿着一个圆周运转。在这三种情况中，亚里士多德、托勒密及其所有追随者都说，根据观察，地球一直处于并将永远保持第一种情况，即永远静止于同一位置。既然如此，他们为何不一开始就说，地球的自然属性就是保持静止不动，而要把地球的自然运动说成是地球从来没有做也永远不会做的向下运动呢？至于直线运动，让我们承认，土、水、气、火的微粒以及任何其他不可或缺的地上物体在脱离整体并且被移到某个非固有的位置时，自然用这种运动使它们回到原来的整体——除非我们找到某种更恰当的圆周运动也能实现这种回归。在我看来，这种原初立场要比把直线运动归于诸元素的一种内在的自然本原更符合所有推论，即使是用亚里士多德自己的方法来推论也是如此。这是显而易见的，因为亚里士多德这个逍遥学派认为天体是不灭和永恒的，而地球则是可灭和有朽的，如果我问他会不会有朝一日，太阳、月亮和其他星体继续存在，继续起作用，而地球却在宇宙中消失，和其他元素一起消灭，他肯定会回答不 46
会。因此生与灭属于部分，而不属于整体。事实上，生与灭属于和整个地球相比感觉不到的极小的表面部分。现在，既然亚里士多德由直线运动的对立性来论证生与灭，让我们承认这些运动属于部分，而只有部分才会变化和腐败。但整个地球和元

把直线运动归于部分要比归于所有元素更正确。

素球层则要么做圆周运动，要么永远保持在其固有位置上——只有这两种倾向才适合完美秩序的永存和维持。

逍遥学派毫无理由地把元素从未做的运动称为它们的自然运动，而把它们一直在做的运动称为超乎自然的。

刚才就地球所说也同样适用于火和大部分气，对于这些元素，逍遥学派不得不把一种从不属于它们、将来也不可能属于它们的运动称为它们固有的自然运动，而把它们现在、过去、将来一直在做的运动从自然中废除掉。我之所以这样说，是因为他们把向上的运动归于火和气，而这种运动从不属于这些元素，而只属于它们的一些微粒——即便在这种情况下，也只是在它们离开自然位置时使之恢复到完美的安排而已。另一方面，他们却称圆周运动（火和气一直在做这样的运动）对于火与气来说是超乎自然的，他们忘了亚里士多德曾经多次说过，凡受迫的东西都不可能持续很久。

辛普利邱：对于所有这些问题，我们都可以做出非常恰当的回答，但眼下还是略而不谈吧，以使我们讨论那些特殊理由和感觉实验，诚如亚里士多德所说，这些感觉实验最终应当比人的理性所能提供的论证更为可取。

感觉经验应当比人的理性更为可取。

沙格列陀：根据以上所说，我们来看看这两个一般论证中哪一个的可能性更大。第一个是亚里士多德的，他要我们相信，月下物体天然是有生有灭的，等等，因此本质上与不变、不生、不灭的天体非常不同。这个论证是由简单运动的差异推论出来的。第二个是萨尔维阿蒂的，他假定世界的各个必要组成部分都得到了最好的安排，因此必然会把直线运动从简单自然物中排除出去，因为这种运动在自然之中没有用处；他认为地球也是一个天体，具有天体的一切特权。到现在为止，后一

推理更合我心意。辛普利邱如果不同意，就请提出所有的具体 47
论证、实验和观察，不论是物理学的还是天文学的，只要能让人完全相信，地球不同于天体，地球静止于宇宙中心，或者提出其他任何根据，证明地球不像木星等行星或月亮那样是运动的。并请萨尔维阿蒂逐步予以答复。

辛普利邱：那么首先，这里有两个强有力的论据，证明地球和天体有很大不同。第一，可生、可灭、可变的物体完全不同于不生、不灭、不变的物体。地球是可生、可灭、可变的，而天体则是不生、不灭、不变的，所以地球和天体有很大不同。

沙格列陀：你的第一条论证已经搁在桌上一整天了，刚刚才被拿走，现在你又放回桌上了。

辛普利邱：不要急嘛，先生。请听我继续分解，你就会发现它和之前有多么不同。先前的小前提是用**先验的**方法证明的，而现在我用的是**后验的**方法。你自己看看这是不是一样。由于大前提非常清楚，所以我只证明小前提。

天界是不变的，因为从未看到它有什么变化。

感觉经验表明，地球上有持续不断的生灭变化。而类似的情况，不论是我们的感官，还是前人的传统或记载，都无法在天界找到；所以天不变而地可变，因此天与地不同。

天然发光的物体不同于黑暗无光的物体。

第二个论证我取自一种主要的本质属性，它是这样的：任何天然黑暗无光的物体都不同于光辉灿烂的物体；地球是黑暗无光的，天体是光辉灿烂的；因此，如此等等。你先回答这些，然后我再补充别的，以免问题成堆。

萨尔维阿蒂：关于你诉诸经验的第一个论证，我希望你能确切地告诉我，有哪些变化你能在地上看到而在天上看不到，从而让你说地可变而天不变。

辛普利邱： 在地球上我看到草木、植物、动物生灭不已，
48 风霜雨雪此起彼伏，一句话，地球的面貌一直在变化。这些变化均不见于天体，天体的位置和位形精确地符合人们的一切记忆，既没有新的东西生出来，也没有旧的东西消灭掉。

萨尔维阿蒂： 但如果你非得满足于这些可见的东西，或者说这些视觉经验，你就必须认为中国和美洲都是天体，因为你肯定没有见过这些地方有过你在意大利看到的这些变化。所以在你的意义上，它们必定是不可变的。

辛普利邱： 即使我没有亲眼见过这些地方有这些变化，但有关于这些变化的可靠记载。此外，“**适用于整体的道理也适用于部分**”，这些国家既然和我们的国家一样也是地球的一部分，也就必然和地球一样是可变的。

萨尔维阿蒂： 但你为什么没有见过这种变化，而只能相信别人的传说呢？为什么你不亲眼看一看呢？

辛普利邱： 因为这些国家远得看不见；它们太过遥远，我们的视觉发现不了它们的这种变化。

萨尔维阿蒂： 现在你看看，你无意间已经暴露了你论证的谬误。你说地球上眼前可见的变化在美洲看不见，因为美洲太远了。那么月亮上的变化就更看不见了，因为月亮比美洲远千百倍。而且，既然你根据来自墨西哥的消息相信墨西哥有变化，那么有什么来自月亮的消息使你相信月亮上没有变化呢？你不能由看不见天上的变化（由于距离遥远，而且没有消息传来，天上即使发生什么变化，你看不见）就推论出天上没有变

化，这和你由看见地球上有变化而正确地推论出地球上的确存在变化是不一样的。

地中海是由阿比拉山和卡尔佩山分开而形成的。

辛普利邱： 在地球上发生的变化中，我发现有些变化非常之大，如果它们发生在月亮上，我们在下面地球上准会观察到。由最古老的记录可知，以前在直布罗陀海峡，阿比拉山和 49
卡尔佩山由一些小山连着，阻挡了海洋。但这两座山由于某种原因被分开了，海水就从缺口涌入，形成了地中海。[①] 想到这种变化之巨大，想到海水和陆地的这种形貌改变在远处一定看得见，当时月亮上如果有人，一定很容易看到这种变化。同样，如果月亮上发生这样的变化，地球上的居民也会发现；然而，关于这样的事情被人看见的记载从未有过。所以要说天体可能发生什么变化，仍然是没有根据的。

萨尔维阿蒂： 我不敢说这类巨大的变化曾在月亮上发生过，但也不确定就没有发生过。我们只能从月亮较亮和较暗部分的某种变动来推论出这种变化，我怀疑地球上是否有什么善于观察的月面学家根据多年来的研究为我们提供过这样精确的月面图，使我们能够合理地断言月面上从未发生这样的变化。关于月亮的面貌，我知道的最精确的描述就是，有人说它像人脸，有人说它像狮子的鼻口，还有人说它像该隐（Cain）背了一捆荆棘。因此说“天是不变的，因为无论在月亮上还是在其他

---

① 阿比拉山（Abila）和卡尔佩山（Calpe）是直布罗陀海峡的古老称谓；阿比拉山是北非靠近休达（Ceuta）的一座小山，卡尔佩山则是直布罗陀巨岩（Rock of Gibraltar）。相关传说有两种版本，这里提到是普林尼的版本，而斯特拉波（Strabo）则认为，当大西洋冲破海峡灌入时，地中海已经作为一个内陆海而存在了。

天体上，都没有见过我们在地球上发现的那种变化”，这话没法证明任何东西。

沙格列陀：辛普利邱的第一个论证还有一个疑点让我耿耿于怀，希望能把它消除掉。我想问他，地球是在地中海形成之前就有生有灭，还是从那时才开始这样？

辛普利邱：无疑在此以前就有生有灭了，不过地中海的形成是非常巨大的变化，所以即使远在月亮也可以观察到。

沙格列陀：好吧，既然地球在那次洪水之前就已经有生有灭，为什么月亮上没有这样的变化就不能同样有生有灭呢？为什么在月亮上必不可少的东西，在地球上却一点都不重要？

萨尔维阿蒂：这话非常敏锐。但辛普利邱恐怕把亚里士多
50 德和其他逍遥学派的原文的意思做了一点改动。他们说，天之所以不变是因为从未见过有什么星体产生或消灭，一颗星体在整个天界所占的比例可能比地球上的一座城市还要小；然而有无数城市已经被摧毁，没有留下任何踪迹。

星体和整个地球一样不可能消灭。

沙格列陀：其实我并不这样认为，我觉得辛普利邱曲解了这段原文的意思，目的是不把一种更加荒唐的想法归于亚里士多德及其弟子。说“天不变是因为天上的星体没有生灭”，这话多么愚蠢啊！难道有什么人看见一个地球消灭掉，而另一个地球产生出来取而代之吗？难道不是所有哲学家都承认，天上极少有星体小于地球，绝大多数星体都比地球大得多吗？因此，天上星体的消灭将和整个地球毁灭是同样重大的事件！如果为了能把生灭确定地引入宇宙，非要把星体这样的庞然大物说成有生有灭，你最好还是放弃整个想法吧。因为我可以向你保证，你永远看不到我们世世代代目睹的这个地球或宇宙中其他星体会消失得无影无踪。

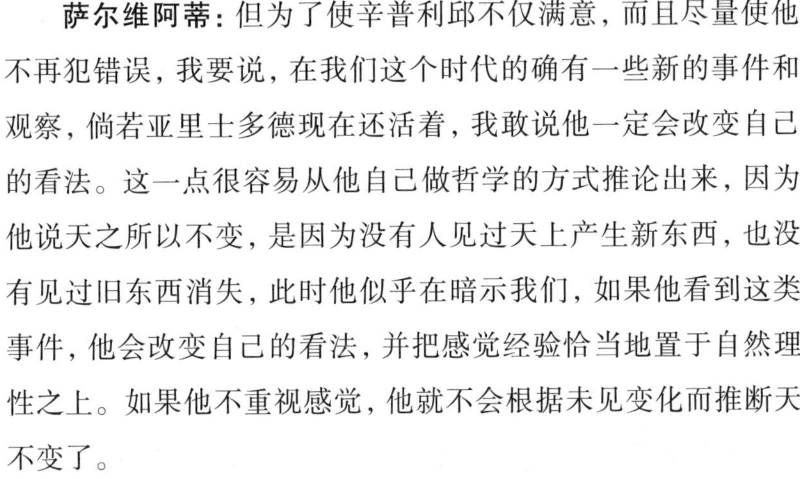

如果看到我们这个世纪的新事物，亚里士多德会改变自己的看法。

萨尔维阿蒂：但为了使辛普利邱不仅满意，而且尽量使他不再犯错误，我要说，在我们这个时代的确有一些新的事件和观察，倘若亚里士多德现在还活着，我敢说他一定会改变自己的看法。这一点很容易从他自己做哲学的方式推论出来，因为他说天之所以不变，是因为没有人见过天上产生新东西，也没有见过旧东西消失，此时他似乎在暗示我们，如果他看到这类事件，他会改变自己的看法，并把感觉经验恰当地置于自然理性之上。如果他不重视感觉，他就不会根据未见变化而推断天不变了。

76

辛普利邱：亚里士多德先是**先验地**确立了他的论证基础，通过自然的、明显的、清晰的原则表明天必然是不变的，而后又**后验**地通过感觉经验和古人的传统支持了同一论断。

萨尔维阿蒂：你指的是他撰写学说时使用的方法，但我不 51
相信这就是他的研究方法。我倒确信，他先是通过感觉、实验和观察得到了结果，尽可能地确信他的结论无误，然后再设法加以证明。在证明性的科学里大都是这样做的。之所以如此，是因为如果结论为真，那么就可以利用分析法无意中发现某个业已证明的命题，或者找到某个公理原则；但如果结论为假，那么无论怎样探索都不会找到任何已知真理——即使不碰上某种不可能的结论或明显的谬误。你可以相信，毕达哥拉斯早在以百牲祭庆祝他发现的证明之前，就已经确信直角三角形斜边的平方等于另外两边的平方和了。结论的肯定大大有助于发现

结论的肯定有助于用分析法找到证明。

毕达哥拉斯曾以百牲祭庆祝他发现的一条几何证明。

它的证明——这里总是指在证明性的科学中。但无论亚里士多德是怎样进行的，是**先验**的推理先于**后验**的感觉经验，还是**后验**的感觉经验先于**先验**的推理，正如他多次讲过的那样，只要他把感觉经验置于任何论证之上就够了。还有，**先验**论证的力量已经考察过了。

现在回到主题，我说，我们这个时代正在发现并且已经发现的天上的东西可以完全满足所有哲学家，因为我们曾经看见和正在看见某些天体和整个天界中所发生的，正是一直被我们称为生灭的那些事件。卓越的天文学家们曾经观察到许多彗星在月亮轨道上方的位置生灭，此外还有在1572年和1604年发现的两颗新星，它们无疑在所有行星之外。[①] 天文学家还借助望远镜看到太阳表面上有一些浓黑的物质产生和消散，很像地球上的云；其中有些物质非常巨大，不仅超出了地中海，连整个非洲，甚至把亚洲也加进去，也没有这么大。倘若亚里士多德见过这些东西，你认为他会怎么说、怎么做呢，辛普利邱？

天上出现过新星。

太阳表面有黑子产生和消散。

77

有些太阳黑子比整个亚洲和非洲还大。

52 **辛普利邱：**亚里士多德是所有科学的大师，他会怎么做或怎么说，我可不知道。但我多多少少知道他的追随者们是怎么做、怎么说的，而且知道他们为使哲学不失去一位向导、领袖和首领，应该怎么做和怎么说。

关于彗星，那些想使它们成为天体的现代天文学家不是已

那些天文学家遭到《反第谷论》的反驳。

① 这里提到的拥有超强亮度的新星即超新星(supernovas)。1572年的新星出现在仙后座，被称为“第谷星”；它亮度惊人，一连数个星期能在白天看到，连续18个月能在夜间看到。1604年的新星在蛇夫座，尽管伽利略在《对话》中一直称其在人马座。

经被《反第谷论》[1] 击败了吗？而且是被他们自己的武器击败的，也就是说，凭借视差和反复计算，最终结果却支持亚里士多德的看法，即彗星也是元素性的。对于那些创新者来说如此根本的一个事物既已摧毁，还有什么能支撑他们呢？

萨尔维阿蒂：请冷静一下，辛普利邱。对于 1572 年和 1604 年发现的那些新星和太阳黑子，你的这位现代作者是怎么说的呢？关于彗星，我并不关心它们在月亮之下还是月亮之上产生。我对第谷[2] 那些冗长的论述也无甚兴趣。我也很愿意相信，这些彗星的物质是元素性的，它们可以随意上升而不被逍遥学派那不可入的天界所阻碍，因为我认为逍遥学派的天界要比我们的气稀薄、柔和、精微得多。至于视差的计算，我首先怀疑对彗星的观测是否有视差；此外，计算它们所基于的观测并不是恒常进行的，这就使我对第谷的意见和他对手的意见同样怀疑，特别是对于后者，因为在我看来，《反第谷论》有时

《反第谷论》让天文观测符合自己的意图。

① 《反第谷论》(*Anti-Tycho*)是西皮奥·基亚拉蒙蒂(Scipio Chiaramonti, 1565-1652)于 1621 年出版的一本书。伽利略并非第谷的仰慕者，他在 1623 年的《试金者》中赞扬了基亚拉蒙蒂的这本书。开普勒预言，伽利略会后悔对基亚拉蒙蒂的一切背书，事实的确如此。

② 第谷·布拉赫(Tycho Brahe, 1546-1601)是丹麦人，常被称为第一位真正的现代天文学家，既因为他广泛而精确的天文观测，也因为他设计、建造和操作大型天文仪器的高超技艺。他的反托勒密理论仍然是地心的，他让行星围绕太阳转，而太阳则围绕地球转。至于伽利略为何奇特地用“第谷”这个名来称呼他，也许可以从伽利略自己的名字上找到解释——他的姓是“伽利莱”(Galilei)，但人们总称他“伽利略”(Galileo)。意大利人一般会以直呼其名的方式来称呼他们的伟人，譬如但丁(·阿利吉耶里)，莱昂纳多(·达·芬奇)和米开朗基罗(·博纳罗蒂)。

会根据其作者的品位来修正那些不适合自己意图的天文观测，否则就宣布它们是错误的。

辛普利邱： 关于那些新星，《反第谷论》用几句话就把它们彻底了结了，说并不能确定地知道这些新近出现的新星是天体。该书的对手若想证明天体有生有灭，就必须显示我们早已描述过的星体、那些无疑是天体的星体所发生的变化。而这是永远做不到的。

至于有人说太阳表面上有物质在产生和消散，《反第谷论》根本没有提到这一点。由此看来，作者将它视为一种神话或望远镜产生的错觉，或者顶多是气所产生的某种现象。总之，根本不是天界物质。

53 **萨尔维阿蒂：** 可是辛普利邱，对于这些讨厌的黑子，[1] 这些扰乱天界，甚至扰乱逍遥学派哲学的黑子的对抗，你有什么办法来回应呢？作为逍遥学派英勇无畏的捍卫者，你肯定已经找到了回应和解决方案，望能不吝赐教。

关于太阳黑子的不同意见。

辛普利邱： 关于这些物质，我曾听到不同的意见。有些人说："它们是和金星、水星一样的行星，沿固有的轨道绕太阳运

① 伽利略可能是第一个观测太阳黑子的人，尽管这仍然存疑。在发表这一主题的文章方面，约翰·法布里修斯（Johann Fabricius）和耶稣会神父克里斯托弗·谢纳（Christopher Scheiner）肯定都领先于他。法布里修斯的声明（*De Maculis in Sole*..., Wittenberg）出现在 1611 年 6 月，尽管谢纳和伽利略似乎都没有见过。谢纳的第一份出版物是他 1612 年初化名"隐藏在绘画背后的阿派勒斯"（Apelles latens post tabulam）写给奥格斯堡市长马克·韦尔泽（Mark Welser）的三封信。韦尔泽将其寄给伽利略以求评论。猞猁学院以《关于太阳黑子的记录和演示》（*Istoria e Dimostrazioni Intorno alle Macchie Solari*..., Rome, 1613）为题出版了伽利略的三封回信。

转，但经过太阳下方时在我们看来就是黑的，而且由于数目很多，所以它们常常聚在一起，然后又分开了。”[①] 另一些人认为它们是气所引起的幻象，还有一些人认为是镜片产生的错觉，再有一些人则认为是别的什么。但我最倾向于相信——甚至觉得可以肯定——它们是各种不同的不透明物体，几乎偶然才聚集在一起。因此我们常常看到一个黑子之内有十个或十个以上这类形状不规则的微小物体，看起来就像雪花、羊毛或飞蛾。它们互换位置，时而分开，时而聚拢，但通常在太阳正下方，围绕太阳运转。但不能因此就说它们必然有生有灭。毋宁说，它们有时躲在太阳后面，有时虽然离太阳很远，但由于接近太阳无限的光芒而不能被看见。因为在太阳的偏心[②] 球里形成了洋葱一样的层层重叠，每一层都点缀着一些小黑子在运动；虽然它们的运动起初看上去不够恒常和规则，但经过一段时间，最终可以观察到这些黑子一定会重新出现。在我看来，这似乎是

① 虽然这段话在原文中是直接引用，但它似乎是伽利略对谢纳在给韦尔泽的信中所发表观点的一个粗略总结。

② “偏心”的说法出自托勒密的天文学模型。托勒密理论利用两种设计来构造太阳、月亮和行星的运行轨道，使其具有恰当的不规则性，从而与实际观测相符合。其中一个是本轮（epicycle）和均轮（deferent）模型，另一个是偏心圆（eccentric）模型。在后者构造的圆形轨道中，地球偏离了其精确中心。这种安排特别适合解释太阳的视运动。本轮与偏心圆的结合导致托勒密体系中有三种类型的“中心”：地球所在的宇宙中心，均轮（即承载本轮中心的偏心圆）的中心，以及“偏心匀速圆”（equants）的中心，从这一点来看，运动是匀速圆周的。通过累积这类权宜的设计，托勒密得以进行精确的计算和预测，尽管做起来十分费力。同时，这个复杂的体系也妨碍了任何合理的天体力学。哥白尼认为偏心匀速点是一种不恰当的设计，因为它产生的圆周运动相对于其真正中心并不均匀；因此他起初仅限于本轮的组合，但后来也引入了偏心圆。

迄今为止能够解释黑子现象、同时又能保持天界不生不灭的最恰当的权宜之计了。如果这样说还不够，那就请更有才智的人寻找更好的答案吧。

萨尔维阿蒂：如果我们讨论的是法律或人文学科的一种观点，其中不存在什么对错，那么也许可以信任作者的才思敏捷和丰富经验，并且指望他对这些事情的精通可以使他的推理显得极为可信，也许可以认为这是最好的论述。但自然科学的结
54 论是正确且必然的，与人的意志毫无关系，因此在自然科学中，我们必须小心不要为错误辩护。因为在这里，任何一个平凡的人，只要碰巧遇到了真理，哪怕一千个德摩斯梯尼和一千个亚里士多德都会被弃于困境。因此，辛普利邱，如果你还以为有什么比我们学识渊博得多的饱学之士无视自然的实际状况，把错误说成真理，你还是放弃这种想法或希望吧。而且，既然在迄今为止提出的关于太阳黑子本质的所有观点中，你认为你方才解释的那种观点是正确的，那么其余观点就都是错误的了。现在，为了使你摆脱这种虚妄的观点（它同样是彻头彻尾的鬼话），我会告诉你两个观察到的事实来反驳它，其中包含的许多讲不通的地方暂且不管。

在自然科学中，修辞术是不起作用的。

一个事实是，我们看到这些黑子都产生于太阳圆盘的中央，同样，许多黑子的解体和消失也离太阳边缘很远，这是对黑子必定有生有灭的必要论证。因为如果没有生灭，黑子就只能凭借位置运动出现在那里，而且都应从太阳的边缘进进出出。

必然证明太阳黑子有生有灭的论证。

另一个观察是，只要不是对透视学完全无知，任何人都能

关于太阳黑子与太阳相邻接的可靠证明。

从观察到的黑子形状的改变以及速度的明显变化推论出，这些黑子接触到了太阳，而且既然接触到太阳表面，它们要么随太阳一起运动，要么在太阳上移动，而绝不可能在远离太阳的地

黑子在太阳边缘附近的运动看起来很慢。

方旋转。这一点可以由它们在太阳圆盘边缘附近运动很慢、在中心附近运动很快而得到证明。黑子形状的变化也可以证明这

黑子在太阳圆盘边缘附近显得狭窄及其原因。

一点，它们在太阳边缘附近显得比在中心附近狭窄得多。因为在中心附近时，黑子看起来很大，这是它们实际的样子。而在边缘附近时，由于太阳的球面是弯曲的，它们就显得缩小了。对于任何一个知道如何观察并且认真计算的人来说，运动和形状的这些缩小完全符合黑子与太阳相邻接时应当显现的样子。而如果黑子远离太阳做圆周运动，甚至短时间脱离太阳，这些缩小都无法得到解释。我们共同的朋友在其《关于太阳黑子的通信》(*Letters to Mark Welser on the Solar Spots*)中已经充分

证明了这一点。由黑子形状的这些变化也可以推论出，这些黑 55
子都不是星体或者其他球体，因为在所有形状中，只有球体看不到缩短，而且只可能是正圆形。因此，如果有哪个黑子是球体，就像所有星体被认为的那样，那么它在太阳圆盘边缘应当和在太阳中心显得一样圆。然而它们在太阳边缘附近时大大缩

太阳黑子不是球形，而像薄片。

短，看起来又那样薄，而在中心附近却又长又宽，这便使我们确定，这些黑子相对于长和宽而言，是些没有多厚的薄片。

至于有人最终观察到，同样的黑子经过某个周期之后肯定会重新出现，辛普利邱，请不要相信这话。说这话的人是想骗你，因为他们根本没有提到太阳表面上有些黑子的生灭离太阳边缘很远，也丝毫没有提到黑子的缩短，而这是对它们与太

阳相邻接的必要证明。关于同样的黑子会重复出现，其真相仅仅是上述《关于太阳黑子的通信》中所写的，某些黑子有时能持续很久，以至于围绕太阳旋转一圈（将近一个月时间）也不消失。

辛普利邱：说实话，我没有做过这么长时间的仔细观察，所以在这些事实上，我没有资格以权威自居；但我确实想这样做，然后看看我能否把呈现给我们的经验与亚里士多德的教导重新调和起来。因为两种真理显然不能相互矛盾。

根据亚里士多德的说法，由于距离太远，天界很难有把握地讨论。

萨尔维阿蒂：只要你想把感觉经验与亚里士多德最可靠的教导调和起来，对你来说是根本不费事的。亚里士多德不是说，由于距离太远，天界的事情很难做明确的讨论吗？

辛普利邱：他的确是这样说的，而且说得很清楚。

83

萨尔维阿蒂：他不是也宣称，凡是感觉经验所显示的东西，都应置于任何论证之上，即使这个论证看上去非常有根据，而且他说这话时不是非常肯定、没有丝毫犹豫吗？

对亚里士多德来说，感觉胜过理性。

辛普利邱：的确如此。

萨尔维阿蒂：这两个命题都是亚里士多德的学说，第一个命题主张天界不变，第二个命题则主张应把感觉置于论证之上，第二个命题要比第一个命题更为可靠和明确。因此，说“天界可变，因为我的感官告诉我是如此”，要比说“天界不变，因为亚里士多德根据推理相信是如此”，更符合亚里士多德的哲学。此外，我们现在就天界事物进行推理要比亚里士多德有更好的基础。亚里士多德承认，由于距离太远，他很难感觉到天上的情形，他还承认，谁的感官能更好地描述它们，谁就能对

说天界可变要比说天界不变更符合亚里士多德的学说。

借助于望远镜，我们可以比亚里士多德更好地讨论天界的情况。

它们做出更确定的哲学思考。与亚里士多德的时代相比，现在借助于望远镜，我们已经使天界拉近了三四十倍，因此能够分辨出亚里士多德看不到的天上的许多事物；其中就有这些太阳黑子，这是他绝对无法看到的。因此，我们可以比亚里士多德更有把握地讨论天界和太阳。

84

辛普利邱的慷慨陈词。

沙格列陀：站在辛普利邱的位置，我可以看出，他被这些令人信服的论证的巨大力量深深打动了。但另一方面，鉴于亚里士多德被普遍誉为绝对的权威，鉴于有那么多著名的评注家都在不辞辛劳地解释他的意思，鉴于对人类有用且必需的其他种种科学的价值和声誉在很大程度上都要基于亚里士多德的信誉，辛普利邱已经彻底迷惑和不知所措了。我仿佛听到他说："倘若亚里士多德被推翻了，谁会来解决我们的争议呢？在学校、学院、大学里，我们应当遵循哪位学者呢？有哪位哲学家曾经井井有条地写下整个自然哲学，连一条结论也不漏掉呢？难道我们应当抛弃那个曾使许多旅人恢复精神的大厦吗？难道我们应当毁掉那个避风港，那个曾为众多学者提供安稳庇护的公共会堂吗？在那里，他们不必暴露于严寒酷暑，只需翻阅书页，就能获得关于宇宙的全部知识。难道那座可以让人安居其中、免受敌人攻击的堡垒应该夷为平地吗？"

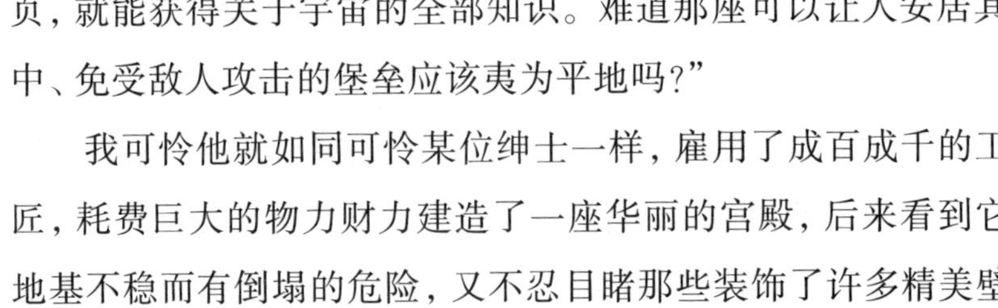

我可怜他就如同可怜某位绅士一样，雇用了成百成千的工匠，耗费巨大的物力财力建造了一座华丽的宫殿，后来看到它地基不稳而有倒塌的危险，又不忍目睹那些装饰了许多精美壁画的墙壁毁掉，不忍看见那些巧夺天工的柱廊和雕梁画栋、金碧辉煌的走廊和大门、价值连城的山形墙和大理石飞檐全都毁

于一旦，便试图用链条、支柱、铁条、扶壁、撑柱来防止房子垮掉。

萨尔维阿蒂：辛普利邱不必担心它会这样垮掉。我会向他保证，只需很少的代价就能防止损坏的发生。这么多伟大、高明、睿智的哲学家是不会被一两个人虚张声势的恫吓吓倒的。毋宁说，他们连笔都不需要动，单靠沉默就能使之普遍受到鄙视和嘲弄。设想单凭驳倒某位作者就能引入一种新的哲学，那是徒劳无益的。首先还是教人改变心智，使之能够区分真假，而这只有上帝才能做到。

逍遥学派的哲学是不会改变的。

可是我们这样你一言我一语的，岔到哪里去了？你们回忆一下，否则我无法回到正题。

辛普利邱：我记得很清楚。我们在讨论《反第谷论》是如何回应针对天界不变的反驳的。在此期间，你插进了原书作者没有提到的太阳黑子问题，你当时是想讨论作者对新星问题的回应吧。

萨尔维阿蒂：现在我都想起来了。我们继续谈这个主题，在我看来，《反第谷论》中的抗辩，有些地方应当批评。首先是那两颗新星，作者只能把它们置于最高的天区，而且它们存在了很长一段时间才最终消失，但这并没有使作者坚持天界不变的想法有所动摇，这仅仅是因为，它们并非无可置疑地属于天界，也并非由古老的星体变化而成。既然如此，他为何会煞费苦心、不惜一切代价要把那些彗星赶出天界呢？他只要说，这些彗星并非无可置疑地属于天界，也并非由古老的星体变化而成，因此丝毫不会影响天界或亚里士多德的学说，不就够了吗？

其次，我对他的心态并不满意，因为他承认，星体的任何 58
变化都会破坏天界不灭的特权，等等，因为星体是天界的东西，这是显而易见的，也是每个人都承认的，另一方面，如果同样的变化发生在星体之外的天界，他一点也不担心。他也许是想暗示，天不是天界的东西？我认为，星体之所以被称为天界的东西，是因为它们在天上，或者因为它们是由天界物质构成的，因此天比星体更是天界的东西；我不能类似地说，某种东西比地本身更是地界的，或比火更是火界的。

接下来，既然已经令人信服地证明，太阳黑子会产生和消失，位于太阳附近，并且随太阳一起旋转或相对于太阳旋转，而《反第谷论》的作者却没有提到太阳黑子，这让我觉得，这位作者写书可能更多是为了安慰他人，而不是出于自己的信念。我这样说是因为他表现得很懂数学，他不可能不因为数学证据而相信，那些黑子必然与太阳相邻接，其经历的生灭是如此巨大，以至于地球上没有发生过类似规模的事情。而且太阳完全有理由被称为天界最高贵的部分，既然太阳上发生的生灭如此之多、如此巨大、如此频繁，我们有什么理由不相信其他天体上也会发生其他生灭呢？

对天体而言，生灭变化要比不变不灭更完美。地球因为发生的那么多变化而高贵。

沙格列陀：每当听说有人把不变不灭等称为宇宙中自然天体最完美高贵之处，而把可变可生等称为很大的缺陷，我总是非常诧异，甚至可以说侮辱了我的理智。在我看来，地球之所以高贵、绝妙，恰恰是因为它在不断发生各种变化生灭。倘若地球不发生各种变化，而是一片广袤的沙漠或碧绿的山脉；倘

若大洪水时期地球表面的水全部冻结，以至于此后地球一直是一个巨大的冰球，没有任何东西产生或变化，那么我就会认为
59 它是宇宙中的一块毫无活力的废物，是多余和本质上不存在的。这正是活物和死物的区别。我要说，月亮、木星和其他一切天体都是如此。

如果不发生变化，地球就成了无用的废物。

我越是深究那些徒劳无益的通俗理论，就越觉得它们愚蠢和不够分量。试想，有什么能比称金银珠宝为“贵重”、称土为“低贱”更愚蠢的呢？这样说的人应当记住，倘若土与金银珠宝一样稀少，每一位王公贵族都会拿车载斗量的金银宝钻换来些许土，只要能在一个小盆里植上一株茉莉花，或者播入一颗橘种看它生根发芽，长出漂亮的枝叶，开出芬芳的花朵，结出鲜美的果实。物之多寡决定了世俗之人眼中的贵贱。他们说钻石很美，是因为它看上去如水一般清澈，但却不肯拿一颗钻石去换十桶水。我相信，那些极力赞扬不灭不变等等的人，只是因为渴望继续活下去和害怕死亡才这样做。他们也不反思一下，倘若人是不朽的，他们自己就不会降生于世。这种人只配看见美杜莎的头而变成碧玉或钻石的雕像，这样就比现在更完美了。

土比金银珠宝更贵重。

物之贵贱取决于多寡。

世俗之人因为怕死而赞扬不朽不灭。

诋毁朽灭之人只配变成雕像。

萨尔维阿蒂：也许这样一种变形对他们并非完全不利，因为我觉得他们与其站在错误一方争辩，还不如不去争辩。

辛普利邱：哦，地球像现在这样有种种变化，无疑要比地球是一块极为坚硬且永远不变的大石头甚至是一块坚固的钻石完美得多。但这些条件尽管使地球变得高贵，却使天体变得不够完美，对于天体来说是多余的。因为天体，也就是太阳、月

天体注定是为地球服务的，除了运动和发光，不需要别的什么。

亮和其他星体，注定是为地球服务的，除此之外别无他用——为此目的，只需要运动和发光。

沙格列陀： 那么大自然产生和引导所有这些巨大、完美和
高贵的天体，使之不变、永恒和神圣，仅仅是为了服务于这个 60
可变、短暂和有朽的地球，服务于你所谓的宇宙渣滓和藏污纳垢之所吗？为了服务于某种转瞬即逝的东西而让天体成为永恒的，这样做的目的何在呢？除去这个为地球服务的目的，这无可计数的天体就成为无用和多余的了，因为它们全都是不变不易的，彼此之间没有也不可能有任何作用。举例来说，如果月亮是不变的，你怎么让太阳或其他任何星体对它起作用？这种作用就如同观想一大块金子就指望它融化一样，肯定是没有任何效果的。还有，在我看来，在天体对地球上的生长变化有影响时，天体本身也必然是可变的。否则我看不出月亮或太阳对地球上的繁殖会有什么影响，就如同把一个大理石雕像放在女人身边而指望这种结合可以生男育女似的。

天体没有相互作用。

辛普利邱： 朽灭、变化、变易等等并不属于整个地球，因为整个地球和太阳、月亮一样是永恒的。但地球的外表部分却是有生灭的，而且这些部分肯定永远在发生生灭，永远需要天体的永恒作用。因此，天体必然是永恒的。

可变的不是整个地球，而是地球的某些部分。

沙格列陀： 这些都很好，但如果地球表面部分的朽灭并不妨碍整个地球的不朽，如果这种生灭变化可以更好地点缀和完善地球，为什么你不同样承认，天体的外表部分也有这种生灭变化来点缀，同时并不减少天体的完美性或使它们不起作用，甚至加强这些作用，使它们不仅作用于地球，而且彼此之间也

天体的外表部分是可变的。

有作用，地球也作用于它们。

辛普利邱：不可能如此，因为比如在月亮上发生的生灭变化就是徒劳无用的，而**自然不做徒劳之事**。[①]

沙格列陀：它们为何徒劳无用呢？

61 **辛普利邱**：因为我们清楚地看到和感到，地球上的一切生长变化都直接或间接是为人的使用、舒适和好处而设计的。马为了帮人的忙而生，大地长草、云给草浇水都是为了养马。草木、谷物、果实、兽、鸟、鱼都是为了人的舒适和营养而创造的。简而言之，如果我们认真考察和权衡所有这一切，就会发现它们全都是为了人的需要、使用、舒适和欢乐。如果月亮或其他行星上碰巧有什么生长，请问这对人类有什么用处呢？除非你的意思是说，月亮上也有人能享用这种生长的成果。这种想法即使不是神秘莫测，也是不虔敬的。

地球上的一切生长变化都是为了人类的利益。

沙格列陀：我不知道也不认为月亮上会生出和我们这里类似的草木鸟兽来，或者月亮上会和地球上一样有风雨雷电，更不相信那里有人居住。但我仍然看不出为什么由于月亮上没有产生和我们这里类似的东西，就必然推出月亮上没有任何变化，或者那里不可能有什么东西在生灭变化；也许有些东西不仅与我们的不同，而且与我们的观念相去甚远，以至于我们完全无法想象。

月亮上没有和我们类似的物种，也没有人居住。

月亮上也许存在着和我们这里不同种类的东西。

我确信，一个在大森林中和飞禽走兽一起长大、对水元素

对水元素一无所知的人无法想象船或鱼。

① 外文为“natura nihil frustra facit”，出自盖伦《论身体各部分的用途》（Galen, *De usu partium*, x, 14）。

一无所知的人，永远也想象不出自然中还存在一个和他的世界不同的世界，这个世界里满是无需腿脚或快速振动的羽翼就能行进的动物，不仅在其表面，而且在其各个深处都有与地面上类似的走兽；它们不但会动，而且可以在随便什么地方停止不动，这是空中的鸟儿无法做到的。那里也居住着人，他们建造宫殿和城市，旅行起来非常方便，可以带着一家人和整个城市毫不费力地前往遥远的国度。正如我所说，我确信这样一个人即便具有最活跃的想象力，也无法设想出鱼类、海洋、船只、战舰和舰队。地球上如此，月亮上就更是如此。月亮距离我们不知远多少倍，构成月亮的材料也许与地球上的材料大相径庭，月亮上存在什么物质，发生什么作用，不仅远离而且完全超出了我们的想象，那上面的情况和我们地球没有任何相似之处，
因此是完全不可思议的。因为我们想象的东西必须要么是我们 62
已经见过的，要么是我们在不同时间见过的事物和事物部分的组合，比如狮身人首的斯芬克斯，半鸟半女人的塞壬，狮头、羊身、蛇尾的吐火女怪，半人半马怪，等等。

月亮上可能存在着和我们这里完全不同的物质。

萨尔维阿蒂：我曾多次控制自己不要幻想这些东西，我的结论是，发现一些月亮上不存在也不可能存在的事物的确是可能的，但我相信除非在非常一般的意义上，没有一个事物能在月亮上存在。也就是说，占据月亮、在月亮上行动的东西，也许以一种迥异于我们的方式目睹和赞叹着宇宙的壮美以及宇宙的创造者和主宰，并且不断歌颂他。总之，我的意思是，万物都在做《圣经》中反复命令的事，即始终不渝地赞颂上帝。

沙格列陀：非常一般地说，这些就是月亮上可能有的东西。

但我想听你谈谈你认为月亮上不可能有的东西，因为你一定能说得更具体。

萨尔维阿蒂：沙格列陀，我提醒你，这将是我们第三次不知不觉地一步步偏离我们的主题了。如果我们总说离题的话，不知什么时候才会谈到正题。所以我们最好还是把它以及其他我们同意推迟的事情留待以后专门谈论吧。

沙格列陀：求求你，既然谈到了月亮，就让我们继续谈谈和月亮有关的事情吧，省得再去跋涉那样长的路程。

萨尔维阿蒂：那好吧。先从最一般的事情开始，我相信月亮和地球是非常不同的，虽然在某些地方可以看出相似之处。我先谈它们的相似之处，再谈差异。

月亮被太阳照亮的方式可以证明月亮与地球的第一个一致之处，即形状相同。

月亮的形状肯定和地球一致，它无疑是球形。从月亮圆盘看上去是正圆和它接受太阳光的情况必然可以得出这个结论。因为如果月亮表面是平的，它将一下子遍满太阳光，也会一瞬间完全失去光亮，而不是朝向太阳的那个部分先亮起来，然后接下来的部分陆续亮起来，整个月亮圆盘在月亮与太阳相冲时
63 (但不是之前)都亮起来。另一方面，如果月亮的可见表面是凹的，则会出现相反的情形，即与太阳相对的部分先亮起来。

第二个一致之处是，月亮和地球一样是黑暗无光的。

第二，月亮和地球一样，本身是黑暗无光和不透明的，并因不透明而能接受和反射太阳光。否则的话，它做不到这样。

第三，月亮的材料与地球一样致密，而且多山。

第三，我认为月亮的材料和地球一样非常致密和坚固。在我看来，这一点的一个非常清晰的证据是，它的表面大部分是高低不平的，我们借助于望远镜可以看到其上多有凸出和凹进。那里的凸出大致和我们最崎岖陡峭的山脉非常类似，有些

可以看到蜿蜒数百英里长，另一些则形成更为紧密的群山，还有许多分离的孤岩，陡峭而崎岖。但那里出现最多的是某些**脊状物**(argini)(我之所以使用这个词，是因为想不到更适合的词来描述)，它们有所隆起，环绕和包围着各种尺寸和形状的平地，但大多是环形。在这许多脊状物中间是一座突兀的山峰，少数中间充满了一种深色物质，和肉眼看到的那些巨大圆斑的颜色相似。以上所谈的脊状物都是最大的，较小的则为数众多，几乎都是环形的。

第四，正如地球表面可以分为海洋和陆地，月亮也可以分为亮暗两个部分。

从远处看，海洋表面会比陆地表面显得暗。

第四，正如地球表面可以分为海陆两大部分，对于月亮圆盘，我们也能看到较亮区域和较暗区域的明显区分。我相信在一个能从月亮或类似距离看到地球的人看来，被太阳照亮的地球表面会与此非常类似，海洋表面显得较暗，陆地表面显得较亮。

第五，地球的形状变化和月亮一样，周期性也一样。

第五，正如我们从地球上看到月亮时而全亮，时而半亮，时而较亮，时而较暗，时而像镰刀，时而完全不可见(也就是在月亮背着太阳光，从而它面向地球的部分始终是暗的时候)，同样，从月亮上看太阳对地球表面的照亮也是如此，连周期和形状变化也完全一样。第六，……

沙格列陀：等等，萨尔维阿蒂。我完全理解，任何人在月亮上看到的地球的形状变化将会类似于我们看到的月亮的形状变化。但我并不认为两者的变化周期是一样的，因为太阳照在 64
月亮表面是一个月完成一次，而照在地球表面是24小时完成一次。

萨尔维阿蒂：关于太阳对这两个星体的照亮以及太阳光

对其表面的触碰，地球是一天完成一次，而月亮是一个月完成一次。但是，从月亮上看到的地球表面被照亮部分的形状变化并不仅仅取决于这一点，而是取决于月亮与太阳不断变化的关系。例如，倘若月亮完全跟着太阳运动，而且总是以我们所谓的“相合”关系位于太阳与地球之间，永远朝着太阳面对的同一地球半球，那么整个这个半球看上去将一直是亮的。另一方面，倘若月亮总是与太阳“相冲”，那么从月亮上就永远也看不到地球，地球朝向月亮的那个部分将是暗的，因此是看不见的。而当月亮与太阳呈“方照”时，月亮上能够看到的地球，其向着太阳的一半是亮的，背对太阳的一半是暗的；因此从月亮上看，地球被照亮的部分将是半圆形。

沙格列陀：钦佩服气。我现在完全懂了，月亮与太阳相冲时，它一点也看不见地球表面被照亮的部分；而当它离开相冲的位置并且一天天接近太阳时，它将开始逐步发现地球表面少量被照亮的部分，由于地球是圆的，它看到的地球形状将是一弯细细的镰刀。月亮随着一天天接近太阳，会逐渐越来越多地看到被照亮的地球半球，以至于在方照位置会看到正好一半被照亮，我们看到的月亮也是一半。随着月亮接近相合的位置，地球被照亮的表面更多地显示出来；最后在相合位置，地球的整个半球都被照亮。总之，我现在很清楚，地球居民看到月相怎样变化，月亮上的人就看到地球表面怎样变化，不过是以相
65 反的顺序。也就是说，当我们看见满月且月亮与太阳相冲时，在月亮上看，地球将与太阳相合，而且完全黑暗不可见；反过来，在我们看来是月亮与太阳相合，因此新月出现时，月亮上

看到的将是地球与太阳相冲，不妨说是“满地”，也就是全部被照亮。最后，任何时候月亮表面某一部分在我们看来是亮的，我们地球的同一部分从月亮上看就是暗的，而在我们看来月亮上有多少是不亮的，地球从月亮上看就有多少是亮的。因此只有在方照时，我们才看到有一半月亮是亮的，从月亮上看也有一半地球是亮的。然而在我看来，这些相互作用有一个方面是不同的。为了论证的方便，我们假定月亮上有个人能看见地球，那么由于月亮每 24 小时或 25 小时绕地球一圈，他每天都会看到地球的整个表面。但我们最多只能看到月亮的一半，因为月亮并不自转，而要看到整个月亮，它非得自转不可。

萨尔维阿蒂：只要不蕴含相反的情形，即我们看不到月亮的另一面是因为月亮自转——因为如果月亮做本轮[①]运动，就会是这种情形。但你为什么不提和你这个论点对应的另一个不同论点呢？

沙格列陀：那是什么？我目前没有想到别的什么论点。

整个地球只能看到半个月亮，只有半个月亮能看到整个地球。

萨尔维阿蒂：是这样的，正如你指出的那样，地球只能看到月亮的一半，而月亮则可以看到整个地球，但另一方面，整个地球都能看到月亮，而只有一半月亮能看到地球。因为（我们看不到的）月亮上半部的居民一点也看不到地球，这些也许

① 本轮（epicycle）：为了解释行星在运行中看起来会不时停下来并反向运动，托勒密为行星天球设计了可被其携带着运转并同时旋转的辅助球体。在这一框架中，外部观察者自然可以看到行星的整个表面。托勒密称这些附属球体为“本轮”；哥白尼认为月亮不只有一个本轮，而是有两个，其中一个本轮的中心位于另一个本轮的圆周上。

就是[毕达哥拉斯学派所谓的]对地人[①]吧！不过谈到这里，我碰巧想起我们的院士朋友最近观察到的月亮上的一个具体事件，由此可以推论出两个必然结果。一是我们的确可以看到半个多一点的月亮，二是月亮的运动与地心成一种精确的关系。他观察到的事件如下：

从地球上可以看到半个多月亮。

如果月亮的确与地球有一种天然的协调和对应，以某个明
66 确的部分面对地球，那么其中心的连线将总是通过月亮表面上的同一点，这样任何人从地心看去，将总是看到圆周完全相同的同样的月亮圆盘。但在地球表面上的人看来，除非月亮位于其头顶正上方，从他的眼睛到月亮中心的视线将不会经过地心与月亮中心的连线穿过月亮表面的那个点。因此，当月亮偏东或偏西时，视线的入射点将高于两个中心的连线，因此月亮半球的边缘的某个部分将会显露出来，其下方的类似部分将会掩盖起来。我说“显露”和“掩盖”，都是相对于从严格的地心看到的那个月亮半球而言的。既然月亮升起时其圆周的上面部分在月亮落下时在下面，这些上面和下面的部分在外观上的差别应当是足够明显的，因为这些部分的各种斑点或标记先后被显露和掩盖。此外，同一月亮圆盘位于北端和南端时，也应观察到类似的变化，依月亮位于沿子午圈的最南点或最北点而定。[②]

① 对地人(Contraterrenes)：毕达哥拉斯主义者认为，地球上有一个我们永远看不见的与我们完全相对的部分，同样围绕“中心火”(central fire)转动。见亚里士多德《论天》(Aristotle, *De Caelo* II, 13, 293a, 20ff.)。

② 字面意思是“龙腹的这里或那里”。月亮的路径(即白道)与黄道有大约5度的倾角，因此它在众星当中的行进似乎是波动起伏的。这让古人想到了龙的形象；他们将龙头和龙尾置于黄白交点附近，将最北边的位置称为龙的上腹部，将最南边的位置称为龙的下腹部。

当月亮位于北端时，它北面的某些部分就会掩盖起来，而南面某些部分将会显露出来，反之亦然。

可以观察到，月亮上有两个斑点指向了地心。

现在望远镜已经确定，这个结论事实上已经得到证实。因为月亮上有两个特殊标记，当月亮在子午圈时可以看到，其中一个标记位于月亮的西北方，另一标记似乎与前一标记沿直径相对。前一标记即使没有望远镜也看得见，后一标记则并非如此。西北方那个标记是一个小小的卵形斑点，在它之外还有三个较大的卵形斑点。与之沿直径相对的那个标记较小，同样和一些较大的标记分立于一片足够清晰的场上。在这两个标记上可以清楚地观察到前面提到的那些变化：它们彼此相对，距离月亮圆盘的边缘时近时远。这种差异使得西北方那个斑点与月亮圆盘边缘的距离在此一时可以是彼一时的两倍多。至于与月亮圆盘边缘靠近得多的另一个斑点，它与月亮圆盘边缘
的距离在此一时可以是彼一时的三倍多。由此显然可以看出， 67
月亮仿佛被一种磁力所吸引，总是以一面对着地球而且永无偏离。

沙格列陀：用这种令人赞叹的仪器所做的新观察和新发现永无休止吗？

萨尔维阿蒂：如果望远镜随着其他伟大发明而不断进步，也许可以期望我们现在根本无法设想的一些事物会逐渐被看到。

第六，地球和月亮相互照亮。

现在回到我们原先的讨论，我说月亮与地球的第六个一致之处是，月亮提供了我们在很长时间里所缺少的太阳光，通过反射太阳光而使我们的夜晚相当明亮，同样，地球也在月亮

最需要太阳光时通过反射太阳光来回报它，给它非常强烈的照亮——在我看来，地球表面比月亮表面大多少，地球给月亮的照亮就比月亮给我们的照亮强多少。

沙格列陀：停一下，萨尔维阿蒂，有件事我想过千百遍，但始终弄不清真相。现在单凭你开头的这一点提示，我已经看清楚它的原因了，请允许我告诉你这是怎么一回事。

你的意思是说，月亮上（特别是月亮呈钩形时）看到的某种令人困惑的光，[①]是来自地球表面和海洋对太阳光的反射。这种光在钩尖最细时看得最清楚，因为此时月亮上看到的地球的明亮部分最大，这与你刚才所做的结论是一致的，即月亮上看到的地球的明亮部分总是和面向地球的月亮的黑暗部分一样大。所以当细月如钩从而月面大部分处于黑暗时，月亮上看到的地球的明亮部分最大，对光的反射也更强。

地球把光反射给月亮。

萨尔维阿蒂：这正是我的意思。的确，和观察敏锐、有识别力的人谈论是一大乐事，特别是在人们逐步前进、从一个真理推论出另一个真理的时候。我就常常碰到头脑愚笨之人，像你刚才一眼就看明白的事情，我向那些人反复讲一千遍也没法让他们理解。

辛普利邱：如果你指的是无法显示给他们看，从而让他们

① 达·芬奇曾经观察到月亮的次级光并且做了部分解释，尽管不见于当时出版的任何作品中。比较达·芬奇和伽利略的相关论述是很有趣的；达·芬奇认为月亮的反射光主要来自海洋，这在当时是一个常见的错误。见 *The Notebooks of Leonardo da Vinci*, ed. Edward MacCurdy（New York, 1939）, pp. 295–296。

理解，倒会让我颇为诧异。我确信，如果你的解释不能让他们 68
弄明白这件事，那么任何人的解释都不能让他们弄明白，因为我觉得你的解释讲得非常清楚。但如果你指的是你没能说服他们相信这件事，那我是丝毫不感到奇怪的，因为我必须承认，我自己就是理解你的推理但并不感到满意的那些人之一。在我看来，在这一点以及你所提到的其他六个一致之处的一些部分，仍然存在着许多困难，等你把其余的话说完我再提出来。

萨尔维阿蒂：那我就讲得简短一些，把接下来的话赶紧说完，因为我渴望发现任何真理，在这方面，像您一样睿智的人的反驳可以使我受益良多。

第七，地球和月亮是互食的。

现在，第七点相似之处是它们既互惠又互损。正如月亮在最光亮时常常因为地球介于它和太阳之间而使它失去光辉、发生月食，所以作为报复，月亮也介于地球和太阳之间，用它的影子使地球变暗。虽然事实上，这里的报复不及原先的进攻，因为月亮往往完全而且长时间浸没在地球的影子里，而地球则从未因为月亮而完全或长时间变暗。不过，鉴于月亮的尺寸与巨大的太阳相比很小，我们也许可以有把握地说，在某种意义上，月亮的勇气和精神可嘉。

关于相似之处，我们已经说得很多了。接下来应当讨论它们的不同之处，但既然辛普利邱就上述内容表达了他的疑虑，我们不妨听听这些疑虑，思考一下再继续进行。

沙格列陀：的确如此，对于地球与月亮的差异和不同，辛普利邱可能不会有什么疑虑，因为他已经认为这两种东西是完全不同的。

辛普利邱： 你为了对地球与月亮进行类比而提出的那些相似之处，我发现我只能不带疑虑地承认第一点和另外两点。第一点我是承认的，即它们都是球形，尽管在这一点上也有一个困难，因为我认为月亮的球体像镜子一样光滑，而我们用手所触的这个地球球体则非常粗糙不平。但表面不规则这件事情对于你所提出的另一个相似之处作用很大，所以我留待讨论那一点时再谈。

69 至于你在第二个相似之处中所说的月亮本身是不透明的和黑暗的，我只承认第一个属性，即它是不透明的，日食使我相信这一点。因为如果月亮是透明的，日全食的时候天空就不会那样黑暗了。月亮如果透明，就会像最浓密的云一样容许折射光透过。但至于黑暗，我并不相信月亮和地球一样是完全无光的。恰恰相反，月亮被太阳照亮的钩尖之外的月亮圆盘、我们看见发亮的那个剩余部分，我认为是月亮本身的自然光，而不是地球的反射，因为地球极为粗糙和黑暗，没有能力反射太阳光。

次级光是月亮本身的光，地球没有能力反射太阳光。

关于你的第三条类比，我部分同意、部分不同意你的意见。我也认为月亮和地球一样非常坚固和坚硬，甚至有过之而无不及。因为我们从亚里士多德那里得知，天界坚硬得无法穿透，[①] 而星体是天界较为致密的部分，所以星体必定极为坚固、极难

按照亚里士多德的说法，天界的材料是无法穿透的。

① 施特劳斯指出，他从未在任何出版的亚里士多德著作中找到这一观点，尽管后来的逍遥学派哲学家一般都认为这是亚里士多德体系的一个必然推论。相关论述可参见亚里士多德《论天》（Aristotle, *De Caelo* II, 7, 289a, 12–16; II, 9, 291a, 18–22）。

穿透。

沙格列陀：若是有人能把天弄来当作建造宫殿的材料，该有多么绝妙啊！那样坚硬，却又那样透明！

萨尔维阿蒂：还不如说是多么可怕的材料呢，它因为极为透明而完全不可见。一个人在屋里走来走去，会有很大的危险碰到门柱上，撞破头。

天界材料是不可触的。

沙格列陀：如果按照某些逍遥学派的说法，天是不可触的，那就没有这种危险；连触都触不到，更别说撞上了。

萨尔维阿蒂：那也不会多舒服，因为天界材料虽然（由于缺乏可触性）的确触不到，但可以触到元素物体；它撞上我们时同样会伤到我们，而且伤得更重，就好像我们一头撞上去一样。

但我们还是舍弃这些宫殿，或者更恰当地说，舍弃这些空中楼阁，不要去阻碍辛普利邱吧。

辛普利邱：你们这样若无其事地提出的问题在哲学处理的困难中是有一席之地的，关于这个主题，我听到过帕多瓦一位大教授[①]非常美妙的想法。不过现在还不是谈这个问题的时候。

---

① 这里说的帕多瓦的教授指切萨雷·克雷莫尼诺（Cesare Cremonino，1550-1631）。他是一位知名的亚里士多德拥护者，也是当时研究公元3世纪的逍遥学派哲学家阿弗罗狄西亚的亚历山大（Alexander of Aphrodisias）的权威。克雷莫尼诺曾多次面临异端指控，在宗教裁判所1611年的一份备忘录中，他的名字竟然与正在受审的伽利略的名字神秘地联系在一起。克雷莫尼诺受审的记录已经难以获得。伽利略同克雷莫尼诺的私人关系大致是很不错的，尽管两人在思想上背道而驰。

言归正传。我回答说，我认为月亮要比地球更加坚固，不
是出于你所给出的理由，即月亮表面是粗糙不平的，而是相反，
70 由于月亮适合获得一个比最光滑的镜子更光滑和有光泽的表
面，就像我们对地球上最坚硬的石头所观察到的那样。因为月
亮要想这样耀眼地反射太阳光，其表面就必须如此。你所谈到
的山脉、岩石、环形山、峡谷等现象全都是错觉。我曾经在公
开辩论中听到有人强烈反驳这些创新者，称这些现象只是月亮
表面的各个部分明暗不一所致。我们看到水晶、琥珀和许多磨
得非常光滑的宝石也会出现同样的情形，那些宝石由于有些部
分不透明，有些部分透明，看上去就好像凹凸不平。

月亮表面比镜子还要光滑。

月亮上的凹凸不平是明暗不一所造成的错觉。

关于第四个相似之处，我承认地球表面从远处看会有两种不同面貌，一部分较亮，另一部分较暗，但我认为这两者的差异和你说的正好相反。我相信水面之所以看起来闪闪发光，是因为水面光滑透明，而地面因为不透明和粗糙，不适合反射太阳光，而将一直是黑暗的。

关于第五条类比，我完全承认并且确信，如果地球的确和月亮一样发光，那么从月亮上看到的地球的形状将和我们看到的月亮形状类似。我也懂得它的明亮周期和形状变化为何是一个月，虽然太阳每24小时绕地球运转一周。最后，我欣然承认，只有半个月亮看见整个地球，而整个地球只看见半个月亮。

关于第六条类比，我认为月亮能接受来自地球的光是极其错误的，因为地球是完全黑暗和不透明的，无法像月亮那样很好地反射太阳光。而且正如我所说，我认为其余月面上（即被太阳照得很亮的钩尖之外的部分）所看到的光，是月亮本身固

有的自然光，要让我改变想法可绝非易事。

第七点，关于地球与月亮互食，我也能承认，虽然严格说来，你所说的地食通常被称为日食。

对于第七个相似之处，这就是我目前所想到的所有反驳。你对这些观点愿意做什么回应，我将很乐于倾听。

萨尔维阿蒂：如果我对你迄今为止所做的回答理解正确，71
那么在我看来，关于我所举出的月亮和地球所共有的某些性质，你我之间似乎还存在着争议。这些性质是：你认为月亮和镜子一样光滑，而且本身适合反射太阳光，而地球由于表面粗糙，则无法类似地反射太阳光；你承认月亮是坚固和坚硬的，你是从月亮表面光滑、而不是从月亮表面多山推论出这一点的；关于月亮显得多山，你认为其原因在于月亮的各个部分有明有暗；最后你还相信，月亮的次级光是月亮本身发出的，而不是从地球反射的——尽管你似乎并不否认，我们有着光滑表面的海洋也能反射光线。

你说月亮就像镜子一样反射光线，这是错误的。我们共同的朋友在《试金者》和《关于太阳黑子的通信》[①] 中都曾谈过这个话题，不知你是否认真读过相关内容，如果读过而并没有影响你的想法，那么消除你的这个错误可谓希望渺茫。

辛普利邱：我只是非常草草地读了一下，因为我有更实在

① 《试金者》是伽利略对其论敌（尤其是格拉西神父）的著名回应。该书出版于 1623 年，终结了关于彗星本性的旷日持久的争论。它还提出了实验科学的哲学基础，解释了伽利略的大量发现和观点，为他赢得了广泛赞誉和支持。《关于太阳黑子的通信》则是伽利略 1613 年出版的讨论太阳黑子的书。

的东西要研究，空闲时间很少。所以如果你认为考察一下书中的一些推理，或者举些别的证据，可以解决我的困难，我将洗耳恭听。

萨尔维阿蒂：我将谈谈眼下我想到的一些东西，可是一部分是我自己的想法，一部分是我从那些书中读来的。我记得我当时被书中的内容完全说服了，虽然那些结论起初在我看来相当悖谬。

辛普利邱，我们现在探讨的问题是，要像月亮一样把光反射给我们，进行反射的表面是必须像镜子一样光滑，还是一个粗糙而不够光滑、既不滑又不光的表面，更适合反射。现在，如果有两道反射光从我们对面的两个表面反射过来，一道亮些，另一道暗些，请问你认为这两个表面在我们看来哪个较亮，哪个较暗呢？

辛普利邱：我认为毫无疑问，较为明亮地反射光的那个表面在我看来会亮些，另一个会暗些。

72 **萨尔维阿蒂：**现在请把挂在墙上的那面镜子取下，让我们走到外面的院子里来。跟我们一起来，沙格列陀。把镜子挂在太阳照到的那面墙上。现在，让我们退到阴凉处。现在，你们看到太阳照在墙和镜子两个表面上。你觉得哪个更亮些，墙还是镜子？怎么，没人答话？

关于月亮表面粗糙的详细证明。

沙格列陀：我打算让辛普利邱回答，感觉到困难的是他。至于我，从实验的这个小小开端，我就已经确信月亮表面一定很不光滑。

萨尔维阿蒂：请告诉我，辛普利邱。如果你得给挂着镜子的那面墙画一幅画，你会把最深的颜色用在哪里？用来画墙还是画镜子？

辛普利邱：镜子要画得深得多。

萨尔维阿蒂：你看，如果最强烈的光线反射来自看起来最明亮的表面，这里的墙应当会比镜子更强烈地反射太阳光。

辛普利邱：真是聪明，我亲爱的先生。这就是你所提供的最好的实验吗？你把我们放在了镜子反射不到的地方。可是，跟我往这边来一点；不，这里来。

沙格列陀：也许你是在寻找镜子反射到的地方？

辛普利邱：是的，先生。

沙格列陀：啾，你看看那边——就在对面墙上，跟镜子同样大，就和太阳直接照在上面一样，只是稍微暗些。

辛普利邱：那么，请过来一些，你从这里看看镜子表面，然后告诉我，我是否应当说它比墙的表面暗些。

沙格列陀：你自己去看，我可不想被照得睁不开眼睛，我不看也很清楚它看起来和太阳本身一样明亮鲜艳，或者稍微差一点。

辛普利邱：那么，你怎么说呢？难道镜子的反射不如墙的反射强吗？我注意到，在既受到被照亮的墙的反射、又受到镜子的反射的这对面的墙上，镜子的反射要亮得多。我也类似地看到，从这里看，镜子本身要比墙亮得多。

萨尔维阿蒂：你靠自己的颖慧跑到我前头去了，因为这正
是我为了解释其余部分所需的观察。你看出了墙面反射与镜子 73
反射之间的差别，太阳光以完全相同的方式照在它们上面。你

看到墙面的反射分布在墙对面的所有点上，而镜子的反射只照在一个并不比镜子本身更大的地方。你还看到，不论你从什么地方看，墙面总是一样亮，而且除了从镜子反射到的那个小区域去看，从任何地方看，墙面都要比镜面亮一些；而从镜子反射到的那个小区域去看，镜面要比墙面亮得多。由这一合理而明显的实验可以看出，你很容易判定，从月亮到地球的反射是像镜子的反射，还是像墙壁的反射；也就是说，是来自一个光滑的表面，还是来自一个粗糙的表面。

沙格列陀： 即使我在月亮上，能够亲手摸到月亮的表面，我也不认为会比通过理解你的论证更确信它是粗糙的。不论月亮相对于太阳和相对于我们处在什么位置，月亮被太阳照到的那部分表面总是同样明亮。这个效果恰恰与墙壁的效果相符，因为不论从什么地方看，墙壁同样明亮；它与镜子的效果则是冲突的，因为只有从一个地方看，镜子才显得亮，而从所有其他地方看，镜子都是暗的。此外，与镜子的反射相比，墙壁反射到我这里的光较弱，眼睛也承受得了，而镜子的反射则极强，几乎和直接的太阳光一样刺眼。正因如此，我们才能心平气和地静观月面。倘若月面像镜子一样，且因为接近地球而显得和太阳一样大，则它的亮度会让人绝对无法忍受，对我们来说几乎就像观看另一个太阳一样。

萨尔维阿蒂： 沙格列陀，请不要把外加的东西归于我的证明。我要向你提出一个事实，恐怕你会觉得不那么容易解释。你认为月亮与镜子的一个巨大差别在于，月亮像墙一样朝四面八方同等地发出它的反射，而镜子则只把它的反射发送到一个

明确的地方。由此你得出结论说，月亮像墙而不像镜子。但我 74
要告诉你，这面镜子之所以只把它的反射发送到一个地方，是因为它的表面是平的，而由于反射光与入射光必定成相等的角，所以它们只能作为一个单位离开平面朝着一个地方射去。但月亮的表面不是平的，而是球形；入射到这样一个表面的光线，会以与入射线相等的角度反射到各个方向，这是因为一个球面包含有无穷多的斜度。因此，月亮能把它的反射发送到各处，而不必像平面镜一样，只把它的反射发送到一个地方。

平面镜把反射发送到一个地方，而球面镜则把反射发送到各处。

辛普利邱：这正是我要提出的反驳之一。

沙格列陀：如果这是反驳之一，那你一定还有别的反驳。但我想告诉你，就这第一条反驳而言，我看对你来说弊大于利。

辛普利邱：你曾说那面墙的反射显然和月亮的反射一样明
106 亮，而我认为它和月亮的反射相比简直微不足道。因为“在照明这个问题上，我们必须寻求和界定活动范围”。[①]谁会怀疑天体的活动范围要比我们短暂的有朽元素更大呢？至于那面墙，归根到底难道不就是一点土，黑暗且不适合照明吗？

天体的活动范围要比元素物体更大。

沙格列陀：这里，我相信你又完全错了。不过回到萨尔维阿蒂提出的第一点，我要告诉你，要使一个物体显得明亮，仅有照明物体的光线落在上面是不够的，还需要让反射光到达我们的眼睛。从镜子的例子可以清楚地看到这一点，无疑有太阳光落在镜子上，但除非我们的眼睛处在反射落到的特定位置，

① 和其他许多地方一样，这里的直接引语并未注明出处。而且伽利略在引述时往往会进行自由意译，这也给确定出处增加了难度。

否则镜子看起来仍然是不亮和不发光的。

现在让我们考虑一下，如果镜子是球面会发生什么。我们无疑会发现，在被照亮表面所做的全部反射中，只有一小部分会到达特定观察者的眼睛，因为整个表面中只有极少一部分才具有正确的斜度，能把光线反射到其眼睛所在的特定位置。因此，只有很少的球面部分在他看来是发亮的，所有其余部分看
75 起来都是黑暗的。于是，如果月亮和镜子一样光滑，那么尽管月亮的整个半球都受到太阳光的照射，但在特定的人看来，月亮只有很小一部分被太阳照亮。在这位观察者看来，其余部分仍然是不亮的，因此是不可见的。[①] 总之，整个月亮将是不可见的，因为做出反射的那极少量的部分将由于太小和距离太远而丧失掉。正因为月亮始终是眼睛不可见的，所以它的亮度将始终为零。因为一个明亮的物体以它的光辉消除我们的黑暗，而我们又无法看见它，这实际上是不可能的。

月亮若像一个球面镜，就会不可见。

萨尔维阿蒂： 等一下，沙格列陀，因为我看见辛普利邱脸上和动作上显示出某些迹象，让我觉得他对于你讲的那些证据确凿、千真万确的话既不确信，也不满意。现在，我想到如何用另一个实验来消除所有怀疑。在楼上一个房间里，我看到一个很大的球面镜，请人把它搬到这里。在此期间，辛普利邱，请认真思考一下这个平面镜反射了多少光到阳台下方的这面

① 值得一提的是，伽利略在这里描述的现象曾被用来解释天空中观察到的一种新的反常。冥王星的可见直径如此之小，以至于必须具有难以置信的高密度才能达到其已知质量。詹姆斯·金斯爵士（Sir James Jeans）指出，这也许是镜面反射的一个例子：由于极度光滑，整个表面只有一小部分是可见的。

墙上。

辛普利邱：我看其明亮程度比太阳直射到它上面差不了多少。

萨尔维阿蒂：的确如此。现在请告诉我，如果把这个小小的平面镜拿开，而把那个大球面镜放在它的位置，你认为球面镜的反射会在这面墙上造成什么结果呢？

辛普利邱：我认为它产生的光亮会多得多、大得多。

萨尔维阿蒂：但如果亮度为零，或者小到你几乎察觉不到，你会怎么说呢？

辛普利邱：等我看到结果之后，我会做出回应的。

萨尔维阿蒂：现在镜子来了，我想放在另一面镜子旁边，但我们先到那边去，靠近平面镜反射的地方，留心它的亮度。你看反射到的这块地方有多亮，你能多么清楚地分辨出墙上的这些细节。

辛普利邱：我看了，而且观察得非常仔细。现在请把另一面镜子放在第一面镜子旁边。

萨尔维阿蒂：镜子就在那里。你一开始看墙上的细节，它就放在那里了，你之所以没有觉察到它，是因为其余墙面上光
的增加也同样大。现在把平面镜拿开。你看那边，所有反射都 76
被移开了，尽管那个大的凸面镜保持不变。现在把凸面镜也拿开，然后将它随意放回原处，你会看到整个墙上的光没有任何变化。所以你看，这个实验向你的感官表明，一个球形的凸面镜对太阳光的反射并不显著照亮周围的位置。现在你对这个实验要说些什么呢？

辛普利邱：恐怕你玩了什么把戏。但在看那面镜子时，我看到它发出的炫目光芒使我眼睛都睁不开。更重要的是，无论走到哪里，我始终能看到这种光，而且随着我站在此处或彼处而改变它在镜面上的位置。这决定性地证明，光是朝四面八方被反射的，因此和照在我眼睛里一样照在整面墙上。

萨尔维阿蒂：现在你看到，一个人在对单靠论证来表明的东西给予肯定时必须多么谨慎和做出多大保留。你所说的话无疑貌似非常合理，但你可以看到，感觉经验驳斥了它。

辛普利邱：那么，在这个问题上应当如何行事呢？

萨尔维阿蒂：我会告诉你我的想法，但我不知道你听了会做何感想。首先，你看到占据镜子很大一部分的明亮光辉并不是很大一片，而是实际上非常小。但通过你眼睑边缘的湿气所做的反射，它的极度明亮造成了你眼睛的一种偶然光渗，并扩展到瞳孔上。这就像从一定距离处看去，蜡烛的火焰周围仿佛有一顶小帽子。你还可以把它比作一颗恒星周围显现的光线。例如，白天透过望远镜看天狼星，它显得尺寸很小，此时它是没有光渗的，但如果晚上它有了光渗之后，你用肉眼看天狼星，那么你无疑会看到，它要比那个赤裸裸的实际小星大几千倍。你在那面镜子里看到的太阳的像也类似地或更大地增大了。我说更大地增大，是因为太阳光比天狼星的光更明亮，这显见于我们观看天狼星要比观看镜子的这种反射眼睛更舒服。

受到光渗的小星比不受光渗时显得大几千倍。

77 因此，这整面墙受到的反射来自于镜子的一个极小部分，而不久之前来自平面镜的反射则局限于同一面墙的一个很小的部分。于是，前一反射非常明亮，而后一反射则始终几乎觉察不到，这真不可思议。

辛普利邱：我比之前更加糊涂了，我非提出别的疑难不可。那面墙既然材料如此黑暗，表面如此粗糙，它如何能比一面非常光滑的镜子更强烈地反射光呢？

粗糙物体比光滑物体反射的光更为分散，以及为什么。

萨尔维阿蒂：并非更强烈，而是更分散。至于强烈，你看那个小平面镜照在那边阳台下面的反射，发光多么强烈；而墙的其余部分，虽然接收到挂镜子那面墙的反射，却并不怎么亮（不如镜子反射到的那一小部分亮）。若要理解这个事情，你可以想一下，这面粗糙的墙是由无数很小的表面组成的，这些小表面有无数不同的斜度，其中必然有许多表面碰巧把光线反射到一处，另外许多表面则把光线反射到另一处。简而言之，墙上没有一处不接收到许多光线，这些光线是由散布于明亮光线落在的整个粗糙物体表面上的许多小平面反射出来的。综上所述，必然可以推出，凡是与接收到首要入射光线的物体相对的任何表面，它的每一个部分都被反射光线照到，因此被照亮。

还可以推出，从任何一处看去，照明光线落在上面的同一物体都显得光亮。因此，表面粗糙而非光滑的月亮就把太阳光朝四面八方发送出去，在所有观察者看来都同样明亮。如果月亮的球形表面像镜子一样光滑，它就会完全不可见，因为正如我们所说，月亮距离太远，它能把太阳的像反射到任何人眼中的那个很小的部分始终是不可见的。

月亮如果光滑，就会不可见。

辛普利邱：我完全懂得你的整个论证。但我仍然认为，一个人可以轻而易举地把它解释过去，从而能够坚称月亮是光滑的圆球，并能像镜子一样把太阳光反射给我们。太阳的像也不

78 必出现在月亮的中心，因为“从这样遥远的距离去看，太阳不会呈现出它自身那样一个小像，而是被太阳光照亮的整个月亮都可以被我们觉察到”。从一只擦亮的镀金盘子那里，我们可以看到这种情形。一个人从远处观察，会看到被亮光照着的盘子整个熠熠生辉，只有在近处才会看到盘子中央有发光物体的小像。

萨尔维阿蒂： 我老实承认自己并不理解。除了关于镀金盘子的那个部分，我只能说，你的这番论证我一点也不懂。如果容许我说得放肆一些，我强烈感到你也不懂，而只是记得别人为了抬杠和显示自己比对手高明而写的一些东西。此外，如果作者的确不是那种写他自己也不懂、从而使别人也看不懂的东西的人（这样的人并不鲜见），那他就是写给那些为了显得高明而称赞自己不懂的东西的人看的。因为这些人自身的理解力越缺乏，对别人评价就越高。

有些人写的东西他自己也不懂，因此别人也看不懂。

但所有这些姑且不谈，就镀金盘而言，我的回应是，如果盘子是平的而且不太大，那么若被强光照射，远远看去会显得整个都是亮的。但只有当眼睛处在一条明确的线即反射光线的那条线上时，它看起来才是这样。而且如果是银制的，盘子看起来会更加熠熠生辉，因为银这种金属的颜色和密度使它更适合被完全擦亮。如果盘子被擦得很亮但并不完全平，而是有各种斜度，那么就可以从更多的地方——从盘子的各种面发出的光线所能到达的地方——看见它的光辉。这就是为什么钻石要加工出许多刻面的原因，因为这样才能从许多地方看到它悦目的光辉。但如果盘子很大，那么即使它是完全平的，而且从远

钻石被加工出许多刻面的原因。

处看，它看起来也不会全都光亮。

为了解释得更好，我们拿一只很大的镀金盘暴露在阳光之下，从远处会看到太阳的像只占据盘子的一部分，入射的太阳光就是从这里反射出来的。诚然，由于光很强，这样一个像的
顶部会被许多光线所覆盖，因此占据的盘子部分看起来会比它 79
实际占据的大得多。要想证实这一点，我们可以记下反射光出自的盘子的确切位置，并且类似地算出发亮的部分有多大，把这块地方的大部分遮盖起来，只露出中心的一块；其视亮度的大小不会有丝毫减少，而是会把它的光亮铺展到用来遮盖盘子的布或材料上。因此，如果有人远远看到一只小镀金盘整个发亮，就设想月亮这么大的盘子也会出现同样的现象，他就会上当，一如他认为月亮和澡盆底一样大也会上当。

于是，如果盘子是球形的，那么强烈的反射看上去就只能是一点，尽管由于光线很亮，它的边界会显出许多鲜明的光线。球的其余部分看上去会有颜色，但只有在它没有擦得很亮时才是如此，如果擦得很亮，它看上去将是暗的。我们每天看到的银器就是这样，仅仅煮一下进行漂白，整个银器就会像雪一样白，根本产生不了什么像；但如果把某一部分擦亮了，它很快就会变暗，像镜子一样把像呈现出来。银器表面原有一层非常精细的颗粒，使银器表面变得粗糙，从而能把光线反射到四面八方，因此从任何地方看都显得同样光亮；银器变暗只是因为把细粒擦平了。那些高低不平的细粒一经擦平，从而使入射光的反射导向一个明确的位置，那么从这个位置看，被擦过的部分就会比其余只被漂白的部分清晰和明亮得多；但从任何其他

擦亮的银器看上去比不擦亮的更暗及其原因。

位置来看，这个部分会显得很暗。你看，一个擦亮的表面在我们眼中会显出这样的差异，这种差异使我们在临摹或描绘比如一件擦亮的铠甲时，必须在光线同样落在的手臂之各个部分将纯黑与纯白结合和并列起来。

擦亮的铠甲从某些角度看很亮，从另一些角度看则很暗。

沙格列陀：那么，如果这些哲学博士甘心承认，月亮、金星和其他行星的表面不像镜子那样光滑明亮，而是稍逊一些，就像一只仅仅漂白但没有擦亮的银盘，这是否足以使月亮变得可见，并适合为我们反射太阳光呢？

80 **萨尔维阿蒂：**部分可以，但不能像一个充满隆起和凹陷的多山表面反射得那样强烈。然而，这些哲学博士从不承认月亮不如镜子光滑明亮；他们希望尽可能地想象月亮有过之而无不及，因为他们认为只有完美的形状才适合完美的天体。因此，天体必须是绝对的球形。否则的话，如果他们向我做出让步，承认有任何不均匀之处，即使是最轻微的不均匀，我也会毫不犹豫地抓住这一点，要求其他的更大一点的不均匀；因为这种完美性在于不可分，毫厘之差就会像一座山一样损坏它的完美。

沙格列陀：就我来说，这产生了两个问题。一是我不懂得为什么表面越不规则，对光的反射就越强；二是为什么这些逍遥学派的先生想要这样一个精确的形状。

萨尔维阿蒂：我将回答第一个问题，而让辛普利邱思考如何回答第二个问题。现在，你得知道，某个表面从同样的光那里接收到的光亮程度取决于光线以何种斜度落到它上面；当光线垂直时，它显得最亮。我会向你的感官表明这一点。我先把

粗糙表面比不大粗糙的表面反射的光更多。

这张纸折叠一下，使它的一个部分与另一个部分成一个角度，现在，我把这张纸暴露在我们对面墙的反射光下面。你可以看到，斜着接收到光线的这个部分不如光线垂直落到的另一个部分明亮。你再看，我让光线照得越斜，它就越不明亮。

垂直的光线比倾斜的光线更光亮及其原因。

沙格列陀： 效果我看见了，但不清楚是什么原因。

萨尔维阿蒂： 只要一分钟你就会想明白，但为了节省时间，这里用一张图来证明。

沙格列陀： 只看看这张图就全都清楚了，所以请继续讲下去。

辛普利邱： 请再给我解释一下，因为我的脑子转得没那么快。

114

倾斜的光线越多，光亮程度就越差，及其原因。

萨尔维阿蒂： 想象从 A 点与 B 点之间离开的所有平行线都以直角与 CD 线相交。现在把 CD 斜过来，使它像 DO 一样倾斜。你难道没有看到，与 CD 线相交的许多光线并没有触及 DO，而是掠过去了？如果照亮 DO 的光线较少，那么它从这些光线那里获得的光亮理应弱些。

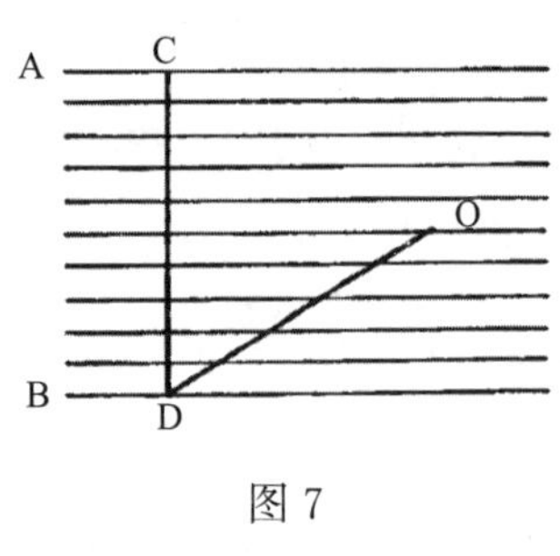

图 7

现在让我们回到月亮，它既然是球形，如果表面像这张纸 81
一样光滑，则其被照亮半球的边缘所受的光就会少于中心部分；因为光线非常倾斜地落在边缘上，而以直角落在中心部分。因此，满月时月亮的整个半球几乎都被照亮，而中心部分应当比边缘附近看起来更亮；但我们看到的情形并非如此。现在想象月亮表面到处是高山。你难道没有看出，山峰和山脊由于高于一个完全球形的凸面，会不那么倾斜地接收太阳光，所以看上去和其余部分一样亮吗？

沙格列陀：好的，但即使月亮上有这些山脉，即使太阳光射上去的角度要比射在一个光滑表面上那些斜坡的角度正得多，那些山脉中的山谷，由于山脉此时投下的巨大影子，也仍然会是黑暗的；而布满山脉和山谷的中心部分，由于太阳很高而不会有什么影子。所以月亮的中心部分会比既有亮块又有影子的边缘部分明亮很多。然而，我们并没有观察到这种差别。

辛普利邱：我也正盘算着一个类似的困难。

萨尔维阿蒂：只要能支持亚里士多德的立场，辛普利邱总能很快看出我们的困难，而看出困难的解决办法却没有那么快。但我怀疑，他有时看到了解决办法而故意不说。比如眼前这个例子，他既然能够看到那个碰巧如此巧妙的反驳，我就不信他没有同时发现解决的办法。因此，我将力图让他吐露真相。现在，辛普利邱，请告诉我，你相信太阳光照到的地方会有影子吗？

辛普利邱：我不认为会有，确信没有。太阳光是最强的，能够驱散黑暗，它所到达之处不可能有什么黑暗。还有，我们凭借定义知道"黑暗是光亮的缺乏"。[①]

萨尔维阿蒂：那么，太阳看着地球、月亮或任何其他不透

① 原文为"tenebrae sunt privatio luminis"，见亚里士多德的《论灵魂》（Aristotle, *De Anima* II, 7, 418b, 18ff.）。

明的物体，将永远看不见任何阴暗部分，而且除了用它照明的光线来看，没有任何其他眼睛。因此，任何位于太阳的人将永远看不到任何阴暗的东西，因为他的视线总是和照明的太阳光 82
一起行进。

辛普利邱：这话很对，无可置疑。

萨尔维阿蒂：那么，当月亮与太阳相冲时，你的视线和太阳光所走的路径有何不同呢？

辛普利邱：啊，我现在知道你的意思了。你的意思是说，由于我们的视线和太阳光沿着同样的线行进，我们永远也看不见月亮的任何阴暗山谷。但请不要认为我是个伪君子，我坦白承认我并没有想到这个答案，而且如果没有你的帮助或者不经过长时间的研究，我可能永远也发现不了答案。

沙格列陀：你们两位对这最后一个问题所找到的解决方案，我也感到满意，但与此同时，太阳光和视线一起行进这句话却在别的地方引起了另一个困难。我不知道如何表达，因为我刚刚想到它，尚未有什么理解，不过让我们看看能否将它澄清。

一个光滑但未磨光的半球被太阳照亮时，它的外缘斜着接收到太阳光，无疑要比光线直射上去的中心部分接收到较少的光线。半球边缘附近的一条比如说 20 度宽的带子，也许并不比中心附近另一条不到 4 度宽的带子接收到更多的光线，因此前者要比后者暗得多，而在一个迎面去看或者说从最适当的角度去看这些带子的人看来也将如此。但如果看这些带子的眼睛的位置使得宽 20 度的暗带看起来并不比位于半球中心的宽 4

度的带子更宽，那么我认为这两条带子看起来并非不可能同样明亮。毕竟，两束等量光线的反射将在两个相等的角度即 4 度之内进入我们的眼睛，因为一束光线是从 4 度宽的中心带子反射的，另一束光线虽然是从 20 度宽的带子反射的，但由于透视收缩，看上去只有 4 度宽。而当眼睛位于半球与照亮它的物体之间时，眼睛所占据的正是这样一个位置，因为那样一来，视
83 线和光线是相同的。因此，月亮有一个非常规则的表面，满月时其边缘仍然显得和中心一样明亮，这似乎是可能的。

萨尔维阿蒂：这个问题别出心裁，值得思考。既然你是未假思索地想起的，我也将想到哪说到哪，尽管我若多费些心思，说不定能想到更好的回答。

但在我提出任何解答之前，我们不妨通过一个实验来确定你的反驳似乎证明的那类事实是否符合实际情况。因此，请将这张纸的一个小部分折起来，置于太阳光下面，使光线直射在较小部分上，斜射在其余部分上，看看受到正射的那个较小部分是否更亮些。你看这里，实验已经表明它明显要更亮。

你看，如果你的反驳是有效的，将会出现如下事件。将我们的眼睛放低一点，看到那个较大的不太明亮的部分透视收缩，则这个部分看起来将不会大于那个较为明亮的部分，因此它所夹的视角将不会更大。于是，它的光明应当增加，使之显得和另一部分同样明亮。现在，我正从这里非常倾斜地看它，以至于它显得比另一部分更窄；然而，它并不因此而显得更亮。现在，你来看看是否也是同样的情形。

沙格列陀：我已经这样做了，但不论我如何把眼睛放低，

也看不到你讲的那个表面变亮一点点。在我看来，它似乎还更暗呢。

萨尔维阿蒂： 那么我们承认这条反驳是徒劳的了。其次，关于它的解答，我认为由于这张纸的表面不那么光滑，它沿着入射光方向所反射的光线要比它沿其他方向反射的光线少得多，而在这少数反射光线中，视线越接近入射光，丧失的就越多。由于使物体显得明亮的不是入射光线，而是反射到眼睛的那些光线，所以把眼睛放低时，会丧失更多光线。正如你所说，你看到那张纸显得更暗了。

沙格列陀： 我对整个实验和推理都很满意。现在轮到辛普
利邱回答我的另一个问题，请告诉我，逍遥学派为什么非得要 84
求天体是严格的球形呢？

为什么逍遥学派认为天体是完全的球形。

辛普利邱： 天体不生、不灭、不变、不改、永恒，等等，这意味着天体是绝对完美的。既然绝对完美，它们就有所有类型的完美性。因此它们的形状也是完美的，也就是说是球形的，而且是绝对的、完美的球形，而不是近似的、不规则的球形。

萨尔维阿蒂： 你是如何推论出这种不灭性的？

辛普利邱： 从缺乏对立面直接推论出来，从简单的圆周运动间接推论出来。

萨尔维阿蒂： 那么根据你的论证，在确立天体的本质是不灭、不变等等时，球形并不是一个必要的原因或先决条件；因为倘若球形可以导致不变，我们只要把木头、蜡或其他原材料做成球形，就能随意使之成为不灭的。

辛普利邱： 你难道看不出，一个木球比一个用同样材料制成的尖顶或其他某个有角的东西，保持得更好和更为长久吗？

萨尔维阿蒂：这固然正确，但可灭的东西并不因此就变得不灭，它仍旧是可灭的，尽管保持的时间较长罢了。由此可以看出，可灭的东西可以有程度之别。我们能说，“此物比彼物更不可灭”。例如，碧玉不如砂岩可灭。而不灭的东西则不容许有程度之别。如果两个东西都是不灭和永恒的，我们就不能说，“此物比彼物更不可灭”。于是，形状之别只能对保持时间较长或较短的材料起作用。对于永恒的东西，由于同样永久存在着，形状就不起作用了。

形状不是不灭的原因，而是保持较长时间的原因。

可灭的东西可以比较，不灭的东西不能比较。

所以你看，既然天界材料之所以不灭并非因为形状，而是因为别的某种东西，那就不必如此汲汲于这种完美的球形。因为如果材料是不灭的，它可以具有随便任何形状，而仍然是不灭的。

沙格列陀：我还要进一步说，如果承认球形能够赋予不灭性，那么所有物体，不论其形状如何，都将是永恒和不灭的。因为如果球形物体是不灭的，那么偏离完美球形的部分就必然
85 存在着可灭性。例如，一个立方体内部存在着一个正球体，后者本身是不灭的，而遮盖和隐藏这种球形的尖角部分则存在着可灭性。因此，最多只有那些角，即那些多余的部分，才是可灭的。

形状的完美性对可灭的东西起作用，但对永恒的物体不起作用。

如果球形能赋予永恒性，那么所有物体都将是永恒的。

如果我们想更深入地探讨这个问题，那么在朝向尖角的那些部分里，也存在着由同样材料制成的其他更小的球体。这些小球是球形，所以也是不灭的。环绕这八个较小球体的剩余部分也是如此——在这些剩余部分里，仍然可以想象其他球体。

所以到头来，把整个立方体划分成无数球体，你必须承认立方体是不灭的。对于其他任何形状，也可以做同样的论证和类似的分析。

萨尔维阿蒂：这条推理线索还可以倒过来使用。例如，倘若一个水晶球因其形状而不灭（也就是说，倘若它能够抵抗内部或外部的变化），那么再加入一些水晶，把这个水晶球变成比如说一个立方体，在我们看来将不会从内部或外部改变它。而且它肯定要比用不同材料制成的其他物体更难以抵抗装入新的同样材料——如果真像亚里士多德所说，毁灭是通过对立面实现的，那就更是如此。而且，用来包围这个水晶球的，还有什么能比水晶本身更加不对立的呢？

但我们已经跟不上时间的飞逝了。如果就每一个细节都做这样长的论证，我们就讨论不完了。不仅如此，一个人的记忆会被这样一大堆事物搅得乱七八糟，我几乎想不起辛普利邱有条有理地提出来要我们考虑的命题了。

辛普利邱：我记得很清楚；关于月亮上多山这个现象，仍然是我举出的原因，即这是月亮组分的透明程度不均匀所造成的幻觉。

沙格列陀：不久以前，辛普利邱按照他的一位逍遥学派朋
友的意见，将月亮表面看起来的不规则性归因于月亮组分的透
明程度不均匀，从而造就了类似于我们从各种水晶或宝石那里
看到的那种错觉。这让我想起有种东西用来显示这些效果要好 86
得多，我相信他的那位哲学家会如获至宝。这便是被加工成各
种形状的珍珠母；即使被打磨得极为光滑，它在我们看来也是

珍珠母适合用来模仿月亮表面看起来的那种高低不平。

有些地方凹进去，有些地方凸出来，所以即使用手触摸，我们也难以相信它是光滑的。

萨尔维阿蒂： 这的确是个非常美妙的想法，还没有做过的事情可以在适当的时候做一下，因此，如果有其他宝石或水晶与珍珠母的错觉没有什么关系，也不妨拿来。在此之前，为了不剥夺任何人的这个机会，我将保留这里可能出现的答案，目前只试图满足辛普利邱提出的反驳。

于是我要说，你的这个论证太一般了，由于你没有将它逐个应用于月亮上所能看见、并且使我和他人倾向于认为月亮上多山的所有现象，我相信你找不到任何对这种看法感到满意的人。我也不相信你或作者本人从这条论证中所能得到的满足会多于从其他任何离题的东西所得到的满足。你无法通过随意加工一个各部分透明度不同的光滑球体，来模仿出一个朔望月里每夜显示出来的无数不同现象。另一方面，我们可以用任何坚固且不透明的材料制成一些球体，只要它们凸凹不平并且受到不同的光照，就会精确地显示出月亮上不时被发现的那些变化和情景。在这些球体上，你可以看到暴露于太阳光之下的凸出的山脊非常明亮，而在它们后面则可以看到投射出非常黑暗的影子；你会看到，影子的大小取决于那些凸出的山脊与月亮明亮部分与黑暗部分的边界有多远。你会看到，这些边缘和边界并不像光滑的球体那样均匀铺展，而是断裂和参差不齐的。在这条边界之外，你会看到在变得黑暗的部分有许多被照亮的山峰，与那个已经受光的部分是分离的。随着照明光线的升高，你会看到前面所说的影子逐渐减小，直到完全消失，当整个半

观察到的月亮的高低不平无法通过大小不一的透明度模仿出来。任何不透明的材料都可以模仿月亮的各种景象。从各种现象来论证月亮是多山的。

球被照亮时一点儿也看不到；然后又反过来，随着光过渡到月 87
亮的另一个半球，你会认出以前观察到的同样山脊，看到它们的影子朝着相反的方向投射出去，并且逐渐加长。我再次告诉你，所有这些情况，你用你的“不透明”和“透明”连一个也再现不出来。

沙格列陀：哦，是的，有一个可以模仿，即月圆时的情况，这时整个都照亮了，不再能发现影子或因凹凸不平而产生的任何变化。不过，萨尔维阿蒂，请不要在这一点上浪费时间了，因为任何人只要耐心观察过一两个朔望月，并且对这个显而易见的真理还不满意，大可以判定他已经丧失了理智。对于这种人，为什么要浪费时间和口舌呢？

辛普利邱：其实，我并未做过这样的观察，我既没有这种好奇心，也没有适当的仪器进行观察，但我希望尽力做到这样。不过目前我们可以先搁置这个问题，转到下一点，列举你相信地球也和月亮一样强烈地反射太阳光的理由。因为在我看来，地球既黑暗又不透明，要实现这样一个结果是完全不可能的。

萨尔维阿蒂：辛普利邱，你认为使地球不适合照明的原因其实根本不是原因。如果我比你自己还懂你的推理，这岂不是很有趣？

辛普利邱：我推理得好或不好，你的确可能比我更了解。但无论我推理得好或不好，我永远不相信你会比我更懂我的推理。

萨尔维阿蒂：即使是这一点，我也会在合适的时候使你相信。请告诉我，当月亮接近满月，从而白天和半夜都能看见它时，它是白天看起来比较亮，还是晚上看起来比较亮呢？

辛普利邱：晚上要亮得多。在我看来，月亮宛如那引导以色列的子民出埃及的云柱和火柱。因为在太阳面前，它显得就像一小片云彩，而到了晚上它就极为光辉。于是在白天，我发现月亮有时在小片云彩中间，看起来就像一小块白云；而到了当天晚上，它便光辉夺目。

月亮在晚上要比白天显得更光辉。

月亮白天看起来就像一小片云彩。

88 **萨尔维阿蒂：**因此，如果你只有在白天才看到过月亮，你便不会认为月亮比那些小云彩更亮了？

辛普利邱：我的确相信你是对的。

萨尔维阿蒂：现在请告诉我，你是相信月亮在晚上真的要比白天更亮，还是碰巧看起来如此？

辛普利邱：我相信月亮本身在白天和晚上一样亮，但它之所以在晚上显得亮些，是因为我们看见它在天空的黑暗背景中。在白天，由于它周围的一切都很亮，所以凭借它增加的一点点光，就显得远没有那么亮了。

萨尔维阿蒂：现在请告诉我，你是否见过地球在半夜被太阳照亮呢？

辛普利邱：在我看来，这个问题似乎从来没有人提过，除非是说着玩儿，否则就是向某个最没脑子的人提的。

萨尔维阿蒂：非也，非也。我认为你是个通情达理之人，我是诚心诚意提出这个问题的。所以请回答这个问题，回答之后，如果你觉得我是在胡说八道，就把我当作没脑子的人看好了。因为与被提问的人相比，提出愚蠢问题的人是更大的傻瓜。

辛普利邱：如果你没有把我当作十足的傻瓜，那就让我回答你说，地球上任何像我们一样的人都无法在晚上看见属于白天的、也就是被太阳照到的那部分地球。

萨尔维阿蒂：所以除非在白天，你从来没有机会看到地球被照亮，但你在最黑的夜里也能看见月亮在天上照耀着。辛普利邱，这就是你认为地球不像月亮一样发光的原因。因为如果你能在和夜晚一样黑的地方看见地球被照亮，地球在你看来会比月亮更加光辉。现在，如果你想恰当地进行比较，我们就必须在地球的光与白天看到的月光之间进行对照，而不是与夜晚的月亮进行对照，因为除了在白天，我们没有机会看到地球被照亮。这样做你满意吗？

辛普利邱：当然只能这样。

萨尔维阿蒂：既然你已经承认，白天会在许多小片白云之
间看到月亮，而且形状和某片白云类似；这等于从一开始就承 89
认，这些小云彩虽然由元素物质所组成，却和月亮一样适合受到光照。如果你还记得有时曾经见过一些像雪一样白的巨大云彩，那就更是如此。毫无疑问，如果这样一大片云在最黑的夜里能保持同样明亮，它会比一百个月亮更能照亮周围的区域。

云和月亮一样适合被太阳照亮。

所以如果我们确信地球也像这些云一样被太阳照亮，那就不存在什么地球不如月球亮的问题。我们看到，这些云在没有太阳时和地球一样整夜都是黑的，此时关于这一点的所有疑虑都消失了。此外，我们没有哪个人见过这样一片云既远在天边又近在眼前，以至于好奇它到底是云还是山；这便清楚地表明，山和这些云一样可以被照亮。

沙格列陀：但为什么还要再做论证呢？月亮就在那边，已经圆得不止一半了；那里是一面高墙，太阳照在上面。你到这里来，可以看见月亮就在墙的旁边。现在你看，哪个看起来亮一些？你难道看不出，如果存在优势的话，还是墙亮一些吗？

一面墙被太阳照亮，其明亮程度不亚于月亮。

太阳照在那面墙上，再从那里反射到这间屋子的墙上，再从屋里的墙反射到那个内室，所以到达内室的是第三次反射的光。我绝对确定，如果光直接来自月亮，那么内室里会有更多的光。

来自一面墙的第三次反射，要比来自月亮的第一次反射更亮。

辛普利邱：啊，我并不这样认为，因为月亮发出的光，尤其在满月时，是非常强的。

沙格列陀：月亮看起来亮，是因为周围的阴影很黑，但并非绝对如此，月光比日落半小时后的暮色就要弱些。这是显然的，因为在日落之前，你不大看得清月亮在地上照出的事物的影子。你可以到那间内室去读一本书，然后看看在月色下读书是不是更容易，便可以弄清楚内室里的这第三次反射是不是比月光更亮。我相信在月色下读书会更难。

月光弱于暮色。

萨尔维阿蒂：如果你现在感到满意，辛普利邱，你可以看出你其实知道地球和月亮一样发光，而你之所以确信这一点，
90 并非由于我的教导，而纯粹是因为你回想起了你已知的一些事情。因为我并没有向你表明，月亮在晚上要比在白天更加光辉明亮。你已经知道这一点，正如你也知道一小片云要比月亮明亮。同样，你也知道地球的光亮在晚上是看不见的，简而言之，你知道相关的一切而并不自知。所以你应当不难承认，地球的反射能够照亮月亮的黑暗部分，而且它的光并不弱于月亮照亮

黑夜的光。甚至要更强些，因为地球的尺寸是月亮的40倍。[①]

辛普利邱： 我的确认为，月亮的次级光是它本身的。

萨尔维阿蒂： 好吧，这个你也知道了，但并未察觉自己知道。请告诉我，你难道自己不知道，由于周围的黑暗，月亮晚上要比白天显得更亮吗？由此你难道不知道，一般而言，每一个明亮物体在周围比较黑暗时，看起来会更亮吗？

周围黑暗时，明亮物体看起来更亮。

辛普利邱： 这一点我很清楚。

萨尔维阿蒂： 当月亮是新月，它的次级光在你看来比较亮时，月亮难道不是总在太阳附近，因此在黄昏时分看得见吗？

辛普利邱： 是这样的，而且我曾多次希望天会黑一点，这样就能对那种光看得更清楚，但月亮在天黑以前就落下去了。

萨尔维阿蒂： 哦，那么你很清楚这种光在黑夜里会显得更亮了？

辛普利邱： 的确如此，而且如果被太阳照耀的明亮的钩尖能够移除的话，它会显得更亮。钩尖的存在大大遮掩了这种次级光。

萨尔维阿蒂： 人们是否有时能在最黑的夜晚看见整个月亮圆盘，而并不依靠太阳照亮呢？

辛普利邱： 除了在月全食期间，我不知道发生过这种事情。

萨尔维阿蒂： 那么在月全食时，月光看起来应当非常强烈，因为月亮处于非常黑的区域内，而且未被钩尖的亮光所遮掩。

---

① 伽利略为何会得出这一倍数令人疑惑，因为他很清楚，这里用到的是表面积之比，而非体积之比。正确的数字应为14倍左右。

在那种情况下，你看它有多亮呢？

91 **辛普利邱：**有时我看到它是铜色，带一点白，但另一些时候它始终很暗，我几乎看不到它。

萨尔维阿蒂：如果当附近还有钩尖的光华阻碍视线的时候，你在暮色中还能那样清晰地看到月亮本身的光，那么在最黑的夜里，当所有其他光都被移除时，月亮本身的光怎么反而会看不见呢？

辛普利邱：根据我的理解，有人曾经认为这种光是由别的星体赋予的，特别是与月亮相邻的金星。

萨尔维阿蒂：这同样是愚蠢的看法，因为那样一来，这种次级光在月全食时应当比平时显得更清晰。因为不能说地球的影子遮住了月亮，使金星或其他星体看不到它。然而，月亮此时完全没有光，因为当时朝着月亮这一面的半个地球正是夜间，也就是没有任何太阳光。如果你认真观察一下就会非常明显地看出，正如月亮是一弯新月时，月亮对地球的照亮很少，随着月亮的渐圆，它反射给我们的光辉也在增长，同样，当月亮是一弯新月时（此时月亮在太阳与地球之间，能看见很大一部分被照亮的半个地球），这种光在我们看来显得非常明亮。但随着月亮远离太阳和接近方照，这种光就显得减弱了。方照时，光看起来很弱，因为地球被照亮的部分从月亮上看一直在减少。但如果这种光属于月亮本身，或者来自其他星体，那就应当是相反的情形，因为那样一来，我们应当能在深夜和周围很黑暗的时候看到它。

辛普利邱：请等一下，因为我刚刚想起曾在最近一本充满

按照某些人的说法，月亮的次级光是由太阳引起的。

新奇事物的论题小册子[1]中读到，“这种次级光既不是星体引起的，也不是月亮自己的光引起的，更不是由地球传来的，而是源于太阳本身的照明，由于月亮的材料比较透明，所以透过了整个月亮。但这种次级光更强烈地照亮了月亮暴露于太阳光的那个半球表面，可以说，月亮内部吸进或吸收了这种光，像云或水晶一样，传递这种光，使月亮看起来被照亮”。如果我记得不错，他通过权威、经验和推理来证明这一点，引证了克 92
列奥梅德斯[2]、维泰利奥[3]、马克罗比乌斯[4]和另外某位现代作者[5]，并且补充说，经验表明，这种光在月亮接近相合时（即月亮是新月时）的白天看起来很亮，而且沿月亮边缘照得最亮。他还写道，月亮在日食时位于太阳圆盘下方，看起来是半透明的，特别是在最边缘的地方。至于他所列举的理由，我记得他接着说，既然这种现象不可能来自地球、星体或月亮本身，那就必然来自太阳。

还有，根据这一假定，可以非常优雅地对任何发生的事情

---

① 这本小册子名为《关于天文学争论和新奇事物的数学研究》(*Disquisitiones mathematicae de controversiis et novitatibus astronomicis*, Ingolstadt, 1614)，是谢纳的学生洛舍(Locher)在谢纳指使下所作。当时伽利略与谢纳关系尚好，他与耶稣会之间的剑拔弩张也尚未开始。

② 克列奥梅德斯(Cleomedes)是一部题为《论天体的圆周运动》(*Cyclica consideratio meteorum*, 1539)的希腊著作概要的编者。

③ 维泰利奥(Vitellio)是一部关于透视的经典论著的作者。他是波兰裔，13世纪末居住在意大利。

④ 马克罗比乌斯(Macrobius)是4世纪的罗马哲学家，著有对西塞罗《西庇阿之梦》(*Somnium Scipionis*)的评注。

⑤ 这位现代作者是指弗朗索瓦·达吉隆(François d'Aguilon)。1613年，他发表了一部光学论著，其中完全忽视了1604年出版的开普勒的重要著作。

给出恰当的解释。例如，关于沿着月亮圆盘边缘的次级光显得较亮，原因在于太阳光透过的空间较短——因为在与一个圆相截的所有线中，经过圆心的线最长，在其他线中，离这条线远的总是比离它近的更短。根据同一原则，他说我们可以推出为什么以上所说的这种光几乎没有减弱。最后，他还类似地指出，日食期间沿着月亮边缘的最明亮的那一圈看起来就在太阳圆盘下方的那个部分，而不在太阳圆盘外面的部分。之所以如此，是因为太阳光透过太阳下方的那个部分而直接进入我们的眼睛，但在透过太阳圆盘外面的部分时则落在我们的视线之外。

萨尔维阿蒂：倘若这位哲学家是第一个持这种看法的作者，我对他这样敝帚自珍就不感到奇怪了；但既然他是从别人那里获得的，而又没有觉察到它的错误，特别是他已经听说这种效果的真正原因，又能通过上千个实验和明显的证据让自己相信这种次级光是由地球的反射、而不是由其他任何东西产生的，我实在想不出任何充分的理由为他开脱。既然根据这位作者（以及其他拒不赞成的人）的估计，后一解释也有其可取之处，我对那些既没有听说过也没有想过这种解释的年代更早的作者也就可以原谅了。但我确信，倘若他们听说过，会毫不迟疑地接受它。

93 如果可以坦白说出我的想法，那么我并不相信这位现代作者本人拒绝接受这个解释。但我认为，由于无法假冒这个解释的原创作者，他想到尽力将它压制下去，或至少在那些头脑简单的人面前贬低它。我们知道，这样的人多得数不清，许多人就是喜欢众人的夸奖，而不喜欢极少数非凡之人的认可。

沙格列陀：等一下，萨尔维阿蒂。在我看来，你还没有弄清楚问题的核心。那些哗众取宠的人也知道如何将别人的发明化为己有，只要这些发明年代尚不久远，而且没有在学校和市面上出版过，以至于尽人皆知就行了。

旧人新见解和新人旧见解是一回事。

萨尔维阿蒂：啊，我比你还要愤世嫉俗。什么出版物和臭名气，谈这些作甚？某些见解和发明对于人们是新的，或者某些人对于这些见解和发明是新的，这有什么差别吗？如果你愿意满足于那些常常炫耀自己的科学新手的称赞，你甚至可以使自己成为字母表的发明者，并因此而令他们钦佩。如果在此过程中你的狡黠被发现了，那也不会过多地影响你的目的，因为还会有别的人来填补你的支持者行列中那些空隙。

130

月亮的次级光呈现为一个环形，边缘亮而中心不亮，其原因何在。

但是让我们回过来向辛普利邱表明，他这位现代作者的论证是徒劳的，那里面充满了错误、谬误和矛盾。首先，他说这种次级光在边缘周围要比在中心部分更亮，因此形成了一种比其余区域更明亮的环或圈，这是错误的。诚然，如果在新月之后它在黄昏时分初现时进行观察，月亮会显示出这样一个环，但这是由于次级光所遍及的月亮圆盘，其边界之间存在着差异而引起的错觉。因为在朝着太阳的那一面，这种光以明亮的月亮钩尖为界；而在另一面，这种光则以暮色的黑暗区域为界，相对于这个黑暗区域，这种光显得比月亮圆盘的白色更亮——

如何观察月亮的次极光。

而另一方面，它又被钩尖的更大光华所遮掩。倘若这位现代作者曾经尝试在自己的眼睛与这种初级光华之间放置某个屏障，
比如屋顶或其他什么隔断，使得只有钩尖以外的月亮部分保持 94
可见，他就会看到整个月亮是同样明亮的。

辛普利邱：我好像记得他写过用这样的方法来遮挡明亮的新月。

萨尔维阿蒂：好吧，如果是这样，那么我原来所说的他的一种疏忽，现在就成了近乎轻率的谎言了，因为任何人都尽可将它付诸检验。

其次，我很怀疑在日食期间月亮圆盘会被看见(除非是因为失光)，特别是在部分日食时，因为这位作者观察的必定是这种部分日食的情况。但即使看见月亮发光，和我们的看法也不矛盾，而是会对它有利，因为此时月亮正对着地球被太阳照亮的那个半球；而且虽然月亮的影子使地球的一部分变暗了，但与被太阳照亮的部分相比，这个变暗的部分是很小的。然后他在这里又补充说，在这种情况下，位于太阳下方的边缘部分看起来很亮，而位于太阳外面的部分并不亮，并且由此推出，太阳光透过前一部分而不是后一部分直接到达眼睛。这完全是捏造，由此可以揭露那位作者的其他虚构。因为如果太阳光必须直接到达我们的眼睛，才能使我们看见月亮圆盘的次级光，那么这个可怜的家伙难道看不出，**除非**在日食期间，否则我们永远也观察不到这种次级光吗？而且如果距离太阳圆盘只有半度远的月亮部分就能使太阳光偏离，使之不能到达我们的眼睛，那么当它距离太阳圆盘20度或30度远时，比如就在新月之后，会是什么情形呢？那时，穿过月亮的太阳光将如何到达我们的眼睛呢？

日食期间，月亮圆盘只有因为失光才能被看见。

这家伙炮制一个又一个事实来服务于他的目的，而不是让自己的目的逐步适应事实本身。你看，为了让太阳的光华能够

这本小册子的作者要让事实来适应他的目的，而不是让他的目的适应事实。

穿透月亮，他就使月亮成为云或水晶体那样的半透明体。但我认为，就这种透明性而言，他从未讲清楚太阳光能否穿透两千英里厚的云层。现在假定他会贸然回答说，这种情况对于天体 95
很容易发生，因为天体的构成与我们不纯洁的、污秽的元素物体有很大区别，而我们则用一种使他无从回应，或者毋宁说无可逃遁的方式，让他承认自己的错误。他若要坚称月亮是透光的，就不得不说，太阳光非得穿过月亮整整两千英里的厚度，然而太阳光碰到只有一英里左右厚的月亮时却穿不透它，就像穿不透地球上的一座山一样。

132

有人试图兜售一种和上千英里以外的人通话的秘诀，结果沦为笑谈。

沙格列陀：这使我想起，一个人想要兜售给我一个秘密的方法，说是通过磁针的某种共感，可以和两三千英里外的人通话。我告诉他，我很乐意购买，但想试验一下看看，只要他在一个房间，我在另一个房间，能够通话就够了。他回答说，磁针的作用在这么短的距离内觉察不到。我便打发他走了，说我那时可没有心情去开罗或莫斯科做这项试验，但如果他想去，我会待在威尼斯照顾通话的另一头。

可是让我们听听我们这位作者是怎样进行推理的，为什么他不得不承认，月亮的材料可以让太阳光透过两千英里厚，而在只有一英里深时却和我们的山一样不透明呢？

萨尔维阿蒂：月亮的那些山本身也证明了这一点。这些山的一面受到太阳的照射，在对面投出非常黑的影子，比我们自己的山投出的影子更加清晰和分明；而如果这些山是半透明的，我们将永远无法在月亮表面上辨别出任何崎岖不平，也看不到沿着明暗部分边界的那一座座明亮的山峰；倘若太阳光果真深深地透入月亮的话，就更看不清那条边界。事实上，用这位作者自己的话说，介于日照部分与无日照部分之间的那条边界必定会显得非常模糊，而且半明半暗。因为能让太阳光透过两千英里厚的任何材料一定非常透明，以至于厚度相差百分之一或更少几乎没有什么区别。但明暗部分之间的那条边界非
96 常清晰且黑白分明，特别是在边界经过月亮上天然最明亮和最崎岖不平的部分的地方。在边界经过那些古老(antiche)斑点[①](即平原)的地方，这些斑点形成一条球面曲线，从而能够斜着接收太阳光，而由于照明较弱，这一边界显得不那么清晰。

最后，他说的次级光并不随着月亮的渐圆而减弱或减退(而是保持同等强度)，也是完全错误的。即使在方照时，也几乎看不见月亮，而月亮看起来本应非常鲜明，因为此时月亮在黄昏之后的深夜也能看见。

根据所有这些，我们可以得出结论说，地球反射给月亮的光是非常强的。更重要的是，由此可以得出另一个美妙的相似之处，即如果诸行星凭借它们的运动和光反过来影响地球，那么地球也许同样可以凭借自己的光(可能还有它的运动)来影响这些行星。但即使地球不动，这些作用也可能保持不变。因为正如我们所见，光(即反射的太阳光)的作用完全一样；运动只不过造成了现象的变化，而让地球运动而太阳不动，和让地

地球凭借光可以反过来作用于天体。

① 在描述其最早的望远镜发现时，伽利略写道："现在，那些颜色很深、面积很大的斑点对每个人来说都是显而易见的，在各个时代都曾被观察到；我将称之为'大'斑点或'古老'斑点，以区别于在我之前从未有人见过的……那些点。"(*Discoveries*, p. 31)

球不动而太阳运动所引起的变化是一样的。

辛普利邱：从来没有哲学家说过这些次等星体会影响天体，而亚里士多德说的显然与此相反。

萨尔维阿蒂：亚里士多德等人不知道地球和月亮互相照亮，这有情可原。但如果他们一方面想让我们向他们让步，相信月亮光作用于地球，而在我们向其证明地球照亮了月亮时，却坚决不同意我们关于地球也影响月亮的论点，那么他们同样应当受到责备。

辛普利邱：总而言之，我心里非常不愿承认你想要说服我相信的地球与月亮的这种伙伴关系，也就是说，把地球列入星体之列。因为即使没有别的，地球与天体之间的巨大距离在我看来也必然意味着一种巨大差别。

134 **萨尔维阿蒂：**你看，辛普利邱，一种由来已久的情感和根 97
深蒂固的成见的影响是多么大啊。它是如此强烈，以至于可以让你原来反对的事物现在似乎有利于你的观点。如果分开和距离是用来论证性质迥异的有效事实，那么另一方面，接近和临接就必然意味着性质相似。而月亮与地球的距离不是比月亮与其他天体的距离近得多吗！所以还是亲自承认（你还会有别的许多哲学家作陪）地球与月亮非常近似吧。现在让我们继续。你认为，说这两个天体相似有困难，关于这些困难，请提出别的任何需要考虑的东西吧。

就临近而言，地球与月亮是相似的。

辛普利邱：还有我关于月亮坚固性的问题，我是从月亮非常光亮和光滑推论出来的，而你则是从它多山推论出来的。另一个困惑源于我认为海洋的反射应当比陆地的反射更强，因为海面是平的，而地面则是粗糙和黑暗的。

萨尔维阿蒂：关于第一个问题，我说它们和地球的各个部分一样，因其重性而试图尽可能地接近地心，尽管有些部分比另一些部分离地心更远，例如山脉比平原更远，这是出于它们的坚固性和坚硬性，因为如果由液体材料所组成，它们就会铺开。同样，我们看到月亮的一些部分始终高于它们下方球面的那些部分，就意味着它们是坚硬的，因为月亮的材料由于各个部分具有一种朝向中心的**倾向**而会形成球形，这貌似是合理的。

从月亮多山论证月亮的坚固性。

关于另一个问题，我认为既然已经考虑过那些镜子的情况，我们就可以清楚地知道，来自海洋的反射会少于来自陆地的反射。这里我指的是海洋的一般反射，因为，对于一片平静的海洋朝着某个地方的特定反射，我毫不怀疑位于那个地方的 135
任何人都会看到水面有非常强烈的反射。但从所有其他地方去看，水面会比陆地更暗。为了让你们亲眼目睹这一点，我们去
98 那个大厅，在砖地上浇一点水。现在，请告诉我，这块湿砖不是要比那些干砖看起来更暗吗？当然更暗，而且除了那面窗户的反射照到的地方，从任何地方看，它都要更暗。所以请稍微退后一点。

海洋的反射弱于陆地的反射。

辛普利邱：从这里我看到，湿的部分比砖地的其余部分更亮。我还觉察到，之所以如此，是因为那面窗户对光的反射直接朝我而来。

实验表明，水的反射不如土地的反射亮。

萨尔维阿蒂：浇水不过是把砖块的小洞填满，使砖面形成一个光滑的平面，这样反射的光线就合在一起朝向一个地方

了。砖地的其余部分是干的，而且保持着它的粗糙，也就是说，它的微小颗粒具有无数不同的斜度，反射光朝向四面八方，但与合在一起反射要弱得多。因此从各个方向看，这部分都几乎没有或完全没有什么变化，从各处看都相同——但与那部分湿地的反射相比，亮度就差远了。

月亮的次级光在相合之前要比在相合之后更亮。

因此我的结论是，正因为从月亮上看海面是平的(岛屿和岩石除外)，所以它显得不如高低不平和多山的地面亮。我若不是不想如他们所说显得太性急，我会告诉你们，我曾观察到月亮的次级光(我说是由于地球的反射)在相合之前两三天要比在相合之后亮得多。也就是说，我们在日出东方之前看到的它，要比在日落西方之后的傍晚更亮。之所以有这种差别，是因为月亮在东方时，面对月亮的地球半球海洋较少，陆地较多，包含了整个亚洲。而月亮在西方时，它面对的是大片海洋——整个大西洋一直到美洲——这似乎非常合理地论证了水面不如地面亮。

辛普利邱：[因此你认为，地球的外观看起来会和我们看到的月亮类似，最多两个部分。]但这样一来，你是否相信我们看到的月面上的那些大斑点是海洋，而更亮的其余的部分是陆地，或某种类似的东西呢？[①]

萨尔维阿蒂：你现在问我的是我认为存在于月亮与地球之间的第一个差别，这一点我们还是快点讲完为好，因为我们在 99

① 这个问题在《对话》的第一版中被错误地略去了，后在“更正”中补充。伽利略的副本中并无这份“更正”，在将该问题补充到原文中时，他添加了本段开头那句评论。

月亮上花了太长时间了。于是我说，如果自然之中只有一种方式让两种表面被太阳照亮，使一个比另一个显得更亮，而且这是因为一个是由陆地组成的，另一个是由水组成的，那么就不得不说，月亮表面一部分是土质的，一部分是水质的。但由于我们知道还有别的方式可以产生同样的结果，而且还可能有别的方式是我们不知道的，所以我不敢贸然断定月亮上存在一种方式而不存在另一种方式。

我们已经看到，一只银盘擦亮之后会由白变暗；地球湿的部分看起来比干的部分更暗；在山脊上，有树木的部分看起来要比空旷的不毛之地暗得多，因为树木投出大量影子，而空地则被太阳照亮。这种影子的混合会产生非常醒目的效果，以至于在有凹凸花纹的丝绒上，剪过的丝线看上去要比没有剪过的颜色暗得多，因为剪过的丝线之间存在着影子；同样，没有花纹的丝绒要比用同样丝线制成的塔夫绸暗得多。因此，如果月亮上有什么东西类似于茂密的森林，其外观很可能就像我们看见的那些斑点一样；如果它们是海洋，也会产生同样的差别；最后，没有任何东西能够防止这些斑点比其余部分实际显得暗些，因为积雪就是这样使高山显得更亮的。

月亮上能够清楚看见的是，那些较暗的部分都是平原，其中很少有岩石坡地，虽然并非完全没有。余下较亮的部分则满是岩石、高山、环形垒和其他形状的山，特别是斑点周围环绕着巨大的山脉。我们确信这些斑点都是平原，因为我们观察到，将明亮部分与黑暗部分隔开的边界在横贯斑点时显得很平，而在横贯明亮部分时则显得参差不齐。但我不知道单凭

月亮的较暗部分是平原，较亮部分是高山。

月亮上的斑点周围是长长的山脉。

表面的这种平坦本身是否足以造成看起来的暗，我认为是不能的。

月亮上产生的并不是我们地球上的那种东西，而是不同的东西——如果月亮上真有东西产生的话。

月亮不是由陆地和水组成的。

撇开这一点不谈，我认为月亮与地球非常不同。虽然我自己想象月亮的区域并不是停顿和僵死的，但我并不认为那里存
在着生命或运动，更不认为那里能够产生与我们这里类似的植 100
物、动物或其他东西。即使产生了，也和我们这里的大相径庭，远远超出我们的想象。我之所以倾向于相信这一点，是因为首先，我认为月亮的材料并不是陆地和水，单凭这一点就足以阻止与我们这里类似的产生和变化。但即使假定月亮上有陆地和水，也有两条理由可以表明月亮上不会产生与我们这里类似的动物和植物。

我们地球上的物种所需要的太阳方位和月亮上的情况是不同的。

月亮上的一天通常有一个月之久。

对月亮来说，太阳的升和落相差10度；而对地球来说，则相差47度。

第一条是，太阳的不同方位对于我们的不同物种来说必不可少，如果没有这些方位，它们根本就不可能存在。太阳对地球的这种行为非常不同于太阳对月亮的行为。比如每天的光照，我们地球上大多是24小时被日夜平分，而月亮上的日夜平分却需要一个月。太阳用于引起四季分明和日夜长短不一的周年升落，月亮一个月就能完成。对我们来说，太阳的周年升落非常之大，以至于在它最大和最小的纬度之间存在着47度的差异（也就是说，和两条回归线之间的距离一样大），而对月亮来说，其差异只有10度或更小，这便是月亮轨道相对于黄道的最大纬度。

现在你想想，太阳如果连续15天把它的光线不停地照到月亮的热带上，那会是怎样的情形。不用说，所有植物、草木和动物都会毁灭。因此，如果月亮上存在什么物种，那一定是

和目前非常不同的植物和动物。

第二条是，我确信月亮上没有雨，因为月亮的任何部分如果像地球周围一样有云聚集起来，这些云就会遮住我们用望远镜看到的一些事物。简而言之，景象会在某些方面发生改变。在漫长和勤勉的观察中，我从未见过这种效果，我发现的总是一种非常纯净和均一的宁静景象。

月亮上无雨。

沙格列陀：关于这一点，也许可以回答说，月亮上可能有很重的露水，或者夜间下雨，也就是说，在太阳没有照着它时下雨。

101 **萨尔维阿蒂**：如果根据其他现象，有迹象表明月亮上存在着与我们这里类似的物种，只是缺乏下雨的事件，那么我们应当能够找到某种条件来代替下雨，就像埃及靠尼罗河泛滥那样。但既然在产生类似结果所需的许多条件中，找不到和我们这里类似的事件，那就不必费心去引入仅仅一个条件，而且连这个条件也并非来自可靠的观察，而仅仅是出于纯粹的可能性。此外，如果有人问我，我的基本知识和自然理性会对月亮上产生与我们这里类似或相异的事物有什么看法，我永远会回答说，“非常不同，是我们完全无法想象的”。因为在我看来，这样才符合自然的丰富以及造物主和统治者的全能。

沙格列陀：我一直觉得，有些人想用人的能力来衡量自然所能做的事情，这实在太过鲁莽。恰恰相反，自然中没有一个结果，即便是最微不足道的结果，能被最机敏的理论家完全理解。这种自负地号称懂得一切事物只可能有一个基础，那就是从未理解任何事物。因为任何人哪怕对完全理解一个事物有过

有些人从未完全理解过任何事物，反倒因此而自认为什么都懂。

一次体验，并且真正品尝过知识是如何获得的，就会承认自己对无数其他真理一无所知。

萨尔维阿蒂： 你的论证非常令人信服。有那些的确懂或曾经懂某种东西的人可以为之做证。这些人知道得越多，就越能认识到并且坦言自己知道得很少。正如神谕所判定的那样，那位最有智慧的希腊人就公开宣称自己什么都不知道。

辛普利邱： 于是不得不说，要么神谕在撒谎，要么苏格拉底在撒谎，因为神谕宣称他是最有智慧的，而苏格拉底却说他知道自己是最无知的。

神谕正确地判定苏格拉底最有智慧。

萨尔维阿蒂： 你这两条都推不出来，因为这两项声明都可以为真。神谕判定苏格拉底是最有智慧的人，而人的智慧是有限的。苏格拉底承认与无限的绝对智慧相比，他什么也不知道。由于多与少作为无限的一部分是一样的，或者说都等于零（因为要想达到一个无限大的数，不论我们积累多少个千、十或 102
零，都毫无区别），所以苏格拉底正确地认识到，与他所缺乏的无限相比，他的有限知识等于零。但由于人们总还有些知识，而这些知识并不是平均分配给所有人的，所以苏格拉底可以比其他人分有更多的知识，这样便证实了神谕的回答。

沙格列陀： 我认为我很理解这一点。辛普利邱，在人当中存在着行动的能力，但它并不是平均分配给所有人的。一个皇帝的能力无疑要比一个个人的能力更大，但与神的全能相比，他们的能力都等于零。一些人比另一些人更懂农事，但知道如何在沟里种一棵葡萄藤，怎么能比得上知道如何使葡萄藤生根，吸收营养，从中汲取一部分营养用来长叶子，另一部分营养用来形成卷须，这是给葡萄串的，那是给皮的？所有这一切都是最智慧的大自然的作品，而这仅仅是大自然无数作品中的一个特殊例子，但单从这个例子就可以看出无限的智慧。因此我们可以断言，神的智慧是无限地无限。

神的知识是无限地无限。

萨尔维阿蒂：这里是另一个例子。我们不是说，在一块大理石中发现一尊美丽雕像的技艺，使米开朗基罗的天才远远高出了常人的心灵吗？然而，这项工作不过是把一个不动的人的外在表面肢体的一个姿态和位置复制出来罢了。那么，它与大自然所造的人相比又算得了什么呢？人由那么多外在和内在的肢体，那么多肌肉、腱、神经、骨头所组成，可以做那么多种种不同的动作。而且对于人的感觉、心灵能力，最后还有他的理性，我们能说些什么呢？我们难道不是可以正确地说，造一尊雕像要无限地逊于造一个活人，甚至是造一只最低等的蠕虫吗？

米开朗基罗的伟大天才。

沙格列陀：还有，你认为阿基塔斯[①]的鸽子与一只天然的鸽子之间有什么区别呢？

辛普利邱：要么是我缺乏理解力，要么是你的这个论证存在着明显的矛盾。你对理解力的赞颂即使不是最大的、也是你所做的最大赞颂之一，你将它归于天然的人。而不久之前，你
103 却同意苏格拉底的看法，认为人的理解力是零。这样一来，你

① 阿基塔斯（Archytas，前 435/410-前 360/350）是古希腊数学家、哲学家、音乐理论家、天文学家，也是数学机械学的奠基人。他被认为设计并制造了第一个自行飞翔装置——机械鸽，由一个可能是蒸汽的喷射器推动，据说实际飞行了大约 200 米。

便不得不说，连大自然也不知道如何造就一个有理解力的理智了。

沙格列陀： 你的论点提得很尖锐。为了回应这个反驳，我们最好是诉诸一个哲学上的区分，说人的理解力可以有两种样式，即**强度的**（intensive）和**广度的**（extensive）。**从广度方面**来看，亦即就可理解的事物的多少而言，可理解的事物是无限的，而人的理解力即使理解了一千个命题，也什么也不是，因为一千与无限相比就等于零。但如果**从强度方面**来看人的理解力，由于“强度”这个词指的是完全理解某个命题，我会说人的理智的确完全理解一些命题，因此在这些命题上，人的理解力和大自然本身有同样多的绝对确定性。这些命题仅限于数学科学，即几何和算术，在这些科学上，神的理智因为知道一切而的确比人知道的命题多出无限倍。但就人的理智的确理解的少数命题而言，我相信人的知识在客观确定性上堪比神的知识，因为在这方面，人的理智成功地理解了必然性，而不可能存在比必然性更大的确定性。

人在强度上懂得很多，在广度上则懂得很少。

辛普利邱： 你这番话听起来非常勇敢和大胆。

萨尔维阿蒂： 这些都是非常普通的命题，[1] 远远谈不上勇敢

① 尽管看似无害，但这些段落被视为是冒犯教会的主要文本之一。教皇任命的《对话》审查委员会指出了其中八点冒犯之处，可以简述如下：

1. 罗马教廷的出版许可未经授权就被置于扉页。

2. 序言以不同字体印刷，因此是无效的；结尾的论点由一个傻瓜说出，且未经充分讨论。

3. 伽利略常将地球的运动视为真实的而非假设的。

4. 他将这个主题视为未定之论。

5. 他谴责哥白尼观点的反对者。（转下页）

或大胆。它们丝毫无损于神的智慧的伟大，就像说神不可能取消已做的事丝毫无损于神的全能一样。但我问你，辛普利邱，你的怀疑是否源于你模棱两可理解了我的话呢？因此，为了更好地解释我自己，我会说，数学证明所提供的真知和神的智慧所认识到的真知是一样的。但我的确要向你承认，神知道无限多个命题，而我们只知道少数几个命题，神的认识方式比我们的认识方式不知要卓越多少倍。我们的方法是根据推理从一个结论逐步进至另一个结论，而神的方法则是单纯的直觉。例如，为了认识圆的某些性质（圆有无数性质），我们从最简单的一种性质开始，把它当作圆的定义，通过推理进至另一种性质，再从这种性质进至第三种性质，接着进至第四种性质，如
104 此等等。而神的理智，通过单纯地领悟圆的本质，不必经过耗时的推理，就能知道圆的所有无限多种性质。其次，所有这些性质实际上都已经潜在地包含在万物的定义里，它们虽然是无限的，但最终在本质上和在神的心灵中可能只是一个。对于人的心灵来说，以上这些也并非完全未知，但它们被浓雾所笼罩，只有当我们掌握了某些结论，并且牢固确立和轻松拥有它们，以至于能够迅速将其历数一遍时，这些浓雾方能得到部分驱散和澄清。因为毕竟，斜边的平方等于另外两边的平方之和，会比底边相等、夹在两条平行线之间的两个平行四边形面积相等，多出什么呢？说到底，叠加起来并不增加但包围在相同边

神的认识方式不同于人的认识方式。

人的理解是通过推理获得的。

143

定义潜在地包含了被定义事物的所有性质。

无限种性质可能只是一个。

（接上页）6. 他断言在几何问题上，人的心灵与神的心灵之间有某种平等性。
7. 他认为这证明，托勒密主义者可以转变为哥白尼主义者，而非反之。
8. 他将潮汐归因于并不存在的地球运动。

人的理智在时间中取得的进展，在神的理智做来只要一刹那，因为这些进展一直呈现于神的理智。

界内的两个面积相等，和后一命题不是一样吗？这些进展，我们的理智是一步步费力取得的，而在神的理智做来只要一刹那。这等于说万物一直呈现于神的理智。

我由此断言，无论在所理解事物的数目上，还是在理解方式上，神都超出我们的理解力无限倍。但我并未因此把人的理解力贬低到绝对无能的程度。不，当我想到人曾经理解、探究和设计过多么奇妙和多少神奇的事物时，我非常清楚地认识和理解到，人的心灵乃是神的作品，而且是最卓越的作品之一。

人的理智非常敏锐。

144

沙格列陀：我自己也曾多次以同样的方式思考过你现在说的内容，思考人的心灵可能有多么敏锐。当我历数了人类在文学艺术上所做出的众多神奇发明，再反思一下我自己的知识，我觉得自己简直是贫乏至极。我还远远称不上发现什么新东西，甚至连了解已经发现的东西也做不到，以至于感到愚蠢、困惑和绝望。如果看到一尊美妙的雕像，我心里会说："你几时才能把一块大理石的多余部分剔除，而把藏在里面的可爱身段显示出来呢？你几时才会知道如何调配不同的颜色，将其涂在画布或墙上，像米开朗基罗、拉斐尔或提香一样用它们来再 105
现一切可见之物呢？"人类安排了音程，为了取悦耳朵而制定了控制音程的准则和规则，看看人类在这方面的发现，我怎能不感到惊异呢？对于如此众多的不同乐器，我该说些什么呢？一个人在潜心研究概念的发明和阐释之余，读一读那些杰出诗人的作品，心里会升起多么大的崇敬！还有建筑，我该说些什么呢？航海术呢？

文字的发明是最重大的发明。

不过，超出所有重大发明的是那个发明文字的人的崇高心灵，尽管空间和时间相隔遥远，他竟然梦想能找到一种方式将他最深的思想传递给其他任何人！梦想能和远在印度的人谈话，能和尚未出生以及千年万年之后才出生的人谈话。而且，只靠 20 个字母在一页纸上的不同排列就可以了，这也太方便了！

让我们就此结束人类一切令人钦佩的发明以及我们今天的讨论。现在最热的时候即将过去，我想萨尔维阿蒂也许愿意乘一条小船来享受一下清凉的时光。明天我期待你们二位光临，以便能继续现在开始的讨论。

（第一天完）

106 # 第　二　天

萨尔维阿蒂: 昨天我们离题的话说得太多,使我们大大偏离了我们主要论证的主线。要不是你们帮我重回正题,我甚至不知道能否继续下去。

沙格列陀: 你陷入了某种混乱,对此我并不感到惊讶,因为你心里堆满了东西,既要思考什么已经讲过,又要思考什么还没有讲过。而我只是个听者,只记得我所听到的东西,所以也许我可以向你简要概述一下,使你回到正题。

现在回想一下,昨天的讨论总结起来可以说是对以下两种观点的初步考察,看哪一种观点更有可能和合理。第一种观点主张,天体是不生、不灭、不易、不变的,总之除了位置的变动之外没有任何变化,因此是一种和我们可生、可灭、可变的物体迥然不同的第五元素。[①] 另一种观点则消除了世界各个部分的这种差异,认为地球也和宇宙中其他天体同样完美。简而言之,地球和月亮、木星、金星或其他行星一样,也是可以移动的运动物体。后来,我们在地球与月亮之间做出了许多详细类

① 第五元素是古代自然哲学中区别于四种地界元素(土、水、气、火)的天界元素,亚里士多德认为天界由这种物质所组成,也称之为“以太”。见亚里士多德《论天》(Aristotle, *De Caelo* I, 3, 270b, 21–25)。

比。之所以与月亮而不是与其他行星进行更多比较，也许是因为月亮距离不那么遥远，我们拥有更多更好的感觉证据。既已最后断言，这第二种观点比另一种观点更有可能成立，我们下 107
一步似乎应当考察，是应当像大多数人到目前为止所相信的那样，认为地球是不动的，还是应当像许多古代哲学家和更为晚近的一些人所相信的那样，认为地球是运动的；如果是运动的，那么会是怎样一种运动。

萨尔维阿蒂：现在我总算知道和认清我们沿途的那些路标了。但在我们重新开始和继续进行之前，我应当告诉你，关于你最后讲的那一点，即我们已经决定赞成地球具有和天体同样的性质，我表示质疑。因为我并没有做出这样的结论，正如我对其他任何有争议的命题也没有做出结论一样。我原本只想援引那些论证，不偏不倚地回答迄今为止别人想到的那些问题和解答（包括我经过长时间思考想到的几条），然后让别人去判断和做决定。

沙格列陀：我是受了自己感情的支配，以为我心里感受到的，别人也会感觉到，因此把本应是个别的结论说成是普遍的。这的确是我的错误，特别是连就站在这里的辛普利邱的看法，我都不知道。

辛普利邱：坦白说，昨天我整个晚上都在思考白天的讨论，的确发现其中包含着许多新奇而有力的美妙想法。不过，让我印象更为深刻的是这么多权威的伟大作者，特别是……你在摇头，沙格列陀，而且笑了，好像我说了什么荒谬的话似的。

沙格列陀：我只是笑一下，但请相信我，我之所以禁不住要笑，是因为我想起了几年前我和几位朋友看到的一幕，他们的名字我可以告诉你。

萨尔维阿蒂： 你还是把这件事情讲出来为好，以免辛普利邱继续以为你的发笑是针对他的。

沙格列陀： 我很乐意如此。一天，我在威尼斯的一位很有名的医生家里，许多人都在那里观看一个人进行人体解剖，有些人是为研究而来的，另一些人则是偶然出于好奇而来的。这位解剖者不仅是谨慎而熟练的解剖学家，而且很有学问。那天
108 他碰巧在研究神经的来源和发源，在这个问题上，盖仑派与逍遥学派的医生之间存在着众人皆知的争论。那位解剖学家表明，那一大束神经离开大脑经过颈背，沿着脊椎向下伸展，然后分布到全身，只有一股细线似的神经到达心脏。然后，他转向一位先生，问这个人最终是否满意，是否确信神经发源于大脑，而不是发源于心脏？他知道这位先生是逍遥学派哲学家，为此之故，那天他把种种演示和证明做得格外仔细。这位哲学家思索了片刻，然后回答说："这件事情你已经使我看得非常清楚，若不是亚里士多德的原文与之相左，清楚地声称神经发源于心脏，我将不得不承认它为真。"

亚里士多德和医生们关于神经如何发源的说法。

一位哲学家关于神经从哪里发源的可笑回答。

辛普利邱： 先生，你要知道，关于神经发源的这场争论，绝不像某些人愿意认为的那样已经尘埃落定和得到解决了。

沙格列陀： 在那些反对者看来，无疑永远不会解决。但你的说法丝毫不影响这位逍遥学派回答的荒谬可笑。作为感觉经验的反对者，他并不援引亚里士多德的实验或论证，而只是凭借其权威的**武断言辞**。

辛普利邱：亚里士多德之所以拥有巨大的权威性，仅仅是因为他的证明有说服力，论证很深刻。但一个人必须理解他，不仅理解他，还要非常熟悉他的著作，才能形成关于这些著作的最完备的思想，将他的字字句句都记在心里。他的著作不是写给一般人看的，也不必用平凡的寻常方法将他的那些三段论串起来。毋宁说，他使用的是置换法，[①] 有时会把某一命题的证明置于好像讨论别的问题的文本当中。因此，一个人必须把握整个宏观框架，能将不同的段落结合起来看，将距离很远的文本收集在一起看。毫无疑问，谁掌握了这种技巧，谁就能从他的著作中得到关于一切可知之物的证明，因为那里面包含了一切事物。

用亚里士多德的方法做好哲学的先决条件。

150

从任何喜欢的书里学习哲学的一种聪明办法。

沙格列陀：亲爱的辛普利邱，既然你对把东西到处乱放不感到厌恶，并认为把不同的片段收集和结合起来就能从中汲取精华，那么你和其他勇敢的哲学家们怎样对待亚里士多德的原文，我就怎样对待维吉尔和奥维德的诗句，把它们拼凑在一起来解释所有人类事务和自然奥秘。但我为什么要提到维吉尔或别的诗人呢？我有一本小书，比亚里士多德或奥维德的书简要得多，里面包含着全部科学，只要稍微研究一下就能由此形成最完备的思想。这就是字母表，毫无疑问，任何人只要能把某个元音与某些辅音恰当地连接和排列起来，就能从中掘取对任何问题的最正确的回答，并获得关于一切技艺和科学的教导。

① 这里的“置换法”（disturbed method）指的是欧几里得所谓的调动比例（disturbed proportion），见《几何原本》（Euclid, *Elements*, bk. V., Def. 18 & Prop. 22）。此处辛普利邱是在刻意炫耀他那文不对题的数学词汇。

画家也是如此，他在调色板上分别放置不同的单色颜料，把这种颜色弄一点，那种颜色弄一点，再调配一点儿别的颜色，便能绘出人物、植物、房屋、鸟、鱼，简而言之，他的调色板上没有什么眼睛、羽毛、鱼鳞、树叶或石头，就能描绘任何可见之物。事实上，要想描绘任何事物，那些颜色里绝不能含有所要模仿的东西或它们的一部分。举例来说，如果颜色里有羽毛，你就什么也描绘不了，而只能描绘鸟或羽毛掸帚了。

望远镜的发明源于亚里士多德。

萨尔维阿蒂：某位博士在一所著名的学院里演讲，当时有一些仍然健在的先生在场。这位博士听到有人把望远镜描述了一番，而他自己却没有见过，就说这项发明来自亚里士多德。他叫人拿来一本书，在书中某处找到了白天可以在一口深井底部看见天上星星的理由。[①] 这时那位博士说："你们看，这里的井就代表管子，这里的浓厚蒸汽就是发明玻璃透镜的根据；最后，这里是光线穿过较为致密和黑暗的透明介质何以能使视力增强的道理。"

沙格列陀：这种"包含"一切可知之物的方式，其含义就类似于一块大理石包含一尊或数千尊美丽雕像；但整个关键在于能够揭示出它们。我们不妨说，这就像约阿希姆(Joachim)[②] 的
110 预言或异教神谕所给出的回答。只有在这些预言和回答所预言

① 见亚里士多德《论动物的产生》(Aristotle, *De generatione animalium* V, 1, 780b, 21)。

② 约阿希姆(Joachim)是 12 世纪的西多会主教，其作品通常被认为具有预言含义。在本段和接下来几段话中，伽利略展示了一种摆脱迷信的姿态，这在他那个时代实属罕见。要知道，开普勒本人就赞同某些占星术学说，甚至连牛顿也将大部分时间用于炼金术研究。

的事件发生之后，才能懂得它们。

萨尔维阿蒂：你为什么略去占星学家的预言不谈呢？那也是在预言实现之后才在天宫图（或者说天界的构形）里清楚看到的。

炼金术士把诗人们的神话传说诠释为制金秘诀。

沙格列陀：正是以这种方式，狂热的炼金术士们才发现，除了关于如何制金，世界上最伟大的天才们其实没有写过任何东西。但为了不向俗人透露，这伙人都以某种方式异想天开地用各种伪装将它掩盖起来。听他们评论古代诗人，揭示诗人故事背后所隐藏的重要奥秘，真是一桩乐事——月神的爱意指什么，她下凡来找恩底弥翁（Endymion）意指什么；她为何不喜欢阿克忒翁（Actaeon）；朱庇特化作一阵金雨或一道火焰意味着什么？诠释者墨丘利（Mercury）、普路托（Pluto）的劫持以及金枝中有多么重大的炼金秘诀啊！

辛普利邱：我相信并且在一定程度上也知道，世界上不乏一些冲昏了头脑的人，但他们的愚蠢不应归咎于亚里士多德的不可信，在我看来，你们有时候讲起亚里士多德来太过不敬。单凭年代久远以及他在众多著名思想家当中享有荣名，就足以使他在所有学者中间得到尊敬。

萨尔维阿蒂：实际情况并非完全如此，辛普利邱。亚里士多德的一些追随者太过胆小，以至于给了我们轻视亚里士多德的机会。（或者更确切地说，如果我们相信他们那些无聊的说法，就给了我们机会。）请告诉我，难道你竟会如此轻信，以至于不明白，倘若亚里士多德当时在场，听到那位博士想把他说成望远镜的发明者，对于这位博士会比对于嘲笑这位博士及其

亚里士多德的一些追随者由于过分想要抬高他的声誉，反而使之受损。

解释的那些人更加恼火吗？你是否会怀疑，倘若亚里士多德看到天上的那些新发现，他会改变自己的观点，修正自己的著作，并且接受那些最合理的学说？那些意志薄弱到非要继续坚持他曾经所说的一切的可怜虫，难道不会被他抛弃吗？怎么说呢，如果亚里士多德真如他们想象的那样，那么他将是一个冥顽不
111 灵、固执己见、不可理喻、意志专横的人，他会把别人都当作傻羊，将其命令凌驾于感觉、经验和自然本身之上。给亚里士多德冠以权威之名的正是他的追随者，而他自己并没有篡夺这种权威地位或者据为己有。由于隐藏在别人外衣下面要比公开抛头露面容易得多，他们出于胆怯便不敢越出亚里士多德一步。他们宁可当即否认自己亲眼看见的天界变化，也不肯对亚里士多德的天界做丝毫改变。

某位雕刻家的可笑案例。

沙格列陀：这种人使我想起了那位雕刻家，他把一块巨型大理石变成了一尊赫拉克勒斯（Hercules）雕像或一尊打雷的朱庇特（Jove）雕像，我记不清是哪个了，而且技艺是如此精湛，雕像是如此逼真和威猛，每个人看到都会心怀恐惧，连他自己也开始害怕起来。虽然雕像的所有生气和力量都是他亲手所造，但他是如此恐惧，以至于再也不敢加以锤凿了。

萨尔维阿蒂：我时常好奇，将亚里士多德的字字句句奉为金科玉律的这些人，为何觉察不到他们对于亚氏的信誉和声望是多么大的阻碍。他们越是想抬高他的权威，实际上就越贬低了他的权威。有些命题我自己明明知道是错的，他们却顽固地予以支持，要说服我相信他们所做的是真正的哲学，相信亚里士多德本人也会这样做。每当看到这种情形，我会深深地怀

疑，对于在我看来更为深奥难解的其他问题，亚里士多德在哲学上是否做得正确。如果我看到他们就一些明显的真理表示让步并且改变自己的观点，我会相信对于他们所坚持的、我不懂或者没有听说过的哲学见解，可能拥有可靠的证据。

沙格列陀：的确，从另一方面说，如果他们认为承认自己不知道别人发现的某个结论，会大大危及他们自己和亚里士多德的声誉，那么是否最好还是采用辛普利邱推荐的做法，也就是把亚氏关于这些问题的各种文本收集到一起，从中寻求结论？因为如果一切可知的事物都在这些文本中，那么这里面肯定找得到。

萨尔维阿蒂：沙格列陀，你提出的这个审慎的方案在我看来似乎带有讽刺口吻，但请不要讥笑它。因为不久以前，一位
著名哲学家编写了一本论灵魂的书，在讨论亚里士多德关于灵 112
魂是否不朽的观点时，除了亚历山大[①]已经引用的亚氏文本，他还引证了许多别的文本。他据此断言，亚里士多德甚至没有处理灵魂是否不朽的问题，更别说就此得出结论了。他还给出了他从一些生僻角落里发现的另外一些文本，这些都倾向于持否定意见的一方。有朋友建议说，这恐怕会使本书不容易出版，他回信说自己很快就会得到出版许可，因为如果不出现其

一位逍遥学派哲学家方便省事的决定。

① 这里的“亚历山大”指的是一位活跃于公元200年前后的著名亚里士多德主义哲学家和评注家。施特劳斯认为写这本书的哲学家可能是宾达西奥(Pendasio，卒于1603年)，但也提到菲奥伦蒂诺(F. Fiorentino)猜想这位哲学家是扎巴瑞拉(Zabarella，卒于1589年)。然而，这位哲学家未必不可能是克雷莫尼诺，他的大致年代、研究领域、辩证技巧乃至思想上的愤世嫉俗，都与这种可能性十分吻合。

他障碍，他会毫无困难地改变亚里士多德的学说。因为根据亚里士多德的其他一些文本和阐释，他可以坚持相反的观点，而仍与亚里士多德的意思相一致。

沙格列陀：这是怎样一位博士啊！我对他佩服得五体投地；因为他不想受亚里士多德的约束，而是牵着亚里士多德的鼻子走，让亚里士多德的说法适合自己的目的！你们看，懂得如何把握时机是多么重要！当赫拉克勒斯受制于复仇女神并且被激怒时，一个人是不应出面与他打交道的，而应在他同吕底亚的少女们讲故事时与他打交道。

亚里士多德的某些追随者的怯懦。

啊，那些可怜的人，他们的卑贱真是无法形容！他们甘心沦为奴隶，将亚里士多德的话奉为不可违反的金科玉律；甘愿受其恩惠，连他们自己都说不清写作意图或用来证明什么结论的论证，却称之为非常“有说服力”和“非常令人信服”，自己深信不疑！然而，对于亚里士多德本人究竟持肯定立场还是否定立场，就连他们自己都抱有怀疑，这岂不是更大的疯狂吗？这无异于把一段木头奉为传达神谕的祭司，向它寻求答案，畏惧、尊敬和崇拜它！

辛普利邱：但若抛弃亚里士多德，谁还能当我们的哲学向导呢？你们提提看。

过分推崇亚里士多德等于亵渎。

萨尔维阿蒂：在森林和陌生的土地，我们需要向导，但在平原和开阔的地方，只有瞎子才需要向导。这种人还是待在家里为好，任何头上长眼的机智之人就能充当他们的向导。我这样说并不意味着一个人不应倾听亚里士多德的话；事实上，我赞成阅读和认真研究亚里士多德的著作，我只是责备那些甘心沦为其奴隶的人，以至于对亚里士多德讲的任何东西都盲目赞同，当作不可违背的金科玉律，而不去寻求任何其他理由。与这种恶习相伴随的是另一种深刻的混乱，那就是让其他人也不想多费气力去领会其证明的说服力。在公开辩论时，当一个人正在讨论可证明的结论时，他的话却被一位对手打断了，后者用亚里士多德的一段文本（往往是为了完全不同的目的而写的）来斥责他，请问还有比这更让人反感的吗？事实上，你若真想用这种方法进行研究，那就得把哲学家的名字放在一边，自称为历史学家或记忆专家好了，因为从来不做哲学的人不配篡夺哲学家的光荣称号。

从来不做哲学的人不配篡夺“哲学家”的称号。

156

感觉世界。

但我们还是回到岸上来吧，以免陷入无边无际的海洋，整天也出不来。所以辛普利邱，请提出论证和证明吧（不论是你的还是亚里士多德的），不要只是拿出些原文和单纯的权威，因为我们必须联系感觉世界来谈，而不能纸上谈兵。既然在昨天的讨论中，地球已被拎出黑暗，暴露在光天化日之下，而且事实表明，那种要把地球列为天体的尝试并不是一个希望渺茫和让人力不从心的命题，以至于没有一点生命的火花，接下来我们就应考察另外一个命题，即认为整个地球有可能是固定和完全不动的，看看有什么办法能让地球运动，而且是什么样的运动。

现在，由于我对这个问题还拿不定主意，而辛普利邱则和亚里士多德一样，决心支持地球不动，所以他应一步步给出他持这种观点的理由，我给出相反的回答和论证，而沙格列陀则应告诉我们他自己的想法以及倾向于哪一方。

沙格列陀：这对我很合适，只要我能随时根据常识提出看法。

萨尔维阿蒂：事实上，我特别请求你这样做；因为我相信讨论这个问题的作者们几乎没有漏掉什么较为简单或者说较为平实的考虑，而那些更为微妙和深奥的道理却付诸阙如和为我们所期望。要钻研这些道理，还有什么能比沙格列陀敏锐而透彻的才智更适合呢？

114 **沙格列陀：**萨尔维阿蒂，随你怎么形容我吧，但我们最好不要陷入另一种离题，那就是讲求客套。因为我现在是个哲学家，在学校而不在宫廷（al Broio）。

萨尔维阿蒂：那么让我们这样来开始思考，即要我们只看地界物体，那么任何被归于地球的运动必然是我们觉察不到的，就好像不存在一样；因为作为地球居民，我们也分有了同样的运动。但另一方面，这种运动也必然非常一般地显示于所有其他可见的物体和对象，因为它们与地球是分离的，不会分有这种运动。因此，要想考察什么运动可以被归于地球，以及如果属于地球，可能是怎样一种运动，真正的方法就在于观察和思考与地球分离的那些天体是否显示出某种平等地属于所有天体的运动现象。 157

地球居民觉察不到地球的运动。

地球只可能做在我们看来除地球以外整个宇宙所共有的运动。

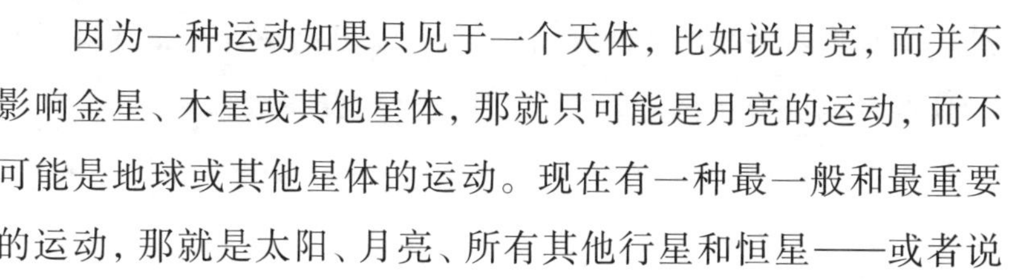

因为一种运动如果只见于一个天体，比如说月亮，而并不影响金星、木星或其他星体，那就只可能是月亮的运动，而不可能是地球或其他星体的运动。现在有一种最一般和最重要的运动，那就是太阳、月亮、所有其他行星和恒星——或者说除地球以外的整个宇宙——作为一个整体在24小时内自东向

周日运动是除地球以外整个宇宙最一般的运动。

西的运动。从逻辑上讲，这种运动初看起来既可以说只属于地球，也可以说属于宇宙的其余部分，因为同样的现象在这两种情况下都同样成立。亚里士多德和托勒密完全懂得这个道理，所以在试图证明地球不动时，他们只反驳这种周日运动，尽管亚里士多德的确曾对一位古代作家归于地球的另一种运动间接地提出过反驳。[1] 这一点我们到时候再谈。

沙格列陀：对于你论证的说服力，我非常确信，但它也引出了我的一个问题，我不知道如何解决才好：哥白尼说，除周日运动外，地球还有另一种运动。根据刚才确定的规则，这种运动应当无法被地球上的所有观察所觉察，但可见于宇宙的其余部分。在我看来，由此可以得出一个必然推论，要么哥白尼非常错误地把一种并非普遍对应于天界现象的运动归于地球，要么如果地球的确具有这种运动，那么托勒密没有像把另一种 115
运动解释掉那样把这种运动也解释掉，就也是错误的了。

萨尔维阿蒂：这一点问得非常有道理。当我们讨论另一种运动时，你会看到在心灵的敏锐和洞察力上，哥白尼大大超越了托勒密，因为哥白尼看到了托勒密所没有看到的东西——我的意思是指这种运动美妙而一致地反映于所有其他天体。不过眼下我们还是把这个问题推迟一下，回到我们讨论的第一种运动。对此我将从最一般的事物开始，举出似乎有利于地球运动的那些理由，然后再听听辛普利邱有什么反驳。

为什么周日运动更可能属于地球，而不属于宇宙的其余部分。

首先，我们只需想想地球有多么渺小，而整个星界和地球

① 见亚里士多德《论天》(Aristotle, *De Caelo* II, 13, 293b, 31 ff.)。

相比是多么广袤无垠，地球在其中就如同沧海一粟。只要想想在一天一夜之间转一整圈所需要的速度，我就没法相信有什么人会认为转动的是天球，而地球始终固定不动。这样说既不合理，也不可信。

沙格列陀：如果不论地球是否运动，自然之中依赖于这种运动的所有结果全都一样，没有丝毫差别，我从中得出的初步一般印象仍将是：我会认为，为使地球保持固定不动，整个宇宙应当运动，这是不合理的。试想某个人爬上你的圆屋顶想要看看全城和周围的景色，为了不必费力转动头部而要求整个城郊绕他旋转，这两者比较起来，前者要更不合理。与之前的理论相比，这种新的理论无疑有许多优点（在我看来，之前的理论在荒谬性上不亚于甚至超出了新的理论），因此新的理论要可信得多。但果真有什么优点的话，亚里士多德、托勒密和辛普利邱也许应该将它们整理一下，提出来对我们进行反驳。否则在我看来，那些优点就显然没有，且不可能有。

萨尔维阿蒂：虽然我对此做过很多思考，但我尚未找到什
116 么差别，因此我觉得不可能有什么差别，再找似乎也是徒劳的。试想，运动就其本身而言以及作为运动在起作用，只是相对于没有运动的物体才存在；在同等地分有运动的物体中间，运动是不起作用的，仿佛并不存在。比如一条船装载着货物离开威尼斯，经过科孚、克里特、塞浦路斯，前往阿勒颇。威尼斯、科孚、克里特等城市静止不动，并不随船走，但是至于船上装载的一袋袋、一箱箱、一捆捆货物以及船本身，从威尼斯到叙利亚的运动是不存在的，而且丝毫不改变它们本身之间的关系。

对于有相同运动的物体来说，运动是不存在的，它只对缺乏这种运动的物体起作用。

之所以如此，是因为这种运动是它们所共有的，并且全都同等地分有的。如果从全船货物中将一个袋子与一个箱子移开一英寸，那么单是这种移动，也比全船货物一起走的两千英里旅程更是运动。

辛普利邱：这种学说很好，很有道理，完全是逍遥学派的理论。

亚里士多德得自古人但加以修改的命题。

萨尔维阿蒂：我以为还要古老一些。我怀疑，亚里士多德当初从某个优秀的思想学派那里将它挑选出来时，是否完全懂得它。而且他在其著作中对此做了修改，这是否在对他言听计从的人当中引起了混乱。当他写道，一切运动的东西都在某个不动的东西上运动时，我认为他只是把原话改得模糊不清了，原话是，一切运动的东西都相对于某个不动的东西而运动。这

160 条命题毫无问题，另一条命题问题却很多。

沙格列陀：请不要打断思路，继续已经开始的论证吧。

证明地球做周日运动的第一条论证。

萨尔维阿蒂：那么，许多运动物体所共有的运动对于它们之间的关系显然是不起作用和不重要的，它们中间没有任何东西发生变化。这种运动只对缺乏这种运动的其他物体才起作用，因为它们的位置关系改变了。现在，既然把宇宙分成两部分，一部分必然是运动的，另一部分必然是不动的，那么就依赖于这种运动的任何结果而言，单单让地球运动和让宇宙的所有其余部分运动是一回事。因为这种运动的作用只见于天体与地球的关系，所改变的只有这种关系。现在，无论是让地球运动而让宇宙的其余部分静止不动，还是让地球固定不动而让整个宇宙参与一种运动，如果产生的结果完全相同，那么谁会相

信大自然会让无数颗极为巨大的天体以无法设想的速度运动，以达到只要让一个物体围绕自己的中心做适当的运动就可以达到的目的呢？因为一般公认，大自然能凭借少数东西起作用时，就不会凭借许多东西起作用。

大自然能凭借少数东西起作用时，就不会凭借许多东西起作用。

辛普利邱：我不大理解，这样巨大的运动为何对于太阳、月亮、其他行星以及无数恒星都不起任何作用。你为什么说，对于太阳从这条子午线运动到那条子午线，从这条地平线升起又落到那条地平线以下，时而带来白天，时而带来黑夜，以及对于月亮、其他行星和恒星的类似变化，它丝毫不起作用？

萨尔维阿蒂：除了相对于地球，你向我叙述的这些变化都不起任何作用。要想看明白这一点，请把地球移开；这样一来，宇宙中就不会再有什么太阳、月亮的升起落下，地平线和子午线，白天和黑夜，一句话，这种运动不会对太阳、月亮以及固定或运动的任何星体产生任何变化。所有这些变化都是相对于地球而言的，除了太阳有时在中国上方，然后又到了波斯上方，后来又到了埃及上方、希腊上方、法国上方、西班牙上方、美洲上方，等等，所有这些变化都毫无意义。月亮和其余天体也是如此。如果不去牵连绝大部分的宇宙，而让地球自转，那么这种结果会以完全相同的方式发生。

周日运动不会使所有天体发生任何变化，所有变化都可以归于地球。

让我们用另一条很重要的理由使困难加倍：若把这种巨大的运动归于天界，那么根据所有行星的特定运动，这种运动必须沿着相反的方向，因为每颗行星都无可争辩地拥有它本身自西向东的运动，这种运动温和而适度，倘若地球不动，这些行星就得沿着相反的方向运动，也就是以这种非常快的周日运动

对周日运动属于地球的第二条论证。

自东向西运行。而让地球本身运动，运动的对立性便可消除，单凭自西向东的运动就可以适应所有观察，并且完全满足所有行星。

根据亚里士多德的说法，圆周运动并不相互对立。

辛普利邱： 关于运动的对立性，这是无关紧要的，因为亚 118
里士多德证明，圆周运动并不相互对立，其方向相反不能称为真正的对立。

萨尔维阿蒂： 亚里士多德是证明了这一点，还是因为这样说符合他的某些意图呢？如果按照他自己宣称的那样，对立的事物是相互摧毁的，那么我看不出沿着一个圆运动的两个物体彼此碰上时的冲突，会比沿一条直线彼此碰上时的冲突少到哪里去。

沙格列陀： 请等一下。辛普利邱，请告诉我，当两位骑士在旷野持长矛刺杀，或者两支舰队在海上彼此进攻、痛击和击沉的时候，他们的相遇是否可以称为相互对立呢？

辛普利邱： 我会说是对立的。

沙格列陀： 那么为什么两个圆周运动就不对立呢？既然这些运动是在地面或海面上发生的，而你知道地面和海面是球形的，所以这些运动是圆周运动。辛普利邱，你知道有什么圆周运动不是相互对立的呢？它们是两个从外面相接的圆，一个转动起来，另一个自然要沿相反方向转动。但如果一个圆在另一个圆里面，它们若不发生相互对抗，就不可能沿着相反的方向运动。

萨尔维阿蒂： “对立”或“不对立”，这不过是语词之争，但我知道，让任何东西保持一种运动，事实上要比引入两种运动简单和自然得多，不论你想把这两种运动称为对立的还是相反的。但我并不认为引入两种运动是不可能的，也并未号称由此得出了一个必然证明，而只是说可能性更大。以下事实可以第三次表明地球静止不大可能，即某些天体的运转并不可疑，而是非常肯定的。我们确实看到有一种秩序存在于这些天体当中，倘若地球不动，这种秩序就会遭到一定程度的瓦解。这种秩序使得轨道越大，旋转一周的时间就越长；轨道越小，旋转一周的时间就越短。比如土星的圆形轨道比其他行星更大，旋转一周要 30 年；木星的轨道较小，旋转一周要 12 年；火星旋转一周要 2 年；月亮的圆形轨道小得多，1 个月就能旋转一周。我们同样清楚地看到，木星的那些卫星（美第奇星）[①] 的情况也同样是如此，最接近木星的那颗卫星用很短的时间即大约 42
119 个小时就能旋转一周；其次的一颗需要 3 天半；第三颗需要 7 天，最远的一颗则需要 16 天。如果让地球在 24 小时内自转一周，这种和谐的趋向不会有丝毫改变。但如果希望地球保持静止，那么我们从月亮的较短周期逐步过渡到其他陆续较大的周期，最后到火星的 2 年周期，木星更大的 12 年周期，以及土星更大的 30 年周期，那就必然要过渡到另一个大得无可比拟的天球，让它旋转一周的时间为 24 小时。这就是所能引入的最低限度的混乱，因为若想从土星天球过渡到这颗星体的天球，而后者要比土星天球大得多，以至于在比例上只有几千年旋转

对周日运动属于地球的第三条论证。

轨道越大，旋转周期就越长。

木星卫星的旋转周期。

① 伽利略发现了木星的四颗卫星，并将它们命名为“美第奇星”（stelle Medicee），以纪念托斯卡纳大公家族。这一发现对于瓦解亚里士多德的学说以及让同时代人相信哥白尼理论具有重要意义。

把24小时的运动归于最高天球，会打乱较低天球的周期。

一周的非常缓慢的运动才适合这颗星体的天球，那么从这颗星体的天球再过渡到另一颗更大星体的天球，就需要有一个大得多的飞跃，才能使之在24小时内旋转一周。但如果让地球运动，各个周期就会秩序井然。从运转很慢的土星天球过渡到完全不动的恒星天球，就能避免因假定恒星天球运动而必然导致的第四项困难。这项困难就是恒星运动之间的巨大差异，有些恒星会沿着巨大的圆飞速地运动，另一些恒星则沿着很小的圆非常缓慢地运动，全视它们的位置距离天极的远近而定。这的确是件麻烦事，因为正如我们所看见，所有那些恒星无疑都在沿着巨大的圆运动，它们离中心那么远在做圆周运动，而圆又那么小，这样安排似乎并不妥当。

第四条论证。如果让恒星天球运动，恒星的运动之间就会显示出巨大差异。

164

如果恒星天球是运动的，则恒星的运动时而加速、时而减慢。

不仅这些恒星的圆的尺寸，从而运动速度，会与另外一些恒星的轨道和运动大相径庭，而且同样的恒星会持续改变它们的圆和速度（这将是第五项困难），因为两千年前位于天赤道并因此沿着巨大的圆运动的那些恒星，在我们今天却被发现距离天赤道有许多度了，所以必须使它们运动变慢，沿着较小的圆
运动。事实上，过去一直在运动的某些恒星到达天极，停止不 12
动，然后又重新开始运动；而肯定在运动的所有那些星体，正如我所说，却沿着它们的轨道描出很大的圆，并且始终保持在这些轨道上，这种情况并不是不可能的。

第六条论证。

因为在任何一个明白事理的人看来，这个巨大的恒星天球的所谓“坚实性”是让人无法理解的。在天球深处牢固地嵌入这么多恒星，它们之间的位置没有任何改变，却要以如此悬殊的运动被和谐地带着旋转，这岂不是更加不可能吗？这乃是第

六项困难。但如果天界是流动的(这样认为要合理得多),每颗恒星都可以凭借自身在其中来回漫游,那么什么法则能够调节它们的运动,使它们从地球上看就像变成了一个天球一样呢?要想让这种情况发生,我认为假定恒星不动,要比假定它们来回漫游有效和方便得多,一如数出庭院里铺的许多砖块,要比数出在砖块上跑来跑去的一大群儿童容易得多。

第七条论证。

最后是第七项困难:如果我们把周日运动归于最高天,那么这种运动必须有非常大的力量,才能带动数不清的恒星,因为所有恒星都非常巨大,比地球要大得多,同时还要携带着行星运动,尽管行星的运动方向与恒星相反。此外,我们还得承认,火元素和大部分空气也被携带着走,只有地球这个小物体始终蔑视和抗拒这种力量。在我看来,这是最大的困难。地球是一个悬浮体,在它的中心上保持平衡,不受运动或静止影响, 165 上下左右都被一种流体所包围,我不明白为什么地球会不受这种力的影响,并且不被携带着转动。如果把这种周日运动归于地球,我们就不会碰到这些困难,因为地球与宇宙相比是一个很小的、微不足道的物体,对宇宙不会施以任何胁迫。

地球悬浮和平衡于一种流体介质中,似乎无法抵抗周日运动的胁迫。

沙格列陀:我感到有些混乱的想法在我头脑里转,这是刚才那些论证在我心里激发出来的。为了保持我对接下来要讲的东西的注意力,我必须尽可能地将这些想法整理得更好,并且
121 恰当地组织起来。用提问的方式也许更容易表达。因此我请问辛普利邱,首先,他是否认为,同一个简单的运动物体可以天然地分有各种运动,还是只有一种运动适合这个物体,那就是它本身的自然运动?

一个简单的运动物体只有一种自然运动，所有其他运动都是通过参与而来的。

辛普利邱：一个简单的运动物体只可能有一种天然适合它的运动，不能更多。它所能拥有的任何别的运动都只能是偶然的和通过参与而来的。例如，一个人沿着船的甲板走，他自己的运动就是那个走的运动，而把他带到港口的运动则是他参与的运动。因为如果船不通过自己的运动把他带到港口，他光靠走是不可能到达那里的。

沙格列陀：其次，请告诉我，当运动物体本身在运动不是因为参与而运动时，这种通过参与而使物体获得的运动是必定存在于某个基体中，还是可以存在于自然之中而没有其他支持呢？

辛普利邱：亚里士多德为你回答了所有这些问题。他说，正如一个运动物体只有一种运动，一种运动也只有一个运动物体。因此，除非是其基体所固有的运动，否则既不可能存在，甚至也不可能想象有任何运动。

没有一个运动的基体，运动就不存在。

沙格列陀：第三，我想让你告诉我，你是否认为月亮、其他行星和天体都有其自身的运动，以及这些运动是怎样的。

辛普利邱：它们都有，就是它们贯穿黄道带所凭借的那些运动——月亮需要一个月，太阳一年，火星两年，恒星天球要好多千年。这些都是它们本身的自然运动。

沙格列陀：我们看到，恒星和所有行星都是东升西落，每24小时又回到东方，这种运动是怎样属于它们的呢？

辛普利邱：它们通过参与而具有这种运动。

沙格列陀：也就是说，这种运动不在它们之中。既然不在它们之中，而没有某个基体，这种运动又不可能存在，那它就必须是其他某个天球固有的自然运动。

辛普利邱：在这方面，天文学家和哲学家们已经发现了另一个很高的天球，这个天球上没有恒星，周日运动自然地属于
122 它。他们称之为“原动天”[1]，它带动所有较低的天球，使它们具有并且参与这种周日运动。

沙格列陀：然而，倘若万物能够极为和谐地运行，而不必引入其他巨大的未知天球，也不需要其他运动或被赋予的加速；倘若每一个天球都只有其简单运动，不混杂对立的运动，而且万物都沿同一方向运行（若一切都依赖于单一的原则，则情况必然如此），那为什么要拒斥这种做法，而去赞同这样古怪的东西和这样不自然的条件呢？

辛普利邱：关键是找到一种简单而现成的办法。

沙格列陀：在我看来，办法是有的，而且很优雅。使地球成为“原动天”，也就是让它像所有其他天球一样每 24 小时自转一周。这样一来，地球就不会将这种运动赋予任何其他星体，所有星体都将有自己的升落和所有其他现象。

辛普利邱：关键在于让地球运动而不造成数不清的麻烦。

萨尔维阿蒂：只要你把它们提出来，所有麻烦都会消除。到目前为止，我们只提到了一些在先的最一般的理由，表明周日运动属于地球而不属于宇宙其余部分并非完全不可能。我也没有把它们当作不可违背的法则，而仅仅是当作说得通的理由

一个实验或确立的证据就足以推翻所有可能的理由。

① 原动天（primum mobile）是古代宇宙论中的最高天球，位于恒星天球之外。据说它携带恒星、行星和月亮一起旋转，运转周期为 24 小时。

向你提出。因为我很清楚，只要一个实验或与此相反的确立证据，就足以推翻这些理由和其他许多可能的论证。因此我们不应就此止步，而应继续谈下去，听听辛普利邱的回答，看他能举出什么更有可能或更可靠的论证来支持相反一方。

辛普利邱： 首先我要就所有这些想法总体讲一下，然后再谈特定的细节。

使用无限力量的一大部分而不是一小部分，似乎更合适。

在我看来，你始终以更容易和更简单地产生同样结果为根据。就其因果关系而言，你认为只有地球在运转和除地球以外的宇宙其余部分在运转是一样的，而从作用的角度来看，你认为前者要比后者容易得多。对此我的回答是，如果考虑到我 123
自己的能力有限而虚弱，我也认为是如此。但若讲到无限推动者的力量，他推动宇宙和推动地球同样不费吹灰之力。当这个力量是无限时，为什么不使用它的一大部分而只使用一小部分呢？因此在我看来，这个一般论证是无效的。

萨尔维阿蒂： 如果我曾说，宇宙之所以不动是因为推动者缺乏力量，那我就是错的，而你的纠正也就很及时了。我承认你说的，一个无限的力量移动十万个东西和移动一个东西是同样容易的。但我方才所说并不是指推动者，而仅仅指运动物体；而且不单指运动物体的抵抗，因为地球的抵抗肯定要小于宇宙的抵抗，而是指刚才考虑的其他具体细节。

对于无限而言，一个部分并不比另一个部分大，尽管这两个部分彼此之间可以是不等的。

其次，至于你所提到的，使用无限力量的一大部分而不是一小部分要更合适，我的回答是，当无限大的两个部分都有限时，一个部分并不比另一个部分更大；对于一个无限大的数，也不能说十万是比二更大的部分，尽管前者是后者的五万倍。

如果让宇宙运转所需的力是有限的，那么即使这个力远大于仅仅让地球运转所需的力，也并不因此就要使用无限力的更大部分，未被使用的部分也并不少于无限。因此，对于特定结果而言，力使用得多一点或少一点是无关紧要的。此外，这种力的运作并不单单以周日运动为目的和目标，因为宇宙还有我们已知的其他许多运动以及我们所不知的许多运动。

于是，如果我们关注运动物体，而不质疑让地球运动要比让宇宙运动简单省事得多，并且考虑由此得到的其他许多简化和方便，那么周日运动就更有可能仅仅属于地球，而不属于除地球以外的宇宙其余部分。这在亚里士多德的一句显然为真的公理那里得到了支持：“用较少东西就能做成的事情却用了很多东西，是徒劳的”（frustra fit per plura quod potest fieri per pauciora）。

124 **辛普利邱：**在提到这条公理时，你漏掉了一小句对我们眼下的目的来说极为重要的话，即“同样好地”（aeque bene）；[1]因此必须考察，这两种假设能否在各个方面都“同样好地”满足我们。

萨尔维阿蒂：只要详细考察这两种观点必须满足的现象，就能查明它们能否同样好地满足我们。因为到目前为止，我们的论证都是“出于假说”（ex hypothesi），即假定这两种观点都同样适合实现所有现象，而且以后也将这样论证。因此我

---

① 插入的这段话和随后的答复似乎是为了回答克里斯托弗·克拉维乌斯（Christopher Clavius），后者在批评哥白尼之前曾插入了相关短语。见 Clavius, *In Sphaeram loannes de Sacrobosco*（Rome, 1581）, pp. 434 ff.。

给“用较少东西就能做成……”这一公理加上“同样好地”是多余的。

怀疑，你宣称我所漏掉的这个细节是你非常多余地加上去的。“同样好地”指称一种关系，它至少需要两个词项，因为一个事物不可能与它自身发生关系。例如，我们不能说静止与静止同样好。因此，说“用较少东西就能做成的事情却用了很多东西，是徒劳的”，意味着所要做的必须是同一件事，而不是两件不同的事。既然不能说同一件事和它本身被同样好地做成，那么加上“同样好地”这一小句就是多余的，一种只有一个词项的关系。

沙格列陀：如果我们不想重复昨天发生的事情，那么请回到要点，让辛普利邱提出在他看来同宇宙的这种新安排相抵触的那些困难吧。

辛普利邱：这种安排并不新，而是非常古老，亚里士多德在驳斥它时就已经表明了。他的反驳如下：[①]

亚里士多德主张地球静止的理由。

“第一，无论地球是位于中心自转，还是不位于中心而做圆周运动，地球的这种运动都必定受力的推动，因为这种运动并不是地球的自然运动。倘若它是地球的自然运动，那么它也将属于地球的所有微粒，但地球的每一个微粒都沿直线朝着中心运动。由于这种运动是受迫的和非自然的，所以它不可能是永恒的，而宇宙秩序却是永恒的，如此等等。

“第二，除了**原动天**，做圆周运动的所有其他物体似乎都落在后面，并且做不止一种运动。因此，地球也必然做两种运

---

① 见亚里士多德《论天》(Aristotle, *De Caelo* II, 14, 296a, 27–296b, 12)。伽利略在引述时做了一定程度的意译。

动。倘若如此，那么恒星中一定存在着变动。但我们并未看到
125 这种变动，恰恰相反，相同的恒星总在相同的位置升落而没有
任何变动。

第三，各个部分和整体的自然运动都朝着宇宙的中心，因此它也静止在那里。”接着，亚里士多德讨论了各个部分的运动是朝着宇宙的中心、还是仅仅朝着地球的中心这个问题。他的结论是，各个部分自身的倾向是朝着宇宙的中心前进，并且只是偶然地朝着地球的中心前进，这个问题我们昨天已经详细讨论过了。

然后，他用重物实验作为第四个论证来强化这一点，即重物从高处垂直落向地面。同样，竖直向上掷出的抛射体，即使被掷得很高，也会沿同一条线竖直落下。这些论证必然证明，重物朝着地心运动，而纹丝不动的地球则等待和接受重物。

最后他指出，天文学家们还引用了其他理由来确证同样的结论，即地球静居于宇宙的中心。其中一个结论是，一切恒星运动现象都与地球的这个中心位置相一致，倘若地球不在宇宙中心，就不会有这种一致性。如果你愿意，我现在就可以提出托勒密等天文学家引用的其他理由，也可以等你回应了亚里士多德的这些论证之后再提。

关于地球是动是静这个问题的两类论证。

萨尔维阿蒂： 在这个问题上所提出的论证有两类。其中一些与地界事件有关而与星体无关，另一些则来自对天界现象的观察。亚里士多德的论证大多来自我们周围的事物，而把其他论证留给了天文学家。因此，如果你愿意，我们不妨先考察来自地界实验的论证，然后再考察另一类论证。既然除了接受、

除了亚里士多德的论证，托勒密、第谷和其他人的论证。

确证和支持亚里士多德的论证，托勒密、第谷以及其他天文学家和哲学家又引用了这样一些论证，为了避免重复给出相同或相似的回答，可将这些论证集中到一起。因此，辛普利邱，如果你愿意，请将它们提出来；如果你希望我给你减轻些负担，我也很愿意效劳。

辛普利邱： 还是你提出这些论证为好，因为你做过更多研 126
究，手头的论证更加现成，而且数量很大。

第一个论证来自重物从高处落下。

萨尔维阿蒂： 所引用的最有力的理由是，重物沿着垂直于地面的直线从高处落下，这被视为对地球不动的无可辩驳的论证。因为如果地球做周日运动，那么让一块石头从塔上落下，由于塔被地球的旋转所带动，所以在石头下落的时间里，塔会向东移动数百码，石头也应落在离塔基同样远的地方。他们又用另一个实验来支持这一结果，那就是从一艘静止的船的桅杆顶部丢下一只铅球，标出它落到的地方，即紧挨着桅杆底部；但如果船在运动，从同一位置丢下同一只铅球，则它将落在离桅杆底部一段距离的地方，也就是铅球下落这段时间内船行驶的距离，因为被释放的铅球的自然运动是沿直线朝向地心。这个论证可以通过向上发射抛射体的实验来加强，比如用大炮朝着垂直于地平线的方向发射一颗炮弹。在炮弹飞行和返回所花费的时间里，大炮和我们将沿着纬线被地球向东带动许多英里，因此炮弹绝不会落到大炮附近，而会落在大炮西边，等于地球已经向前移动的那段距离。

用物体从船桅顶部落下的例子加以确证。

第二个论证来自射向高空的抛射体。

第三个论证来自向东和向西发射的炮弹。

此外，他们还做了第三个非常有效的实验，即向东发射一颗炮弹，再以同样的炸药量按同样的仰角向西发射一颗炮弹，那么向西发射的炮弹应当比向东发射的炮弹远得多。因为当炮弹向西飞行时，大炮被地球带动向东移动，炮弹落地位置与大炮的距离应当等于两个运动之和，一个是炮弹本身向西的运动，另一个是大炮被地球带动向东的运动。而向东发射的炮弹移动的距离，则必须减去大炮在炮弹飞行时移动的距离。例如，假定炮弹本身移动的距离是 5 英里，地球在炮弹飞行期间
127 沿纬线移动了 3 英里，则向西发射的炮弹将落在距离大炮 8 英里远的地方，即炮弹本身向西飞行的 5 英里加上大炮向东移动的 3 英里。但向东发射的炮弹射程不会超过 2 英里，因为这就是从炮弹移动的 5 英里减去大炮朝着同一位置移动的 3 英里所剩下的全部距离。然而实验表明，炮弹的射程是相等的。因此，大炮是不动的，所以地球也是不动的。不仅如此，向南或向北发射炮弹也可以证实地球是不动的，否则的话，炮弹永远也击不中指定的目标，而总会向西偏斜，因为炮弹在空中时，地球会带着靶子向东移动。不仅是沿着子午线的发射，甚至连向东或向西的发射也不会击中目标：向东发射会偏高，向西发射会偏低，即使都是近距离射击。因为沿这两个方向发射的炮弹都沿着与地平线平行的切线飞行，如果周日运动属于地球，则地平线总是东落西升（这就是为什么在我们看来，东方的星体好像在上升，而西方的星体在下落），于是，东方的靶子会落到发射线以下，结果发射会偏高，而西边靶子的上升则会使向西的发射偏低。由此可见，不论朝哪个方向发射都不可能精确命中；然而实际经验却与此相反，所以必须说地球是不动的。

向北和向南发射所确证的论证。

向东和向西发射可以确证同样的论证。

辛普利邱：噢，这些都是极为出色的论证，对此不可能找

到有效的回应。

萨尔维阿蒂：也许，这些论证对你来说都是新的？

辛普利邱：的确如此，现在我才看出，为了帮助我们认识真理，大自然用了多少优雅的实验。各个真理彼此之间是多么协调一致，让人无法反驳！

沙格列陀：在亚里士多德的时代没有大炮，这真是遗憾。事实上，有了大炮，他就会击溃无知，毫不犹豫地说出关于宇宙的一切。

萨尔维阿蒂：这些论证对你来说是新的，这很合我意，因为现在你不会再和大多数逍遥学派持有相同观点了，他们认为，偏离亚里士多德学说的人必定没有理解他的论证。但你肯
定会看到更多的新奇事物；你会听到新体系的追随者们提出各 128
种观察、实验和论证来反对它，要比亚里士多德、托勒密和相同结论的其他对手所提出的论证更加有力。于是你渐渐会确信，他们之所以坚持这些观点并非出于无知或缺乏经验。

174

哥白尼的追随者们坚持自己的观点并非因为不知道相反的理由。

沙格列陀：现在我来谈谈我第一次听到有人谈论这些观点时发生的事情。那时我还年轻，差不多学完了哲学课程，为了致力于其他活动而放弃了这门研究。刚巧有一位来自罗斯托克的外国人，名叫克里斯蒂安·沃斯泰森[①]，支持哥白尼的观

克里斯蒂安·沃斯泰森关于哥白尼观点的演讲以及发生的事情。

---

① 沃斯泰森（Christian Wursteisen）1544 年生于巴塞尔，1588 年去世，正如一些作者所推断的那样，伽利略不大可能通过他第一次了解哥白尼的学说。沃斯泰森是波伊尔巴赫（Georg von Peurbach）《行星理论》（*Theory of the Planets*）的评注者，其中某些段落可能使伽利略相信他是哥白尼主义者。但由于这个故事是沙格列陀而非萨尔维阿蒂讲的，沙格列陀甚至都没有声称听过这些演讲，所以没有理由认为这段话是伽利略的自述。

点，来到此地，在一所学院就这一主题做了两三次演讲。当时听者甚众，我想这不过是因为主题新奇罢了。我并没有去听演讲，因为我已经形成了一种明确的印象，认为这种观点不过是一本正经地胡说八道罢了。后来我问了当时的一些听众，他们都拿它当玩笑，只有一个人告诉我，这种观点并非完全荒谬可笑。我认为这个人聪明而且非常谨慎，所以很遗憾自己没有去听。从那以后，我每次遇到持哥白尼观点的人，都会问他是否一直深信不疑。在我问过的所有这些人中间，我没有发现一个人不是这样告诉我，他长久持有相反的观点，但论证的说服力使他转到了现在的观点。我遂对他们一一进行考察，看看他们对于反方的论证掌握到了什么程度，结果发现他们全都信手拈来，烂熟于心，因此我确实不能说，他们抛弃这种立场是出于无知或虚荣，或者是由于卖弄聪明。而当我问逍遥学派和托勒密主义者（出于好奇，我问过许多人）是否研究过哥白尼的著作时，我发现大多数人都只知道一些皮毛，我敢说没有一个人理解它。我还试图从逍遥学派学说的追随者当中查明，是否有人持有过相反的观点，结果同样一无所获。

哥白尼的所有追随者之前都曾反对这种观点，而亚里士多德和托勒密的追随者则从未持有相反的观点。

129 由此，当我考虑到，每一位持哥白尼观点的人起初都持有相反的观点，都很熟悉亚里士多德和托勒密的论证，而亚里士多德和托勒密的追随者则无一人是先持有哥白尼的观点，而后转到亚里士多德观点的，此时我便开始相信，一个人能抛弃他从吃奶时就被灌输的、为大众所支持的观点，而接受另一种鲜有追随者并且被所有学派拒斥的观点（而且看起来的确像是个十足的悖论），则他即使不是被强迫，也必然是被最有力的论证

所打动的。这使我感到非常好奇，急于摸清底细。我认为碰到你们二位是极大的幸运，因为我能毫不费力地从你们这里听到关于这一主题已经说出的一切（也许是所能说出的一切）。我相信，你们的推理能够消除我的怀疑，使我心存确定。

辛普利邱：然而，你的观点和愿望可能是错的，因为你最终可能会觉得比以前更糊涂了。

沙格列陀：我认为这是不可能的事。

辛普利邱：为什么不可能呢？我自己就是很好的例证；这个问题越往下讨论，我就变得越糊涂。

沙格列陀：这表明，迄今为止在你看来令人信服、而且似乎使你确信自己观点正确的那些论证，在你心中已经开始走样；它们即使不能使你彻底转变，至少也会让你逐渐倾向于反面。而一直犹豫不决的我却可以很有把握地说，我终归会心满意足和确信不疑的。在这方面，你只要听听使我产生希望的那些观点，就会发现你我之间并没有什么不同。

辛普利邱：我洗耳恭听，也很希望它们能对我产生同样的影响。

沙格列陀：那就请回答几个问题。辛普利邱，请先告诉我：我们试图理解的结论，是应该像亚里士多德和托勒密所主张的那样，认为只有地球固定在宇宙的中心，所有天体都在运动，还是应该持另一种看法，认为以太阳为中心的恒星天球是固定的，地球则位于别处，其运动看起来就像是太阳和恒星的运动。

辛普利邱：这些结论正是我们现在所争论的。

沙格列陀：这两个结论难道不是一个必然正确，另一个必然错误吗？

130 **辛普利邱**：正是这样，我们必须二者择一，其中一个必然正确，另一个必然错误。因为运动和静止是对立的，不存在中间立场（我们不能说“地球既不运动，也不静止”，“太阳和星体既不运动，也不静止”）。

沙格列陀：在自然之中，地球、太阳和星体究竟是什么样的事物？它们是微不足道的，还是至关重要的？

辛普利邱：它们是最主要的物体，是宇宙中极为高贵和不可或缺的一部分，非常巨大，也极为重要。

运动和静止是自然之中最主要的事件。

沙格列陀：那么，运动和静止是什么样的自然事件呢？

辛普利邱：运动和静止是那样伟大和基本，以至于自然本身都是由它们来定义的。

沙格列陀：永恒运动和完全静止乃是自然的两种极为重要的状况，显示了最大的相异，也是宇宙中主要物体的主要属性。因此，由它们只可能产生截然不同的结果。

辛普利邱：当然是这样。

沙格列陀：现在请回答我另一个问题。你是否认为，在辩证法、修辞学、物理学、形而上学、数学或一般推理中存在着一些足够强大和有说服力的论证，能使任何人既相信正确的结论，又相信不正确的结论？

错误不可能像真理那样得到证明。

辛普利邱：绝不可能。恰恰相反，我认为确定无疑的是，要想证明一个正确而必然的结论，自然之中不只存在一个、而是存在许多个强大的证明。这样一个命题即使经过数千次讨论、思考、比较，也绝不会陷入荒谬。任何诡辩家越是想遮掩它，它的确定性就会变得越明显。反之，要使一个错误的命题显得正确和有说服力，就只能引证谬误、诡辩、谬误推理、遁词以及充满陷阱和矛盾的不一致的荒唐论证了。

证明正确的结论可以有许多令人信服的论证，而错误的结论就不是这样。

沙格列陀：很好。永恒运动和永久静止，都是自然之中十分重要、彼此又如此不同的事件，特别在用于宇宙中像太阳和地球这样如此巨大和重要的物体时，可能导致截然不同的结果。而且在两个对立的命题中，不可能一个不正确，而另一个 131
错误。既然在证明错误的命题时只可能引证谬误，而在证明正确的命题时，却可以使用各种有说服力的论证，那么你怎么可能认为，你们当中有谁在支持真命题而又不能让我信服呢？事实上，我该有多么愚不可及、判断偏差、头脑迟钝、推理盲目，才会连光明与黑暗、钻石与煤块、真与假都分不清。

辛普利邱：老实说，我在别的场合也跟你说过，有史以来教导我们识别诡辩、谬误推理和其他谬误的最伟大的大师乃是亚里士多德。在这方面，他绝不会出错。

亚里士多德要么会阐明论证，要么会改变其观点。

沙格列陀：你生气的只是亚里士多德不会说话，但我可以告诉你，倘若亚里士多德今天在场，他要么会被我们说服，要么会批驳我们的论证，并用更好的论证来说服我们。你瞧，你一听到上述用炮弹做的实验，不就明白了道理并予以称赞，而且承认这些实验比亚里士多德的论证更有说服力吗？而萨尔维阿蒂虽然提出了这些实验，并且肯定做过考察和认真探索，我却没有听到他承认自己被这些实验所说服，甚至没有被他暗示即将告诉我们的其他更有力的实验所说服。我不知道你有什么根据来指责大自然早已陷入智力衰退，以致只能产生那些甘愿沦为亚里士多德的奴隶，想他之所想、见他之所见的人，而忘记了怎样产生深刻的思想家。

但是，让我们听听有利于他的观点的其余论证，这样才能对它们进行检验和严格考察，并且用试金者的天平来衡量它们。

萨尔维阿蒂： 在进一步讨论之前，我必须告诉沙格列陀，在我们的争论中，我扮演的是哥白尼的角色，戴的是哥白尼的面具。关于我为了支持他而提出的那些论证对我内心的影响，我希望你不要根据我们在表演最热烈时我所说的话下判断，而要根据我卸妆之后说的话下判断，因为，那时你也许会发现，我与你所看到的舞台上的我是不同的。

现在我们继续。托勒密及其追随者们提出了另一个类似
132 于抛射体的实验，它涉及像云和飞鸟那样能够脱离地面而在空
中保持很长时间的东西。由于不能说这些东西被地球所带动， 179
因为它们并未附着在地球上，所以它们似乎不可能跟上地球的速度。更确切地说，在我们看来，它们应当像在向西飞速运动。如果我们被地球带着在 24 小时内沿着我们的纬线（至少有 16000 英里长）运动，飞鸟怎么可能跟得上这一进程呢？而我们却看到，这些飞鸟照样可以毫不费力地向东、向西或任何别的方向飞行，没有任何明显差异。

来自云和鸟的论证。

此外，如果我们骑马时觉得迎面吹来的风相当猛烈，那么在地球的这样一种逆着空气的飞驰中，我们应该始终感到一股非常强劲的东风才是！但我们并未感觉到这样的影响。

来自我们骑马时似乎吹来的风的论证。

这里是来自某些经验的另一个非常巧妙的论证。圆周运旋转能把东西逐出和散开，由这一事实所产生的论证。

动有一种特性，能把运动物体的各个部分从运动中心抛出、散开和驱离，只要运动不是太慢，物体的各个部分也不是太过牢固地附着在一起。例如，倘若我们飞速转动一辆大踏车，由一个或几个人用脚踩踏以移动重物（比如辗压机用的大石头，或把驳船从一条航道经由陆地拖到另一条航道），那么如果这个飞速转动的轮子的各个部分连接得不是很牢，轮子就会分崩离析。或者，如果许多石头或其他重物牢固地附着在轮子的外表面，它们就能抵抗住这种冲力，否则冲力将以巨大的力量将它们分散到远离轮子的各个地方，从而远离轮子的中心。如果地球以比这快得多的速度旋转，那么有什么重物、什么石灰或砂浆可以牢固到使岩石、建筑物和整个城市不被这样急速的旋转抛到天空呢？人和野兽并非附着在地球上，又怎能抵抗得住这样巨大的冲力呢？恰恰相反，我们看到这些东西以及抵抗力小得多的石子、沙子和树叶都安静地待在地上，甚至以非常慢的运动落到地上。

辛普利邱，这些最强有力的论证可以说都来自地界事物。
还有另一类与天界现象有关的论证，更倾向于表明地球位于宇 133
宙的中心，因此地球并没有哥白尼归于它的那种围绕中心的周年运动。这些论证的性质完全不同，待我们评判了已有的那些论证之后再将它们提出来吧。

沙格列陀：辛普利邱，你以为如何？你觉得萨尔维阿蒂理解和懂得怎样解释托勒密和亚里士多德的论证吗？你认为有哪位逍遥学派能够这么懂哥白尼的证明吗？

辛普利邱：若不是从之前的争论中看到了萨尔维阿蒂的

健全学识和沙格列陀的敏锐才智，我宁可在他们应允后退出而不再听下去，因为我认为要反驳这些明显的经验是不可能做到的。我宁愿不再听下去而坚持我原有的观点，因为在我看来，即使这种观点确实错了，坚持它也是可以原谅的，因为它得到了这么多有着极大可能性的论证的支持。倘若这些论证都是谬误，那还有什么正确的证明更优雅呢？

真和美是一回事，假和丑也是一回事。

沙格列陀：不过，我们还是听听萨尔维阿蒂的回答吧。倘若以下形而上学命题是正确的，即真和美是一回事，假和丑也是一回事，那么他的回答如果为真，则必定更美，甚至无限美，而别的回答则必定极丑。因此，萨尔维阿蒂，我们一刻也不要耽搁了。

萨尔维阿蒂：如果我没有记错，辛普利邱的第一个论证是这样的：地球不可能做圆周运动，因为这种运动将是强加的，因此不可能是永恒的。之所以是强加的，是因为如果它是自然的，则地球的各个部分也会自然地旋转，而这是不可能的，因为这些部分的本性就是沿直线向下运动。

对亚里士多德第一个论证的回应。

对此我的回答是，亚里士多德在说“地球的各个部分也会做圆周运动”时，要是把他的意思讲得更清楚些就好了，因为对于“做圆周运动”可以有两种理解：一种理解是，从整体分离出来的每一个微粒会绕其自身的中心做圆周运动，描出小圆圈；另一种理解是，整个地球既然每24小时绕其中心旋转一周，
134 则它的各个部分每24小时也会绕同一中心旋转一周。第一种理解完全不合理，这无异于说，圆周的每一部分都必须是一个圆，甚至无异于说，地球既然是球形，则它的每一部分也必须

是一个球，因为这乃是“适用于整体的道理也适用于部分”这一原则所要求的。但如果指的是第二种理解，即在模仿整体的过程中，各个部分每24小时会围绕整个地球的中心自然地旋转一周，那么我说，这正是它们所做的事情，而你作为亚里士多德的代表，需要由你来证明它们并非如此。

辛普利邱：亚里士多德已经证明了这一点，他说地球各个部分的自然运动是朝着宇宙的中心所做的直线运动，所以圆周运动不可能自然地属于地球的各个部分。

萨尔维阿蒂：但你难道没有看出，这句话本身就是对这一回应的反驳吗？

辛普利邱：怎样反驳的？在哪里？

萨尔维阿蒂：他不是说，对于地球而言，圆周运动是强加的，因此不是永恒的吗？还说这是荒谬的，因为世界秩序是永恒的，不是吗？

辛普利邱：这正是他说的。

强加的东西不可能永恒，不能永恒的东西不可能自然。

萨尔维阿蒂：但如果强加的东西不可能永恒，那么反过来说，不能永恒的东西就不可能自然。[①]然而，地球的向下运动绝不可能永恒，因此也不可能自然，任何不可能永恒的运动都不可能自然。但如果让地球做圆周运动，则这种运动对于地球和它的各个部分就可以是永恒的，因此是自然的。

辛普利邱：直线运动对于地球的各个部分来说是最自然

① 这一论证缺乏一个前提，即所有自然运动都（至少潜在地）是永恒的。萨尔维阿蒂似乎想依靠他上一段发言的最后一句话来支持该前提，但任何敏锐的亚里士多德主义者都不会承认这一点。

的，也是永恒的，只要移除了所有障碍，它们绝不会不做直线运动。

萨尔维阿蒂：你在说模棱两可的话，辛普利邱，我希望你不要含糊其词。请告诉我，你认为一艘从直布罗陀海峡前往巴勒斯坦的船能永远沿着同一航线向巴勒斯坦航行吗？

辛普利邱：肯定不能。

萨尔维阿蒂：为什么不能？

辛普利邱：因为这一航线被赫拉克勒斯之门[①]和巴勒斯坦
135 海岸限制和约束了。距离既然有限，就能在有限的时间内走完，除非愿意掉过头来，沿相反方向重复同一航线。但这将是一个间断而不是连续的运动。

萨尔维阿蒂：回答得完全正确。但如果从麦哲伦海峡穿过太平洋、马鲁古海峡，绕过好望角，再从好望角到麦哲伦海峡，再穿过太平洋，重复这条航线，你认为这可能永远持续下去吗？

辛普利邱：是可能的，因为这是一个回到自身的循环。重复无限次，就可以没有间断地持续下去。

萨尔维阿蒂：那么在这一航线上，一艘船可以永远航行下去。

辛普利邱：这艘船如果不会坏，就可以永远航行下去，但如果坏了，航行必然会终止。

萨尔维阿蒂：但在地中海，船即使不会坏，也不能永远朝

① 即今天的直布罗陀海峡。——中译者

永恒的运动需要两个条件：不受限制的空间和不会坏的运动物体。

巴基斯坦航行下去，因为这样的航行是受限制的。因此，一个不断运动的物体要想永恒运动下去需要两个条件：首先，运动依其本性是不受限制的和无限的；其次，运动物体是不会坏的和永恒的。

辛普利邱：这都是必需的。

直线运动不可能永恒，因此对于地球不可能是自然的。

萨尔维阿蒂：因此，你自己已经承认，任何运动物体都不可能沿直线永远运动下去。因为直线运动，无论向上还是向下，你认为都受圆周和中心的限制。因此，虽然运动物体（即地球）是永恒的，但直线运动依其本性就不是永恒的，而是受限制的，所以地球不可能自然地参与直线运动。事实上，正如昨天所说，连亚里士多德本人也不得不把地球说成永远固定不动。于是，当你说地球的各个部分（在移除了所有障碍时）总是向下运动时，你太过模棱两可了。相反，要使地球的各个部分运动，你必须妨碍它们、反抗它们、强迫它们，因为一旦它们落下，就得强行将它们抛到高处，才能再次落下。至于障碍，则仅仅是防止它们到达中心而已。因此，如果开凿一条穿过地心的隧道，那么一个土块将不会超过这个中心，除非有一个冲力 13
推着土块继续向前运动，然后回到中心并最终停在那里。

因此，主张直线运动符合或可能自然地符合地球或任何其他运动物体，而宇宙的其余部分保持其完美秩序，这种想法还是整个儿放弃为好。如果你不承认地球做圆周运动，那就竭力维护和捍卫地球不动吧。

辛普利邱：关于地球不动，我认为亚里士多德的一些论证，尤其是你所提出的那些论证，已经令人信服地做了证明。在我看来，反驳它们需要非凡的本领。

萨尔维阿蒂： 现在我们转到第二个论证，它说的是，我们确信做圆周运动的那些物体（只有原动天除外）都有不止一种运动。因此，如果地球做圆周运动，则它必定有两种运动，由此导致恒星的升落变化；但我们看不到这种现象发生；因此，等等。对于这种反驳，最简单也最恰当的回答就在这个论证本身之中，是亚里士多德硬说我们说过这样的话。辛普利邱，你不可能看不到这一点。

对第二个论证的回应。

辛普利邱： 我没有看到这一点，现在也没有看到。

萨尔维阿蒂： 这就怪了！它就摆在那里，太显而易见了。

辛普利邱： 请允许我看看原文。

萨尔维阿蒂： 让我们立即把原文拿出来。

辛普利邱： 我总是把书放在口袋里。就是这段话，我知道确切位置，即《论天》的第二卷第 14 章第 97 段："除了第一层天球，我们观察到一切做圆周运动的物体都有落后，而且做不止一种运动。于是，地球必定也有两种运动，不论是围绕中心
37 运动还是静止于中心。但如果是这样，则恒星一定会有落后和转向。然而，我们并没有观察到这种情况。同一颗恒星总在地球的同一个部分升落。"[①] 这里我看不出任何谬误，我觉得论证是非常有说服力的。

萨尔维阿蒂： 在我看来，这次重读确证了这个论证的谬误，而且揭示了另一个谬误。请看，亚里士多德想要拒斥两种观

---

① 见亚里士多德《论天》(Aristotle, *De Caelo* II, 14, 296a, 34 ff.)。

点，或者说是两个结论：一个是那些把地球置于中心并且让地球自转的人的结论，另一个则是那些让地球远离宇宙中心并且围绕这个中心旋转的人的结论。他用同一个论证同时反驳了这两种观点。现在我说，他这两种反驳都错了，前一反驳错在模棱两可或谬误推理，后一反驳则错在错误推论。

亚里士多德反对地球运动的论证错在两方面。

我们先讨论第一种观点，它把地球置于中心，并且让地球自转。我们把这种观点同亚里士多德的反驳对照一下，他说：“除了第一层天球（也就是原动天），一切做圆周运动的物体看起来都有落后，而且做不止一种运动。因此，自转并且被置于中心的地球必定有两种运动，而且必定落在后面。但如果是这样，则恒星的升落位置必定会发生变化，而我们并没有看到这种情况发生；因此地球是不动的，如此等等。”这是谬误推理，为了揭示它，我将以如下方式同亚里士多德进行争论：“亚里士多德啊，你说被置于中心的地球不能自转，因为那样一来就必须赋予地球两种运动。因此，如果只需要赋予地球一种运动，那么你将不会认为地球做这唯一的运动是不可能的。因为如果地球连唯一的运动都不可能有，那么你限定地球不可能有多种运动就是枉费心机了。在宇宙的所有运动物体中，你只让一个物体做一种运动，所有其他物体则做不止一种运动。你把这个运动物体称为第一层天球，也就是使所有恒星和行星一齐自东向西运动的那个运动物体。那么，倘若地球就是这个第一层天球，只做一种运动，并且使众星像是在自东向西运动，你就不 13
会否认地球有这种运动。但那些说地球在中心自转的人，认为地球只具有使众星像在自东向西运动的那种运动，这无异于使

整个地球成了你承认只做一种运动的第一层天球。因此，亚里士多德啊，如果你想要证明什么，你就必须表明，被置于中心的地球连一种运动也不可能做——不然就必须表明，即使是第一层天球也不能只做一种运动。否则的话，你就在你的三段论中犯了既承认又否认同一事物的谬误。”

现在谈谈第二种观点，持这种观点的人让地球远离中心，并且围绕这一中心运转，也就是使地球成为一颗行星或漫游的星体。亚里士多德的论证所反对的正是这种观点，它在形式上令人信服，但在内容上却是错误的。因为假定地球这样运转，也就是做两种运动(lazione)，并不必然得出恒星的升落必定发生变化，这一点我将适时加以说明。事实上，这里我很愿意原谅亚里士多德的错误，甚至赞扬他在反对哥白尼的观点时想到了所能找到的最巧妙的论证。还有，如果说亚里士多德的这种反驳敏锐而深刻，似乎令人信服，那么你会看到，对它的解决方案要敏锐和巧妙得多。若非心智像哥白尼那样富有洞察力，是不可能发现这种解决方案的。理解它就已经很困难，率先找到它就更困难了。且让我们把回答推迟一下。等我们重述了亚里士多德的这个反驳，并为它提供各种辩护之后，你在合适的时候自然会听到回答的。

对第三个论证的回应。

现在我们转到亚里士多德的第三个论证，对此不必再做进一步回应，因为这两天我们已经对它做出了充分的回答。亚里士多德在其中反驳说，重物的自然运动是朝着中心的直线运动，然后他又探究了这种自然运动是朝向地心还是朝向宇宙中心，结论是，它自然地朝向宇宙中心，只是偶然地朝向地心。

对第四个论证的回应。

所以我们可以继续谈第四个论证，关于这个论证，我们应当谈得详细一些，因为接下来大多数论证的力量都来自它所基 139
于的经验。亚里士多德说，关于地球不动的一个非常可靠的证据是：垂直上抛的东西，即使运动到极高的地方，都会沿着同一条线回到抛出点。他指出，如果地球在运动，这种情况就不可能发生，因为抛射体在上行和下行这段时间里与地球是分离的；由于地球的旋转，抛出点会向东移动很长一段距离，而这段距离就是抛射体的落地点与抛出点之间的距离。于是，这里我们也可以提供炮弹论证，以及亚里士多德和托勒密关于重物从高处沿着垂直于地面的直线下落的另一个论证。现在，为了解决这些难题，我请问辛普利邱，要是有人拒绝接受亚里士多德和托勒密这个论证，他何以证明自由落体是沿着垂直线朝着中心运动呢？

辛普利邱：凭借感觉，因为感觉让我们确信塔是垂直的，并且向我们表明，下落的石头丝毫不差地擦过塔身，而且正好落在塔基的抛出点下方。

萨尔维阿蒂：但如果碰巧地球在转动，从而带动了塔身，下落的石头同样擦过塔身，则它的运动又该如何呢？

辛普利邱：那样一来，就得说“它有两种运动”：一种是它从上到下的运动，另一种是它循着塔身所需的运动。

萨尔维阿蒂：那么，该运动就是两种运动的复合了：一种运动量度塔身，另一种运动跟着塔走。由这种复合可以推知，石头所走的并不是那条完全笔直的垂线，而是一条斜线，也许不是笔直的。

辛普利邱：是否笔直我不知道，但我很清楚它必定是斜的，而且不同于地球不动时石头所走的笔直的垂线。

140 **萨尔维阿蒂：**因此，仅仅看到下落的石头擦过塔身，你还不能确定地说它走一条笔直的垂线，除非你先假定地球静止不动。

辛普利邱：一点不错。因为如果地球在运动，石头的运动就会是斜的，而不是垂直的。

亚里士多德和托勒密的谬误推理在于把有待证明的东西当成了已知的。

萨尔维阿蒂：显然，这就是你自己发现的亚里士多德和托勒密的谬误推理，他们把有待证明的东西当成了已知的。

辛普利邱：怎么会呢？在我看来，它就像一种形式严格的三段论，而不是“循环论证”。[①]

萨尔维阿蒂：是这样一回事：在他的证明中，他不是把结论当成了未知的吗？

辛普利邱：是未知的，否则证明它就是多余的了。

萨尔维阿蒂：还有中项，[②]他不是要求中项是已知的吗？

辛普利邱：当然，否则就是尝试“用同样未知的东西来解释未知”（ignotum per aeque ignotum）。

萨尔维阿蒂：我们的结论是未知的和有待证明的，这不就是地球不动吗？

辛普利邱：正是这个。

---

① 循环论证（petitio principii）是逻辑学中的一种形式谬误，指把所要证明的东西当作假设。

② 在亚里士多德的逻辑学中，在两个前提中出现而在结论中不出现的项即为“中项”。

萨尔维阿蒂：必须已知的中项难道不是石头的垂直下落吗？

辛普利邱：这正是中项。

萨尔维阿蒂：但刚才的结论不是说，除非事先知道地球是不动的，否则我们就不可能知道石头的下落是垂直的吗？因此在你的三段论中，中项的确定性来自结论的不确定性。这样你就可以看出，这是彻头彻尾的谬误推理。

沙格列陀：如果可能的话，我想代表辛普利邱来为亚里士多德辩护，至少能使你的推理更具说服力。你说，看到石头擦过塔身并不足以使我们确信石头的运动是垂直的（这是三段论的中项），除非我们假定地球不动（这是有待证明的结论）。因为如果塔身随地球运动而石头擦过塔身，那么石头的运动将是斜的，而不是垂直的。但我回应说，如果塔在运动，石头的下落就不可能擦过塔身。因此，由下落擦过塔身可以推出地球不动。

辛普利邱：正是这样。因为期待石头擦过被地球带动的塔
身，需要石头做两种自然运动，即朝向地心的直线运动和围绕 14
地心的圆周运动，而这是不可能的。

萨尔维阿蒂：因此，亚里士多德的辩护就在于这是不可能的，或至少在于他已经认为，石头不可能做一种直线与圆周的混合运动。因为若不是认为石头不可能既向地心运动又绕地心运动，他就会知道不论塔运动与否，下落的石头都可能擦过塔身，因此就能看出，这种擦过丝毫不能暗示地球是否在运动。

尽管如此，这并不是在为亚里士多德开脱，不仅因为这是论证中非常重要的一点，他如果确实有这个想法就应该说出来，而且更是因为我们既不能说这种结果是不可能的，也不能说亚里士多德认为这是不可能的。不能说前者，是因为这不仅是可能的，而且是必然的，我很快就会向你证明这一点；不能说后者，是因为亚里士多德本人承认，火自然地向上做直线运动，并以天赋予整个火元素和大部分空气的周日运动旋转。因此，如果他并不认为直线向上的运动不可能与赋予火和直到月亮轨道的空气的圆周运动相混合，那么他也不会认为石头直线向下的运动不可能与整个地球（石头是它的一部分）自然的圆周运动相混合。

亚里士多德承认，火自然地向上做直线运动，并参与旋转。

辛普利邱：在我看来绝非如此。如果火元素随空气一起旋转，那是因为这对于火微粒来说是一件非常容易甚至是必要的事情，火微粒从地球升到高处时，是在穿过运动的空气时获得那种运动的，火是如此细微和轻巧，很容易移动。但一块自由落下的重石或炮弹会受到空气或别的东西的推动，却让人难以置信。此外，还有石头从船桅顶部落下这个非常恰当的实验。当船停住不动时，石头就落到桅杆脚下；而当船行驶时，石头的落点与原落点的距离则等于船在这段下落时间里行驶的距离。如果船行驶得很快，这段距离会有好几码。

42 **萨尔维阿蒂：**船的情况与假定有周日运动的地球的情况极为不同。因为显然，正如船的运动并非船的自然运动，所以船上所有事物的运动都是偶然的；因此毫不奇怪，缚在桅杆顶部的这块石头一旦释放就会落下，不必跟着船走。而周日运动却被视为地球本身的自然运动，因此也是地球各个部分的自然运

石头从船桅顶部落下和从塔顶落下之间的差异。

动，它乃是大自然给它们打上的无法消除的印记。因此，塔顶石头的首要倾向就是24小时围绕地心旋转一周，不论被置于何处，它永远会表现出这种自然倾向。为了确信这点，你只需改变一下心里的一种过时印象，声称："迄今为止我一直认为，相对于地心保持不动是地球的一种属性，也从未有任何困难或障碍阻止我认识到，地球的每个微粒也都自然地处于静止。正因如此，如果地球的自然倾向就是24小时围绕地心旋转一周，那么地球的每个微粒也会有一种内在的自然倾向，那就是做同样的旋转而不是静止不动。"

这样一来，你就能毫无障碍地断言，由于桨力赋予船以及通过船赋予船上所有物体的运动不是自然的，而是外来的，所以这块石头一旦和船分开，就很可能回到其自然状态，恢复其简单的自然倾向。

低于高山顶部的空气随地球运动。

我还可以补充说，至少低于高山顶部的那部分空气一定会被地球粗糙不平的表面带走，或者一定会自然地随地球做周日运动，因为它乃是各种地球蒸汽和挥发物的混合。但桨船周围的空气并不是被桨推动的，所以从船到塔的论证是没有推论力的。从桅杆顶部落下的石头进入的介质并不做船的运动，而从
塔顶落下的石头所处的介质却和整个地球做同样的运动，以至 14
于石头不仅不受空气阻碍，反而借助于空气随地球运动。

空气的运动能带动很轻的东西，但带不动很重的东西。

辛普利邱：我还是不相信，空气能把自己的运动加到一块巨石或者比如二百磅重的一只大铁球或铅球上，就像把自己的运动加到羽毛、雪花和其他很轻的物体上一样。事实上，我可以看到，这类重物即使暴露在猛烈的狂风中也不会移动一寸。

请想想吧，单靠空气怎能带动它呢？

萨尔维阿蒂：你的这种经验和我们的例子之间存在着巨大差别。你是让风吹到静止的石头上，而我们却是让石头暴露在已经运动的空气中，石头以同样的速度运动，所以空气不需要把什么新的运动加给石头，而仅仅是保持——或者毋宁说是不阻碍——石头已有的运动。你是想用一种对石头而言外来的非自然的运动来推动石头，而我们则是要保持其自然运动。如果你想提出一个更合适的实验，你应该说一只被风力带动的老鹰用爪子丢下一块石头，会观察到什么结果。（如果不能亲眼看见，至少也要用心灵之眼去看。）由于这块石头已经与风同样在飞行，之后又进入了一种以同样速度运动的介质，我敢肯定它不会垂直落下，而会随着风向，加上它本身的重量方向，沿斜线落下。

辛普利邱：必须能做这样一个实验，然后根据结果做出决定。到目前为止，船上的结果还是证实了我的观点的。

萨尔维阿蒂：你说“到目前为止”是不错的，因为也许不用多久，情况就会改变。为了免得你忧虑不安，请告诉我，辛普利邱：你是否确信，船上的实验如此符合我们的目的，以至于可以合理地认为，在那里看到的情况也一定会发生在地球上吗？

辛普利邱：迄今为止是这样。虽然你提出了一些细微的差异，但似乎还不足以动摇我的信心。

14 **萨尔维阿蒂：**我倒希望你能保持这种信心，坚持认为地球上的结果一定会符合船上的结果，这样在发现后者不利于你的立场时，你不会改变想法。

你说，既然船在停止不动时，石头落到桅杆脚下，而船在运动时，石头不落在那里，那么反过来，由石头落在桅杆脚下可以推出船是不动的，由石头落在别的地方也可以推出船在运动。既然船上发生的事情也一定会发生在陆地上，那么由石头落到塔基就必然可以推出地球不动。这是你的论证吗？

辛普利邱：正是这样，讲得简明扼要，很容易理解。

萨尔维阿蒂：现在请告诉我：如果船快速行驶时，从桅杆顶部落下的石头落在和船停止时相同的地方，那么这样的下落实验对于判定船是否运动有什么用呢？

辛普利邱：毫无用处；例如，这就像你不可能凭借脉搏的跳动知道一个人是睡着还是醒着，因为不论睡着或醒着，脉搏都以同样的方式跳动。

萨尔维阿蒂：很好。请问你做过船的这个实验没有？

辛普利邱：我没有做过，但我完全相信，引证这个实验的权威们做过认真观察。此外，造成差别的原因很清楚，没有怀疑的余地。

萨尔维阿蒂：那些权威可能没有做过实验就给出了结论。你本人就是充分的证据，因为你没有做过实验就肯定了它，而且对权威的意见深信不疑。同样，他们不仅可能、而且肯定也是这样做的——我的意思是说，他们一直相信前人，但永远找不到一个做过实验的人。因为只要做过实验，任何人都会发现，实验所表明的结果与书上写的恰恰相反；也就是说，实验表明，无论船静止不动还是以任何速度运动，石头总是落在船

不论船是运动还是静止，从船桅落下的石头都落在同一位置。

上的同一位置。因此，同样的理由既适用于船，也适用于地球，
145 由石头总是垂直地落在塔基处，推不出地球是运动还是静止。

辛普利邱： 如果你向我指出的理由不是实验而是其他东西，我想我们的争论恐怕短时间结束不了；因为在我看来，这种东西太远离人的理性了，以致不可能成立或无法让人相信。

萨尔维阿蒂： 对我来说是可以成立或可以相信的。

辛普利邱： 而你并没有做过一百次实验，甚至连一次也没有做过。那你为什么要这样随随便便地声称它是确定无疑的呢？我将保留我的怀疑，并确信运用这个结论的最重要的作者们已经做过实验，而且实验表明了他们所说的结论。

萨尔维阿蒂： 没有实验，我也确信结果和我告诉你的一样，因为它一定会那样发生；我还可以补充说，你自己也知道它只可能是这样，无论你怎样假装不知道——或者给出那种印象。但我很善于问人问题以获取有用的信息，所以不论你观点如何，我会让你承认这一点的。

沙格列陀很安静；我看他动了动，好像有什么话要说。

沙格列陀： 我本打算说点什么，但听到你这样激烈地威吓辛普利邱，想揭示他力图掩盖的知识，我的兴趣就唤起来了。现在我别无他求，只希望你能兑现你夸下的海口。

萨尔维阿蒂： 只要辛普利邱愿意回答我的提问，我就一定能兑现。

辛普利邱： 我会尽力回答，相信不会陷入多大的麻烦；因为我认为是假的东西，我肯定无法知道，因为知识关乎真的东西，而不是关乎假的东西。

萨尔维阿蒂：我不要你声明或回答你并不确知的东西。现在请告诉我：假定有一个光滑如镜的平面，由钢一样坚硬的材料制成。该平面与地平线并不平行，而是有些倾斜，在平面上放一个用黄铜那样又硬又重的材料制成的滚圆的球。你认为把球放开之后会发生什么？你是否和我一样认为，它仍会原地不动？

辛普利邱：那个平面是斜的吗？

萨尔维阿蒂：是的，假定如此。 146

辛普利邱：我绝不相信它会原地不动；相反，我确信它会自动滚下来。

萨尔维阿蒂：请小心留意，你说的话，辛普利邱，因为我确定，无论你把它放在哪里，它都会原地不动。

辛普利邱：好吧，萨尔维阿蒂，只要你运用这种假设，你得出这样错误的结论我也就不奇怪了。

萨尔维阿蒂：那你确信它会自动向下运动吗？

辛普利邱：这还有什么可怀疑的吗？

萨尔维阿蒂：你认为这理所当然，并非因为我这样教导你——事实上，我试图说服你相信相反的结论——而全都是因为你自己，凭借自己的常识做出的判断。

辛普利邱：哦，我现在看出你的诡计了；你刚才这样说，是为了让我陷入孤立无援的境地，而不是因为你真的相信你所说。

萨尔维阿蒂：正是这样。现在，这个球会滚多久、滚多快呢？请记住，我说过是一只滚圆的球和一个非常光滑的平面，以消除所有外在和偶然的障碍。同样，我要你消除因空气阻力而产生的任何障碍，以及所有其他可能的偶然障碍。

辛普利邱：我完全懂你的意思，对于你的问题，我的回答是：只要斜面延伸下去，球将继续无定限地运动，而且不断加速。因为这就是"随行聚力"[①]的重物的本性；斜面越倾斜，速度就越快。

萨尔维阿蒂：但如果要让球在这个平面上向上运动，你以为可以吗？

辛普利邱：不能自发地运动，但如果用力拉或抛，是可以的。

萨尔维阿蒂：如果用强加于它的某个冲力将它推出去，它的运动会怎样，有多快？

辛普利邱：由于与本性相反，运动会持续变慢减速，持续时间的长短将取决于冲力的大小和向上斜度的大小。

147 **萨尔维阿蒂：**很好。到现在为止，你向我解释了两个不同平面上运动的情况。在向下倾斜的平面上，运动的重物自发地下降并不断加速，需要用力才能使它静止。

在向上的斜面上，推动它甚至让它停住都要用力，加诸它的运动不断减小，直到完全消失。你还说，这两种情况之间的差别源于该平面向上或向下的斜度不同，向下的斜度越大，速度就越快，反过来，在向上的斜面上，用给定的力抛出某个运动物体，斜度越小，运动得就越远。

---

① 这个短语（vires acquirunt eundo）暗指维吉尔关于流言的著名段落，见《埃涅阿斯纪》（Virgil, *Aeneid*, iv, 175）。

现在请告诉我，将同样的运动物体放在一个既没有向上的斜度、也没有向下的斜度的平面上，会发生什么情况。

辛普利邱：这个我得想想才能回答。既然没有向下的斜度，就不会有运动的自然倾向；既然没有向上的斜度，就不会有对运动的抵抗，所以运动的倾向与对运动的抵抗之间没有差别。因此，我觉得它应当自然保持不动。但我不记得了；不久前沙格列陀让我明白，这就是所要发生的事情。[①]

萨尔维阿蒂：我相信如果把球稳稳地放下，情况就是这样。但如果朝任一方向推它一下，又会怎样呢？

辛普利邱：它一定会朝那个方向运动。

萨尔维阿蒂：但以什么样的运动呢？是向下平面上那种持续加速的运动，还是向上平面上那种不断减速的运动呢？

辛普利邱：我看不出有什么加速或减速的原因，因为既没有向上的斜度，也没有向下的斜度。

萨尔维阿蒂：确实如此。但如果球没有原因减速，那它就更没有原因停下来了；那么，你认为球会持续运动多远呢？

辛普利邱：如果平面不升也不降，那么平面多长，球就运动多远。

萨尔维阿蒂：如果这样一个空间是无限的，那么在它上面的运动就也是无限的了？也就是说，是永恒的了？[②]

---

① 辛普利邱这番话似乎显得过于愚蠢，但作者的真正意图也许是要强调，即使是最为寻常的现象，哲学家也坚持要推理出来。

② 这句话是对伽利略“惯性定律”的补充，在一定程度上预示了牛顿第一运动定律。

辛普利邱：在我看来是这样，如果运动物体是由耐久材料制成的。

萨尔维阿蒂：当然是由耐久材料制成的，因为我们说过，
148 所有外在的和偶然的障碍都应移除，运动物体的易碎就是一种偶然的障碍。

现在请告诉我，为什么在向下的斜面上，球会自发地运动，[①]而在向上的斜面上，球只有凭借力才会运动？

辛普利邱：重物的倾向是朝着地心运动，从地球的圆周向上运动只有凭借力；现在，向下的表面距离地心较近，而向上的表面距离地心较远。

萨尔维阿蒂：那么，要让一个表面既不向下也不向上，它的各个部分必定距离地心同样远。世界上有没有这样的平面呢？

辛普利邱：有很多；我们地球的表面如果是光滑的，而不是像现在这样粗糙和多山，就会是这样的平面。但风平浪静时，水面就是这样的平面。

萨尔维阿蒂：那么，在平静的海洋上航行的船就是这样一种运动物体吗？它在一个既不向上也不向下的表面上行进，如果移除所有外在的和偶然的障碍，它一旦获得冲力就会不停地

① 由于"自然"运动和"受迫"运动的概念在《对话》中反复出现，我们不妨引用亚里士多德的一段话加以澄清："既然'自然'意味着事物本身之内的运动本原，而力是事物之外的运动本原，而且由于运动总是自然的或受迫的，因此自然运动，比如石头的下落，只会被外力加快，而非自然运动则只会源于外力。"（Aristotle, *De Caelo* III, 2, 301b, 17-23）

匀速运动下去。

辛普利邱：看来应该是这样。

萨尔维阿蒂：现在来谈谈桅杆顶部的那块石头；它不是被船带着运动吗？两者都围绕地心沿着圆周运动。因此，如果所有外在障碍都被移除，在它之中不是有一种不能根除的运动吗？这种运动不是和船的运动一样快吗？

辛普利邱：这些都对，但你下面要说什么？

萨尔维阿蒂：如果你已经知道所有前提，那么继续下去，你自己就能得出最后的推论。

辛普利邱：所谓最后的结论，你指的是做一种持久外加运动的石头不会离开船，而会随着船运动，最后落在船不动时它所落在的同一位置。我也说，释放石头之后，如果没有外在障碍干扰石头的运动，就会是这样的情形。但有两种这样的障碍：一种是运动物体一旦失去它在桅杆上时作为船的一部分而分享的桨的力，单凭它自身的冲力不足以穿过空气；另一种是新的下落运动，它必定会阻碍石头的向前运动。

萨尔维阿蒂：至于空气的障碍，我并不否认这一点，如果 149
下落物体由很轻的材料制成，比如一根羽毛或一簇羊毛，那么减速会非常可观。而对于一块重石，减速则微不足道，正如你不久前所说，最猛烈的风力也不足以吹动一块大石，只要想象一下，宁静的空气如果遇到一块移动和船一样快的石头，能起多大作用呢？但尽管如此，正如我所说，我仍要承认这样一种障碍可能产生微弱的影响，正像我知道你会同意，如果空气与船和石头以相同的速度运动，这种障碍将等于零。

至于另一种附加的向下运动，首先，这两种运动（我指的是围绕地心的圆周运动和朝向地心的直线运动）显然并不是对立面，它们彼此并不摧毁，也并非不相容。而运动物体对这样一种运动没有任何抵抗，因为你自己承认过，抵抗逆着远离地心的运动，而倾向则朝着趋近地心的运动。由此必然推出，对于既不趋近也不远离地心的运动，运动物体既没有抵抗也没有倾向，所以加于该物体的力也没有理由减小。因此，必定被新的作用削弱的运动原因并非只有一种，而是存在着两种截然不同的原因。其中，重性只把运动物体引向地心，而加于物体的力则只使它围绕地心转动，所以没有理由存在任何障碍。

辛普利邱：这个论证表面上的确非常合理，但实际上却有着难以克服的困难。你所做的整个假设与亚里士多德直接相左，逍遥学派是不会轻易承认的。你认为，抛射体离开其原点之后仍将保持在那里强行印在它上面的运动，这是众所周知和显而易见的。对于逍遥学派哲学来说，这种印入的（impressed）力就像把一种偶性从一个基体转移到另一个基体一样让人厌
150 恶。我相信你也知道，他们的哲学主张抛射体被介质带动，在目前的情况下，介质是空气。因此，如果从桅杆顶部丢下的那块石头跟着船运动，这种结果应当归因于空气，而不是归于印入的力；但你假定空气并不跟着船运动，而且是静止的。此外，让石头下落的人不必用手臂扔它或给它任何冲力，而只需松开手让它落下。这样一来，石头既不能凭借抛射者印在它上面的任何力，也不能凭借空气的任何帮助而跟着船运动，所以将落在后面。

根据亚里士多德的观点，抛射体不是被印入的力推动，而是被介质推动。

萨尔维阿蒂：在我看来，你的意思是说，如果不是由某个人的手臂所投掷，石头就不可能被抛射出去。

辛普利邱：严格说来，这种运动不能被称为抛射体运动。

萨尔维阿蒂：那样一来，亚里士多德关于抛射体运动、被抛射推动的物体及其推动者的说法就与我们的目的不相干了；既然与我们不相干，你又何必将它提出来呢？

辛普利邱：我引证它是因为你所引入并命名的那种印入的力，但这种印入的力在世界上并不存在，所以根本不可能起作用，因为“不存在的东西不起作用”（non entium nullae sunt operationes）。因此，运动的原因必须归于介质，不仅对于抛射体是如此，对于所有其他非自然的运动也都是如此。这一点并未得到应有的考虑，所以到目前为止所说的话仍然是无效的。

萨尔维阿蒂：耐心点，很快就好了。请告诉我：既然你的反驳完全基于印入的力不存在，那么如果我向你表明，在抛射体离开抛射者之后，介质对于抛射体的继续运动不起作用，你会同意印入的力存在吗？抑或从其他角度继续攻击，不承认印入的力存在？

辛普利邱：如果移除介质的作用，我看不出除了推动力赋予的这种属性，还有什么东西可以诉诸。

萨尔维阿蒂：为了尽量避免无休止地争论下去，最好是让你尽可能地解释清楚，介质对于维持抛射体的运动究竟起什么作用。

辛普利邱：抛射者把石头握在手中，迅速而有力地挥动手 151
臂；这种运动不仅使石头，而且使周围的空气都开始运动；石头一脱手就处于已经被冲力推动的空气中，并且被空气带动。因为如果空气不起作用，石头就会从抛射者的手落在他脚边。

介质对于抛射体继续运动的作用。

萨尔维阿蒂： 你凭借自己的感觉就能驳倒这种胡扯并学到真理，而你却如此轻信它。注意：你刚才断言，最猛烈的风也吹不动桌子上的一块大石头或一颗炮弹。如果是一个软木球或一团棉花，你认为风吹得动它吗？

许多实验和论证都可以反驳亚里士多德为抛射体运动假定的原因。

辛普利邱： 我确信风会把它刮走，而且材料越轻，刮得就越快。因为这可见于速度等于风速的云。

萨尔维阿蒂： 风是一种什么东西呢？

辛普利邱： 按照定义，风不过是运动的空气罢了。

萨尔维阿蒂： 那么运动的空气带动轻材料要比带动重材料快得多和远得多是吗？

辛普利邱： 当然。

萨尔维阿蒂： 但如果你用手臂先扔一块石头，再扔一团棉花，谁会运动得更快更远呢？

辛普利邱： 石头会快得多和远得多，棉花会落在我脚边。

萨尔维阿蒂： 好吧，如果抛射体脱手之后，推动它运动的仅仅是手臂推动的空气，而且如果运动的空气更容易推动轻材料而不是重材料，那么棉花这样的抛射体为什么没有比石头走得更远更快呢？除了空气的运动，石头里必定保存着什么东西。此外，如果把两根等长的绳子悬挂在椽子上，一根绳子末端系一只铅球，另一根末端系一只棉花球，然后把两者拉到与垂线等距的地方放手，那么两者无疑会朝着垂线运动，并且在自身冲力的推进下，越过垂线一定的距离，然后又回来。你认为在竖直地停下来之前，哪一个摆的运动会持续得久一些呢？

辛普利邱： 铅球会来回摆动许多次，而棉花球最多两三次。152

萨尔维阿蒂： 因此，不论那种冲力和运动性有怎样的原因，它们在重材料中比在轻材料中保存得更久。现在我们来讨论第二点，请问为什么空气没有把那张桌子上的香橼吹走呢？

辛普利邱： 因为空气本身没有动。

萨尔维阿蒂： 所以抛射者必须赋予空气那种运动，正是凭借这种运动，空气随后使抛射体移动。但既然这个力无法被印入（因为你说过，不能把一种偶性从一个基体转移到另一个基体），这个力又如何能从手臂转移到空气呢？难道手臂和空气不是不同的基体吗？

辛普利邱： 回答是，空气在其自身范围内既不重也不轻，所以空气很容易接受和保存任何冲力。

萨尔维阿蒂： 嗯，如果那两个摆已经向我们表明，运动物体重量越小，就越不容易保持运动，那么，怎么可能只有在空气中完全没有重量的空气保持了已经获得的运动呢？我相信，并且知道你现在也相信，手臂一停，手臂周围的空气就会停下来。让我们走进那个房间，用一块毛巾尽可能地搅动空气，然后放下毛巾，把一支点燃的小蜡烛立刻拿进房间，或者让一小片金箔在房间里飞舞，由任何一件东西的平静飘动你可以看出，空气已经瞬间恢复平静。我能给你许多实验，但如果一个这样的实验还不够的话，那就毫无希望了。

沙格列陀： 逆风射出一支箭时，被弓弦驱动的一丝空气却随箭而行，这多么不可思议啊！但亚里士多德还有一点我很想了解，请辛普利邱给我答复。

如果用同一张弓射出两支箭，一支以通常方式射，另一支则是侧射——也就是把箭侧过来沿着弓弦射出——我想知道，哪一支射得更远？请回答，即使你可能觉得这个问题很可笑；请原谅，你看我就像个傻瓜，思辨能力不高。

153 **辛普利邱：**我从未见过一支侧射的箭，但我认为它的射程连前一支箭的$\frac{1}{20}$都不到。

沙格列陀：这正是我原来的想法，这使我怀疑亚里士多德的名言是否与经验相符。因为就经验而言，如果一阵强风吹过时，我在桌子上放两支箭，一支顺着风向，另一支横放，则风会很快带走后者而留下前者。现在，倘若亚里士多德的学说是正确的，那么由一张弓射出的两支箭似乎也应如此，因为侧射的箭会被弓弦推动的（与箭的全长相应的）大量空气所驱策，而另一支箭则只是从与箭的粗细相应的一小圈内的空气那里获得冲力。我无法想象造成这种差异的原因，但很想知道它。

辛普利邱：在我看来原因很清楚；这是因为箭头朝前的箭只需要穿透少量空气，而另一支箭则要分开箭的全长那么多的空气。

沙格列陀：噢，原来箭射出去时必须穿透空气？如果空气同它们一起运动，或者毋宁说空气就是引领它们运动的东西，那还有什么穿透可言呢？你难道没有看到，这样一来，箭的运动会比空气还快吗？是什么赋予了箭这个更大的速度呢？你的意思是说，空气使箭具有了比它本身更大的速度吗？

辛普利邱，你清楚地知道，整个这件事与亚里士多德所说介质不是赋予而是阻碍抛射体的运动。

的完全相反，介质赋予了抛射体以运动是错误的，介质阻碍了抛射体则是正确的。你一旦懂得这一点，就会毫无困难地看到，如果空气的确在运动，则它从侧面带动箭要比向前带动箭容易得多，因为有许多空气推动前者，而推动后者的空气却很少。但射出箭时，由于空气停住不动，所以侧射的箭遇到许多空气，受到很大阻碍，而直射的箭则很容易克服阻止它的少量空气的障碍。

萨尔维阿蒂：我在亚里士多德那里（我始终是指他的科学）
中注意到，许多命题不仅是错误的，而且错得非常厉害，以致 154
与之完全对立的命题才是正确的，这个例子就是如此！但言归正传，我认为辛普利邱确信，虽然看到石头总是落在同一个位置，但并不能由此猜测船是否运动。如果前面所说还不够，那么关于介质的这种经验当可查明全部真相。从这种经验可以看出，如果落体由轻材料制成，则它顶多落在后面，空气并不跟着船运动；但若空气以相同的速度运动，那么在这个或任何其他实验中都找不到任何可以想象的差别，我稍后就会向你解释这一点。既然在这个例子中没有出现任何差别，对于从塔顶落下的石头你又能看到什么呢？因为旋转运动对于石头来说不是外来的和偶然的，而是自然的和永恒的，而空气则紧跟着地球的运动，就像塔紧跟着地球的运动一样。辛普利邱，你对这个问题还有什么话要说吗？

辛普利邱：没有了，但是到目前为止，我尚未看到地球的运动性得到证明。

萨尔维阿蒂：我并未声称已经证明地球在运动，我只是表明，从其对手为了证明地球不动而提出的实验论证中导不出任何结论，而且我相信，其他论证也将表明是如此。

沙格列陀：打扰一下，萨尔维阿蒂，在继续讨论其他论证之前，请允许我提出一项困难。当你同辛普利邱非常耐心地详细分析这个船的实验时，这个困难就萦绕在我的脑海中。

萨尔维阿蒂：我们聚在这里就是为了讨论问题，每个人都应提出各自的不同意见，因为这正是通往知识之路。所以，请讲吧。

抛射体运动中值得注意的现象。

沙格列陀：如果石头离开桅杆之后，船的运动的冲力持久地印在石头上，而且该运动对石头直线向下的自然运动既不造成阻碍也不造成减速，那么必定会产生一种值得注意的结果。

假定船不动，石头从桅杆顶部落下需要脉搏跳动两次的时间。然后让船运动，从同一位置丢下同一块石头；由上所述，石头落到甲板上仍将需要脉搏跳动两次的时间。在这段时间
155 里，船走了比如说 20 码的距离，石头的实际运动将是一条斜线，比第一条只有桅杆长度的垂直线要长得多，而石头却会在相同时间内通过这段距离。现在假定船的运动加速，使得石头下落时必须走一条比之前长得多的斜线，最后船的速度可以增加到任何程度，而下落的石头将会描出越来越长的斜线，但仍会在脉搏跳动两次的相同时间内走过。同样，如果在塔上安放一尊完全水平的大炮，朝着平行于地平线的方向发射，那么炮弹根据填入火药的多少，可以落到 1000 码、4000 码、6000 码、10000 码或更远的地方，但所有这些炮弹都会飞行相同的时间，每一次都等于炮弹在没有任何其他冲力而可以竖直下落的情况

下从炮口落到地面所需的时间。

现在，在同样短的时间，比如从100码高处向地面直线下落所需的时间内，被火药推动的同一颗炮弹可以飞出去400码、1000码、4000码甚至10000码的距离，但所有直射出去的炮弹都在空中逗留相等的时间，这真是件奇妙的事。

萨尔维阿蒂：这种想法因为新奇而非常美妙，如果结果确是如此，那是值得注意的。我毫不怀疑它是正确的。如果没有空气的偶然阻碍，我认为当一颗炮弹离开大炮，另一颗炮弹从同一高度直着落下时，这两颗炮弹肯定会在同一瞬间到达地面，即使前者已经走了10000码，而后者只走了100码。当然，我们假定地球表面是完全平的；为了保证这一点，可以在某个湖面上发射。那样一来，空气的阻碍就是使炮弹的速度减慢的原因之一。

如果你们对此感到满意，我们就来解决其他论证，因为据我所知，辛普利邱确信，关于从高处下落物体的这第一个论证是无用的。

辛普利邱：我觉得我的怀疑还没有完全消除，不过，这可 156
能是因为我不像沙格列陀那么警觉和机敏。在我看来，倘若如你所说，石头在船桅顶部参与的这种运动在石头与船分离之后仍然保存在石头里，那么奔驰的骑手丢到地面的一只球，也必然会继续循着马的路径而不落在后面。我不相信会看到这个结果，除非骑手朝着他骑马的方向将球用力抛出，否则我认为球将留在它落下的地方。

萨尔维阿蒂：我觉得你完全弄错了，我相信经验会向你表明，恰恰相反，球一落地，肯定会随马一起奔驰而不会落在后面，除非道路的崎岖不平阻碍了它。理由在我看来也很清楚。因为如果你站着不动沿地面扔这个球，那么球在离开你的手之后，不是也会继续运动吗？而且表面越平滑，距离就越远；例如在冰上，球就会滚得很远。

辛普利邱：如果我用手臂给球一个冲力，则它无疑会如此；但在上面那个例子中，我们假定骑手只是让球落下而已。

萨尔维阿蒂：那正是我希望发生的情况。当你用手臂扔球的时候，球离开你的手臂时，除了从你的手臂获得的运动保存在球中并且继续推着球前进，还有什么与球待在一起呢？赋予球以冲力的是你的手还是马，有什么区别呢？你骑在马背上时，你的手以及手中的球不是和马运动得一样快吗？当然是这样。因此，你的手一松开，球就离开手而运动，不过这种运动并非得自你手臂本身的运动，而是得自与马有关的运动，它先是传给了你，然后传给你的手臂，再传给你的手，最后传给了球。

我想补充的是，如果骑手逆着前进方向将球抛出，那么球落到地面时，有时仍会跟着马前进，有时则会停在地面上不动；
157 只有当球从手臂获得的运动超过了骑手的运动时，球才会远离骑手。有些人说，骑兵能向前投出标枪，在马上追赶它、赶上它并把它重新夺回，这很愚蠢。我说它愚蠢是因为，要使抛射体回到手中，他必须像站着不动时那样把它竖直向上抛。不论他的路径如何，只要运动是匀速的，且抛射体不是很轻，那么无论将它抛多高，它总会回到抛射者手中。

与抛射体运动有关的各种古怪问题。

沙格列陀：这一学说使我想起了关于抛射体的一些古怪问题，其中第一个问题在辛普利邱看来一定非常奇怪。它是这样的：我说，一个人不论以何种方式飞速运动，只要把球丢下来，那么球着地时不仅会跟着他前进，而且会有所超前。这个问题与下述事实有关，即沿着地平面抛出的运动物体可能获得一个比抛射者赋予它的速度大得多的新速度。

看人们玩铁环[①]时，我常常惊讶地观察到这一结果。这些铁环一离开手，就以一定的速度进入空中，后来落到地面时则大大加速。如果滚动时撞上的什么障碍使它们跃入空中，速度就会慢很多；落回地面时，它们会再次以更大的速度运动。但最奇怪的是，我还看到，铁环在地面的运动并不总是比在空中快，而且在地面上经过的两段路程中，第二段的运动有时要比第一段更快。现在，辛普利邱对此会怎么说呢？

辛普利邱：首先，我得说，我没有观察到这些东西；其次，我也不相信这些东西；第三，如果你让我对它们确信不疑并把它们的证据显示给我，那你真是个精灵鬼。

沙格列陀：不过是个苏格拉底式的精灵鬼[②]，而不是来自地狱的魔鬼。不过，证明还是得靠你自己。我对你说，如果一个人不能凭借自己知道真理，那么任何人都不可能让他知道真理。我固然能向你指出一些既不真也不假的东西，但谈到真

① 并非字面意义上的“铁环”（ruzzole），而是直径约 6 英寸、厚 1 英寸的木制圆盘，用手或缠绕在周围的线绳在地上滚动。

② 苏格拉底将其灵感来源称为他的“精灵鬼”。沙格列陀通过苏格拉底式的追问为辛普利邱提供灵感，从而展开了有趣的反击。

理——即不可能不如此的必然的东西——每一个寻常智力的人
158 要么凭借自己知道，要么永远也不可能知道。我相信，萨尔维阿蒂也会这样认为。因此我告诉你，这个问题的原因你是知道的，但可能没有被看出来。

辛普利邱：我们现在还是不要争论这个吧；请允许我告诉你，这些事情我既不知道，也不理解。因此，看你能否在这些问题上让我满意。

沙格列陀：这第一个问题依赖于另一个问题：为什么用一条绳子转动铁环要比单单用手来旋转远得多，因此也有力得多呢？

辛普利邱：亚里士多德也曾就这些**玩意儿**(questi proietti)提出过令人困惑的问题。

萨尔维阿蒂：的确如此，而且非常巧妙，特别是那个关于圆盘为什么比方盘转得更好的问题。[①]

沙格列陀：关于这一点的原因，辛普利邱，你能否不经他人教导，自己做出判断呢？

辛普利邱：当然，当然，请别再挖苦人了。

沙格列陀：你也很清楚另一个问题的理由。请告诉我，你是否知道运动物体遇到障碍时会停下来呢？

辛普利邱：我知道如果障碍足够大，它会停下来。

沙格列陀：你是否知道，运动物体在地面上运动的障碍要

① 见亚里士多德《力学》(Aristotle, *Mechanica*, ch. 8, 851b, 15 ff.)。该书其实并非亚里士多德所作，但传统上一般都归于亚氏。

比在空中更大？因为地面坚硬且不平，空气则柔软而顺从。

辛普利邱：我的确知道这一点，所以我知道铁环在空中比在地面上转得更快，因此我的知识与你的想法正相反。

沙格列陀：别忙，辛普利邱。你是否知道，自转物体的各个部分是朝各个方向运动的吗？因此，有些部分向上，有些向下，有些向前，有些向后。

辛普利邱：这我知道，亚里士多德这样教导过我。

沙格列陀：请告诉我，是凭借何种证据。

辛普利邱：是来自感觉的证据。

沙格列陀：那么，亚里士多德是否让你看到了没有他你就看不到的东西呢？他是不是连他的眼睛都借给了你？你的意思是，亚里士多德把它告诉了你，让你注意，向你提醒，而不是教给了你。

好吧，那么当铁环自转而不改变位置，其方向不是平行于 159
而是垂直于地平线时，它的某些部分向上走，相反的部分向下走；上面的部分朝一个方向走，下面的部分朝另一个方向走。现在请你设想一只快速自转而不改变位置并且悬在空中的铁环，在这样转动时，它垂直地落向地球。你是否认为，它到达地面后还会像原先那样继续自转而不改变位置呢？

辛普利邱：绝对不会。

沙格列陀：好吧，那它会怎样呢？

辛普利邱：它会沿着地面迅速滚动。

沙格列陀：朝什么方向呢？

辛普利邱：朝着它向之旋转的那个方向滚。

沙格列陀：它的旋转有两部分，即上面的部分和下面的部分，两者的运动彼此相反。因此你必须说明，它遵从哪个部分。至于上升和下降的两个部分，是互不相让的；整个铁环既因为地球的阻挡而不可能向下走，也因为自己的重量而不可能向上走。

辛普利邱：铁环将朝着它上面的部分所趋于的方向沿地面滚动。

沙格列陀：为什么不朝着相反的部分即与地面接触部分所趋于的方向滚动呢？

辛普利邱：因为地球通过接触部分的崎岖不平，即通过地面的粗糙而阻碍了那些部分。但上面的部分处于稀薄而柔顺的空气中，基本不受或完全不受阻碍，因此铁环将朝着它们的方向运动。

沙格列陀：因此，下面那些部分可以说附着于地球，地球阻挡了它们，只有上面那些部分继续前进。

萨尔维阿蒂：相应地，如果铁环落在冰上或别的光滑平面上，它就不能继续滚得那么好，但也许会继续自转，而没有获得任何其他向前的运动。

沙格列陀：这是完全有可能的，至少铁环滚得不会像它落在一个有些高低不平的表面上之后那样快。但请告诉我，辛普利邱，让飞速自转的铁环落下时，它在空中为什么不像落到地面之后那样前进？

160 **辛普利邱：**因为铁环上上下下都是空气，其各个部分也没有任何东西可以附着；由于前进或后退都没有理由，所以就垂直落下来了。

沙格列陀：因此，单是这种自转而没有其他冲力，就能把落地的铁环飞快地推向前进。

现在谈余下的问题。转动铁环的人将绳子的一端系在手臂上，将另一端绕在铁环上，用绳子驱动铁环，那么绳子对铁环会有什么影响？

辛普利邱：这会迫使铁环自转，以摆脱绳子。

沙格列陀：于是铁环到达地面时，就借助于绳子自转。那么，这本身不就是使得铁环在地上比在空中运动更快的一个原因吗？

辛普利邱：当然是，因为除了转动铁环者手臂的推力，空中没有其他推力；虽然手臂也在旋转，但正如刚才所说，这种旋转在空中根本不推动铁环。但铁环一到达地面，旋转引起的前进就加在了手臂的运动之上，铁环的速度也就加倍了。我已经非常清楚，铁环跃入空中时，速度就会减小，因为它缺少旋转的助力；但一落回地面，它就恢复了这种助力，并且比在空中更快地继续运动。现在我只想知道，为什么第二次着地时，铁环要比第一次着地时运动更快，因为这样一来它就会永远运动下去，并且一直在加速。

沙格列陀：我没有毫无限定地说第二次运动会比第一次更快，只是说有时可能更快。

辛普利邱：我不满意的正是这一点，所以想听你怎么说。

沙格列陀：这一点你自己也知道。请告诉我，如果你不转动铁环而从手里丢下它，它落地后会怎样呢？

辛普利邱：没有怎样，它会待在那里。

沙格列陀：它着地时不会获得什么运动吗？想想看。

辛普利邱：除非我们像孩子们玩**弹球游戏**[①]那样，让铁环落在一块倾斜的石头上，斜着落在石头上就会获得一种旋转运
161 动，从而能够沿着地面继续滚动。否则，除了待在着地的位置，我不知道它还能怎么样。

沙格列陀：这正是它获得一种添加的旋转运动的方式。那么，当铁环跃入高空又落回来时，为什么它不会碰到陷在地上并倒向其运动方向的石头？这种着地使铁环获得了更多的旋转，它的运动可能会加强，并且比第一次着地时更快。

辛普利邱：现在我明白了，这可能很容易发生。再想一想，如果铁环落地时反向旋转，那么就会产生相反的结果；也就是说，这种旋转会减慢它从游戏者那里得到的运动。

沙格列陀：会减慢的，如果这种旋转足够快，有时会使它完全停下来。这便说明了专业网球[②]选手用所谓的削球来欺骗对手所得到的结果。削球就是用斜拍回球，使球的旋转与它的前进运动相反。于是，当球着地时，使对手通常有时间回球的回弹（因为若不旋转，球就会向对手飞去）似乎是死的，球压在地面上，或者比平时弹得低得多，使对手无法同步回球。这也

① 萨卢斯伯里（Thomas Salusbury）说，"chiose"（弹球游戏）是一种将子弹滚下倾斜岩石的游戏的名称。施特劳斯仿照法瓦罗的说法，称"chiose"是儿童们塑造的球形铅质物体，可作游戏币等使用。

② 在伽利略时代盛行的意大利网球，据说在 19 世纪末仍然流行。它的球比今天的网球大得多，在两支人数不定但数目相同的球队之间进行。球场很大，中央有条纹，但没有网。

可以说明玩滚木球戏[①]的人的做法，他们要让一个木球离给定的标记尽可能近。他们在布满障碍的石头路上滚球时，这些障碍会使球偏离无数次，根本不会滚向标记。为了避免所有这些障碍，他们就像玩掷环游戏似的让球在空中通过，而不是沿地面滚动。但由于在抛球过程中，若以通常方式在球下方把球握住，球一离手就会旋转，所以他们常常利用握球手法，手在上面握，球在下面。否则球在标记附近着地时，会因为抛掷运动和旋转运动而远远越过标记；但以这种方式就能赋予抛出的球以相反的旋转，球在标记附近着地时就会停下来或只是向前滚一点点。

但我们还是回到主要问题，正是它引起了其他那些问题。
我说，从一个快速运动的人手中丢下的一个球落地时，不仅会 162
随着他运动，而且会更快地超前于他。为了看明白这种结果，假设有一条马车道，在马车外面的一侧固定上一块倾斜的板，低处朝着马，高处朝着后轮。现在马车全速前进，如果有人让一个球沿这块板的斜面落下，则该球滚下时就会得到自己的旋转；这种旋转加上从马车那里得到的运动，会使球着地时比马车更快。如果有另一块板沿相反方向倾斜，它就可能改变马车的运动，使得球滚下这块板着地时会停住不动，有时甚至朝马车的反方向滚去。

① “滚木球戏”是一种意大利的国民运动，被称为“boccie”或“bocce”。它与草地滚球(lawn bowls)很类似，只是运动场地可能非常不规则和粗糙，或可能在室内。“给定的标记”类似于“基准球”(pallino)，即在每一轮首先被投出的小球。

但我们已经离题太远了，对于由竖直落体推出的反驳地球运动的第一个论证，如果辛普利邱对它的解决感到满意，那就可以考虑其余问题了。

萨尔维阿蒂：迄今为止所说的离题的话与我们手头的问题并不能说完全无关。而且，上述讨论可以在我们心中唤起一连串推理，不仅是我们当中的某一个人，而是我们三个人。此外，我们是为自己的消遣而争论，不必像那些出于职业理由而井井有条地处理一个主题并打算将它发表的人一样太过严格。我不想让我们的这首叙事诗太过拘泥于诗歌的统一性，以致没有为插曲留下余地，只要有一丁点关联，就足以引入这种插曲。这几乎就像我们聚在一起讲故事，听你们讲的时候，应当允许我想到什么就讲什么。

沙格列陀：这完全合我心意。既然我们的讨论如此广泛，那么请问萨尔维阿蒂，在继续讨论之前，你是否想过，一个重物从塔顶向塔基自然下落会描出怎样一条线。如果你思考过这个问题，那就请谈谈你的想法。

萨尔维阿蒂：我偶尔想过这个问题，而且毫不怀疑，如果
163 我们确信重物向地心下落这一运动的本性，并把这种运动与周日旋转这一共同的圆周运动相结合，那么就会发现，物体重心描出的那条线完全是由这两种运动复合而成的。

沙格列陀：谈到依赖于重力的朝向地心的简单运动，我想可以绝对无误地相信它是一条直线，和地球不动时完全一样。

萨尔维阿蒂：就这个方面而言，不仅可以相信，经验也能予以确定。

沙格列陀：但如果除了由圆周运动和向下运动复合而成的运动，我们从未见过任何运动，经验又如何能使我们确信这一点呢？

萨尔维阿蒂：沙格列陀，毋宁说，除了简单的向下运动，我们从未见过任何运动，因为地球、塔和我们自己所共有的这另一种圆周运动始终是无法察觉的，仿佛不存在。只有我们没有参与的石头的那种运动才是可以察觉的；关于这一点，我们的感觉表明，它沿着一条总是与塔平行的直线，而塔是垂直于地面竖直建造的。

沙格列陀：你说得对，我的确像个傻瓜，这样简单的东西都没有想到。现在，既然这一点已经弄清楚了，关于这种向下运动的本性，你还有什么想了解的？

萨尔维阿蒂：单单了解它是直的还不够，还需要知道它是均匀的还是可变的，也就是说，它总是保持同样的速度，还是存在着减速或加速？

沙格列陀：显然是在不断加速。

萨尔维阿蒂：这也不够，还需要知道，这种加速是按照什么比例发生的。我敢说迄今为止，还没有任何哲学家或数学家懂得这个问题；尽管哲学家，特别是逍遥学派的学者们，曾就运动这一主题写过整本整本的——而且是大部头的——书。

辛普利邱：哲学家们主要致力于研究一般的东西。他们提出定义和原则，而把特定的片段和细节留给数学家，而这都是些稀罕玩意儿。亚里士多德只是出色地定义了什么是一般的运动，以及表明位置运动的主要属性；也就是说，运动有时是自 164

然的，有时是受迫的，有时是简单的，有时是复合的，有时是匀速的，有时是加速的；对于加速运动，他只是给出了加速的原因，而让机械师或其他低级工匠去研究这些加速的比例以及其他更细节的特征。

沙格列陀： 很好，辛普利邱。但是萨尔维阿蒂，你有时从逍遥学派陛下的宝座走下来，有没有摆弄过关于落体运动的这些加速比例的研究呢？

萨尔维阿蒂： 我没有必要仔细思考它们，因为我们共同的那位院士朋友已经给我看了他关于运动的研究，在这本论著中，他已经解决了这个问题以及其他许多问题。但由此打断我们现在的讨论将会离题太远，因为它本身就是离题，会造成戏中戏。

沙格列陀： 我赞成你暂时不详述这本论著，只要我们以后能专门考察它和其他一些命题，因为我非常需要这样的知识。现在让我们回到物体从塔顶落到塔基所描出的线吧。

萨尔维阿蒂： 如果朝向地心的直线运动是匀速的，向东的圆周运动也是匀速的，那么这两种运动就可以合成一种螺线；阿基米德[①]曾在他讨论螺线的著作中定义过阿基米德螺线，即一条直线围绕它的一个固定端点匀速旋转，一个点沿这条直线做匀速运动时所产生的线。但由于落体运动是不断加速的，所以由这两种运动合成的线与始终留在塔上的石头的重心所描出

① 阿基米德（前 287-前 212）是古代最伟大的数学家之一，也是力学的创始人。这里提到的著作是他的《论螺线》（*De lineis spiralibus*）。

圆周的相继距离必定成一种不断增加的比例。这种距离起初必定很小，几乎微乎其微，因为落体从脱离静止（即从向下运动的缺乏摆脱出来）进入直线的向下运动，必须经历静止与任何速度之间的每一个慢度。这些慢度有无穷多个，对此我们做过 165
详细讨论并已做出判断。

假定地球自转，自由落体描出的线可能是圆周。

于是，假定加速就是这样进行的，落体也趋向终止于地心，那么落体复合运动的线就必定是以一种不断增加的比例离开塔顶。更确切地说，这条线在离开塔顶因为地球旋转而描出的圆时，随着运动物体越来越小地远离原先所处的地点，它与那个圆的距离也**无限地**（ad infinitum）越来越小。此外，这条复合运动的线必须趋向终止于地心。做出这两个假设之后，我以 A 点为圆心、AB 为半径，作圆 BI 表示地球。然后延长 AB 至 C，作塔高 BC；塔被地球带动沿着圆周 BI 运动，塔顶描出弧 CD。

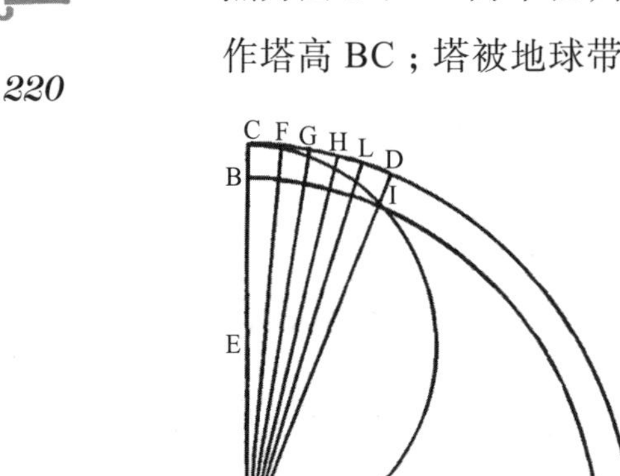

图 8

现在将线 CA 二等分于中点 E，取 E 为中心、EC 为半径，作半圆 CIA；我认为从塔顶 C 落下的石头，很可能沿半圆 CIA 做一种由一般的圆周运动与它自己的直线运动合成的运动。

在圆周 CD 上标出相等的部分 CF、FG、GH 和 HL，从点 F、点 G、点 H 和点 L 向中心 A 引直线，而夹在 CD 和 BI 这两个圆之间的那些部分始终表示同一座塔 CB，它被地球带着朝 DI 运动。这些线与半圆 CA 上的弧的交点是下落的石头在不同时间所处的位置。现在，这些点以一种越来越大的比例距离塔顶越来越远，从而使它沿着塔身的直线运动总是越来越快。你还可以看到，由于 DC 和 CI 这两个圆的交角无限小，石头离开圆周
166 CFD（即塔顶）的距离起初非常、非常小，也就是说，向下的运动极慢；事实上，越接近点 C，运动就**无限地**越慢，越接近静止状态。最后我们就可以懂得，为什么这样的运动最后会趋向终止于地心。

从塔顶落下的物体沿着圆周运动。

沙格列陀：我很清楚这一切，不能想象落体的重心会描出其他什么线。

萨尔维阿蒂：等一下，沙格列陀，我还有三点小小的看法，也许不会让你不悦。第一点是，如果认真考虑这个问题，那么物体实际上只做简单的圆周运动，就像它待在塔上时做一种简单的圆周运动一样。

221

落体的运动不多于也不少于它待在塔顶时的运动。

第二点更有意思，① 与石头继续待在塔上时的运动相比，石头的运动不多一分也不少一毫，因为石头始终待在塔上时所要经过的 CF、FG、GH 等弧恰好等于圆周 CI 上与 CF、FG、GH 等对应的弧。

落体的运动不是加速的，而是匀速的。

由此可以推出第三点令人惊奇的结论，即石头真正而实际的运动从来不是加速的，而总是匀速的，因为在圆周 CD 上相等地标记的那些弧，以及在圆周 CI 上标记的各个对应的弧，都在相等的时间内被经过。因此，我们不必寻找加速或任何其他

① 这句话虽然基于错误的论证，但有一点特别值得注意，它揭示了作者最深层次的科学偏好。伽利略试图发现“自然”运动之间的等价性，从哲学上预示了现代物理学对重性之“力”的旧概念的摒弃。

运动的任何其他原因，因为运动物体无论待在塔上还是下落，总是以相同的方式运动，也就是做相同的匀速圆周运动。

现在请告诉我，你认为我这些古怪的说法如何？

沙格列陀：说实话，我简直无法表达我对这些观点的钦佩之情；就我目前的理解而言，我不相信这些事情还能怎么发生。衷心希望哲学家们的所有论证都能具有这个论证的一半可能性。为了让我心满意足，我想听听如何证明那些弧是相等的。

萨尔维阿蒂：证明很容易。假定从 I 到 E 画一条线；现在，圆 CD 的半径，即线 CA，是圆 CI 的半径 CE 的二倍，所以前者的圆周是后者圆周的二倍，而且大圆上每一个弧都将是小圆 167
上类似弧的二倍。因此，小圆上的弧等于大圆上的弧的一半。由于弧 CI 所对的小圆圆心 E 上的角 CEI 是弧 CD 所对的大圆圆心 A 上的角 CAD 的二倍，所以弧 CD 是大圆上与弧 CI 相似的弧的二分之一。因此，弧 CD 与弧 CI 相等；用同样方式可以证明所有其他部分也相等。但这里我不会宣称，重物的下落就是以这种方式发生的。我只是想说，落体所描出的线即使不完全是这样，也很接近于这样。

沙格列陀：好的，萨尔维阿蒂，我刚想到另一个值得注意的问题，那就是根据这些思考，直线运动完全不再被考虑，大自然从未使用过它。甚至连你当初承认直线运动具有的那种用处，也就是让离开整体的、已经混乱的自然物恢复原位，现在也被消除，而让与了圆周运动。

直线运动似乎完全从自然中排除出去。

萨尔维阿蒂：如果事实证明地球做圆周运动，那么情况就必然如此，但我并未声称这一点已经得到证明。到目前为止，我一直在考虑并将继续考虑，哲学家们用来证明地球不动的理由是否令人信服。其中第一条理由来自垂直落体，已经遭遇到了你听说过的所有困难，但我不知道辛普利邱认为这些困难有多重要。因此在考虑其他论证之前，不妨听听他有什么不同意见。

辛普利邱： 关于第一个论证，必须承认，我听到的各种微妙观点都是我从未想过的，由于这些对我来说都是新的，所以我现在无法做出回答。但我从未把这个基于竖直落体的论证当作支持地球不动的最有力的论证之一。至于大炮射击的论证，尤其是逆着周日运动方向的射击的例子，我也不知道是否正确。

沙格列陀： 我觉得鸟的飞行要比大炮和我们提到的所有其
168 他实验加在一起更加麻烦、更加困难！鸟能随意飞来飞去、自由转身，更重要的是，可以一次悬在空中几个小时，这超出了我的想象。我也不明白，为什么鸟能随意转弯却不会因为地球运动而迷路？或者，为什么鸟能跟上这样大的速度，它毕竟超过鸟的飞行速度太多了。

萨尔维阿蒂： 事实上，你的论点很有道理。或许哥白尼本人也无法找到一个完全让他满意的解答，遂对此保持沉默；虽然他在考察其他相反论证时，的确说得很简要。我想这是因为他思想深刻，并且致力于最深奥的思想，正如一头狮子几乎不会被一些小狗的持续狂吠所影响。因此，我们把关于飞鸟的反对意见留到后面，先尝试让辛普利邱满意对其他疑难的解决，向他表明，解答和通常一样唾手可得，他只是没有注意罢了。

首先，谈谈炮弹的飞行，用同样的大炮、火药和炮弹，一次朝东射，一次朝西射。请告诉我，是什么使你相信，如果周日旋转是地球的运动，那么向西发射会比向东发射远得多呢？

为什么向西发射的炮弹看起来要比向东发射的更远。

辛普利邱：我倾向于相信这一点，是因为向东发射时，炮弹出了炮膛之后，大炮跟着炮弹走。大炮被地球带动，沿着同一方向飞速前进，所以炮弹落地的位置距离大炮不会很远。而向西发射时，炮弹落地之前，大炮已经向东移动很远了，所以炮弹与大炮之间的距离（即射程）看起来要大于向东发射的射程，其差异等于两颗炮弹在空中时大炮的行程（即地球的行程）。

萨尔维阿蒂：我想设计一个实验来研究这些抛射体的运动，就像用那个船的实验来研究落体运动一样。我正在想如何做到。

用运动马车的实验来看射程差异。

沙格列陀：我相信以下做法会让你非常满意：在一辆小型
的敞篷马车上装一张弩弓，使箭的仰角为45°（因为这样才能 169
发射最远），然后在马奔驰时，沿马运动的方向射一箭，再沿相反方向射一箭。每次都认真标出箭落地时马车的位置，这样就能精确地看出后一次比前一次远多少。

辛普利邱：在我看来，这个实验非常合人心意。我确信，箭沿马车行驶方向运动时，射程（即箭落地时马车所在的位置与箭之间的距离）要比箭沿相反方向运动时小得多。例如，假定射程本身是300码，而箭在空中时马车行驶的距离是100码，那么沿马车行驶方向发射时，马车将经过300码射程中的100码，因此箭落地时箭与马车之间的距离将只有200码。而沿与马车行驶相反的方向发射时，箭已经飞行了 300 码，而马车又沿相反方向行驶了 100 码，两者之间的距离就是 400 码了。

萨尔维阿蒂：有什么办法使这两次射程相等吗？

辛普利邱：除了让马车停住不动，我不知道还有什么别的办法。

萨尔维阿蒂：那是当然，但我的意思是说，马车以全速前进时该怎么办。

辛普利邱：那只有沿马车行驶方向发射时，把弓拉紧些；沿相反方向发射时，把弓放松些。

萨尔维阿蒂：这样说来，还有另一种办法，它是这样的。但你需要把弓拉得多紧，而后又放得多松呢？

辛普利邱：在我们的例子中，我们假定弓射 300 码，所以沿马车行驶方向发射时，需要把弓拉紧到能射 400 码，而沿相反方向发射时，则松到只射 200 码。这样一来，每次发射相对于马车的距离都是 300 码，而马车行驶的 100 码要从 400 码那次发射中减去，并加到 200 码那次发射上去，从而使两次发射都是 300 码。

萨尔维阿蒂：但是，弓的松紧程度会对箭产生什么影响呢？

170 **辛普利邱：**强弓使箭速度较高，弱弓则使箭速度较低。箭尾端搭弦处前进得越快，箭就射得越远。

萨尔维阿蒂：于是，为了使两支沿不同方向发射的箭都与运动的马车距离相等，必须在第一次发射时让箭以比如说 4 度的速度射出，另一次发射时则只以 2 度的速度射出。但如果采用同样的运弓，箭将总是获得 3 度的速度。

辛普利邱：正是如此。这就是为什么当马车行驶时，同样地运弓，射程不能相等的原因。

萨尔维阿蒂：我忘了问，在这个特定的实验中，假定马车行驶的速度是多少？

辛普利邱：相较于弓的 3 度速度，马车的速度必须假定为 1 度。

萨尔维阿蒂：是的，这样就摆平了。但请告诉我，马车行驶时，车上的所有东西是否也以相同的速度运动呢？

辛普利邱：毫无疑问。

萨尔维阿蒂：箭、弓以及给弓装的弦也都以相同的速度运动吗？

辛普利邱：对的。

萨尔维阿蒂：那么，当箭朝马车行驶方向发射时，弓把它的 3 度速度赋予了箭，由于马车以它的速度和方向带着箭运动，所以箭已经有了 1 度速度。于是，箭脱弦时具有 4 度速度。而沿相反方向发射时，这张弓同样把它的 3 度速度赋予了箭，而箭以 1 度速度沿相反方向运动，所以箭脱弦时只还有 2 度速度。但你已经声称，为了使射程相等，在一种情况下箭需要有 4 度速度，在另一种情况下则需要有 2 度速度。因此，在不换弓的情况下，马车本身的行驶可以调节射程，这一实验为那些不愿或不能凭借理性而相信它的人解决了问题。

对大炮向东和向西发射的论证的解答。

现在我们把这个论证用于大炮，你会发现，无论地球是运动还是静止，不管朝什么方向发射，以同样的火力发射的炮弹， 171
其射程总是相等的。亚里士多德、托勒密、第谷、你以及所有其他人的错误，都植根于地球静止不动这样一种根深蒂固的看法；甚至当你想从哲学上思考从地球运动这一假设能够推出什么结论时，你也不能或不知道如何摆脱这种看法。因此在另一个论证中，你并不考虑石头在塔上时，不论地球运动与否，石头都和地球做同样的运动。由于你已经确信地球是不动的，所以你对于石头下落的争论总是表现得好像石头正在脱离一种静止状态似的，而你其实应该说："如果地球固定不动，则石头脱离静止而竖直下落；但如果地球在运动，则与地球以相等速度运动的石头不是脱离静止，而是脱离一种与地球运动相等的运动状态。它把这种运动与附加的向下运动混合起来，结果合成为一种倾斜的运动。"

辛普利邱：但是，天呐！如果石头斜着运动，为什么我看到它做垂直运动呢？这是对再明显不过的感觉的赤裸裸的否认；如果连感觉也不相信，我们还能从什么大门进入哲学思考呢？

萨尔维阿蒂：地球、塔和我们自己都与石头一起随着周日运动而运动，对于所有这些东西，周日运动仿佛并不存在；它始终感觉不到、察觉不到，没有任何影响。唯一可以观察的就是我们所没有的那种运动，即擦过塔身的朝着塔基的下落。你并非第一个极不情愿承认这一事实的人，即这种运动对于共同参与它的一切事物都不起作用。

沙格列陀关于共同运动不起作用的引人注目的例子。

沙格列陀：我刚刚想起，有一天，我在作为本国领事驶往阿勒颇途中，曾经萌生一种幻想。它也许有助于解释这种共同运动为何不起作用，而且对于参与这种运动的一切事物仿佛并不存在。如果辛普利邱同意，我想把我当时的幻想同他谈谈。

辛普利邱： 你谈的这些事情听上去很新奇，不仅使我愿意听下去，而且引起了我的好奇；请谈下去吧。

沙格列陀： 我从威尼斯到亚历山大勒塔（Alexandretta）的整个航行期间，如果船上有支笔能对整个行程留下明显标记， 172
它会留下什么痕迹、什么标记、什么线呢？

辛普利邱： 它会留下一条从威尼斯到亚历山大勒塔的线，不是笔直的，或者说得确切一点，不是完美的圆弧，而是随着船不时地轻轻摇摆有些波动起伏。但数百英里的长度，在某些地方朝着上下左右偏折一两码，在整条线中几乎不会引起什么变化。这些偏折几乎感觉不到，可以大致无误地称之为一个完美圆弧的一部分。

沙格列陀： 因此，如果没有波浪的起伏，船的运动又很平稳，则那个笔尖真实而精确的运动将是一个完美的圆弧。现在，如果我将同一支笔持续握在手中，只是偶尔使笔这样那样移动一点，我会给这条线的主要样貌带来什么变化呢？

辛普利邱： 要小于一只跳蚤眼睛在一条一千码长的直线上对绝对笔直的偏离。

沙格列陀： 于是，如果一个画家在我们离港时就开始用这支笔在纸上画，一直画到亚历山大勒塔，则他将从这支笔的运动中得到沿各个方向描绘的一连串图形，包括景物、建筑、动物和其他东西。然而，笔尖所标出的实际的、真实的主要运动却只是一条线，长固然长，但很简单。至于画家自己的动作，会和船静止时做出的完全一样。除了画在纸上的标记，画笔的漫长运动没有留下任何痕迹，因为对于船上的纸、笔以及其他一切事物来说，从威尼斯到亚历山大勒塔的总运动乃是共同的。但画家的手指传到笔上而不是传到纸上的朝着前后左右的微小运动只属于笔，因此能在对于这些运动保持静止的纸上留下痕迹。

173 同样，由于地球在运动，石头的下落运动实际上有数百码甚至数千码的漫长距离；如果它能在不动的空气里或其他某个表面上标出石头的行程，它将留下一条很长的斜线。但石头、塔和我们自己所共有的那部分运动始终是感觉不到的，仿佛并不存在。可观察的仅仅是塔和我们都不参与的那部分运动，亦即下落的石头量度塔身的那部分运动。

萨尔维阿蒂：在解释这一点方面，这的确很微妙，是许多人难以理解的。

现在，除非辛普利邱要做出什么回应，我们可以转到其他实验，迄今为止我们所做的说明会对解释这些实验有很大帮助。

辛普利邱：我没有什么特别要说的。我在想，沿各个方向、在各个地方、来来回回画出的这些线，加上许多复杂的回转弯折，本质上和实际上只是沿一个方向画出的一条线的各个部分，除了些微的参差不齐，比如直线偶尔向右或向左弯折一点，以及笔尖偶尔移动得快了一点或慢了一点，没有任何变化。想到这里，这种绘图使我有些困惑。我在想，字母怎样能以同样的方式写出来，那些最考究的书家为了显示熟练的手法，笔不离纸，一笔就能绘出一个千回百转的美丽花结，他们在快速行驶的船上时，笔的所有运动就会转化成一条流畅的曲线（这条曲线本质上是一条沿同一方向画出的线，只是略微偏离或倾斜于完全的笔直罢了）。很高兴沙格列陀唤起了我的这种想法。但我们还是继续往下谈吧，希望接下来听到的内容能一直引发我的思考。

讽刺性地引述取自某部百科全书的非常幼稚的结论。

沙格列陀：如果你渴望听到这类并非人人都能想出的高明看法，我们这里就有不少，特别是在航海这方面。就在这次航行中，我曾想到，在桅杆不折断或不弯曲的情况下，船的上桅要比桅脚航行得更远，因为桅顶比桅脚距离地心更远，所以桅顶描出的圆弧要比桅脚经过的圆弧更大。你难道不觉得这种想法很了不起吗？

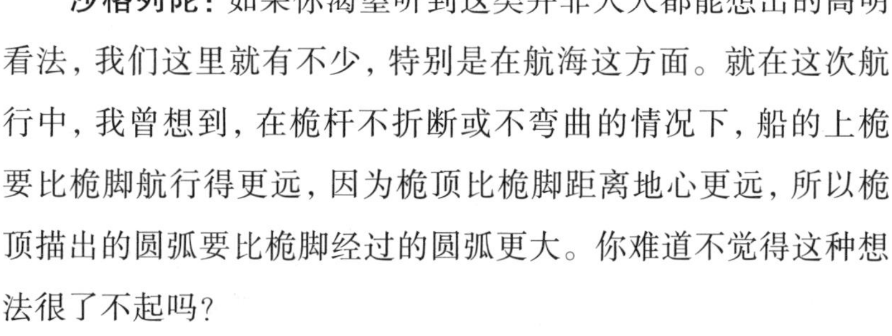

辛普利邱：那么一个人走路时，他的头要比他的脚走得更远吗？ 174

230

沙格列陀：你以自己的智巧彻底看清了这一点。但我们还是不要打断萨尔维阿蒂为好。

萨尔维阿蒂：我高兴地看到辛普利邱在动脑筋——如果这种想法的确是他的，而不是从某本结论手册中借来的，尽管其中还包含着其他同样巧妙和高明的结论。[①]

用大炮的垂直发射来反驳地球的周日运动。

让我们继续讨论垂直大炮朝天发射的问题。虽然炮弹与大炮长久分离期间，地球已经把大炮向东带走了许多英里，但炮

① 正如旁注所暗示的，这句话意在讽刺；这里的“手册”指克莱门特·克莱门蒂（Clement Clementi）的《大型百科全书》（*Enciclopaedia amplissimo* . . . , Rome, 1624）。这是一部大四开本，其内容不是结论，而是一位啰嗦的耶稣会士编纂的哲学论辩。

弹仍会沿着同一条线回到大炮。炮弹似乎应当落在大炮以西相等的距离，但实际上却不是这样，就好像大炮静止不动地等着炮弹似的。

答复反驳，显示谬误。

解决方案和石头从塔上落下的情况是相同的，所有谬误和混乱都在于始终把所要讨论的结论假定为真。因为反对者总是坚信，从大炮射出的炮弹是从静止开始的；但除非假定地球是静止的，否则炮弹不可能从静止状态开始射出，而地球静止正是所要讨论的结论。

在回应这一点时，那些认为地球在运动的人回答说，地球上的大炮和炮弹都参与地球的运动，或者毋宁说，它们全都做相同的自然运动。因此，炮弹根本不是从静止开始，它向上抛射的运动是和它围绕中心的运动连在一起的，这种向上抛射的运动既不消除也不阻碍它围绕中心的运动。正是以这种方式，炮弹跟随地球一起向东运动，上升和返回时始终保持在同一座大炮上方。在船上用弹射器向上垂直发射弹丸，做这个实验，你也可以看到同样的情形。无论船运动还是静止，弹丸都将回到原位。

对同一反驳的另一种解答。

沙格列陀：这让我心满意足。但我注意到，辛普利邱喜欢乘人不备搞突然袭击，我想问问他，暂且假定地球静止不动，且地球上的大炮是朝天的，那么他是否难以理解炮弹确实是垂
175 直发射的，而且炮弹是沿着同一条直线射出和返回的？这里我们始终假定所有外在和偶然的阻碍都已移除。

辛普利邱：我认为情况确实就是这样。

沙格列陀：如果大炮不是垂直放置的，而是朝着某个方向倾斜，那么炮弹的运动应是怎样的呢？是不是和上述发射一样，沿一条垂直的线射出，又沿同一条线返回呢？

辛普利邱：不是的。炮弹离开大炮时，会沿大炮的准线继续做直线运动，除非它自身的重量使它偏离那个方向而朝向地球。

抛射体继续沿直线运动，方向循着抛射体与抛射者连在一起时的运动。

沙格列陀：于是，正是大炮的准线控制着炮弹的运动。如果炮弹自身的重量不使炮弹向下倾斜，炮弹就不会移动到那条线之外。因此，如果垂直安放大炮，向上发射炮弹，炮弹就会沿同一直线向下返回，因为炮弹的重量使之沿同一条垂线向下运动。所以炮弹在大炮之外的行进延续着它在大炮之内所做的那部分行进的准线，不是吗？

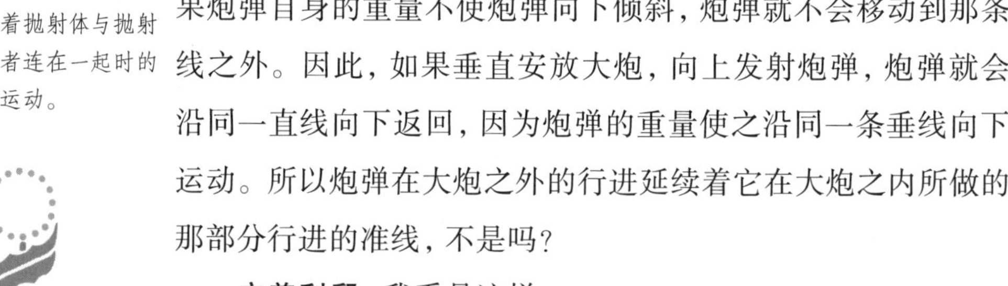

辛普利邱：我看是这样。

沙格列陀：现在请设想大炮是竖立和垂直的，而地球带着大炮以周日运动自转；请告诉我，炮弹发射时，它在大炮内部的运动会是什么样。

辛普利邱：会是垂直的直线运动，因为大炮是朝天瞄准的。

假定地球在旋转，垂直发射的炮弹不是沿一条垂线运动，而是沿一条斜线运动。

沙格列陀：请仔细想一想，因为我认为它根本不会是垂直的。如果地球静止不动，炮弹的运动的确会是垂直的，因为此时除了火药给予的运动，炮弹不会有任何运动。但如果地球在旋转，炮弹在大炮内部也有周日运动，所以发射的冲力叠加在炮弹上，炮弹以两种运动从后膛行至炮口，两种运动的复合使得炮弹重心的运动是一条斜线。[①]

---

① 这里对运动的分解，以及发现每个运动可以被视为独立且互不（转下页）

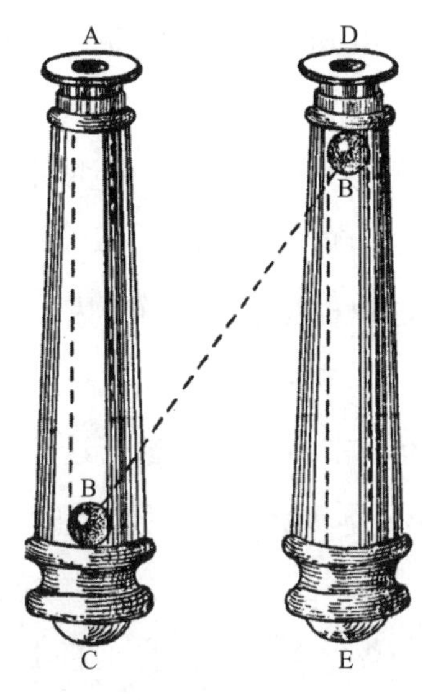

图 9

为了更清晰地领会这一点，假设 AC 是竖立的大炮，炮弹 B 在它之内。显然，如果大炮静止不动，那么开炮后炮弹将由炮口 A 射出，炮弹重心沿炮筒运动，描出垂
176 线 BA，炮弹在大炮外将继续沿这条准线朝天运动。但如果地球在旋转，从而带着大炮一起运动，那么在炮弹受火药推动穿过炮筒期间，地球将带动大炮移到 DE 位置，炮弹 B 将在炮口 D 射出。炮弹重心的运动将沿着线 BD——不再垂直，而是向东倾斜。还有，如前所述，炮弹在空中必须按照它在炮筒内的运动方向继续其运动，因此炮弹的运动将与线 BD 的斜度一致。它将不是垂直的，而是向东倾斜，大炮也沿这个方向运动，所以炮弹能够紧随地球和大炮的运动而运动。辛普利邱，这就表明炮弹的发射看上去是垂直的，其实根本不是这样。

辛普利邱：对此我并不完全信服。萨尔维阿蒂，你呢？

萨尔维阿蒂：只是部分信服，但我感到有些不安，不知怎样说才好。在我看来，根据刚才所说，如果大炮是垂直的并且地球在运动，那么炮弹既不会像亚里士多德和第谷所认为的那

（接上页）干涉的对象加以分析，代表着物理思想的巨大进展。萨尔维阿蒂后来提出反驳时，只是在表达哲学家和物理学家当中的流行看法。沙格列陀的回答体现了伽利略物理学革命中的一个亮点。

样落到大炮西边，也不会像我希望的那样落在大炮上，而会落在大炮东边一点。因为按照你的解释，炮弹有两种运动，都把它抛到那个方向；这两种运动是，把大炮和炮弹从 CA 带到 ED 的地球总的运动，以及使炮弹沿斜线 BD 射出的火药的运动，这两种运动都向东，因此大于地球的运动。

沙格列陀：不，先生；把炮弹带向东边的运动完全来自地
球，发射并没有参与这一运动。推动炮弹上升的运动完全来自
火药，地球与之毫不相干。因为如果不点燃火药，炮弹肯定不 177
会射出，也绝不会有丝毫上升；同样，如果让地球静止不动再点燃火药，炮弹将垂直上升而没有丝毫偏离。因此，虽然炮弹的确有向上和旋转这两种运动，两者合成了对角线 BD，但向上的推动完全来自发射，而旋转的推动则完全来自地球，并与地球的运动相等。既然相等，炮弹就将始终竖直地保持在炮口上方，并最终返回炮口。而总是处于大炮准线上方的炮弹，也将持续处于大炮附近的人的头顶上方，因此在这个人看来，炮弹就好像完全垂直地朝天离开大炮。

辛普利邱：我还有一个疑问，即炮弹在大炮之内的运动极为迅速，以至于在大炮从 CA 移到 ED 的这一瞬间，大炮就能把这样一个倾角赋予对角线 CD，而炮仅凭这一点就能在空中追上地球的运动，这似乎是不可能的。

沙格列陀：你在几个事项上都错了。第一，我认为对角线 CD 的倾角比你想象的要大得多，因为我认为不仅地球在赤道上的运动，甚至沿我们纬度的运动，无疑都比炮弹在炮筒内的运动更快；所以间隔 CE 绝对大于大炮的全长，从而对角线的

倾角将大于半个直角。但地球的速度是大于还是小于炮弹的速度都无关紧要，因为如果地球的速度很小，从而对角线的倾角也小，那么使飞行的炮弹始终保持在大炮上方只需很小的倾角。简而言之，你仔细想想就会明白，通过把大炮从 CA 带到 ED，赋予对角线 CD 不论是大是小的倾角，地球的运动都是使炮弹击中目标所必需的。

你的第二个错误在于认为炮弹跟随地球运动这一性质来自于开炮的冲力。你正在陷入萨尔维阿蒂刚才似乎犯的那个错
178 误。跟随地球运动乃是炮弹作为一个地球物体形影不离地参与的原始而永恒的运动，炮弹依其本性就具有这种运动，并将永远具有这种运动。

萨尔维阿蒂：我们认输吧，辛普利邱，因为事情正如他所说。现在从这个论证我开始理解猎人的问题了，即那些开枪打死空中飞鸟的神射手们的问题。[①] 我曾以为，由于鸟在飞行，目标必须与鸟拉开一段距离，领先于它一定的间距，或多或少按照鸟的飞行速度和距离，使子弹发射时沿着瞄准的直线，与飞鸟同时到达同一点，子弹才会命中。为此我问过一位猎人，他们是否是这样做的，猎人告诉我并非如此，他们使用的方法要简单和可靠得多。他们的做法和射击静止不动的鸟完全一样，即移动猎枪跟随飞鸟，始终瞄准它直至开火；他们就是这样像射击不动的鸟一样来射击它的。因此，猎枪瞄准飞鸟而做

猎人如何瞄准空中的飞鸟。

① 萨尔维阿蒂在这里的错误似乎是伽利略有意放入的，因为随后伽利略让萨尔维阿蒂在下一段话中纠正了其中许多错误。

的运动虽然很慢，也一定会传给子弹；这一运动与开火所产生的另一运动相结合。就这样，子弹会由开火而获得一种向上的直线运动，并从枪筒获得一种依赖于鸟的运动的倾斜运动。这与前面讲过的大炮射击的情况完全相同。炮弹被火药推着朝天运动，又因地球运动而向东倾斜；这两种运动的复合使炮弹跟随地球运动，而在旁观者看来，炮弹只是直线上升，然后又沿同一条线落回。因此，始终瞄准目标才能射中。如果目标静止，枪筒必须保持不动才能瞄准它；如果目标在运动，枪筒则应随目标移动。

解决以向北和向南发射炮弹为依据的反驳。

对另一论证，即大炮朝着南方或北方的目标发射，其恰当的回答也依赖于这一点。当时的反驳是，如果地球运动，则炮弹都将偏向西方，因为炮弹离开大炮之后在空中飞向目标的这
段时间里，目标被带着向东移动，从而使炮弹留在西边。那么 179
我要问，无论地球运动与否，大炮一旦瞄准目标并保持这种状态，它是不是会继续指向同一目标？回答只能是，瞄准没有任何变化；因为如果目标是固定的，那么大炮也是固定的；如果目标被地球带着运动，那么大炮也以同样方式运动。如果这样保持瞄准，那么从前面所说可以清楚地看出，发射总是可以命中目标。

沙格列陀：萨尔维阿蒂，请等一等，让我把关于这些猎人和飞鸟的某些想法提出来。我相信，他们的操作方法正如你所说，我也认为它会击中飞鸟，但在我看来，这种情况与开炮并不完全一致。当大炮和目标都运动或都静止时，开炮必定会准确命中。我认为差异在于，开炮时炮和目标都被地球的运动所带动，从而以相等的速度运动。虽然大炮的位置有时比目标更接近地极，而且大炮沿较小的圆运动，所以运动较慢，但由于大炮与目标距离很小，这种差别是感觉不到的。而在猎人射击时，与鸟的飞行相比，他用来追踪飞鸟的猎枪的运动是很慢的。我认为由此可以推出，一旦子弹射出，使它始终瞄准飞鸟，枪筒转动给予子弹的微小运动不可能在空中增加到鸟的飞行速度。事实上在我看来，子弹必然会被超出而落在后面。还有，在这种情况下，我们并没有假定子弹所穿过的空气具有鸟的运动，而大炮、目标和居间的空气都同样具有周日运动。因此我相信，在猎人射中飞鸟的各种理由中，除了他用枪筒追踪鸟的飞行，还有一个理由是让瞄准器保持领先，使之超过目标。我还相信，射击不是用一颗子弹，而是用大量弹丸，弹丸在空中散开会占据很大的空间。此外，弹丸离开枪口射向飞鸟的速度非常大。

180 **萨尔维阿蒂：**瞧，沙格列陀的才智飞得多么高远，大大领先和超前于我的陋见，我或许也会注意到这些区别，但要思考很久。

对关于向东和向西近距离射击的论证的回应。

现在回到主题，我们还得考虑一下向东和向西近距离发射的问题。如果地球在运动，那么向东的发射应该总是高于目标，而向西的发射则应低于目标，因为地球的东边部分（由于周日运动）总是落在与地平线平行的切线以下，所以东边的星看起来在上升；而地球的西边部分也在上升，所以西边的星看起来在下降。因此，沿这条切线朝向东边目标（当炮弹沿切线运动时，东边目标在下降）的发射应该高出目标，而向西的发对向东和向西射击所产生的反驳的解决。

射则应低于目标，因为炮弹沿切线运动时目标在上升。解释和前面的类似；正如由于地球的运动，东边的目标在一条不动的切线以下不断下降，所以出于同样的理由，大炮也在不断下降，并且总能瞄准同一目标，因此能命中目标。[①]

哥白尼主义者过于大方地承认一些可疑的命题是正确的。

在我看来，正好可以适时地指出，哥白尼主义者对其反对者非常宽容，也许是过于大方了，竟然承认其反对者们从未实际做过的一些实验是真实和正确的。例如，物体从运动的船桅落下的实验就是如此，还有其他许多实验，其中一个我很有把握，那就是大炮向东射击高于目标、向西射击低于目标的实验。我相信这个实验从未做过，所以希望他们能告诉我，在地球先静止、后运动这两种情况下，他们认为同样的射击应当看出什么差别。辛普利邱，请代他们回答这个问题吧。

辛普利邱：我不能自称能和某些比我更见多识广的人回答得一样好，但我会谈谈此刻我觉得他们会怎样回答。事实上，就像已经表明的那样，如果地球在运动，那么向东的发射总会高于目标（如此等等），倘若炮弹非得沿切线运动不可，而这似乎很有可能。

萨尔维阿蒂：如果我说这正是实际发生的事情，你会如何反驳我呢？

辛普利邱：需要做个实验把它弄清楚。 181

---

① 这段话通常被认为进一步证明，伽利略认为球的惯性路径是圆形，但他想到的更有可能是载有火枪和象限仪的船以及移动中的枪的运动合成。在之前的一句话以及随后试图证明该偏差不可能通过测量来发现的过程中，萨尔维阿蒂假定射击的路径是切线。

萨尔维阿蒂：但你认为有这样的神射手，能够瞄准比如500码距离的目标而百发百中吗？

辛普利邱：天哪，不会的；我怀疑不论一个人的技术有多么熟练，他都不可能保证误差不超过1码。

萨尔维阿蒂：那么，我们如何可能以这样不确定的发射来解决我们的问题呢？

辛普利邱：我们可以用两种方式来解决它；一种是通过多次发射，另一种是，鉴于地球的速度惊人，我认为与目标的偏离会很大。

萨尔维阿蒂：很大——也就是说要远远大于1码；这样大的偏差，甚至更大的偏差，即使地球是静止的，也经常会发生。

辛普利邱：我相信偏差会大得多。

假定地球运动，计算炮弹发射会偏离目标多少。

萨尔维阿蒂：现在，如果你愿意，为了让我们自己满意，我们做一次粗略的计算；倘若结果如我所料，它将提醒我们今后不要被别人的叫嚷所欺骗，不要屈从于我们最初想象的任何东西。此外，为使逍遥学派和第谷学派得到一切优势，我们设想自己位于赤道，用大炮朝着一个距离为500码的目标向西近距离射击。首先，我们大致看一下，炮弹离开炮口之后需要多长时间才能命中目标。我们知道这会很短，肯定不会超过行人走两步路的时间，即不到1秒钟。因为假定行人1小时走3英里，即9000码，而1小时有3600秒，所以行人1秒钟走两步半。因此，炮弹运动的时间不到1秒。由于周日旋转需要24小时，所以西方的地平线每小时上升15度，或每分钟上升15弧分，或每秒钟上升15弧秒。现在，既然发射需要1秒钟，西方的地

平线在这一时间内上升 15 弧秒，目标也上升 15 弧秒。因此，
它上升半径为 500 码的圆的 15 弧秒，这被认为是目标与大炮
的距离。现在我们来看看，在这张弧弦计算表里（在这里，就
在哥白尼的著作里），[①] 半径为 500 码，15 弧秒的弦是多少。你 182
看这里，当半径为 100000 时，1 弧分的弦小于 30 部分。那么
对于同一半径，1 弧秒的弦将小于这样一个部分的 $\frac{1}{2}$；也就是
说，当半径为 200000 时，1 弧秒的弦将小于一个部分；因此当
半径为 200000 时，15 弧秒的弦将小于 15 部分。但是，在半径
为 200000 时小于 15 部分的弦，在半径为 500 时会小于 $\frac{4}{100}$ 部分。
于是当地球运动时，目标的上升小于 $\frac{4}{100}$ 码，也就是 $\frac{1}{25}$ 码，或者
大约 1 英寸。因此，如果地球做周日运动，那么 1 英寸将是向
西发射的整个偏差。

现在，如果我对你说，所有射击都会实际发生这种偏差（我的意思是，如果地球不动，它们会低 1 英寸），那么辛普利邱，你会怎样说服我情况不是这样，并用实验表明这不会发生？你难道没有看到，如果不首先找到一种精确的射击方法，使你不会错过一根头发丝的宽度，你是不可能将我驳倒的吗？因为当这种射击事实上偏差 1 码时，我总可以告诉你，每一个这样的偏差都包含着由地球运动导致的 1 英寸的偏差。

一个很巧妙的论证，假定地球运动，大炮射击的变化不会比地球静止时大。

沙格列陀：请原谅，萨尔维阿蒂，但你太宽宏大量了。我可以告诉逍遥学派，如果每一次射击都射中目标的中心，它一点也不会与地球的运动相矛盾；因为炮手总是非常擅长瞄准目

① 见哥白尼《天球运行论》（Copernicus, *De Revolutionibus*, bk. i, ch. 12）。

标，能够熟练地把炮对准目标，尽管地球在运动，射击也会射中目标。我说，如果地球停住不动，他们的射击就**不会**射中目标，向西的射击会太高，向东的射击会太低。[①] 现在让辛普利邱来反驳我吧。

萨尔维阿蒂：真不愧为沙格列陀的奇论。但必须看到，地球的静止或运动所造成的这种差异只可能很小，所以只能被由于偶然事件而持续发生的较大差异掩盖掉。这些话基本上是说给辛普利邱听的，仅仅是为了警告我们要当心那些从未做过实验、但在需要达到自己目的时却会大胆提出这些实验的人；对于这些实验是否正确，我们必须小心翼翼，切勿贸然承认。我要说，这里也要告诉辛普利邱，就这些射击的结果而言，无论
183 地球运动与否，所发生的事情必定完全相同，这是显而易见的真理。对于已经提出或能够提出的所有其他实验来说，结局也是如此，尽管这些实验初看起来似乎正确，这其实是因为地球不动这一古老观念始终使我们含糊其词。

对于那些从未做过实验的人，在承认其实验的正确性时，必须非常谨慎。

241

沙格列陀：就我而言，我已经非常满意，我完全理解，但凡将所有地界事物一般地参与周日运动（周日运动是所有地界事物所固有的，正如古老观念认为，相对于中心的静止是所有地界事物所固有的一样）铭记于心的人，会毫无困难地看出一些论证看似确凿，实际上则是谬误和含糊其词的。

当我们置身于那些人含糊其词的论证之中时，他们反对地球运动的实验和论证就显得是确凿的。

我只有一点疑惑，即我在前面提到的飞鸟问题。既然鸟能

① 在原版中，“高”和“低”这两个词被颠倒了，在伽利略的副本中，这一错误仍未纠正。沙格列陀的意思是，如果现有的炮手在静止的地球上射击，则他们在实际情况下形成的习惯会“背叛”他们。

以各种方式任意运动，长时间保持在空中，与地球相分离并且极不规则地到处飞，我不太清楚在这样混杂的运动中，它们如何能够避免混乱而不失去原初的共同运动。一旦失去了这种运动，它们又如何能以飞行弥补或补偿这种运动，而跟上向东急速飞驰的塔和树呢？我说“急速”，是因为在地球的大圆上，其时速将近1000英里，而燕子的飞行我相信不会超过50英里。

萨尔维阿蒂：如果鸟必须凭借翅膀来跟上树的运动，它们很快就会落后；如果它们失去了共同的旋转，它们就会落后很多，其向西的运动将会非常急速，在看到它们的人眼中会远超箭的速度。但我想我们是觉察不到这一点的，就像我们看不到被开炮能量推动的在空中飞驰的炮弹一样。现在的事实是，鸟自身的运动（我指的是飞行）与共同的运动无关，这种共同运动既不会有助于它，也不会阻碍它。使鸟的运动保持不变的是鸟在其中飞行的空气本身。空气自然地随着地球旋转，就像带动云一样，带动鸟和悬在空中的一切。所以鸟不必为跟上地球操心，就此而言，它们尽可以睡大觉。

沙格列陀：我很容易相信空气能带着云走，因为云很轻，184
没有任何相反的倾向，是很容易拖动的物质；事实上，云这种物质分有了地球的各种性质和属性。但鸟是有生命的，还能做与周日运动相反的运动；要说鸟一旦中断了周日运动，空气能使它们恢复这种运动，在我看来是成问题的，特别是因为鸟是坚实而有重量的物体。如前所述，我们看到石头和其他重物始终反抗风的冲力，风吹它们时，它们绝不会以推它们的风的速度运动。

萨尔维阿蒂：沙格列陀，我们不要假定运动空气的力量如此之小。空气快速运动时，能够驱动重载的船只，将大树连根拔起，吹倒高塔。但即使是如此猛烈的作用，风的运动也远不如周日旋转那样快。

辛普利邱：所以你看，运动的空气也能保持抛射体的运动，这符合亚里士多德的教导。我的确感到奇怪，他怎么会在这个问题上弄错！

萨尔维阿蒂：如果空气能保持自己的运动，它当然能这样做。但正如风力减弱时，船会停止，树也不再弯折；同样，石头离手、手臂停止之后，空气的运动便不再继续。因此，有空气以外的某种东西使抛射体运动，这仍然是正确的。

辛普利邱：你的意思是指，风减弱时船就停止吗？我们常常看到，风已停止，甚至帆已收拢，但船又继续航行了数英里。

萨尔维阿蒂：如果随帆推动船只的风停止了，没有任何介质的帮助，船仍能继续航行，辛普利邱，这和你的论点正相反啊！

辛普利邱：也许可以说，推动船只、保持其运动的介质是水。

萨尔维阿蒂：好吧，当然可以这样说，但这与事实完全相反。因为事实是，水被船体分开时有强大的阻力，它以泡沫四溅来阻碍被船体分开，并且不让船得到没有水的阻碍时风给予船的大部分速度。辛普利邱，你一定从未想过，船在静水中被
185 桨或风快速驱动时，水是多么猛烈地打在船上；如果你曾注意到这个结果，你现在就不会有这样愚蠢的想法。在我看来，迄

今为止，你一直属于这样一类人，他们为了了解这类事情是如何发生的，以及为了认识自然结果，不去研究船、弩弓或大炮，而是退回到他们的书房，翻阅目录，查看索引，看亚里士多德对此是否说过什么；而且在弄明白其文本的真实含义之后，就认为再也没有什么东西可以知晓了。

自认为知道一切的人确实快乐，很令人羡慕。

沙格列陀：他们是幸福的，在这一点上很令人羡慕。因为如果渴望认识万物是人的天性，如果有知识与因为有知识而沾沾自喜一回事，那么他们是有很多知识的。他们能让自己相信，他们知道和理解一切事物，并且完全蔑视那些承认自己对某些东西无知的人。后面这些人觉察到自己只知道可知事物中极小一部分，因此保持清醒，竭力研究，用各种实验和观察来约束自己。

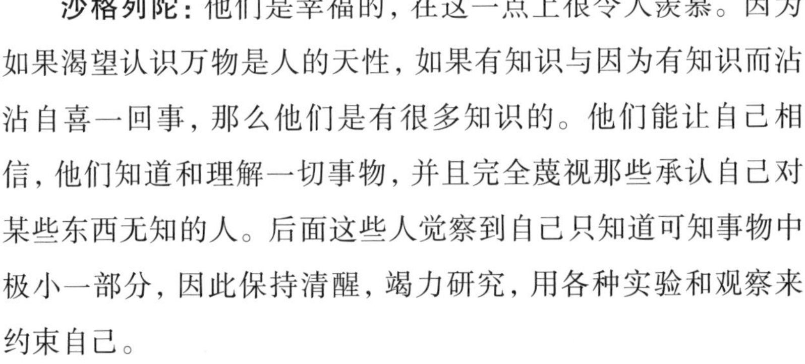

但是，请让我们回到鸟儿上来，关于鸟你曾说，快速移动的空气能使鸟恢复在飞行运动中可能失去的那部分周日运动。对此我的回应是，移动的空气似乎无法赋予一个坚实的重物以它本身那么大的速度，因为空气的速度就是地球的速度，所以空气似乎并不足以弥补鸟在飞行中的损失。

萨尔维阿蒂：你的论证表面看来似乎有很大可能性，你的疑虑亦非才智平平的人所能提出；但在这表面现象之外，我不相信它实质上比那些已经被考虑和处理的论证有更多说服力。

沙格列陀：毫无疑问，除非它是严格不容置疑的，否则它就绝对无效；因为只有当一个结论不可避免时，才提不出有价值的论证来加以反驳。

萨尔维阿蒂：你之所以觉得这个反驳比其他反驳问题更 186

大，似乎是因为鸟有生命，所以能够任意抵抗地界物体最初固有的运动。同样，我们看到鸟活着时向上飞行；而鸟作为重物是不可能有这种运动的，所以它们死后就只能向下坠落。由此你认为，适用于上述所有其他种类抛射体的那些理由不适用于鸟。好吧，沙格列陀，情况正是如此；而且正因如此，我们看不到别的抛射体像鸟那样飞；因为如果你从塔顶丢下一只死鸟和一只活鸟，死鸟会像石头一样落下，也就是说，它先是遵循一般的周日运动，后因重量而向下运动。而至于活鸟，周日运动在它那里始终存在，有什么会阻碍它振翅飞向它愿意去的任何地点呢？而这一新的运动是它自己的，我们并不参与，因此必定可以觉察到。如果鸟向西飞去，有什么会阻碍它振翅飞回塔顶呢？因为毕竟，鸟向西飞行不过是从周日运动的比如十度速度中减去一度速度，所以鸟飞行时还有九度速度。如果鸟飞落到地上，就又恢复到通常的十度，向东飞行时，则又给十度增加一度，即以十一度速度飞回塔顶。总之，如果我们认真考虑一下，更仔细地反思鸟的飞行效果，就会发现它们与导向地球任何部分的抛射体的那些效果没有任何区别，只不过后者由一个外在来源所推动，前者则由一个内在本原所推动。

用鸟的飞行来反驳地球运动的论证得到解决。

为了最后指出以前提出的那些实验完全无效，这里不妨向你说明一种方法，可以轻而易举对这些实验进行检验。把你和某个朋友关在一艘大船甲板下的主舱里，让你们带着几只苍蝇、蝴蝶和其他小飞虫。舱内放一只大水碗，其中有几条鱼。然后挂上一个水瓶，让水一滴滴地滴到下方的一个宽口罐里。船停着不动时，你留神观察，小虫都以相等的速度朝着舱

表明用来反对地球运动的所有那些实验完全无效的一个实验。

内各个方向飞行，鱼朝各个方向自如游动，水滴落入下方的罐子；你把某个东西扔给你的朋友时，只要距离相等，朝这一方 187
向不必比朝另一方向用更多的力；你双脚齐跳，朝任一方向跳过的距离都相等。你仔细观察这一切之后（虽然当船停住不动时，事情无疑一定是这样发生的），让船以任何速度前进，只要运动是匀速的，也不是摆来摆去，你将发现，所有上述结果都没有丝毫变化。你也无法根据其中任一结果来断定，船到底在运动还是静止不动。即使船运动很快，你跳跃时也会和以前一样，在船板上跳过相同的距离，你向船尾也不会比向船头跳得更远，尽管你在空中时，脚下的船板会朝你跳的相反方向移动。你把某个东西扔给同伴时，不论他在船头还是在船尾，只要你站在他对面，你并不需要用更多的力。水滴会和以前一样落入下方的罐子，而不会滴向船尾，虽然水滴在空中时，船已经行驶了很大距离。水中的鱼游向碗的前部并不比游向碗的后部需要用更大的努力，它们会同样悠闲自在地游向置于碗的边缘周围任何地方的食饵。最后，蝴蝶和苍蝇会继续随便到处飞行，也永远不会向船尾集中，不会像是太累了而追不上船的运动（它们长时间待在空中而脱离了船的运动）。如果焚香冒烟，我们会看到烟像一小朵云一样向上升起，而不向任何一边移动。所有这些之所以有一致的结果，原因在于船的运动是船上一切事物所共有的，也是空气所共有的。因此我会说，你应该在甲板下面；因为如果这些在露天进行，空气跟不上船的运动，我们就会看到上述某些结果有较为显著的差别。毫无疑问，烟会和空气本身一样远远落在后面。至于苍蝇、蝴蝶，如果与船有

一段明显的距离，那么由于空气的阻碍，它们将无法跟上船的
188 运动。但如果它们始终在船附近，那么由于船是完好的结构，带动附近的一部分空气，它们将毫不费力、毫无阻碍地跟上船的运动。由于类似的理由，我们骑马时，有时会看到苍蝇和马蝇持续跟在马身后，时而飞向马的这个部位，时而飞向另一个部位。但就落下的水滴而言，差别是很小的，至于跳跃和扔东西，则完全不会觉察到差别。

沙格列陀：虽然我在航行时没想到去检验这些观察，但我确信，它们会像你描述的那样发生。为了确证这一点，我想起坐在船舱里时，常常想知道船在行驶还是停住不动；有时我还异想天开地认为，船朝着某一方向行驶，其实却朝相反的方向行驶。至今我还确信，证明地球不动而不是地球旋转的所有实验都是没有价值的。

现在剩下的基于经验的反驳是，我们看到，高速旋转能够逐出和抛弃附着在旋转构架上的物质。因此，包括托勒密在内的许多人都认为，如果地球高速自转，石头和动物必然会被抛向星体，也没有足够牢固的水泥能将建筑物附着在地基上，使之不遭到类似的破坏。

萨尔维阿蒂：在着手解决这一反驳之前，我不禁要提到我曾多次注意并感到好笑的一些情况。它几乎会发生在每一个初次听到地球运动的人身上。这样的人坚信地球是不动的，以至于他们不仅对地球静止毫不怀疑，而且确信别人也总是和他们一样认为，地球自从被创造出来就是不动的，而且在过去所有时代都是如此。这种想法在他们头脑中根深蒂固，以至于听到

某些人愚蠢到认为，当毕达哥拉斯开始说地球运动时，地球才开始运动。

有人承认地球在运动，他们会目瞪口呆，仿佛这个人一直认为地球不动，直到毕达哥拉斯（或不论什么人）第一次谈到地球在运动，而不是之前，才愚蠢地想象地球开始运动。认为那些承认地球运动的人都相信地球最初不动，从被创造出来到毕达哥拉斯时代一直如此，直到毕达哥拉斯认为地球运动之后，地球才动起来——这种极为愚蠢的想法竟然在普通人的昏聩头脑中占有一席之地，我并不感到惊讶；但我的确感到奇怪，亚里士多德和托勒密等人竟然也会犯这种幼稚的错误，头脑简单到了不可原谅的地步。

沙格列陀： 那么萨尔维阿蒂，你是不是相信，托勒密认为有必要通过论证来坚持地球不动，仅仅是为了反对这样一些人，他们承认直到毕达哥拉斯时代地球是不动的，并断言直到毕达哥拉斯把运动归于地球，地球才开始运动？

248

亚里士多德和托勒密反驳地球运动，似乎是为了反对那些认为地球长期静止不动、直到毕达哥拉斯时代才开始运动的人。

萨尔维阿蒂： 如果我们仔细考虑他在反驳他们的主张时所采取的态度，我便禁不住这样想。他的反驳可见于建筑物被毁坏，石头、动物和人本身被抛向天空，因为要不是建筑物和动物先在地球上存在，这种破坏和毁坏就不可能降临，而且如果地球并非静止不动，人就不可能居住在地球上，房屋也建不起来。因此，托勒密显然是在反对这样一些人，他们承认地球一度静止不动，动物、石头和泥瓦匠可以在地球上建造宫殿和城市，后来地球突然开始运动，建筑物、动物等都遭到破坏和毁灭。因为如果他同那些认为地球从受造之初就在旋转的人进行争论，他会反驳他们说，如果地球一直在运动，地球上就永远不可能有野兽、人或石头，更不要说建造房屋和城市等了。

辛普利邱：我不相信亚里士多德或托勒密在这里有什么不当之处。

萨尔维阿蒂：托勒密所反对的要么是那些认为地球一直在运动的人，要么是那些认为地球一度静止而后才开始运动的人。如果反对的是前者，他就应该说："地球并非一直在运动，否则地球上就永远不会有人、动物和房屋，因为地球的旋转不允许它们停留不动。"但由于他的推理是，"地球并不运动，否则地球上的野兽、人和房屋都会倒下"，所以他认为，地球曾经的状态使野兽和人得以停留并建造房屋。由此得出结论，地球一度静止不动，也就是适合动物停留和建造房屋。现在你懂我的意思了吗？

190 **辛普利邱：**似懂非懂，但这与论据的优点没有什么关系；如果地球不动，那么托勒密因疏漏而犯下的一点小错也不足以使地球运动起来。但玩笑归玩笑，我们还是抓住这个论证的核心吧，在我看来这是无可辩驳的。

萨尔维阿蒂：而我，辛普利邱，则想更合理地表明，重物绕一固定中心快速旋转时，即使有向心的自然倾向，也会获得远离中心的冲力，这是千真万确的，从而使这一论证更为严密、更具约束力。将一个盛水的瓶子系在绳子一端，另一端紧握在手中（以你的肩关节为中心，以你的手臂和绳子为半径），使这一容器迅速旋转，沿圆周运行。不论该圆周与地平面平行、垂直还是倾斜，水无论如何也不会从瓶中洒出来。更确切地说，旋转瓶子的人始终会感到绳子朝着远离自己肩膀的方向猛烈牵拉。如果在瓶底开个小孔，就会看到，水向天空、侧面或地面

快速旋转有一种属性，可以把东西逐出和驱散。

的喷洒程度是一样的。如果用小石头代替水置于瓶中，以同样的方式旋转，你会感到绳子受到同样的拉力。最后，可以看到，小孩子们旋转一端有石头的有沟槽的木棒，可以把石头抛得很远。所有这些论证都表明以下结论为真，即如果运动很快，旋转会赋予运动物体以朝向圆周的冲力。因为如果地球自转，地球表面（尤其是赤道附近）的运动将比上述物体快得无法比拟，因此，地球必然会把一切东西抛到空中。

辛普利邱： 这一反驳看起来确实更有根据、更为严密，我认为要消除或解决它并非易事。

萨尔维阿蒂： 解决它需要依靠某些众所周知的、你我都相信的资料，但由于这些资料并没有引起你的注意，所以你看不出解决办法。既然你已经知道，我也用不着把这些资料教给你，我只需让你回忆一下，便可解决这个反驳。

辛普利邱： 我经常研究你的论证方式，它使我产生一种
印象，即你倾向于柏拉图的观点：“我们的知识是某种回忆” 191
(nostrum scire sit quoddam reminisci)。因此，请把你的这种想法告诉我，以消除我的所有疑惑。

根据柏拉图的说法，我们的知识是一种回忆。

萨尔维阿蒂： 我可以用语词和行为向你说明，我对柏拉图的观点是怎样想的。在我之前的论证中，我不止一次用行为说明了自己。对于眼下的问题，我将采取同一方法，它可以作为一个例子，使你更容易理解我对获得知识的看法，如果改天有时间的话，如果沙格列陀不会因我们做这样一种离题而感到恼火的话。

沙格列陀： 哪里，我会非常感谢，因为我记得，我学习逻

辑时从来不能确信，如此鼓吹的亚里士多德的证明方法有多么强大。

萨尔维阿蒂：那我们就谈下去吧。辛普利邱，请告诉我，当小孩挥动木棒要把沟槽里的小石头抛得很远时，小石头做的是什么运动？

辛普利邱：石头在沟槽里时，做的是圆周运动，也就是石头沿一个圆的圆弧运动，其固定中心是肩关节，其半径是木棒加手臂。

萨尔维阿蒂：石头离开木棒时，做什么运动？它是继续做以前的圆周运动，还是沿别的线路运动？

辛普利邱：它肯定不是做圆周运动，因为那样一来，它就不会飞离抛射者的肩膀，我们也不会看到它飞得很远。

萨尔维阿蒂：那它做什么运动呢？

辛普利邱：让我想一想，因为我心里没有形成一幅图像。

萨尔维阿蒂：沙格列陀，你听听；这里肯定有“某种回忆”起作用了。

怎么，辛普利邱，你想了好久了。

辛普利邱：据我所见，离开沟槽时获得的运动只可能沿一条直线。或者毋宁说，就外加的冲力而言，它必然沿一条直线。既然石头描出一条弧线，使我有些困惑，但由于这条弧线始终向下弯曲，而不是朝其他方向弯曲，我便意识到这一倾向来自于石头的重量，它自然会把石头往下拉。我说，外加的冲力无疑沿一条直线。

抛射者所加的运动只是沿一条直线。

192 **萨尔维阿蒂：**但是怎样的直线呢？从沟槽和石头与木棒的

分离点，可以朝四面八方画无数条直线。

辛普利邱：它所沿的直线与石头、木棒一起做的运动成一条直线。

萨尔维阿蒂：你刚才告诉我们，石头在沟槽里的运动是圆周运动。要知道圆和直线是相互排斥的，圆上没有直线部分。

辛普利邱：我并不是说抛射体运动与整个圆周运动成一条直线，而是说，与圆周运动终止的最后一点成一条直线。我心里完全理解这一点，但不知道如何表达它。

萨尔维阿蒂：我也看出，你理解这件事本身，但缺乏恰当的措辞来表达它。怎样措辞我的确能教给你，也就是说，我能教给你语词，但教不了事物的真相。为了让你清楚地感觉到，你了解这件事，只是缺乏措辞来表达，请告诉我：你用枪发射子弹时，子弹沿哪个方向获得冲力而运动？

辛普利邱：它获得冲力沿直线运动，该直线延续着枪筒的准线，既不偏右也不偏左，既不偏上也不偏下。

萨尔维阿蒂：也就是说，子弹与它穿过枪筒运动的直线不成任何角度。

辛普利邱：这正是我的意思。

萨尔维阿蒂：那么，如果抛射体运动的线必须如此延伸，使它在抛射者手中时与圆周不成任何角度，而且如果那个圆周运动必须变成直线运动，则这条直线必须怎样？

辛普利邱：它只可能是在分离点与圆相切的那条线，因为在我看来，所有其他线如果引出来都会与圆周相交，因此与之成某个角度。

萨尔维阿蒂：你推理得很好，而且显示你是半个几何学家。那么请记住，你的真正概念在这些话中被揭示出来。也就是，抛射体获得一个冲力沿切线运动，此切线与抛射体运动描出的弧相切于抛射体脱离抛射者的那一点。

辛普利邱：我完全明白，这正是我的意思。

193 **萨尔维阿蒂：**在与圆相切的直线上，哪一点离圆心最近呢？

辛普利邱：无疑是切点，因为它在圆周上，而别的点都在圆周以外。圆周上所有点都与圆心等距。

萨尔维阿蒂：那么，离开切点并沿切线做直线运动的运动物体将不断远离切点，并不断远离圆心。

辛普利邱：当然如此。

萨尔维阿蒂：现在，如果你记得你告诉我的那些命题，请把它们集中起来，并告诉我，你从中得出了什么结论？

辛普利邱：我并不认为自己会健忘到想不起它们的地步。由以上所述可以推断，被抛射者快速旋转的抛射体脱离抛射者时，会保持一种冲力使它继续沿直线运动，该直线在分离点与抛射体运动描出的圆相切。这一运动使抛射体总是越来越远离抛射运动所描出的圆的圆心。

抛射体沿直线运动，该直线在分离点与其先前运动的圆相切。

萨尔维阿蒂：那么，位于快速旋转的轮子表面的重物被从轮子圆周抛出后，总是离圆心越来越远，其原因你现在是知道的。

辛普利邱：我认为我可以说确信这一点，但这种新的知识只是增加了我的怀疑，即地球竟能以这样巨大的速度旋转，却没有把石头、动物等统统抛到天上。

萨尔维阿蒂: 你既然懂得之前的东西，那么也将懂得（或者说已经懂得）其余的东西。你仔细想想，也会类似地回忆起来。但为了节省时间，我将帮助你回忆。

到目前为止，你凭借自己已经知道，抛射者的圆周运动赋予抛射体一种冲力，当两者分离时，抛射体将会沿着在分离点上与运动的圆相切的直线运动，在继续这一运动时，它离抛射者总是越来越远。你说过，如果抛射体不因自身的重量而向下倾斜，它将沿这条直线继续运动，运动的线也因此而有所弯曲。194
在我看来，你自己也知道，这种弯曲始终偏向地心，因为所有重物都有这种倾向。

现在我稍微扯远一点，想问问你，运动物体分离后继续其直线运动时，是否匀速地远离它先前的运动所属的圆的圆心（或圆周，如果你愿意的话）。也就是说，你是否相信，离开切点并沿切线运动的物体，是匀速地远离这个切点和圆周的？

辛普利邱: 其实不是，因为切线靠近切点时离圆周很近，并成一个极小的角度。但随着切线离得越来越远，它与圆周的距离按不断增大的比例而增加。例如，在一个直径为 10 码的圆中，切线上距离切点 2 或 3 英尺的一个点与圆周的距离将三倍或四倍于距离切点 1 英尺的一个点，而距离切点只有半英尺的一个点，我相信也不会是后者距离的四分之一。在距离切点只有一两英寸的地方，切线几乎无法与圆周区分开来。

萨尔维阿蒂: 那么，抛射体与它先前圆周运动的圆周的偏离最初很小吗？

辛普利邱：几乎觉察不到。

萨尔维阿蒂：现在请告诉我另外一点。抛射体从抛射者的运动那里获得一种冲力沿切线做直线运动之后，如果它自身的重量不把它向下拉，它的确会运动下去，但既然有重量，它与抛射者分离后，多远才开始下落呢？

辛普利邱：我想它会立刻开始下落，因为没有东西支持它，它自身的重量必然会起作用。

重的抛射体一离开抛射者就立即开始下落。

萨尔维阿蒂：因此，如果从快速旋转的轮子抛出的石块有向轮子中心运动的自然倾向，就像有向地心运动的自然倾向一样，石块就足以回到轮子，或者说绝不会离开轮子。这是因为，石块开始分离时（由于切角无限小）所走过的距离极小，所以无
195 论把石块拉回轮子中心的倾向有多么小，都足以使石块保持在圆周上。

辛普利邱：我毫不怀疑，假定某物不是这样，也不可能是这样（即重物的倾向是朝轮子中心运动），那它就不会被逐出或抛出。

萨尔维阿蒂：我没有假定也不需要假定它不是这样，因为我并不想否认石块被抛出。我这样说只是作为假说，使你可以告诉我其余的内容。现在，请设想地球是一个高速运转的巨大轮子，它必然会把石块抛出。你已经对我说，抛射体的运动必然沿直线，该直线在分离点与地球相切。可以看到这条切线远离地球表面吗？

辛普利邱：我怀疑它在一千码处也离不了地球表面一英寸。

萨尔维阿蒂：你不是说，抛射体在自身重量的牵引下会从切线向地心下落吗？

辛普利邱：这话我的确说过，现在我把其余的话说完。我很清楚石块不会离开地球，因为开始时它离开的运动很小，而它朝地心的倾向要强一千倍。在这种情况下，该中心既是地球的中心，也是轮子的中心，所以必须老实承认，石块、动物和其他重物都不可能被抛出。

但是现在，很轻的东西给我造成了新的难题。这些东西朝中心下落的倾向很弱，既然它们缺少拉回到表面的特性，我看不出为什么它们不会被抛出；如你所知，要想反驳，一个例子就够了（ad destruendum sufficit unum）。

萨尔维阿蒂：关于这一点，你也会得到满意的回答。但请先告诉我，你所谓的“轻东西”是什么意思。你指的是非常轻以至于实际向上升的物质，抑或只是并非绝对轻，而是重量很轻，虽然向下落，但落得很慢的物质。因为如果你指的是绝对轻的东西，我将和你一样愿意承认它们会被抛出去。

辛普利邱：我指的是后一种，比如羽毛、羊毛、棉花这样的东西，虽然用极小的力就足以把它们提升起来，但我们却看到，它们安静地待在地球上。

萨尔维阿蒂：既然这些羽毛的确有向地心下落的某种自然 196
倾向，不论多么小，我告诉你，这足以阻止它们被提升起来。这一点你也并非不知道。请告诉我：如果一根羽毛由于地球的旋转而被抛出，它会飞向何方？

辛普利邱：分离点上的切线方向。

萨尔维阿蒂：如果它被迫返回，与地球重新会合，它会沿什么线运动？

辛普利邱：沿经由它通向地心的那条线运动。

萨尔维阿蒂：因此，我们要考虑两种运动：一是抛射运动，从切点开始，沿着切线；[①] 二是向下的运动，从抛射体开始，沿着朝向中心的割线。要使抛射发生，沿切线的冲力需要超过沿割线的倾向，不是吗？

辛普利邱：我认为是这样。

萨尔维阿蒂：但要使抛射运动超过向下的倾向，从而使羽毛被抛出并且脱离地球，你认为抛射运动中必须存在什么？

辛普利邱：我不知道。

萨尔维阿蒂：你怎么能不知道呢？这里运动物体是同一个东西，也就是羽毛。而这同一个运动物体，怎么可能超过它自身的运动并胜过它自己呢？

辛普利邱：除非它运动得更快或更慢，我看不出它如何能在运动中超过或屈服于它自己。

萨尔维阿蒂：你瞧，你的确知道是怎么回事。现在，假如要抛射羽毛，而且它沿切线的运动超过它沿割线的运动，那么这两种运动的速度必须怎样呢？

辛普利邱：沿切线的运动必须大于沿割线的运动。但我多

① 令人惊异的是，就在他据信的圆周惯性理论可以有用武之地时，伽利略却开始谈论切向冲力。幸运的是，由此产生的困难激发了他的聪明才智，之后的分析足以证明他天才的数学洞见。接下来的讨论遵循的完全是微积分的精神，尽管从物理的角度看还有不足。

蠢啊！前者难道不是不仅比羽毛的向下运动、而且比石头的向下运动大数千倍吗？我真是个头脑简单的人，竟然相信石头不会因地球的旋转而被抛出！因此，我收回我说的话，并且申明，如果地球确实运动，那么石头、大象、塔和城市都必然会飞向天空；既然这样的事情没有发生，我说地球并不运动。

萨尔维阿蒂：哦，辛普利邱，你自己上升得如此之快，我 197
对你的担心开始甚于对羽毛的担心了。请稍事放松，听我讲下去吧。

要使石头或羽毛保持在地球表面上，就必须使它的下落运动大于或等于它沿切线的运动，如果是这样，你说它沿割线的向下运动必须与沿切线的向东运动同样快或更快，才会是正确的。但你刚才不是对我说，沿切线离切点一千码处，离圆周几乎不到一英寸吗？因此，切线运动（即周日自转）仅仅比沿割线的运动（即羽毛的向下运动）更快，是不够的。前者必须快得多，使羽毛沿切线运动一千码所需的时间小于它沿割线向下运动一英寸的时间；而我告诉你，这永远不可能，即使你让后一运动随便多么快，让前一运动随便多么慢。

辛普利邱：那么，为什么沿切线的运动不能快到使羽毛来不及到达地球表面呢？

萨尔维阿蒂：你试着对你的问题做**定量**表述，我再来回答你。你说说看，你认为后一运动该比前一运动快多少才足够？

辛普利邱：我要说，譬如后者比前者快一百万倍，羽毛（以及石头）就会被抛出。

萨尔维阿蒂：你这样说就错了。这不是由于逻辑学、物理学或形而上学上的不足，而仅仅是几何学上的不足。因为你只要懂得几何学的初步原理就会知道，从圆心到切线可引一直线，使切点与割线之间那部分切线等于切线与圆周之间那部分割线的一百万、二百万或三百万倍；随着割线逐渐接近切点，这一比例变得**无限**增大。因此，无论旋转多么快，无论向下的运动多么慢，都不用担心羽毛（或更轻的东西）会开始上升。因为向下的倾向总是超过抛射的速度。

198 **沙格列陀：**在这个问题上，我还不是很确信。

萨尔维阿蒂：我会给你一个非常一般但很容易懂的证明。

给定BA与C之比，BA比C可以任意大；有一个以D为中心的圆，从D引一割线，使切线与此割线之比等于BA与C之比。按照BA和C，取第三比例量AI；按照BI与IA之比，将直径FE延长到EG。从点G引切线GH，我说，这就是我们所需要的，即BA比C等于HG比GE。因为FE比EG等于BI比IA，复合可得，FG比GE等于BA比AI；由于C是BA与AI的比例中项，所以GH是FG与GE的比例中项。因此，BA比C等于FG比GH，即HG比GE；这就是我们需要做的。

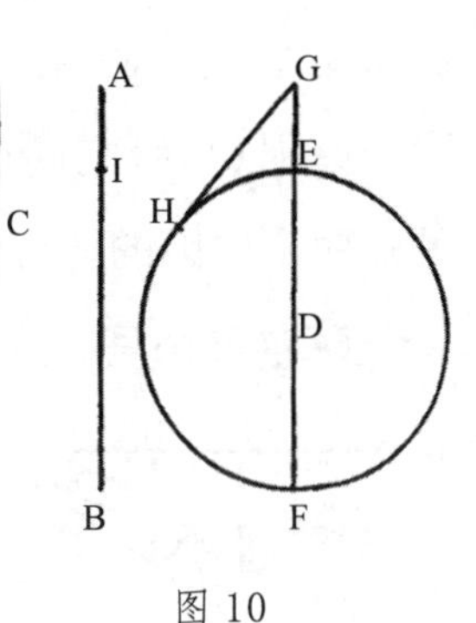

图 10

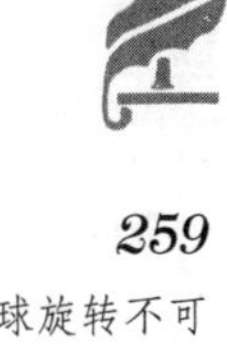

对地球旋转不可能抛出羽毛的一个几何证明。

沙格列陀：我对这个证明是满意的，但它仍然不能完全消除我的疑虑。毋宁说，我头脑里很乱，如同阴云密布，让我不能以数学推理所具有的那种明晰性清晰地看出结论的必然性。使我困惑的是，切线与圆周之间的空间沿切点的方向固然在无限减小，但另一方面，随着运动物体趋近其下落**极限**，即静止状态，运动物体的下落倾向也一直在减小。从你刚才所说可以明显看出这一点，你曾表明，落体离开静止状态一定要经过静止与任何指定速度之间所有程度的慢，这些慢度可以小到**无穷**。

还可以补充一点，这个速度和这种运动倾向可以出于另一个理由而无限减小，那就是运动物体的重量可以无限减少。[①] 因此，下落倾向减小（从而有利于物体被抛出）的原因有二，即运动物体是轻的，以及它接近静止点；这两者都可以无限增大。但 199
和这两个（有利于抛射的）原因相反的只有一个原因，我不明白这个原因（尽管它同样可以无限增大）如何能够凭借自身抵抗住另外两个原因的联合，因为它们是两个，而且都可以无限增大。

萨尔维阿蒂：沙格列陀，你的这一反驳值得称赞。为了使它更清楚，从而能够更清晰地理解它（因为你也提到对它心生困惑），让我们画一张图进行说明，也许更容易找到解决方案。于是，我们向中心引垂线 AC，设抛射运动所沿的水平线 AB 与 AC 成直角，如果抛射体的重量不使抛射体向下弯曲，则它将沿这条水平线继续运动。

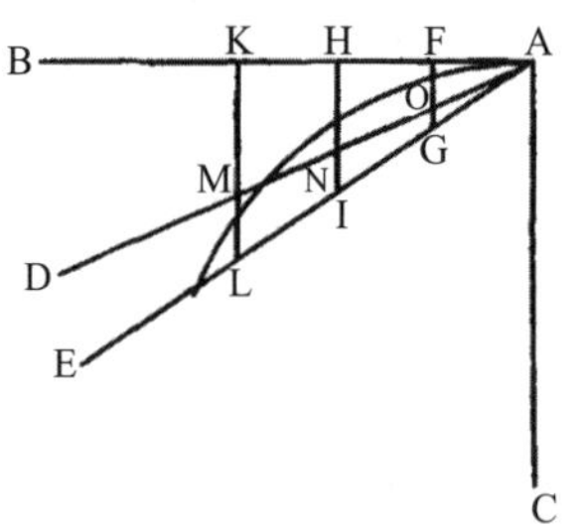

图 11

现在假定从 A 引直线 AE 与 AB 成任一角度，让我们在

① 正如萨尔维阿蒂稍后指出的那样，重量与这个问题无关。但由于流行的观点是亚里士多德的，所以这个问题有必要提出并加以认真对待。

AB 上标出若干相等的空间 AF、FH、HK，并从这些地方引垂线 FG、HI、KL，向下一直到 AE。由于我们在别处说过，随着时间的流逝，从静止开始的落体总是具有越来越大的速度，所以按照流逝的时间，我们可以想象空间 AF、FH、HK 表示相等的时间，垂线 FG、HI、KL 则表示在上述时间内所获得的速度。[1] 于是，在整个 AK 时间所获得的速度将由 KL 线表示，在 AH 时间获得的速度由 HI 表示，在 AF 时间获得的速度由 FG 表示；速度 KL、HI、FG 显然与时间 KA、HA、FA 有相等的比例。如果从 FA 线上任意一点引其他垂线，我们可以找到越来越小、直到无限的速度总是趋向于 A 点，而 A 点表示时间的第一瞬间和最初的静止状态。这种朝向 A 点的逐渐后退表示，随着运动物体趋近于最初的静止状态（这种趋近是可以无限增大的），最初的向下运动倾向在无限减小。

200 现在我们发现，还可以通过减少物体的重量来无限地减小速度。从 A 点引另一条线 AD，所成的角小于 BAE。AD 与平行线 KL、HI、FG 相交于点 M、N、O，表明在时间 AF、AH、AK 里获得的速度 FO、HN、KM，小于一个较重物体在同一时间获得的速度。显然，将 EA 线拉向 AB，逐渐减小角 EAB（这个角可以无限减小，一如重量可以无限减小），落体速度以及阻碍其抛射的原因也将无限减小。因此，同它相反的两

① 施特劳斯评论说，这可能是将单张图的横坐标和纵坐标明确用于两种不同类型的量（时间和速度）的第一次科学尝试，仅此便足以使《对话》跻身科学的最高殿堂。随后，作者也用同一张图来表示下落的距离（可能还有水平运动的距离），结果却导致严重混乱。

个原因共同的**无限**减小，似乎是阻碍不了抛射的。

现在把整个论证归结为几句话，我们说：通过减小EAB角，速度LK、IH、GF就减小了。同样，将平行线KL、HI、FG逐渐拉向A角，这些速度也会减小，而且这两种减小都可以无限进行。因此，向下的运动速度的确可以大为减小（可以双重地**无限**减小），以致它已经不再能使运动物体回到轮子表面，从而不足以妨碍或阻止运动物体的抛射。

于是另一方面，为了防止抛射发生，抛射体为了回到轮子而不得不落经的那些空间必须缩得很短，以使运动物体的下落无论多慢，甚至无限减慢，仍足以使它回到轮子。因此有必要缩小这些空间，这种缩小不但无限，而且能够克服物体减小下落速度所实现的双倍无限性。但一个量如何能比另一个双倍**无限**减小的量减小得更多呢？辛普利邱，请注意，在没有几何学的情况下，要对自然进行很好的哲学思考，究竟能走多远呢？

由于运动物体重量的减小和趋近于运动起点（即静止状态）而无限减小的这些速度总是确定的。它们在比例上对应于在BAE或BAD那样的角或其他某个无限小的直线角处相遇的两 201
条直线之间所包含的那些平行线。但运动物体要回到轮子表面所必须经过的空间的缩小，与夹着一个比任何直线角无限更小的角的两条直线所包含的另一种缩小成正比，它是这样的：在垂线AC上取某个C点，以C为中心、CA为半径作弧AM。它将与决定速度的那些平行线相交，不论这些平行线被压缩在多么小的直线角内。就这些平行线来说，处于弧与切线AB之间的那些部分就是运动物体回到轮子所要经过的空间。这些部

分的增长总是小于它们所属的那些平行线，而且越趋近切点，减小的比例就越大。

现在，随着直线之间包含的那些平行线退向角尖，它们总是以相同的比例减小；也就是说，AH 被点 F 一分为二，平行线 HI 将是 FG 的二倍；把 FA 一分为二，从分割点引出的平行线将是 FG 的一半。将这种分割无限继续下去，每一条随后的平行线将是前一平行线的一半。但切线与圆周的截线并非如此；因为对 FA 做同样的分割，并假定比如说通过 H 到弧的平行线二倍于通过 F 的平行线，那么后一平行线将比下一条平行线不止大二倍。而随着我们继续接近切点 A，前一平行线将是后一平行线的三倍、四倍、十倍、百倍、千倍、十万倍、一亿倍直到**无限**倍。就这样，这些线变得越来越短，直到远远超过使无论多么轻的抛射体回到（或保持在）圆周所需的短度。

沙格列陀： 我对整个论证及其说服力很满意。但我觉得，如果某个人想继续追问下去，他还可以提出一些困难。他也许可以说，对于使运动物体的下落无限地越来越慢的两种原因，依赖于对下落起点的接近的那个原因显然以一个恒定比例增加，就
202 像那些平行线彼此之间总是保持相同的比例一样，但是，由物体重量的减小——即第二个原因——所引起的速度减小也将以同样的比例进行，这一点并不很明显。而且谁能保证，这不会按照切线与圆周之间那些截线的比例或者更大的比例减小呢？[①]

① 这句话中的“切线”，原版中为“割线”。这一明显疏忽被法瓦罗指出，但在伽利略的副本中未做纠正。

萨尔维阿蒂：出于对辛普利邱和亚里士多德的尊重，我一直认为自然落体的速度与它的重量成正比，[①] 因为他们在许多场合都宣称这是一条自明的命题。你现在站在我的对手一方提出质疑，说速度的增加在比例上有可能大于重量的增加，甚至无限地大于。这样一来，整个上述论证就不成立了。为了支持上述论证，我只能告诉你，速度的增加在比例上要比重量的增加小得多，这样不仅支持而且加强了以上所说。

关于这一点，我可以举一个实验作为证明，它将向我们表明，一个物体即使比另一个物体重三四十倍（例如一个铅球、一个木球），下落时也几乎快不了两倍。现在，如果落体的速度按照重量的比例减小时，抛射没有发生，那么在重量大大减小而速度只有稍许减小时，抛射就更不会发生了。

但即使假定速度的减小比例比重量的减小比例大得多，而且即使该比例等于切线与圆周之间那些平行线减小的比例，我也并不必然确信，你能想象的最轻的材料就必然被抛射出去。事实上，我宣称它们不会被抛射出去；当然，我并非是指那些本质上轻的材料（即没有任何重量、自然上升的东西），而是指那些下落很慢且重量很小的材料。我之所以相信这一点，是因为重量按照切线与圆周之间那些平行线的比例而减小，最后必然以没有重量为极限，就像那些平行线以最后缩小成一个不可分的点为极限一样。但重量永远不会减小到最后的极限，因为

① 该理论源于亚里士多德《物理学》(Aristotle, *Physica* IV, 8, 216a, 12-16)。据说伽利略通过他著名的比萨斜塔实验驳斥了这一点。同样有趣的是，他在《关于两门新科学的谈话》中从逻辑上"证明"亚里士多德是错误的。

那样一来，运动物体就会没有重量；而抛射体回到圆周的空间
203 是可以减小到其最终限度的，那就是运动物体停留在圆周上那个切点的时候，所以运动物体回到圆周不需要任何空间。因此，无论你让向下运动的倾向减小到什么程度，这种倾向总是足以使运动物体回到与之相距最短的圆周，而这种最短距离是根本不存在的。

沙格列陀：这个论证的确非常微妙，但仍然令人信服，而且必须承认，没有几何学是不可能解决物理学问题的。

萨尔维阿蒂：辛普利邱未见得这样说，但我相信他不会像那些逍遥学派，反对其弟子研究数学，认为数学会搅乱理性，使之不适合沉思。

辛普利邱：我不会拿这个去冤枉柏拉图，但我同意亚里士多德的看法，认为柏拉图沉溺于几何学太深了，对几何学太过迷恋。毕竟，萨尔维阿蒂，这些数学上的精妙观点在抽象方面做得很不错，但应用于可感的物理事物就不行了。例如，数学家也许可以在理论上很好地证明“球和平面相切于一点”，[1] 这一命题与我们正在讨论的很相似；但论及实际事物，情况就不是这样了。我的意思是说，这些切角和比例一遇到物质的可感事物，就全都落空了。

萨尔维阿蒂：那么，你是不相信切线只在一点和地球表面相切了？

---

① 原文为：sphaera tangit planum in puncto。随后的讨论是哲学家、数学家和科学家之间由来已久的争论中的一个插曲，涉及数学推理所扮演的真正角色。

辛普利邱：不止在一点；我相信一条直线在离开水面之前，会与水面相切百十码的距离，更不要说地面了。

萨尔维阿蒂：但你难道看不出，如果我向你承认这一点，对你来说会更糟糕吗？因为即使假定切线和地面只在一点相切，刚才已经证明，由于切角（如果真能称之为角的话）极小，抛射体是不会离开地面的，那么当这个角完全闭合，地面与切线合在一起之后，抛射体与地面分离的原因岂不是更小了吗？这样一来，抛射将会沿地面进行，你难道看不出，这就等于说根本没有抛射吗？所以你看，真理的力量就是这样，当你试图攻击它时，你的攻击本身就加强和证实了它。

真理有时会因为受批驳更有力量。

但我既然为你消除了这个错误，也就不愿使你陷入另一个 204
错误，即认为一个物质球体与一个平面不仅相切于一点。我真希望你能跟了解几何学的人谈几个钟头，从而使你在对几何学一无所知的人当中显得稍微内行一些。比如那些人说，一个铜球与一块钢板不仅相切于一点，现在为了向你表明他们错得多么离谱，我想问你，如果有人顽固坚称，球体其实不是球体，你会怎样想呢？

辛普利邱：我会认为他完全失去了理智。

即使一个物质球体和一个物质平面也只相切于一点。

萨尔维阿蒂：任何说物质球体与物质平面不仅相切于一点的人也是如此，因为这样说无异于声称球体不是球体。为了弄清楚为何如此，请告诉我一个球体的本质是什么，也就是说，使一个球体区别于所有其他立体的东西是什么？

球体的定义。

辛普利邱：我认为一个球体的本质在于，从球心向其圆周所引的一切直线都相等。

萨尔维阿蒂：所以如果这些线不相等，则这个立体将根本不是球体。

辛普利邱：对。

萨尔维阿蒂：接下来请告诉我，你是否相信，在两点之间所引的许多线中，直线不止一条？

辛普利邱：当然不信。

萨尔维阿蒂：但你仍然晓得，这条直线必然短于两点之间的所有其他线。

辛普利邱：这我晓得，而且关于它，我还有一个非常清晰的证明，这是一位伟大的逍遥学派哲学家提供的。[①] 在我看来，如果我记得不错，他提出这个证明是为了责备阿基米德，因为阿基米德假定这是已知的而没有做出证明。

萨尔维阿蒂：他能证明阿基米德不知道如何证明也无法证明的东西，那一定是个伟大的数学家。如果你碰巧记得这个证明，我倒很想听听；我清楚地记得，阿基米德在论球体和圆柱体的书中将这条命题置于公设之中，所以我确信他认为这条命题是无法证明的。

辛普利邱：我想我还记得，因为证明很短而且很简单。

205 **萨尔维阿蒂：**那阿基米德就更加丢脸，这位哲学家就越发光荣了。

辛普利邱：我想为它画一张图。

---

① 这里讨论的错误证明是伽利略早期的一位老师弗朗切斯科·博纳米科(Francesco Buonamico of Pisa)提出的。见 Giovanni Barenghi, *Considerazioni sopra il Dialogo*(Pisa, 1638), p. 11。

一个逍遥学派关于所有线中直线最短的证明。

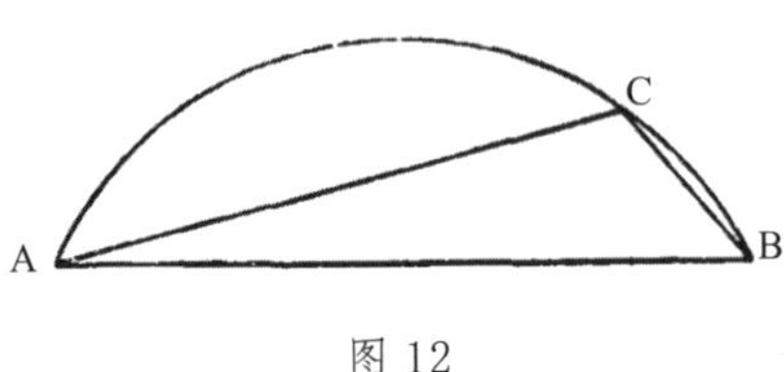

图 12

在A点与B点之间作直线AB和曲线ACB，我们需要证明直线较短；证明是这样的。在曲线上取一点C，作另外两条直线AC和CB，它们加起来比AB线长，因为欧几里得证明了这一点。但曲线ACB比两条直线AC和CB加起来更长；因此更不必说，曲线ACB将比直线AB长得多，这就是所要证明的。

这位逍遥学派的谬论，其证明“解释得比原来更难懂”。

萨尔维阿蒂： 即使你查遍世上所有谬论，我也不相信能有哪个例子比这更荒谬绝伦；其证明“解释得比原来更难懂”(ignotum per ignotius)。

辛普利邱： 怎么说？

萨尔维阿蒂： 你问“怎么说”是什么意思？这难道不是你希望证明的未知结论吗，即曲线ACB比直线AB更长？这不就是你认为已知的中项，即曲线ACB大于两条线AC与CB之和，而我们已知AC与CB之和大于AB吗？如果我们不知道曲线ACB大于直线AB，那么岂不是更不知道它大于两条直线AC与CB之和吗(我们知道这两条线之和仅仅大于AB)？而你却把这当作已知的。

辛普利邱： 我仍然看不出错在哪。

萨尔维阿蒂： 既然正如欧几里得所知道的那样，这两条直线之和大于AB，那么只要曲线大于这两条直线之和，它不就大于直线AB了吗？

辛普利邱： 当然。

萨尔维阿蒂：结论是，曲线ACB大于直线AB。这比同一曲线大于两条直线AC与CB之和这一中项更为已知。现在，既然中项不如结论已知，则我们的证明必定“解释得比原来更难懂”。

现在回到我们的主题。你只要懂得直线是两点之间所能作
206 的最短的线，这就够了。至于主要结论，你说一个物质球体和一个平面不只相切于一点。那是怎样相切的呢？

辛普利邱：它将是球体的一部分表面。

萨尔维阿蒂：那么同样，一个球体与另一个相等球体的相切仍将是其表面的类似部分了？

辛普利邱：没有理由不是这样。

萨尔维阿蒂：那么，两个球体将会彼此相切于它们表面的同样两个部分，因为它们既然适应同一平面，必然也相互适应。

证明球体与平面只相切于一点。

现在设想两个相切的球体，中心分别为A和B。这两个中心被通过其切点的直线AB所连接。让它通过点C，并且在这一切面上取另一点D，连接两条直线AD和DB，使它们形成三角形ADB。那么三角形的两边AD和DB之和将等于另一边ACB，因为两者都包含两个半径，而根据球的定义，所有半径都相等。这样一来，连接两个中心A和B的直线AB就不是最短的线了，因为AD与DB之和等于它；你承认这是荒谬的。

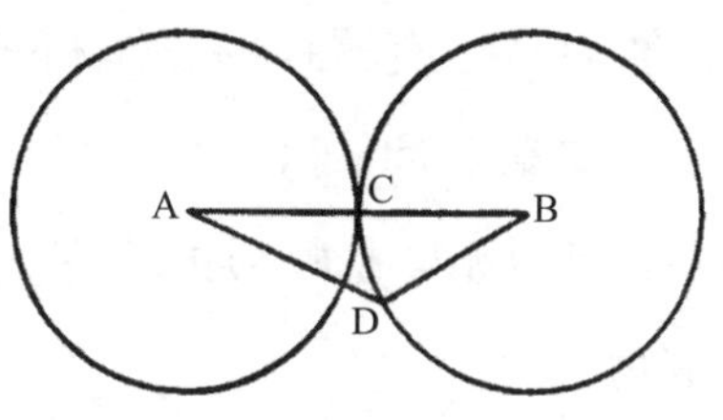

图13

辛普利邱：这只能证明抽象的球体是如此，而不能证明物

质球体是如此。

萨尔维阿蒂：那么请指出我的论证错在哪里，为什么它适用于非物质的抽象球体，而不适用于物质球体？

为什么一个抽象球体与一个平面只相切于一点，而一个物质球体在现实中却并不如此。

辛普利邱：物质球体会碰上非物质球体碰不上的许多偶然事件。比如把一个金属球放在一个平面上，为什么球自身的重量不会把平面压下去一点，或者在接触的地方把球压碎呢？此外，很难找到这样一个完美的平面，因为物质是有空隙的，也很难找到一个所有半径都完全相等的完美球体。

萨尔维阿蒂：哦，我很愿意承认所有这些事情，但它们都是不相干的。因为你在向我表明一个物质球体与一个物质平面并不相切于一点时，利用了一个不是球体的球体和一个不是平面的平面。根据你的说法，球体和平面要么在世界上找不到， 207
要么如果找得到，一被用于这个结果就被毁掉了。因此对你来说，有条件地承认这个结论会好些；也就是你应该说，如果有一个始终完美的物质球体和物质平面，它们会相切于一点，然后再否认会有这样的球体和平面。

辛普利邱：我认为应当在这个意义上理解这位哲学家的命题，因为无疑是物质的不完美导致具体事物不符合那些抽象的事物。

萨尔维阿蒂：你这话是什么意思，不符合？你现在说的话恰恰证明它们完全符合啊？

辛普利邱：如何完全符合？

萨尔维阿蒂：你不是说，由于物质并非完美，一个应当完全球形的物体和一个应当全平的平面，并不能具体达到我们对它们的抽象想象吗？

辛普利邱：我是这样说的。

萨尔维阿蒂：那么，每当你把一个物质球体具体地贴在一个物质平面上，你就是把一个不完美的球体贴在一个不完美的平面上，你说它们彼此之间并不相切于一点。但我告诉你，即便在抽象情况下，一个并非完美球体的非物质球体和一个并非全平的非物质平面也不可能相切于一点，而是相切于一部分表面，因此到目前为止，在抽象情况下和具体情况下发生的事情是一样的。事实上，如果用抽象的数所做的计算和比例后来竟然不符合具体的金银细软和货物，那倒真是咄咄怪事。你知道实际情况是怎样的吗，辛普利邱？正如计算者在计算糖、丝绸和羊毛时必须扣除箱子、捆包和其他包装，**数学家**（几何哲学家，filosofo geometra）要想在具体情况下看出他在抽象情况下证明的那些结果，也必须扣除那些物质上的障碍，而且如果他能做到这一点，我敢向你保证，事物会同样符合算术计算。因此，错误并不在于抽象还是具体，也不在于几何学还是物理
208 学，而在于计算者是否知道如何进行正确的计算。于是，如果你有一个完美球体和一个完美平面，那么即使它们是物质的，你也可以确信它们相切于一点；如果不可能找到这些东西，那么说"一个铜球与一个平面并不相切于一点"（sphaera aenea non tangit in puncto）就完全不相干了。

事物在抽象情况下和在具体情况下有完全相同的要求。

但我还有些话要补充，辛普利邱：就算找不到一个完美的物质球体，也找不到一个完美的平面，你相信可能有两个物体，其表面在某些地方可以任意弯曲吗？

辛普利邱：我相信这样的物体是不少的。

相切于一点不仅是完美球体的特性，而且是所有弯曲形体的特性。

萨尔维阿蒂：如果有的话，它们也是在一点上相切；因为相切于一点根本不是完美球体和完美平面的专有特性。毋宁说，只要对这个问题寻根究底就会发现，要找到两个物体相切于一部分表面，要比找到两个物体相切于一点难得多。因为要使两个表面很好地贴合在一起，要么两者都必须非常平，要么如果一个是凸的，另一个就必须是凹的，而且其曲度必须与前者的凸度完全一致。与形状各式各样的无穷多的物体相比，这种情况要难找得多，因为它们的确定因素太严格了。

相切于一部分表面的形体要比只相切于一点的形体更难找。

辛普利邱：那么你认为，任取两块石头或两块铁，将它们放在一起，在大多数情况下，它们只相切于一点吗？

萨尔维阿蒂：如果随便放在一起，我想是不会的，因为它们上面通常会带有一些容易变形的脏东西；还有就是，将它们放在一起时，无论怎样小心，总会发生撞击，而只要稍微撞击一下，就足以使一个表面给另一个表面让出一点地方，从而使它们相互打上印记，至少有一小部分是这样。但如果把两个物体的表面洗刷干净，并把它们放在桌上，使之不会上下压着，那么如果将一个物体轻轻地推向另一个，我敢说，它们是可以只相切于一点的。

沙格列陀：我听到辛普利邱提出无法找到一个完全球形的物质立体，而且萨尔维阿蒂没有反驳他，而是对此表示同意，我不禁想起一个困难；如果你允许，我想把它提出来。我现在 209
想知道，要形成其他某种形状的立体，是否也会碰到同样的困难；或者说得更明确一些，要把一块大理石雕成完美的球体或锥体，或者雕成一匹完美的马或一只蚱蜢，是不是会碰到更大的困难。

萨尔维阿蒂： 我将回答你的第一个问题，但首先我要就我表面上同意了辛普利邱的话表示道歉。我同意他只是暂时的，因为在深入讨论这个问题之前，我已经想提出一种也许和你的意见相同或非常相似的意见。现在回答你的第一个问题，我说，如果可以把一个立体做成任何形状，球形是最容易做的，因为球形最简单，它在所有立体形中的地位就如同圆在所有平面中的地位——画圆最容易，所以数学家们认为只有它值得被列为其他一切作图的公设之一。做一个球体非常容易，我们只需在一块平的金属板上钻一个圆洞，并且让某个大致圆形的立体在洞中随意旋转，则我们无需任何其他技巧就可以把该立体磨成一个尽可能完美的球体，只要该立体不小于一个可以穿过圆洞的球体。更值得思考的是，在同一洞中可以做出各种大小的球体。但至于要雕成一匹马，或如你所说，雕成一只蚱蜢，我请你自行判断，因为你知道，世界上很少有雕刻家能够胜任此事。我相信在这件事情上，辛普利邱不会不同意我的看法。

球形比任何其他形状都更容易做。

只有圆形被列为公设之一。

只用一件工具就可以做成不同大小的球体。

辛普利邱： 我不知道为什么要不同意你。我的意见是，你所提到的所有那些形状都无法做得完美，但为了尽可能接近最完美的程度，我相信把一个立体做成球体形比做成一匹马或一只蚱蜢的形状，不知要容易多少。

沙格列陀： 你认为这种更大程度的困难是因为什么呢？

辛普利邱： 球形绝对简单和均匀，所以球体很容易做，同样，别的形状极不规则，所以难做。

不规则的形状难做。

沙格列陀： 既然形状不规则是难做的原因，那么即使用锤
子随便敲一下石头，它的形状也难以制作出来，因为它的形状 210
甚至比马的形状更不规则。

辛普利邱： 应当是这样。

沙格列陀： 但请告诉我，不论这块石头是什么形状，这个形状是完美的，还是不完美的？

辛普利邱： 是完美的；它的形状是如此完美，以至于任何其他东西都不能和它完全一样。

沙格列陀： 好，如果那些不规则从而难做的形状有无穷之多，然而又非常完美，那么我们有什么理由说，那个最简单从而最容易做的形状不可能做出来呢？

宇宙的组成是最崇高的问题之一。

萨尔维阿蒂： 先生们，请慢，我觉得我们有点心不在焉、胡思乱想。既然我们的争论应当继续围绕严肃而重要的问题，那就不要再把时间浪费在琐细而无意义的争辩上。让我们牢记，研究宇宙的组成是自然之中最伟大、最崇高的问题之一，如果导向另一项发现，它就变得更加宏大了；我指的是潮汐的原因，它曾被最伟大的人物探索过，但似乎从未被揭示出来。有人最后用地球自转说的困难来证明地球相对于自己的中心静止不动；所以如果举不出什么理由来充分说明这个困难，我们就继续考察支持和反对地球周年运动的证据吧。

沙格列陀： 萨尔维阿蒂，我希望你不要拿自己的标准来衡量我们这些人。你一直致力于最高的沉思，我们认为值得思考的东西，你都认为低级和无聊。但有的时候，仅仅是为了取悦我们，请不要那么严肃，讲些东西来满足我们的好奇心吧。例

如根据周日旋转会抛出物体对地动说所做的最后一项反驳，你提出的解释即使比原来的少得多，也会使我满意；然而，即便是那些额外的资料，对我来说也很有吸引力；它们不仅不让我感到厌倦，而且由于非常新颖，只会让我感到欣喜万分。因此，你如果还有什么想法需要补充，请尽提出来吧，我会很高兴听到它们。

211 **萨尔维阿蒂：**我对自己查明的事物一直颇感喜悦，次一级的喜悦是同了解并喜爱这类事物的少数朋友讨论它们。现在，既然你是其中一位，我将把对自己雄心的抑制稍稍放松一下（当我发现自己比其他某位以敏锐著称的人显得更加敏锐时，最能享受这种雄心），给前面的讨论再加上托勒密和亚里士多德的追随者们所犯的一条谬误，它选自我们已经提出的一条论证。

沙格列陀：你可以看出，我是多么迫不及待要听啊。

萨尔维阿蒂：托勒密认为，石头被抛出是由轮子绕轴自转的速度引起的，而转速越大，抛出的原因就越大，由此可以推出，既然地球的转速比我们可以人工旋转的任何机器轮子的转速大得多，那么由此产生的对石头、动物等的抛出会非常剧烈。这对托勒密来说是无可置疑的事实，到目前为止我们也没有提出过异议。

我现在注意到，当我们不加分别地将这两种速度进行绝对比较时，该论证中包含着一个很大的谬误。诚然，如果我比较的是同一个轮子的两个速度，或者两个同样的轮子的速度，那么转动较快的轮子的确会以更大的冲力抛出石头，而且转速增加时，抛射的原因也会成比例地增加。然而现在假定，速度的增加并非缘于增加轮子的转速（即在相同时间内增加转动次数），而是缘于加大轮子、增加直径，同时保持大轮的旋转周期和小轮一样。这样一来，大轮的转速将仅仅因其更大的圆周而更快。没有人会认为，抛射的原因将会按照大轮轮缘速度与小轮轮缘速度之比而增加；这将是完全错误的，这立刻就可以用一个现成的实验来说明，其内容大致如下：我们用一码长的杆子可以比用六码长的杆子把同一块石头扔得更远，即使系着石头的长杆一端的转动比短杆一端快二倍——因为这里的速度使 212
得长杆每转动一周，短杆会转动三周。

通过加大轮子来增加转速，抛射的原因并不成比例地增加。

沙格列陀：萨尔维阿蒂，我完全懂得，你告诉我的事情必然会发生。但我一下子看不出，为什么相同的速度对于抛射体的作用会不相同，小轮的抛射竟会比大轮有力得多。因此，请你向我解释一下这是如何发生的。

辛普利邱：啊，沙格列陀，这一次你似乎并没有达到自己的水准。平时你一眼就能看穿任何事情，然而现在，你却忽视了潜藏在杆子实验中的一个漏洞，而我却看出来了。你用短杆和长杆扔石头，操作方式是不同的。因为要让石头飞出沟槽，你绝不能均匀地继续转动，而只能在转动最快时抑制你的胳臂，约束杆子的速度。这样一来，快速转动的石头就会猛然飞出。现在，你无法这样抑制长杆，因为它又长又有弹性，不会完全跟着你抑制的胳臂运动，而会继续随着石头走一段距离，以一种温和的约束和石头保持接触，而不让石头像杆子碰到某个固体障碍时那样飞走。因为如果两根杆子都碰到某种抑制它们的约束，我相信即使两根杆子速度相同，石头也会同样地飞出去。

沙格列陀：萨尔维阿蒂，如果你同意，我将对辛普利邱做出某种回应，因为他对我进行了质疑。我会说，他的论证既好又不好；说它好，是因为其中大部分内容都是对的，说它不好，是因为它完全离题了。装载石头快速运动的东西撞上一个不动的障碍，当然会向前猛冲。这和我们在一条快速行驶的船上日常见到的结果是一致的；当这条船搁浅或者撞上什么障碍时，船上每一个人都会不经意间突然向船头跌倒。如果地球碰上什么障碍使其自转全部停止，我相信此时即使地球本身不分崩离析，不仅野兽、建筑、城市，而且高山、湖泊、海洋都会倾覆。
213 但所有这一切都和我们的目的无关。我们谈论的是，地球均匀而平静地绕轴自转时会发生什么，不论其转速有多大。

假定地球做周日自转，那么当它碰到什么障碍而突然停下来时，所有建筑、高山乃至整个地球都会分崩离析。

同样，你关于杆子所讲的话有一部分是对的，但萨尔维阿蒂并不认为它完全对应于我们讨论的事情。它只是一个粗略的例子，以激励我们的心灵更准确地研究，速度是否以同样的比例增加了抛射的原因，不论速度以何种方式增加。例如，如果一个直径 10 码的轮子的运动使轮缘上一点每分钟走 100 码，从而具有抛出一块石头的冲力（impeto），那么倘若轮子的直径是 100 万码，这种冲力会增加 10 万倍吗？萨尔维阿蒂否认这一点，我倾向于同意他的看法，但我不知道为什么。我为此问过他，正饶有兴致地等待他的回答。

萨尔维阿蒂：我在这里就是为了竭尽所能地让你们满意。虽然初看起来，你们可能觉得我所研究的一些事物与我们的意图无关，但我仍然相信，随着讨论的进行，我们会发现情况完全不是这样。但请沙格列陀告诉我，他所观察到的对任一运动物体的阻力是什么。

沙格列陀：目前，我在一个运动物体那里观察到的对运动的唯一的内阻力是，运动物体对相反运动的一种自然趋势或倾向。例如，重物具有向下运动的倾向，它对向上运动就有阻力。

我之所以说“内阻力”，是因为我认为你所指的就是这个，而不是外阻力，外阻力很多而且偶然。

萨尔维阿蒂：这的确是我的意思，你的睿智戳穿了我的狡猾。但如果我在提问时有所隐瞒，我想知道沙格列陀在回答我的问题时能否完全恰当，或者说，运动物体除了对相反方向有一种自然的抵抗倾向，是否还有另一种内在的自然属性来抵抗运动。所以请你再次回答我：你是否相信，比如说，重物向下运动的倾向等于它对向上运动的阻力？[①]

重物向下运动的倾向等于它对向上运动的阻力。

沙格列陀：我相信是完全相等的，正因如此，天平上两个
相同重量的东西看起来保持平稳和平衡；一个物体以它的重量 214
向下压，要把另一个物体抬起来，而另一个物体则以其重量抵抗被抬起来。

萨尔维阿蒂：很好。因此，要使一头把另一头抬起来，就必须给压下的一头增加重量，或者从另一头减少重量。但如果对向上运动的阻力只在于重性，那么在一个不等臂天平（即杆秤）中，一个 100 磅重的物体的向下压力（gravare）可能不足以

① 这句话至少部分预示了牛顿第三运动定律。

提起抵抗它的4磅重的秤锤，而这个4磅重的秤锤落下去却可能提起一百磅重的东西，这是如何发生的呢？因为这就是杆秤的秤锤对于我们想要称重的重物的作用。如果对运动的阻力只在于重性，那么杆秤的仅仅四磅重的秤锤又如何能够抵抗800磅或1000磅重的一捆羊毛或丝线，甚或能以其动量(momento)克服这捆羊毛或丝线并将它提起来呢？因此，沙格列陀，我们必须承认，这里涉及的乃是单纯重性之外的另一种阻力和另一种力(forza)。

沙格列陀：这是无可避免的，但请告诉我，这第二种力(virtù)是什么呢？

萨尔维阿蒂：这种力并不存在于等臂天平。考虑一下杆秤中有什么新的东西，那里就必然有这种新作用的原因。

沙格列陀：我相信你的探索已经模模糊糊唤起了我的思考。这两种仪器都涉及重量和运动；就天平而言，运动是相等的，因此一个重量要想运动就必须比另一个更重。就杆秤而言，较小的重量要想移动较大的重量，悬挂较近的较大重量必须移动很少，而悬挂较远的较小重量则要移动很长一段距离。因此必须说，较小重量通过移动得多而克服了移动很少的较大重量。

萨尔维阿蒂：这就是说，不太重的物体的速度抵消了更重且较慢物体的重性。

沙格列陀：但你认为这种速度完全抵消了重性吗？也就是
215 说，只要一个4磅重的运动物体有100个单位的速度，而一个
100磅重的运动物体只有4个单位的速度，那么前者的力矩和

更大的速度完全抵消了增加的重量。

力将同后者的力矩和力完全相等。

萨尔维阿蒂：当然，因为我可以用许多实验向你表明这一点。不过眼下，假定杆秤这个证明对你来说已经足够。在其中你可以看到，当秤锤与绕之旋转的杆秤悬挂中心的距离与一捆羊毛和悬挂中心的较短距离之比，恰好等于这捆羊毛的绝对重量与秤锤之比时，这个轻秤锤足以承受和平衡那捆很重的羊毛。由于这一大捆羊毛无法以自身的重量提升起比它轻得多的秤锤，我们可以看出，原因仅仅在于移动上的悬殊，因为那捆羊毛下降1英寸，秤锤就得上升100英寸。这里假定了那捆羊毛的重量是秤锤的100倍，而秤锤与秤心的距离则是那捆羊毛悬挂点与该秤心距离的100倍。因为说那捆羊毛运动1英寸时秤锤运动100英寸，就等于说秤锤的运动速度是那捆羊毛运动速度的100倍。

现在让我们铭记一条众所周知的正确原则，即来自运动速度的抵抗抵消另一个运动物体重量所产生的抵抗，因此，一个重1磅、以100个单位的速度运动的物体，和一个重100磅、速度只有1个单位的物体，对约束的抵抗是相等的。[①] 如果两个相等的运动物体以相等的速度运动，则它们对运动的抵抗将是相等的。但如果一个物体比另一个物体运动得快，则它速度越大，抵抗就越大。

---

① 这段话表明，伽利略将质量与速度的乘积视为冲力的度量，而他仅有的质量概念就是“重量”。如果我们自由诠释“对约束的抵抗”和“赋予速度”，或许能够看出对作为质量与加速度之乘积的“力”的概念的暗示。然而，对这些概念的明确定义和数学表达还要留待牛顿来完成。

这些事情既已确定，我们就来解释我们的问题吧。为了方便理解，我们不妨作一张小图。

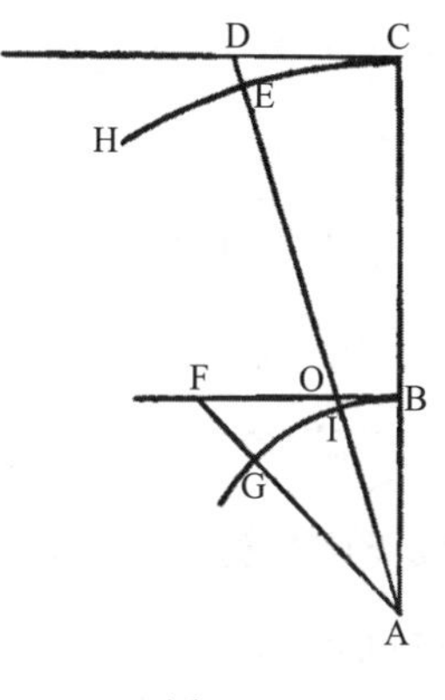

图 14

假定有两个不等的轮子围绕中心A旋转，BG在小轮圆周上，CEH在大轮圆周上，半径ABC与地平线垂直。
216 过点B和点C作切线BF和CD，在弧BG和CE上取两段等长的弧BG和CE。假定这两个轮子以相同的速度围绕其中心旋转，使两个物体以相同的速度沿着圆周BG和CE运动。假定这两个物体是被置于B和C的两个石块，所以在B石块走过弧BG的时间内，C石块将走过弧CE。

现在我说，小轮旋转时抛射B石块的力量要比大轮旋转时抛射C石块的力量大得多。正如我们已经解释的，抛射方向将沿切线，所以如果石块B和C从点B和点C离开轮子，开始抛射运动，它们将凭借从旋转获得的冲力沿切线BF和CD抛出去。因此，这两个石块将有同样的冲力沿切线BF和CD运动，如果没有其他力量使之发生偏离，它们将沿这些切线运动。沙格列陀，难道不是这样吗？

沙格列陀：在我看来，似乎的确是这样。

萨尔维阿蒂：旋转的冲力将石块沿切线抛射出去，你认为有什么力量能使石块偏离切线呢？

沙格列陀：要么是石块自身的重量，要么是什么胶水能把石块粘在轮子上某个地方。

萨尔维阿蒂：但要使一个运动物体偏离其冲力所引起的运动，是不是需要按照偏离的力或大或小，也就是按照运动物体在这种偏离中在给定时间内走过多少空间，对它施加或大或小的力呢？[①]

沙格列陀：是的。因为前已断言，为使物体运动，要使它运动越快，推动力就越要大。

萨尔维阿蒂：那么试想一下，为使小轮上的石块偏离沿切线 BF 的抛射运动，并使之附着在轮子上，石块的重量将把它拉回到割线 FG 那么远，或者毋宁说拉回到从点 G 到线 BF 所 217
作的垂线那么远；而在大轮上，只需要把它拉回到割线 DE 那么远，或者毋宁说拉回到从点 E 到切线 DC 的垂线那么远。割线 DE 比割线 FG 短得多，而且轮子越大就越短。由于必须在相等时间里把石块拉回来（即走过两条相等的弧 BG 和 CE），所以拉回石块 B（即沿 FG 撤回）必须比沿 DE 拉回另一个石块快得多。因此，让石块 B 留在小轮上要比让石块 C 留在大轮上需要大得多的力，这等于说，阻止大轮上的石块被抛射出去，要比阻止小轮上的石块被抛射出去更容易。由此显而易见，轮子越大，抛射的原因就越小。[②]

---

① 这里在前一注释提到的限度内，伽利略提供了对牛顿第二运动定律的出色的近似。

② 帕格尼尼（Pagnini）指出，虽然这个结论是正确的，但证明过程却有缺陷。根据伽利略的说法，就好像向心加速度由割线段 FG 和 DE 决定，而不是由角 CAE 和 CAG 决定似的。虽然离心力与半径的反比关系得到了正确描述，但伽利略误认为力与线速度成正比，而不是与线速度的平方成正比。

沙格列陀：感谢你的一大段分析，根据我现在的理解，我认为我可以用非常简短的论证来说明自己的想法。也就是说，两个相同速度的轮子使两个石块沿切线受到相等的冲力；大轮圆周离切线较近，所以用几口美食就能满足石块离开圆周的所谓胃口；因此，任何一点小小的保持，不论是来自石块自身的倾向，还是来自某种胶水，都足够使石块附着在轮子上。要在小轮上做到同样的事情几乎是不可能的，因为小轮很不喜欢切线方向，总是非常贪恋地极力保留石块（而这种胶水并不比把另一个石块粘在大轮上的胶水更强），所以石块就摆脱控制而沿切线飞出了。

与此同时，我不仅确信我对所有这一切都搞错了，因为我曾认为，抛射的原因随着转动速度的增加而增加，而且我还开始思考以下问题。既然抛射的原因随着轮子的加大而减小，那么要让大轮像小轮一样排斥物体，大轮的速度恐怕也必须随着轮子直径的增加而增加了；当两个轮子在相等的时间内完成相同的旋转时，情况就是如此。因此不妨假定，地球的旋转并不比其他无论多么小的轮子更足以抛射石头，地球的旋转是如此之慢，每24小时才能旋转一周。

218 **萨尔维阿蒂：**眼下我们不在这个问题上多谈；我们已经充分表明（除非我大错特错），那个初看起来很有说服力、许多大人物也认为很有道理的论证，其实是不起作用的，这就够了。如果我有助于说服辛普利邱，我就认为时间和交谈没有白费；我并不是说地球的运动，而是说，至少那些相信地球运动的人的信念，并不像平凡的哲学家们所认为的那样荒谬可笑和愚不可及。

辛普利邱：到目前为止，对于地球周日旋转的反驳（即来自重物从塔顶下落、物体垂直向上抛射或向东西南北斜射等的反驳）的那些解答，使古代针对这种观点的怀疑在我心中有所减弱。然而现在，我心中又萦绕着另一些很大的难题，这些我肯定是无法摆脱的。我相信你自己也未见得能够解决，甚至可能连听都没有听说过，因为它们都是新近提出来的。这些反驳是两位**公开**反对哥白尼的作者提出来的。一些反驳可见于一本科学论题的小册子，另一些反驳则被一位大哲学家和大数学家插入了他的一部拥护亚里士多德及其天界不变观点的著作。他在这部著作中证明，不仅彗星、而且新星（即 1572 年在仙后座和 1604 年在人马座出现的新星）根本不在行星天球之上，而是实际上位于元素天球中的月亮轨道以下。他是针对第谷、开普勒和其他许多天文观测者证明这一点的，以其之矛（也就是根据视差）来攻其之盾。如果你愿意，我可以给出两位作者的论证，因为这两本书我都用心读了不止一遍，你可以考察一下它们的说服力并谈谈你的看法。

两位现代作者对哥白尼的进一步反驳。

萨尔维阿蒂：我们的主要目标就是提出并考虑支持和反对托勒密体系和哥白尼体系的一切理由，所以关于这一主题的任何论述都不应忽视。

论题小册子的那位现代作者提出的第一项反驳。

辛普利邱：那么我就先谈那本科学论题小册子中提出的反驳，然后再谈其他反驳。首先，这位作者机智地计算了地球赤道表面上的一点每小时走多少英里，以及其他纬度上的其他点 219
每小时走多少英里。他不满足于研究以小时计的这些运动，还研究了以分钟计的运动，但仍不满意，然后计算了以秒钟计的运动。不仅如此，他进而精确地表明，放在月亮轨道的一颗炮弹在这一时间内会走多少英里，假定月亮轨道和哥白尼本人计算的一样大，从而使他的对手找不到任何遁词。做了这些精巧而优雅的计算之后，他又表明，一个从月亮轨道落下的重物需要 6 天以上才能到达一切重物都自然趋向于的地心。

根据这位现代作者的看法，一颗炮弹需要 6 天以上才能从月亮轨道落到地心。

现在，如果凭借上帝或某位天使的力量，将一颗巨大的炮弹奇迹般地运送到月亮轨道，笔直地位于我们正上方，然后将它释放，要说炮弹在下落过程中会始终保持在我们的垂直线上，同地球一起继续围绕地心旋转许多天，在赤道处的大圆平面上描出一条螺旋线，并且在所有其他纬度上描出围绕圆锥的螺旋线，而在极点沿一条简单的直线落下，这（在他和我看来）几乎是不可思议的。

接着，他又以其质问方式提出了哥白尼的追随者所无法消除的许多难题，以确定和证实这一情形是不可能的；如果我没有记错的话，这些难题是……

萨尔维阿蒂：请等一下，辛普利邱。请不要一下子提出这么多新东西把我搞糊涂了；我记性不好，只能一步步来。我记得曾经计算过，这样一个重物从月亮轨道落下来需要多长时间才能到达地心，而且似乎记得不需要这么久，所以你最好解释一下这位作者是用什么规则来计算的。

辛普利邱：为了更有力地证明他的观点，他将事情讲得非常有利于对方，他假定物体沿垂线落到地心的速度等于物体沿月亮轨道的大圆旋转的速度，即等于每小时 126000 德里[①]——
这其实暗示是不可能的。尽管如此，为谨慎起见，并给予对方 220
一切有利条件，他假定这种情况为真，并断言无论如何，下落时间都在 6 天以上。

萨尔维阿蒂：这就是他的全部方法吗？这样一来，他就证明下落时间一定在 6 天以上吗？

沙格列陀：我认为他的做法过于谨慎了，因为他可以任意赋予这个落体以任何速度，从而使它在 6 个月或 6 年的时间里到达地球，然而他仅仅规定 6 天就满足了。但萨尔维阿蒂，既然你说你做过计算，那就请告诉我，你是用何种方法计算的，让我心情平复一下吧，因为我确信，如果这个问题不需要什么卓越的研究，你是不会专心于它的。

萨尔维阿蒂：沙格列陀，一个结论仅仅非凡和了不起是不够的，关键在于把结论处理得非同凡响。众所周知，在解剖动物的某个器官时，人们可能发现无数带有神意和智慧的奇迹。然而，解剖学家每解剖一只动物，屠夫却要肢解一千只。现在，为了尽力满足你的要求，我不知道我应当穿这两套装束中的哪一套上台；不过看到辛普利邱这位作者的派头，我不禁鼓起了勇气，对你毫不隐瞒——如果我记得住的话——我是用什么方法计算的。

但在开始叙述之前，我禁不住要说，我非常怀疑辛普利邱是否忠实地讲述了这位作者用来发现炮弹需要 6 天以上从月亮

① 1 德里（German miles）的长度是赤道周长的$\frac{1}{5400}$；施特劳斯指出，在伽利略的时代，这是一种计算手段而非实际测量。

轨道落到地心的方法。因为如果他假定炮弹下落的速度等于炮弹沿月亮轨道的速度——辛普利邱说他正是这样假定的——那他就是连最基础、最简单的几何学知识都不懂了。让我惊讶的是，辛普利邱在承认他告诉我们的这一假定时，并未看出其内容是多么荒谬。

辛普利邱：我在讲述它时可能出了错，但我肯定没有察觉到其中的谬误。

萨尔维阿蒂：也许我没有完全理解你所叙述的内容。你不是说，这位作者使炮弹下落的速度等于炮弹沿月亮轨道旋转的
221 速度，而且以这一速度下落将用 6 天到达地心吗？

基于炮弹从月亮轨道下落的论证大错特错。

辛普利邱：我认为他就是这样写的。

萨尔维阿蒂：这样荒谬的错误你难道看不出来？不过你当然是假装看不出，因为你不可能不知道圆的半径小于圆周的$\frac{1}{6}$，因此运动物体走过半径的时间要小于它以同样速度绕圆周旋转所需时间的$\frac{1}{6}$。所以炮弹以它沿曲线运动的速度下落，将在 4 小时以内到达地心；也就是说，为使炮弹始终保持在同一垂线上，必须假定炮弹在 24 小时内沿曲线运转一周。

辛普利邱：现在我完全晓得错误了，但我不愿把错误不恰当地归咎于他。一定是我在叙述他的这个论证时弄错了，为了避免对其他错误负责，我想最好是有他的书可以查阅。有哪位去把它取来，我将感激不尽。

沙格列陀：我马上可以派一个佣人将它取来，而且我们根本无需浪费时间，因为在此期间，萨尔维阿蒂会把他的计算讲给我们听。

辛普利邱：让佣人去取吧，书就摊在我的书桌上，桌上还有另外那本反对哥白尼的书。

沙格列陀：记住，让他把那一本也取来。现在萨尔维阿蒂可以讲他的计算了，我已经派一个佣人去了。

精确计算炮弹从月亮轨道落到地心的时间。

萨尔维阿蒂：首先我们需要想一想，下落物体的运动并不是匀速的，而是从静止开始就不断加速。所有人都知道并且观察到这个事实，除了刚才提到的那位现代作者一点也不提加速，而把运动说成匀速的。但除非我们知道速度是以什么比例增加的，否则这种一般知识是没有价值的，而这个比例在我们的时代之前不为所有哲学家所知。我们的院士朋友第一个发现了这个比例，他在自己未发表的一些文稿里很有信心地指给我和他的另外几位朋友看，证明了以下内容。

重物自然运动的加速度与从1开始的奇数成比例。

重物下落所经过的距离与时间的平方成正比。

重物直线运动的加速度是按照从1开始的奇数进行的。也 222
就是说，把时间任意等分，如果离开静止状态的运动物体在第一段时间经过比如1厄尔的距离，那么在第二段时间它将经过3厄尔的距离，在第三段时间将经过5厄尔的距离，在第四段时间将经过7厄尔的距离，并按照相继的奇数继续这样运动下去。总之，这等于说，从静止开始的物体所经过的距离与经过这段距离所需时间的平方成正比。或可说，经过的距离与时间的平方成正比。

沙格列陀：你讲的这些真是不同凡响。这个命题有数学证明吗？

萨尔维阿蒂：多为纯数学证明，而且不仅证明了这一点，还证明了属于自然运动和抛射体的其他许多美妙属性，我们的院士朋友发现和证明了所有这一切。我又惊又喜地见证并研究了这一切，我看到一整门新科学围绕着一个已有千百本书讨论的主题出现了；而在我们的院士朋友之前，从未有人注意和理解过这门科学无数绝妙结论中的任何一个。

那位院士朋友关于位置运动的一整门新科学。

沙格列陀：仅仅为了听到你暗示的一些证明，我继续刚才讨论的愿望已经被你打消了。所以请立刻告诉我那些证明吧，或至少请向我保证，你会专门找机会来讲这些，辛普利邱若想了解自然之中最基本的作用的性质和属性，也可以出席。

辛普利邱：我确实愿意；不过关于什么东西属于物理学，我认为没有必要认真考虑细枝末节。只要一般地了解运动的定义、自然运动与受迫运动的区分、匀速运动与加速运动的区分，等等，就足够了。因为如果这些还不够，我相信亚里士多德绝不会忘记把所有缺漏的地方教给我们。

萨尔维阿蒂：也许如此。但我们还是别在这上面浪费时间了，因为我答应你们用半天时间单独讨论它。现在回到我们已
223 经开始的话题，即计算重物从月亮轨道一直落到地心的时间。为了避免过于随便和任意，而采用一种严格的方法，让我们首先设法用重复多次的实验弄清楚，比如一只铁球从100码的高度落到地上所需的时间。

沙格列陀：为此，假定我们用铁球的这个重量来计算铁球从月亮落下的时间。

萨尔维阿蒂：这根本没有区别，因为1磅重、10磅重、100磅重或1000磅重的铁球，都会在相同的时间内走过100码。

辛普利邱：啊，这我可不信，亚里士多德也不会相信；因为他曾写道，下落重物的速度与其重量成正比。

亚里士多德错误地断言，下落重物的速度与其重量成正比。

萨尔维阿蒂：辛普利邱，既然你想承认这一点，你就必须也相信，以同样材料制成的100磅重的球和1磅重的球从100码的高度同时丢下，大球将在小球落下1码距离之前落地。现在请你试想一下大球落地时小球离塔顶还不到1码的情形。

沙格列陀：我毫不怀疑这一命题是完全错误的，但我也不是很相信你的话就完全对；不过我还是相信它，因为你对它是如此肯定，倘若你没有明确的实验或严格的证据，我相信你是不会这样说的。

萨尔维阿蒂：两者我都有，当我们分别讨论运动主题时，我会把它们说出来。在此期间，为了不再次打断线索，假定我们希望计算的是一只100磅重的铁球，经过反复实验，它从100码的高度落下来的时间是5秒钟。[①] 既然如我以前所说，落体走过的距离与时间的平方成正比，而1分钟是5秒的12倍，如果将100码乘以12的平方即144，我们得到14400码，这就是同一运动物体在1分钟内走过的距离。根据同一规则，由

① 《对话》的许多读者都将这一陈述当成字面意义上的实验，尽管文中的引语只是随意提供了一个计算根据。好在我们清楚地知道伽利略是如何看待它的，因为他的朋友巴里亚尼(G. B. Baliani)曾写信对数字提出质疑，而伽利略在回复中说，这只是为了反驳相关说法，确切时间并不重要。接着，他解释了如何用实验来确定由重力引起的加速度。事实上，伽利略并未断言他做过实验，而且他当时已经失明，也不大可能这样做。伽利略只对物体所经过的空间与时间的一般关系感兴趣。由于当时意大利并无长度的国家标准，所以很自然地，他也没有试图用常规单位来表示自由落体的加速度。见1639年8月1日伽利略给巴里亚尼的信(*Opere*, XVIII, 77)。由于别的原因，随后文中的计算也是错误的；伽利略假设加速度在整个下落过程中都是恒定的，而不是像牛顿最终发现的那样与距离的平方成反比。

于 1 小时是 60 分钟，我们将 14400 码(即落体在 1 分钟内走过的距离)乘以 60 的平方即 3600，那么落体在 1 小时内将走过 51840000 码，即 17280 英里。如果我们想知道落体在 4 小时内走过的距离，可以将 17280 英里乘以 4 的平方即 16 而得到
224 276480 英里，这要比月亮轨道与地心的距离大得多。假定月亮轨道与地心的距离是地球半径的 56 倍(如这位现代作者所做的那样)，而地球半径是 3500 英里，所以月亮轨道与地心的距离为 196000 英里，这里的英里都是指我们的意大利英里(每英里是 3000 码)。

所以辛普利邱，你看，你那位计算者说，从月亮轨道 6 天都到不了地心，但根据实验而不是根据经验法则来计算，连 4 小时都要不了。计算得精确一些，将是 3 小时 22 分 4 秒。

沙格列陀：我亲爱的朋友，这种精确的计算正是我必不可少的，因为这一定是一件非常精细的事情。

萨尔维阿蒂：的确非常精细。因此如我所说，既已通过认真的实验观测到这样一个运动物体从 100 码高度落下需要 5 秒，让我们看看，如果下落 100 码需要 5 秒，那么 588000000 码(因为这是地球半径的 56 倍)将需要多少秒？这里的运算规则是用第二个数的平方乘以第三个数，得到的结果是 14700000000，再用第一个数即 100 除它，得到的商的平方根 12124 即为所求的数。也就是 12124 秒，即 3 小时 22 分 4 秒。[①]

① 关于此处计算的说明：左侧竖栏包含的是用于开大数平方根的一系列试用除数；最后一个试用除数在原文中误为 24240，这里给出的是施特劳斯更正后的数 24244。正下方是部分余数。左栏中数字的最后一位数的平方根写在右下。它连续被 60 整除后的商写在下面，余数则以分和秒的形式呈现。

沙格列陀：现在我看到运算了，但我不懂这样做的理由是什么，现在似乎也不是问这些理由的时候。

萨尔维阿蒂：事实上，即使你不问，我也想告诉你，因为很容易懂。让我们把第一个数称为A，第二个数称为B，第三个数称为C；A和C是距离的数，B是时间的数；第四个数是我们所求的，也是时间。

100	5	588 000 000		
A	B	C	25	
1		14 700 000 000		
22		359 56		
241		10		60 ）12124
2422				202
24244				3

我们知道，不论距离A与距离C的比例如何，时间B的 225
平方与我们所求时间的平方也一定是同样比例。因此根据比例运算法则，以B数的平方乘以C数，再把乘积除以A数，所得的商就是所求数的平方，其平方根就是我们所求的数。所以你看，一点都不难懂。

沙格列陀：所有真理一旦被发现，都是如此，关键在于能够发现它们。我现在完全相信了，非常感谢你。如果在这个问题上还有什么新奇的事情，请你不吝赐教。因为可以坦率地说，我从你的讨论中总能学到一些美妙的新东西，而恕我冒昧，从辛普利邱的那些哲学家那里，我没觉得学到过什么重要的东西。

萨尔维阿蒂：关于这些位置运动，还有许多东西可说，不过根据我们的约定，我们将另找机会专门讨论。眼下，我想针对辛普利邱的这位作者说几句；在这位作者看来，炮弹从月亮轨道下落的速度，将与炮弹如果留在月亮轨道参与周日旋转的速度相同，从而使他那些反对地动说的人更具优势。现在我要告诉这位作者，从月亮轨道落到地心的这颗炮弹所获得的速度将会大大超过它沿月亮轨道做周日旋转的速度的二倍，我将以非常正确而非随意的假设来证明这一点。

落体以之前获得的速度匀速运动，在相等时间内所经过的距离将等于落体在加速运动中所经过距离的二倍。

因此你应知道，落体一直在按照我们提到的比例获得新速度，不论位于运动线上的哪一点，它都将具有这样一个速度，即如果它以该速度继续匀速运动，那么在与以前下落相等的第二段时间里，它将走过已有距离的二倍。举例来说，如果这颗炮弹从月亮轨道落到地心用了 3 小时 22 分 4 秒，那么我说，如果它以在地心所具有的速度继续匀速运动而不加速，它将再用 3 小时 22 分 4 秒的时间走过二倍的距离，这将是月亮轨道的整个直径。

226 从月亮轨道到地心的距离是 196000 英里，而炮弹通过这段距离需要 3 小时 22 分 4 秒，所以根据以上所说，如果炮弹继续以到达地心时的速度运动，它将用另一个 3 小时 22 分 4 秒通过二倍的距离，即 392000 英里。然而，待在 1232000 英里的月亮轨道上并以周日旋转的速度沿它运动的同一颗炮弹，将用 3 小时 22 分 4 秒通过 172880 英里，即不到 392000 英里的一半。因此你看，沿月亮轨道的运动并非如这位现代作者所说；也就是说，这是下落炮弹无法参与的一个速度。

沙格列陀：你曾说，物体下落一段时间，再在同样的时间里以下落时取得的最大速度继续匀速运动，则它将走过二倍的距离；如果我能确信这一点，这个论证就没有问题了，也会使我满意。你曾假定这一命题为真，但没有证明。

萨尔维阿蒂：这就是我们的院士朋友的一个证明，你会在适当的时候看到它。现在，我想提出一些猜测，目的并不是教给你什么新东西，而是让你打消某种相反的信念，向你表明事情可能是什么样子。你是否观察过，天花板上一根又长又细的线悬挂着的铅球，当我们将它拉离垂线并释放时，会自动越过那条垂线几乎相同的幅度？

沙格列陀：我的确注意过，并且看到（尤其是当球很重时）它上升的并不比它下落的少多少，以至于有时认为，上升的弧可能等于下降的弧，并好奇它会不会永远这样摆动下去。我相
294 信，如果能把空气阻力移除，它会永远这样摆动下去，因为空
气抗拒被分开，会后退一点，从而阻碍摆的运动。但阻碍的确很小，所以运动的球会摆动很多次才会完全停止。

如果移除障碍，悬挂的重物会永远摆动下去。

萨尔维阿蒂：沙格列陀，即使完全移除空气的阻力，也不会永远摆动下去，因为还有一种更鲜为人知的阻力。

沙格列陀：那是什么？我想不到还有什么阻力。

萨尔维阿蒂：你如果知道这种阻力，会非常高兴，但我以
后再告诉你；现在，让我们继续。我提出对摆的观察是为了让 227
你明白，球体在下降的弧中（这时运动是自然的）获得的冲力，能够凭借自身以一种受迫运动使同一球体在上升的弧中走过同样距离；所谓凭借自身，是指如果所有外在阻碍都被移除。我还相信，你无疑会明白，正如在下降的弧中，速度一直增加到

垂线的最低点一样，在上升的弧中，其速度将一直减少到最高点。后一速度的减小与前一速度的增大在比例上是相等的，所以在与最低点距离相等的地方，速度也彼此相等。由此我认为（在某种程度上）可以相信，如果过地心将地球穿孔打通，那么一颗从孔中落下的炮弹到达地心时所获得的冲力，将使它越过地心，上升到与其下落距离相等的距离，它在越过中心之后的速度会一直减小，速度的损失等于下落时增加的速度；我相信，这种再度上升所花的时间将等于下落的时间。你看，在速度不断减小直到完全消失的过程中，如果炮弹在地心获得的最

如果把地球穿孔打通，则重物将会越过地心，上升到与其下落距离相同的距离。

大速度使它在同样的时间里走过它以——从静止到最大速 1
度——所获得的速度走过的同样的距离，那么如果它一直 2 3
以这个最大速度运动，它将在同样的时间内通过这两个距 4 5
离，这似乎肯定是合理的。因为如果我们在思想中把这些 6 7
速度分成若干增加的和减小的程度——如右边这些数字所 8
标明的那样——使第一个速度增加到10，而其余的又减小 9 10
到1；这样一来，如果把前者（下落的时间）和后者（上升 10 9
的时间）加在一起，我们就可以看到，它们的总和就好像 8
这两个部分之一始终由最大速度所构成似的。因此，以各 7 6
种不同速度（无论增加的还是减小的）通过的总距离（这里 5 4
即整个地球直径）必定等于在整个增加和减小程度的一半 3 2
228 处的最大速度所通过的距离。我知道我道理讲得很不清 1
楚，只希望你们能明白。

沙格列陀：我认为我很明白；事实上，我可以用几句话来表明我懂。你的意思是说，从静止开始以相等的程度逐渐增加

0 速度，即从 1 开始或者毋宁说从 0 开始(0 表示静止状态)的
1 一连串整数，将它们这样排列，连续地任取多少个，使最小
2
3 速度是零而最大速度是比如说 5，那么物体运动的所有这些
4 速度的总和为 15。如果物体以这个最大速度按照这里的数
5 目运动，那么所有这些速度的总和将是以上的二倍，即 30。因此，如果物体在相同时间内以这个最大速度 5 做匀速运动，则它所经过的距离将是它在从静止状态开始加速的时间里所经过距离的二倍。[①]

萨尔维阿蒂：根据你敏捷而精细的领会，你对整个问题的表达比我清晰得多，你还让我想起有另一件事情需要补充。由于加速运动的增加是连续的，我们无法将这些不断增加的速度分成任何确定的数；它们时时刻刻在改变，总是无限的。因此，我们不妨设想一个三角形 ABC 来例证我们的意思。将 AC 边分成若干相等部分 AD、DE、EF、FG，过点 D、E、F、G 作四条直线平行于底 BC；想象沿着边 AC 标出的那些部分表示相等的时间。于是，过点 D、E、F、G 作的平行线表示速度，在相等时间内的速度增加也相等。现在，A 表示静止状态，运动物体从 A 开始，在 AD 时间内获得速度 DH，在下一时间段内，速度将从 DH 增加到 EI，在以后的时间里按照线 FK、GL 等的加长

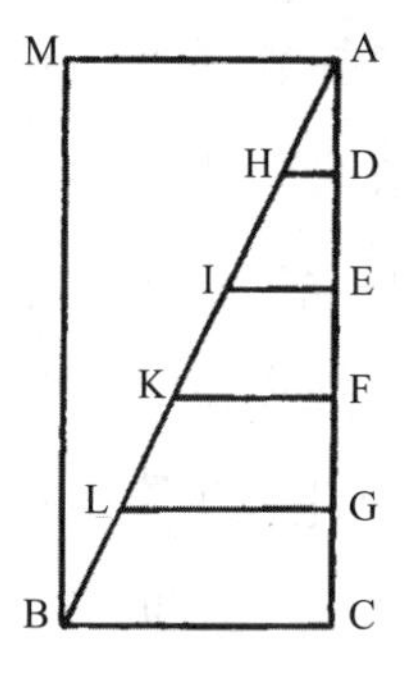

图 15

① 为与正文中的讨论相一致，此列数字应从“0”开始，其中只包含一个“10”，并以“0”结束。那样一来，间隔数将是“20”，而数字总和将是“100”。伽利略似乎混淆了间隔数和表示间隔末端速度的数，从而导致这种不一致的表示。

229 而逐渐变大。但由于加速是时时刻刻连续进行的，[1] 而不是离散（intercisamente）进行的，且 A 点被假定为最小速度瞬间（即静止状态和下一时间段 AD 的第一瞬间），于是显然，在物体于 AD 时间内获得速度 DH 之前，它曾经历过无穷多个越来越小的其他速度。这些速度是在 AD 时间的无穷多个瞬间中获得的，对应于 DA 线上的无穷多个点。因此，为了表示达到 DH 速度之前的无穷多个速度，我们必须懂得过 DA 线的无穷多个点所作的无穷多条与 DH 平行的越来越短的线。这里，这无穷多条线最终由三角形 AHD 的面来表示。于是我们可以懂得，从静止开始持续做匀加速运动的物体不论经过多少距离，必然要用到无穷多个越来越大的速度，对应于无穷多条线，这些线从点 A 开始，与线 HD 平行，让运动任意继续下去，就与 IE、KF、LG、BC 平行。

自然下落的重物的加速是时时刻刻增加的。

现在让我们完成平行四边形 AMBC，不仅把三角形中的那些平行线延长到它的边 BM，而且把从边 AC 上所有点作出的无数平行线都延长到 BM。正如 BC 是三角形中无数平行线中最大的，表示运动物体在加速运动中获得的最大速度，而三角形的整个面积则表示在 AC 时间内走过这样一个距离的所有速度的总和，所以平行四边形就成了这么多速度的总和，但每一个速度都等于最大的 BC。这些速度的总和是三角形中不断增加的速度之总和的二倍，就像平行四边形是三角形的二倍一

① 根据施特劳斯的说法，接下来令人钦佩的讨论是基于纯数学推理并应用于力学的积分的第一个实例（尽管几何积分本身在几个世纪以前已经做过）。

样。因此，如果落体利用对应于三角形 ABC 中不断增加的速度在一定时间内走过了一定距离，那么利用对应于平行四边形中的均匀速度，它将在相同时间内以匀速运动走过它用加速运动所走过距离的二倍，这的确是合理且可能的。

沙格列陀：我完全信服了。但你说这是一个可能的论证，那严格的证明是什么样呢？真希望在整个通常的哲学中能找到一个像这样令人信服的证明！ 230

在自然科学中不必寻求数学证据。

辛普利邱：在物理学中是不可能找到像数学那样精确的证据的。

沙格列陀：啊，这个运动问题难道不是一个物理学问题吗？但我没有见到亚里士多德给过我什么证明，甚至连最平凡的运动属性也没有证明过。不过我们还是不要扯太远了。萨尔维阿蒂，你刚才提到，除了介质抵抗被分开之外，另外还有一种原因能使摆停止，请你不吝赐教。

长线悬挂的摆比短线悬挂的摆振动频率更小。

萨尔维阿蒂：请告诉我，两个长度不等的摆，长线悬挂的摆是否振动频率较小呢？

沙格列陀：是的，如果它们的摆动与垂线距离相等的话。

同一个摆，不论其振动幅度有多大，振动频率都相同。

萨尔维阿蒂：哦，这没有关系，因为同一个摆不论长短（即不论它距离垂线多远），都是以相等的时间振动的。[①] 或者说，即使不完全相等，差别也感觉不到，实验会向你表明这一点。但即使时间相差很大，也会帮助而非阻碍我的论证。让我们作

① 正如伽利略所怀疑的那样，这一陈述只是近似正确。接下来的讨论再次显示了伽利略敏锐的观察能力和在解释物理现象上的聪明才智。

垂线 AB，从 A 点在 AC 线上悬挂重量 C，再在同一条线上更高的地方悬挂另一个重量 E。将 AC 线拉离垂线并放开，则重量 C 和 E 将分别经过弧 CBD 和 EGF，重量 E 由于悬挂的距离较小，而且如你所说，拉开的距离较小，将会较快地回来，振动频率比重量 C 更大。因此，它会阻碍 C 像在自由振动时那样回到 D 点那么远，而且每一次振动时对 C 都是一种阻碍，所以最终会使 C 停止。

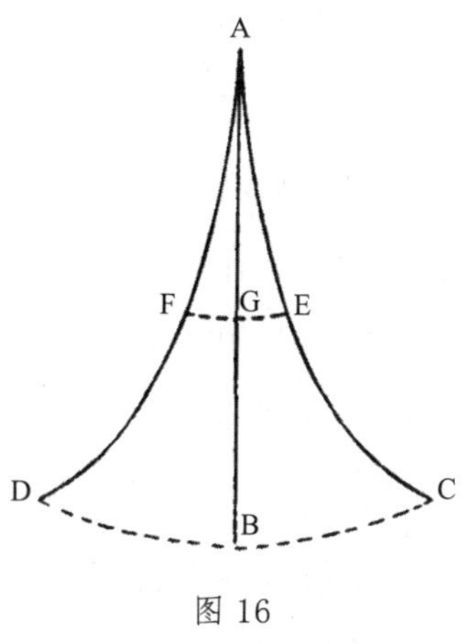

图 16

阻碍摆的振动并使之停止下来的原因。

将中间的重量移除，现在这根绳子本身也是许多有重量的
231 摆的复合体；这就是说，绳子的每一个部分都是这样一个摆，距离 A 点越来越近，因此振动频率越来越大，从而对重量 C 施加持续的障碍。我们观察绳子 AC 就可以看到这一点，因为绳子并不是紧拉的，而是拉成一个弧；如果我们不用绳子，而用一根链条，这一结果就可以看得更清楚，当重量 C 离垂线 AB 很远时尤其如此。链条由许多环节所组成，每一个环节都有重量，所以弧 AEC 和 AFD 看起来将会明显弯曲。因此，由于链条的各个部分离 A 点越近，振动频率就越大，所以链条的最低部分不可能像它自然振动时运动得那么远。随着重量 C 振动的持续减弱，即使除去空气的阻碍，振动也会最终停止。

悬挂摆的绳子或链条在振动时弯成一条弧线，而不是拉成直线。

沙格列陀：啊，两本书已经取来了。辛普利邱，你把书拿去，将相关部分找出来。

辛普利邱：在这里——作者先是反驳了地球的周年运动，然后开始反驳地球的周日运动。“哥白尼主义者断言地球的周年运动，所以不得不断言地球的周日运动；否则地球有一半将永远朝着太阳，而另一半则将永远处于阴暗之中。”因此，半个地球将永远见不到太阳。

萨尔维阿蒂：在我看来，从他开篇这几句话就说明这个人对哥白尼的立场并不很清楚；因为如果注意到地轴总是平行于自身，他就不会说半个地球永远见不到太阳，而会说一年就是一个太阳日。也就是说，地球的任何地方都将是 6 个月的白天，6 个月的夜晚，就像南北极附近的居民所看到的那样。不过我们姑且在这一点上放过他吧，看看他接下来怎么讲。

辛普利邱：他接着说：“地球的这种旋转是不可能的，我们是这样证明的。”接着是对下面附图的解释，图中画了许多下落的重物和上升的轻物，还有鸟儿在空中飞翔，等等。 232

沙格列陀：请让我看看。天哪，画得真漂亮；多漂亮的鸟儿，多美的球！还有另外这些美丽的东西是什么？

辛普利邱：这些是来自月亮轨道的球。

沙格列陀：还有这是什么？

辛普利邱：是一只蜗牛，这里威尼斯人称之为布沃里[①]；它也来自月亮。

---

① 布沃里（buovoli，现代意大利语为 bòvoli，一种可食用的蜗牛）。这段关于当时科学书籍中常见的雕刻版画中诸多无关内容的有趣叙述，突出了伽利略著作与它们的区别。这里我们可以看到严肃而朴素的现代科学论述风格的开端。在伽利略之前，这一风格实际上仅限于数学论著。

沙格列陀：噢，真的吗？难怪月亮对这些甲壳类水生物（我们称之为甲胄鱼类）有这么大影响。

辛普利邱：下面是我跟你谈到过的计算，即地球赤道上一点以及北纬 48 度上一点在 1 个太阳日、1 小时、1 分钟、1 秒钟之内所走的路程。接着是这样一段，我不知道过去复述时是否出了错，所以我们还是读一下："既已做出这些假定，如果地球做圆周运动，那么空中的所有事物必然做同样的运动，如此等等。因此，如果我们假定这些球具有同样的尺寸和重量，并且置于月亮轨道的凹陷里，让其自由下落，而且如果让球的向下运动等于圆周运动（而这并非实际情况，因为球 A，等等），则它们至少要下落（我们可以向我们的对手多做让步）6 天，在此期间，它们将环绕地球 6 次，等等。"

萨尔维阿蒂：你把这个家伙的反驳复述得非常忠实。辛普利邱，由此你可以看出，一个人要想让别人相信连他自己也不大相信的事情，该是多么谨小慎微啊！因为在我看来，这位作者不可能觉察不到他正在想象一个圆，其直径比圆周的 12 倍还要长，而在数学家们看来，则不及圆周的三分之一；这个错误使不到 1 的数值变成比 36 还要多。

沙格列陀：这些数学比例也许抽象地说是正确的，而在具
233 体运用于物理的圆时则并不完全符合。一个桶匠在确定桶底的半径时，确实在利用数学家们的抽象规则，尽管这些桶底都是物质的具体的东西。不过让辛普利邱借这位作者的话为自己开脱，请告诉我们，他是否认为物理学与数学之间的差别真有这么大？

辛普利邱：这个借口对我来说是不够的，因为变化太大了；

这里我只能说“智者千虑，必有一失”。[1]但就算萨尔维阿蒂的计算是更正确的，而且炮弹下落的时间不到三小时，在从相距遥远的月亮轨道落到地球的过程中，炮弹竟然具有一种自然倾向，让自己始终保持在它离开月亮时所位于的地球那一点正上方，而不落后一大截，这在我看来无论如何是令人惊讶的。

萨尔维阿蒂：这个结果可以说令人惊讶，也可以说根本不令人惊讶，而是自然而寻常的，这取决于以前发生了什么。如果按照这位作者的假定，炮弹待在月亮轨道上时，连同地球以及月亮轨道内所包含的其他一切，每24小时旋转一周，那么使炮弹在下落之前旋转的那个力，将在炮弹下落期间使它继续这样运动。而且炮弹非但不会跟不上地球的运动而必然落在后面，甚至会跑到地球前面，因为在炮弹接近地球的过程中，旋转运动不得不围绕越来越小的圆进行，所以如果它仍然保持在月亮轨道上的同样速度，它就会如我所说跑到旋转地球的前面去。

但如果炮弹在月亮轨道上并不旋转，则它在下落过程中就不会保持在下落开始时它所位于的地球那个点正上方。哥白尼和他的任何信徒都没有说过它会如此。

辛普利邱：可是你看，作者会反对的，他会问，这些有轻有重的物体的这种圆周运动依靠的是什么本原——无论是内在的本原还是外在的本原。

---

① quandoque bonus etc，原文为“Quandoque bonus dormitat Homerus”（荷马也有打盹的时候）。出自古罗马诗人贺拉斯的《诗艺》（Horace, *Ars Poetica*, 359）。

萨尔维阿蒂：就目前这个问题而言，我要说，使炮弹沿月亮轨道运转的那个本原也是使炮弹在下落期间保持这种运转的
234 本原。至于这一本原是内在的还是外在的，这位作者可以随意决定。

辛普利邱：这位作者会证明，它不可能是内在的或外在的。

萨尔维阿蒂：而我会回答，炮弹在轨道上并不运动，因此我没有义务解释为什么炮弹下落时要垂直地保持在同一点上方，因为它不会这样保持下去。

辛普利邱：很好，但由于重物和轻物不可能有一个内在或外在的本原使之运转，那么地球也不能做圆周运动了。这样我们就理解了作者的意思。

萨尔维阿蒂：我并没有说，地球的圆周运动既没有一个内在本原，也没有一个外在本原；我是说，我不知道它具有两者当中的哪一个。我不知道这个本原，但并没有能力消除这个本原。

但如果这位作者知道别的天体依靠什么本原做旋转运动，因为它们的确在运动，那么我说，那个使地球运动的东西与那个使火星和木星运动的东西类似，他还相信，正是这个东西推动了恒星天球。如果他告诉我，这些运动天体之一的推动力是什么，我就保证能告诉他，是什么东西使地球运动。此外，如果他能教我是什么东西使地球上的物体下落，我就能告诉他是什么东西使地球运动。[①]

① 可将这段话理解为，伽利略将下落的原因与行星运转的原因等同起来。它可能只意味着两者同样神秘，但考虑到这里的语境，也许可以认为，他觉得只要真正理解重力，就能理解行星的运动。

辛普利邱： 这种结果的原因是众所周知的；人人都知道它是重力。[1]

萨尔维阿蒂： 你错了，辛普利邱；你应当说，人人都知道它被称为“重力”。我问你的不是它的名称，而是它的本质，对于这个本质，你并不比对于推动星体运转的东西的本质了解更多。我只知道它叫什么名字，而这个名字是由于我们每天持续地经验它而变得家喻户晓的。但我们并不真正理解是什么本原或力使石头下落，也不真正理解石头离开抛射者的手之后是什么使它上升，或者是什么推动月亮运转。正如我所说，我们只是给第一种情况指定了一个较为具体和明确的名称“重力”，给第二种情况指定了一个较为一般的名称“印入的力”（virtù impressa），而给最后一种情况指定了“灵智”（intelligenza），要么“辅助”（assistente），[2] 要么“赋予形式”（informante）；就 235
像对于无数其他运动的原因，我们称之为“自然”。

对于使重物下落的东西和使星体运转的东西，我们同样不知道；关于这些原因，我们只知道赋予它们的名称。

辛普利邱： 在我看来，这位作者所问的要比你拒绝回答的少得多。他并没有问你那个推动轻物重物运动的本原叫什么，详细内容是什么；这些都不必去管，他只是问，你认为它是内在的还是外在的。例如，虽然我不知道土下落所凭借的重力是什么东西，但我的确知道它是一种内在的本原，因为土如果不

① 应当注意，这里的“重力”不同于牛顿以后对“重力”的理解，萨尔维阿蒂随后的话也证明了这一点。

② “辅助的灵智”是引导行星运行的天使；开普勒本人并未援引这些力量。“赋形的灵智”则是生命体内在的运动本原。“重力”一词与这类行话一道出现，说明这个词在当时是空洞的。

受阻碍，会自发地运动。与此相反，我知道那个使土向上运动的本原是外在的，虽然我不知道抛射者印在土上的力是什么。

萨尔维阿蒂： 如果我们想一一解决彼此关联的所有困难，我们得转移到多少问题上去！你称那个使重的抛射体向上运动的本原是外在的、异乎自然的（preternatural）、受迫的，但它也许与那个使抛射体下落的东西同样内在和自然。当抛射体与抛射者连在一起时，也许可以称之为外在的和受迫的；然而一旦与抛射者分开，还剩下什么外在的东西可以作为一支箭或一颗炮弹的推动者呢？必须承认，那个使之上升的力和使之下落的力是同样内在的。因此，我认为，重物因获得冲力而上升的运动与因重力而下落的运动是同样自然的。

使重物上抛的力与使物体下落的重性是同样自然的。

辛普利邱： 这一点我绝不承认，因为后者有一个自然而持久的内在本原，而前者则有一个有限而受迫的外在本原。 305

萨尔维阿蒂： 如果你不愿向我承认，重物向下运动和向上运动的本原是同样内在和自然的，那么如果我告诉你，这两个本原也可能是**同一个东西**（medesimo in numero），你会怎么做呢？

辛普利邱： 我请你来决定。

萨尔维阿蒂： 我偏要你来决定。请告诉我，你相信对立的内在本原能够存在于同一自然物之中吗？

对立的本原不能自然地存在于同一基体之中。

辛普利邱： 绝对不能。

236 **萨尔维阿蒂：** 你认为土、铅和金乃至一切很重的材料的自然内在倾向是什么？也就是说，你认为它们的内在本原会把它们引向何种运动？

辛普利邱：趋向重物中心的运动，也就是趋向宇宙的中心和地球的中心；如果没有障碍，它们就会被引到那里。

萨尔维阿蒂：这样说来，如果把地球钻个洞，穿过地心，将一颗炮弹扔到洞中，那么它将被其自然的内在本原推动到达地心，整个这种运动都是由一个内在本原自发做出的。这样说对吗？

辛普利邱：我认为是对的。

萨尔维阿蒂：但到达地心之后，你认为炮弹会越过地心，还是立即停在地心呢？

辛普利邱：我想它还会继续走很长一段路。

萨尔维阿蒂：那么这种越过地心的运动难道不是向上的运动吗，而且根据你刚才所说，它难道不是异乎自然的和受迫的吗？但除了那个使炮弹落到地心、你称之为内在和自然的本原之外，这种向上的运动还能凭借什么本原呢？我看你能不能找到一个外在的抛射者，再次超越炮弹将它向上抛出去。

自然运动变成了所谓异常和受迫的运动。

以上所讲关于穿过地心的运动情况，我们这里也能看到。例如一个斜面在底部向上弯曲偏斜，沿该斜面滚下的一个重物的内在冲力也将使物体向上滚动，而丝毫不会中断它的运动。用绳子悬挂的铅球离开垂线自动下落，凭借的是其内在倾向；到达最低点时并不停止，不靠什么附加的推动者就向上运动。我知道你不会否认，使重物下落的本原和使轻物上升的本原，对于这些物体来说都是同样自然和内在的。因此我请你考虑一下：一只木球受一种自然本原推动，从高处穿过空气落下，遇到深水时继续下落，即使没有别的什么外在推动者，也能沉下

去很长一段距离，但这种在水中的下沉对木球来说却是异乎自
237 然的。尽管如此，这种运动所依靠的本原对木球来说仍然是内在的而非外在的。由此可见，同一个内在本原可以使运动物体做相反的运动。

辛普利邱：我相信所有这些反驳都有答案，但我一时想不起来了。无论如何，作者进而问道，重物和轻物的这种圆周运动依靠的是什么本原，也就是说，依靠的是内在本原还是外在本原；接着他又证明，它既不可能是内在本原，也不可能是外在本原，他说："如果依靠的是外在本原，那么是上帝以持续的奇迹激发了它们吗？抑或是天使？或者空气？事实上，许多人都是这样指定原因的。但这是不对的……"

萨尔维阿蒂：不必费心去读他的反驳了，因为我并不属于把这里的本原归于周围空气的那种人。至于奇迹或天使，我倒倾向于这样看，因为任何始于神迹或天使安排的事情，比如把炮弹送到月亮轨道，也未必不可以通过同一本原来做到任何其他事情。但是就空气而言，我只觉得它是阻碍不了被认为在空气中运动的物体的圆周运动的。关于这一点，我只需指出(并不需要寻找更多)，空气做着和地球同样的运动，并以同样的速度运转。

辛普利邱：这位作者同样反对这一点，他问，是什么在推动空气运转，是自然的还是受迫的？接着，他否认自然是原因，说这与真理、经验和哥白尼本人的说法相矛盾。

萨尔维阿蒂：这肯定与哥白尼的说法不矛盾，哥白尼从未说过这样的话，这位作者将它归于哥白尼，只是出于过分客气。

哥白尼只是说（我觉得他说得很好），地球附近的空气更容易吸收地气，也许具有和地球同样的性质，所以自然地跟随地球运动。或者说，地球附近的空气也许会像逍遥学派所说的上层火元素跟随月亮轨道的运动一样，跟随地球运动。因此，这种运动是自然的还是受迫的，要由逍遥学派来解释。

辛普利邱：作者会回应说，如果哥白尼只让下层空气运动，238
而上层空气缺乏这种运动，那么静止的空气将不可能带动重物，使之跟随地球运动。

元素物体跟随地球运动的倾向范围有限。

萨尔维阿蒂：哥白尼会说，元素物体的这种跟随地球运动的自然倾向范围有限，在范围之外，这种自然倾向就停止了。此外，正如我所说，运动物体与地球分离时随地球运动，并非由空气带动。因此，这位作者用来证明空气不可能是这些结果的原因的所有反驳都是没有价值的。

辛普利邱：那样一来，如果这不是实际情况，我们将不得不承认，这些结果依赖于一个内在本原；针对这种立场，“产生了一些非常困难甚至无法解决的次要问题”，即“这种内在本原要么是一种偶然属性，要么是一种实体。如果是偶然属性，它能是什么呢？到目前为止，围绕一个中心改变位置这一性质还没有被任何人承认看到过”。

萨尔维阿蒂：他说没有被任何人看到是什么意思？是没有被我们看到吗？随地球一起运转的所有这些元素物质没有被我们看到吗？看哪，这位作者是如何把成问题的东西假定为真的！

辛普利邱：他是说这些东西没有被看到，我觉得他在这方面是对的。

萨尔维阿蒂：没有被我们看到，是因为我们在与这些东西一起运转。

辛普利邱：听听这里的另一个反驳："即使被看到，它怎么可能存在于那些相反的东西里呢？火里有，水里也有？气里有，土里也有？活的东西里有，死的东西里也有？"

萨尔维阿蒂：姑且假定水与火是相反的东西，气与土也是相反的东西（不过就这个主题还有许多可说），由此我们最多只
239 能说，它们不可能共同具有彼此相反的运动。例如，向上的运动自然属于火，就不能属于水，正因为水在本性上与火相反，所以水的固有运动与火的固有运动自然相反；水的运动将是向下的。但圆周运动既不与向上的运动相反，也不与向下的运动相反；事实上，正如亚里士多德本人所断言的那样，圆周运动可以与这两种运动的任何一种混合在一起。因此，为什么圆周运动不能同样地属于重物和轻物呢？

其次，活的东西和死的东西不可能共有的最多是那些依赖于灵魂的东西。就身体是元素的因而共有元素性质而言，身体难道不必定是尸体和活体所共有的吗？因此，如果圆周运动属于元素，那它必定也为元素复合物所共有。

沙格列陀：这位作者一定相信，如果死猫从窗外掉下去，那么活猫就不可能也掉下去，因为共享适合于活体的性质，对于尸体来说并不是一件合适的事情。

萨尔维阿蒂：因此这位作者的论证并不令人信服，他反对的那些人说，重物和轻物的圆周运动的本原是某个内在事件。

我不知道他在多大程度上证明了这不可能是一种实体。

辛普利邱：关于这一点，他提出了许多论证进行反驳，其中第一条反驳是这样的："如果是后者（即如果你说这个本原是一种实体），那么它或者是物质，或者是形式，或者是两者的复合。但事物如此多样的本性同样让人受不了；比如鸟、蜗牛、石头、箭、雪、烟、雹、鱼，等等；所有这些尽管种类各异，但凭借自己的本性都能做圆周运动，而它们的本性又如此多样，等等。"

萨尔维阿蒂：如果上述这些东西是自然多样的，而自然多样的东西不可能有共同的运动，那么为了适应所有这些东西，必须设想不止两种运动，不能只是向上和向下这两种。如果要 240
给箭找到一种运动，给蜗牛找到另一种运动，给石头找到又一种运动，给鱼类再找到一种运动，那么你也要考虑蠕虫、黄玉和蘑菇，这些东西与雹和雪一样，在本性上大相径庭。

辛普利邱：你似乎把这条论证当成了玩笑。

萨尔维阿蒂：根本不是，辛普利邱；但我之前已经答复过它了。也就是说，如果向上或向下的运动适合上述事物，那么圆周运动也能适合它们。身为逍遥学派的信徒，你难道不认为，一颗元素彗星[①]与一个天体的差异，要大于一条鱼与一只鸟的差异吗？然而，彗星和天体都做圆周运动。

现在来看他的第二条论证。

辛普利邱："如果地球因上帝的意志而停下来，那么其余这些东西是否旋转呢？如果不旋转，那么说它们自然地旋转就是

① 按照亚里士多德以来的希腊物理学传统，慧星被认为是月下天的现象，故由四元素组成，属于"元素物体"（elemental body）。

错的。如果旋转，那么之前那些问题又会再次出现；倘若海鸥不能在小鱼上方盘旋，云雀不能在其巢上盘旋，乌鸦不能在蜗牛和岩石上盘旋，即使想做也做不到，那岂不是咄咄怪事吗？”

萨尔维阿蒂：我只能给出一般性的回答：倘若地球因上帝的意志而停止其周日旋转，则鸟儿将根据同样的上帝意志，要它们怎样就怎样。但如果这位作者想要更详细的回答，那么我会说，倘若地球因上帝的意志而出乎预料地急速运动，所有这些东西都保持在空中而与地球分离，则它们的动作将与原来完全相反。至于在那种情况下会发生什么，要由这位作者告诉你了。

沙格列陀：萨尔维阿蒂，我请求你同意这位作者的说法，即地球若因上帝的意志而停止，那些与地球分离的东西将继续以其自然运动旋转，让我们看看这样会导致怎样的不可能或不方便。因为我本人看不出还有什么混乱能比这位作者所引起的更大了；你看，云雀虽然想停留在自己小窝上方也做不到，
241 乌鸦也不能停留在蜗牛和岩石上方，乌鸦也不得不抑制自己吃蜗牛的欲望，而由于不再能被妈妈投喂或抚养，小云雀会死于饥寒。根据这位作者的表述，我可以推出这么多祸患。辛普利邱，你看看还会惹出什么更大的乱子？

辛普利邱：我发现不了什么更大的乱子，但可以认为，出于对大自然的深深尊敬，作者即使发现大自然中的其他混乱，也不愿提出来。

我继续讲第三条反驳：“此外，这些东西既然如此多样，为何只能沿着与赤道平行的方向自西向东运动？而且为何总在运动，从不停止？”

萨尔维阿蒂：它们沿着与赤道平行的方向自西向东运动，从不停止，就像你相信恒星沿着与赤道平行的方向自东向西运动，从不停止一样。

辛普利邱：“为什么越高就越快，越低就越慢？”

萨尔维阿蒂：因为在一个绕心自转的球或圆上，在同一时间内，较远的部分描出较大的圆，较近的部分描出较小的圆。

辛普利邱：“为什么离赤道面较近的东西绕的圈子较大，离赤道面较远的东西绕的圈子较小？”

萨尔维阿蒂：这是为了模仿恒星天球，在恒星天球中，离赤道面较近的东西比离赤道面较远的东西绕的圈子更大。

辛普利邱：“为什么同一个球在赤道面上以难以置信的速度沿着大圆绕地心旋转，而在极点却只绕自己的中心转圈，没有任何运转，且慢得不能再慢呢？”

萨尔维阿蒂：这是在模仿天穹上的星辰，如果它们做周日运动，就会是这种情形。

辛普利邱：“为什么同一个东西，比如一只铅球，一旦描出 242
地球的大圆，不是沿着同一个大圆到处走，而是在离开赤道面时沿较小的圆运动？”

萨尔维阿蒂：因为某些恒星会是这样（或者按照托勒密的学说，的确是这样），它们曾经离赤道面很近，描出很大的圆，而现在离赤道面很远，描出较小的圆。

沙格列陀：啊，若能将这些美妙的东西铭记在心，我会认为自己很了不起！辛普利邱，你务必要把这本小书借给我，因为其中定有许多奇谈怪论。

辛普利邱：我把这书送给你好了。

沙格列陀：啊，不要，不是这个意思，我绝不夺人所好。不过，那些提问完了没有？

辛普利邱：没有。你听听这一条：“如果圆周运动对于重物和轻物都是自然的，那么沿直线的运动是怎样的呢？如果是自然的，那么绕心的旋转运动既然与直线运动在类型上完全不同，又怎么能是自然的呢？如果是受迫的，那为什么一支向上飞出的火箭会与地球相隔一段距离在我们头顶上方闪耀，而不是旋转呢？如此等等。”

313

我们看不到混合运动的圆周部分，因为我们也参与其中。

萨尔维阿蒂：我们已经多次说过，圆周运动对于整体，或者对处于最佳排列的各个部分来说，都是自然的；直线运动是使无序的部分恢复秩序的运动。虽然最好是说，这些部分不论有序还是无序，都从不做直线运动，而是做一种混合运动，甚至就是一个普普通通的圆，但这种混合运动只有一个部分能被我们看到和观察到，那就是直线部分；剩下的圆周部分始终觉察不到，因为我们也参与这种运动。火箭就是如此，它既向上
243 运动，又做圆周运动，但我们区分不出这种圆周运动，因为我们也在和它一起运动。但我并不认为这位作者理解这种复合，因为你看他多么言之凿凿地说，火箭走的是直线，根本不旋转。

辛普利邱：“为什么一个下落球体的中心在赤道面的赤道上方描出一条螺旋线，而在其他纬度上则描出一条圆锥螺旋线？为什么它沿极点处的轴下落时，走的是一条围绕圆柱面的旋转线呢？”

萨尔维阿蒂：因为在重物下落的线路中，即从球心向球体

圆周所引的许多线中，过赤道的那条线描出了一个圆，过其他平行线的描出了圆锥面，而轴则没有描出其他任何东西，而是保持自身。如果非要告诉你我的真实想法，我要说，所有这些要取消地球运动的质问，我都无法解释。因为如果我要问这位作者（就算地球不动），如果地球的确按照哥白尼所认为的那样运动，在所有这些情况下会发生什么，那么我确信他会说，所有这些结果都会继续发生，而他却急于把这些结果当作反对地球运动的障碍提了出来。因此在这个家伙心中，必然推论都被视为荒谬了。

不过如果他还有什么反驳的话，请快点提出来，好让我们结束这种令人厌倦的讨论。

辛普利邱：下面这条是反对哥白尼及其追随者的，他们认为，与整体分离时，各个部分的运动只是为了使之与整体再次结合，而圆周运动对其周日旋转来说是绝对自然的。在反对这一点时，这位作者指出，在这些人看来，“如果整个地球连同水都归于消灭，那就不会有雹或雨从云上落下，而只能被自然地带着旋转；也不会有什么火或燃烧的东西上升，因为按照他们并非不可能的[①]看法，天上是没有火的”。

萨尔维阿蒂：这位哲学家的远见卓识令人钦佩，值得大加 244
赞扬。他并非满足于思考自然进程中可能发生的一些事情，而是力图防备一些闻所未闻的事情在某些情况下出现。好吧，为

① 这里“并非不可能”的意思是“并非不可信，但还是不正确”。关于亚里士多德对类比论证的讨论，见《论天》（Aristotle, *De Caelo* II, 13,29Sb, 16 ff.）。

了听到一些精辟而深奥的观点，我愿意向他承认，如果地球和水都归于消灭，就不会再有雹或雨落下来，也不会有燃烧的物质上升，而只会继续运转。就算如此，那又怎么样呢？这位哲学家对我有什么回应呢？

辛普利邱：紧接着就是他的反驳。在这里："然而，这是经验和理性都驳斥的。"

萨尔维阿蒂：现在我只好放弃了，因为他的优势比我大得多，我没有他那些经验。因为到目前为止，我从未见过地球和整个水元素全都消灭掉，因此也无从看到雹和水在这场小灾难中会怎么样。但为了给我们提供消息，他至少会告诉我们这些东西会怎么样吧？

辛普利邱：他没有再说什么了。

萨尔维阿蒂：我真巴不得能和这个家伙聊一聊，我想问问他，地球消失以后，共同重力中心是不是像我所认为的那样也消失了。那样一来，我认为雹和水会茫然无措地留在云层当中。情况也可能是，地球离去后留下了这么大的空间，周围的一切事物都会变得稀薄（尤其是极容易被分散的空气），并以很大的速度将这个空间重新填满。也许更为坚实的物体，比如鸟（因为有理由相信空中会有许多鸟），会更加趋向这个巨大空间的中心，因为体积较小而包含物质较多的物体似乎可能被赋予较为有限的空间；在那里，它们终因饥饿而死并化为尘土，会形成一个新的小地球，这个地球上的水就像那时云中所含的水一样，是非常之少的。

情况也可能是，同样的物质对光不敏感，不会发现地球的离去，而会和往常一样盲目下落，以期遇到地球；这样一步步地落下去，它们就会到达中心，也就是如果地球不去阻挡，它们就要去的地方。

最后，为了给这位哲学家一个较为明确的回答，我要告诉 245
他，我对地球消灭之后情况的了解，和他对地球受造之前地球及其周围即将发生的情况的了解一样多。我确信他会说，他对接下来所要发生的事情连想象都无法想象，因为只有经验才能让他知道这一点，因此，他应当原谅我不像他对地球消灭之后所要发生的事情了解那么多，因为我缺乏他所拥有的那些经验。

现在请告诉我，还有别的什么吗？

辛普利邱：这里有张图，画的是地球，地球的中心是一个充满空气的巨大腔洞。为了表明重物不像哥白尼所说是为了和地球相结合而下落，他将这里的这块石头置于中心，并问如果放手，它会怎样。他又把另一块石头置于这个巨大腔洞的凹面上，并且做出和第一块石头同样的追问："被置于中心的石头要么上升到地球的某一点，要么不上升。如果不上升，那么与整体分离的部分会回到整体就是错的。如果上升到地球的某一点，那将与所有理性和经验都矛盾，重物也不会静止于它的重力中心。如果那块悬着的石头释放后落到中心，它将与整体分离，这与哥白尼说的相反；如果仍然悬着，这将与所有经验相反，因为我们看到整个拱形都垮塌了。"

萨尔维阿蒂：我可以回答，尽管我的地位非常不利，因为我在这个人的掌握中，他从经验中了解到这些石头在这个巨大

腔洞里会发生什么事情，而这是我从未见过的。我要说，我相信重物在有共同重力中心之前就存在了；因此，它不是一个能
246 把重物引向自身的中心（它只是一个不可分的点，所以不能起作用），而只是这些物质自然地共同趋向于一个结合点，从而产生一个共同的中心，动量相同的那些部分就是围绕这个中心进行排列的。由此我认为，将重物聚集成的大块物质移动到任何位置，与整体分离的那些小块会跟上去；如果不受阻碍，只要碰到比自身轻的东西，这些小块就会钻进去。但一碰到更重的物质，它们就不再下落。因此我认为，在这个充满空气的腔洞里，整个拱顶会向内挤压，而且只要空气的重量不会压垮拱顶的硬度，拱顶就会用力顶住空气。但我相信，分离的石头会降到中心，而不会浮在空气上方。也不能因此就说它们不移向其整体，因为一切属于部分的东西如果不受阻碍，都会移向整体所去的地方。

重物在有那个重力中心之前就已经存在。

将重物聚集成的大块物质进行移动，其分离的小块会跟上去。

辛普利邱：现在还有一点要提，就是他注意到哥白尼的一个追随者犯了个错误，这人认为地球的周年运动和周日运动就像一个车轮既沿着地球的圆运转又绕轴自转，这就使地球太大或轨道太小了，因为赤道的 365 次旋转要比地球轨道的圆周小得多。

萨尔维阿蒂：请你注意不要含糊其词，把小册子里的话说反了。小册子里一定是说，这位作者使地球太小或轨道太大，而不是使地球太大或轨道太小了。

辛普利邱：我没有说错，你看书里就是这样写的：“他没有看到，他要么使地球的周年轨道比固有的更小，要么使地球远

比合适的更大。”

萨尔维阿蒂：我无从知道原作者是否搞错了，因为这本小册子的作者并没有确认他的身份；但不论原来那位哥白尼追随者是否搞错了，这本小册子的错误确实明显且不可原谅，因为
其作者犯了这样严重的一个错误都没有注意或改正。[①] 但我们 247
还是把这看成一种疏忽而原谅他吧。此外，如果我对致力于所有这些琐碎的争论、把时间浪费在这些漫无目的的东西上还没有感到厌倦，我可以表明，要用一个不是转动 365 次而是转动不到 20 次的像车轮那么大的圆来描出或度量地球轨道的周长，甚至是比它大一千倍的周长，这并非不可能。[②] 我这样说是为

用一个小圆转动许多次来度量或描出一条比给定的圆更大的线，是完全可以做到的。

① ［这里错误被归于小册子的作者，但其实错不在他。——伽利略在自己副本中的脚注］

该注释谈到的相当令人困惑的易位也许可以解释如下：

1. 那位不知名的哥白尼追随者将地球的两种运动与滚动的车轮进行类比；

2. 小册子作者嘲笑他没有看到，这种类比需要地球比现在大得多，或者地球轨道比哥白尼认为的小得多；

3. 萨尔维阿蒂认为作者的推理是这样的：哥白尼主义者必须接受哥白尼对地球及其轨道的测量，这就使前者太小而后者太大，从而无法使用其车轮类比；

4. 书中这段话确证了萨尔维阿蒂的误解；因为他没有看上下文，只是看到“更小”和“更大”这两个词，认为和辛普利邱说的一样。他曾经发现同一作者所犯的严重错误，故认为这只是该作者所犯的又一个严重错误。

5. 直到《对话》出版，伽利略才明白作者的真实意思，遂在自己的副本中以脚注形式加以注释。

② 这句话似乎很荒谬，除非萨尔维阿蒂只是指一个在滚动时同时也在滑动的圆。如果直截了当地说，这种可能性即使对辛普利邱来说也是显而易见的。但伽利略相信他有一个微妙的证据，证明这种效应可以在不涉及滑动的情况下发生（可参见其《两门新科学》）。

了表明，虽然这位作者指出了哥白尼的这个错误，但还有不少精妙的论点比它重大得多。现在我请求你，让我们喘口气吧，然后看看哥白尼的另一位哲学对手说了什么。

沙格列陀：哎呀，我也想喘口气，我的耳朵已经疲惫不堪。倘若认为从另一位作者那里听不到什么更高明的说法，我真想拔腿就走，坐条小船透透气。

辛普利邱：我相信你会听到更强有力的论证，因为这位作者是个技艺高超的科学家，也是位大数学家。他在彗星和新星问题上驳斥过第谷。

萨尔维阿蒂：难道他就是写《反第谷论》的那位作者？

辛普利邱：正是同一个人。不过他就新星所做的反驳不在《反第谷论》中，在那本书里，他只是证明这些新星并不有损于天界的不变和不生不灭，就像我以前告诉你的那样。写完《反第谷论》之后，他借助视差发现可以证明新星也是元素物体，而且都包含在月亮轨道之内，于是又写了一本书，即《论三颗新星》(*De tribus novis stellis, etc.*)，[①] 在这本书里，他也插入了一些反哥白尼的论证。我以前告诉你的是他在《反第谷论》中关于新星的说法，在那本书里，他并不否认新星在天界，但证明新星的产生并不影响天界的不变性。他采用的乃是我向你描述过的一种纯哲学论证；我当时没有想到要告诉你，他后来如何找到了一种方法将新星移出天界。由于他是通过我知之甚

① 原标题为“*De tribus novis stellis quae annis 1572, 1600, 1609 comparuere*”(Cesena, 1628)。作者为前文注释中提到的《反第谷论》的作者基亚拉蒙蒂。

少的计算和视差进行驳斥的，所以我没有读，而只研究了对地 248
球运动的那些纯物理的反驳。

萨尔维阿蒂：我完全懂得；我们听了他对哥白尼的反驳之后，应当可以断定或至少可以看出，他是如何借助视差来证明这些新星是元素物体的。那么多大名鼎鼎的天文学家都把它们列入天穹上最高的星辰，所以如果这位作者制止这一方案，将这些新星从天界一直向下拉到元素天球，那他的确值得大加赞扬，甚至值得被奉若星辰，至少让他在星辰当中永享荣名。

但我们还是继续这第一部分，看他怎样反对哥白尼的观点；先提出他的反对意见。

辛普利邱：这些反对意见很啰嗦，不必逐字逐句读。我已经用心读过多次，你看，我在页边标出了包含论证主要部分的字句，只要读读这些就够了。

320

在哥白尼的学说中，哲学的标准遭到了破坏。

第一条论证是这样开始的："首先，如果我们接受哥白尼的观点，那么科学本身的标准即使不是完全颠覆，也会大大动摇。"他所谓的标准是指，感觉和经验应当作为我们做哲学的向导，各派哲学家都是这样认为的。然而根据哥白尼的立场，虽然我们分明看到，重物在近处非常清晰的介质中是竖直下落的，但感官仍然在很大程度上欺骗了我们。按照哥白尼的说法，即使在这样明显的情况下，视觉也终究欺骗了我们，运动根本不是直的，而是直线与圆周的混合。

萨尔维阿蒂：这是亚里士多德、托勒密及其所有追随者提出的第一条论证，对此我们已经做了充分回应，并且表明它是一种谬误推理。我们已经解释得很清楚，我们和运动物体所共有的这种运动仿佛并不存在似的。但由于正确结论可以得到许多事物的支持，为了这位哲学家，我想再补充几条。辛普利邱，你应当站在他一边，代表他回答我的问题。

共有的运动仿佛并不存在似的。

249 首先请告诉我，石头从塔顶落下时对你有什么影响，你何以觉察到石头的运动？因为与石头静止于塔顶相比，如果石头的落下对你并没有产生什么新的或不同的影响，你肯定不会觉察到石头的下落，或者区分出它的运动和静止不动。

竖直落体论证以另一种方式遭到反驳。

辛普利邱：我是相对于塔身才觉察到石头下落的，因为我时而看见石头在塔身某一标记旁，时而看见它在更低的一个标记旁，以此类推，直到发现它与地球合在一起。

萨尔维阿蒂：那么，如果石头是从飞鹰的爪子丢下的，并且穿过了看不见的空气，你就没有什么看得见的稳定之物可与之比较了，那样一来，你就觉察不到石头的运动了吧？

辛普利邱：即使这样，我也能觉察到；石头很高时，我得抬头看它，石头落下时，我得低头看它；总之，我得跟着石头不断移动我的头（或眼睛）。

如何认识到落体的运动。

萨尔维阿蒂：这个回答是对的。当你的眼睛一动不动而能看见石头总在你面前时，你就知道石头处于静止。当你必须移动你的视觉器官即眼睛才能看见石头时，你就知道石头在运动。因此，每当你眼睛不动就能持续看见一个物体的同一侧面，你就总是判断该物体静止不动。

眼睛的运动向我们暗示观察对象的运动。

辛普利邱：我相信必然如此。

萨尔维阿蒂：现在想象你在船上，眼睛盯着帆桁上一点。你认为由于船行进得非常轻快，为了始终盯着帆桁上那一点并且跟随它的运动，你必须移动你的眼睛吗？

辛普利邱：我确信无需做任何变化；不仅是我的眼睛不必移动，而且无论船如何行进，如果我在船上用一支火枪瞄准，我也无需将它移动分毫。

萨尔维阿蒂：之所以如此，是因为船把赋予帆桁的运动，也赋予了你和你的眼睛，因此为了盯着帆桁顶部，你的眼睛无需移动分毫，这样帆桁在你看来就是不动的了。[从你的眼睛到帆桁的视线，就像在船的两端系的一根绳子。在不同固定点
之间可以系上百条绳子，不论船在行进还是停止，每条绳子都 250
会保持原位。]

现在将这一论证用于地球的旋转和被置于塔顶的石头。你之所以察觉不到石头的运动，是因为你和石头一样从地球那里得到了跟随塔身所要求的运动；你无需移动眼睛。其次，如果你给石头加上一个石头所特有、而你并不参与的向下运动，该运动与这一圆周运动混合起来，那么石头和你的眼睛所共有的运动的圆周部分仍然是觉察不到的。你只能感觉到直线运动，因为你必须向下移动眼睛才能跟上它。

实验表明，共同运动是觉察不到的。

我希望能告诉这位哲学家，为了免除他的错误，等他什么时候出去航行时带上一只非常深的罐子，里面装满水，事先准备好一个用蜡或别的什么材料制成的小球，在水里会下落很慢，所以一分钟内连 1 码都沉不下去。然后让船尽可能快地行驶，每分钟走 100 码以上，把小球轻轻浸入水中，让它自由下落，并认真观察它的运动。从一开始，他会看到小球直着落到罐底的某个地方，这个地方就是船静止不动时小球会落到的地方。

在他看来，小球的运动相对于罐子是笔直和垂直的，但谁都不能否认，小球的运动是直线运动（向下）与圆周运动（围绕水元素）的复合。

你看，发生这些事情的运动是不自然的，我们所能做实验的材料也处于静止状态或沿相反方向运动，但我们从现象上看不出任何差别，因此我们的感官似乎受了欺骗。既然如此，关于地球，我们又能觉察到什么差异呢，因为地球不论处于运动或静止，总是处于相同的状态。如果地球永远处于运动和静止这两种状态中的一种，我们又几时能够通过实验发现，处于运动和静止的不同状态的这些位置运动事件之间有什么差别呢？

沙格列陀：这些论证让我的胃口感到好受些了，之前那些鱼和蜗牛使我有点恶心。这第一条论证使我想起对一个错误的
251 纠正，这个错误很像真理，我想一千个人里也未必会有一个人质疑它。那次我乘船去叙利亚，我们的院士朋友给了我一架他不久前设计出来的极好的望远镜。我向海员们建议，利用望远镜在前桅楼探查和识别遥远的船只，对航海会大有裨益。他们赞同我的建议，但认为由于船身不断颠簸，使用起来比较困难，特别是在颠簸更厉害的桅顶；最好是在桅脚使用，这里比船上其他地方颠簸小一些。我同意这种看法（因为我不想掩盖我自己的错误），一度没有回答，我也不知道如何告诉你我究竟为什么总是考虑这个问题。最后我意识到了我的愚蠢（因此是可以原谅的），我把错误的承认为正确的。我的意思是说，认为前桅楼比桅脚颠簸得更厉害，所以更难用望远镜来发现目标，这是错误的。

详论在桅顶和桅脚使用望远镜是否同样容易。

萨尔维阿蒂：我会赞成海员们的看法和你的第一印象。

辛普利邱：我也会这样，现在仍会如此；就算我把它考虑一百年，我相信也不会有不同看法。

沙格列陀：那么，我总算能给你俩传授些东西了。我觉得提问非常有助于阐明事情，而且，你还可以对你的伙伴进行追问，让他讲出自己从不知道自己知道的东西，所以我准备用这种手法。首先我假定，你试图发现和识别的那些船只、战舰都离得很远，比如在 4 英里、6 英里、10 英里或 20 英里外，因为识别近处的船不需要望远镜，而在 4 英里或 6 英里或更远的距离，用望远镜很容易看到整个船。现在我要问，船的颠簸会使前桅楼做多少运动和什么样的运动？

因船的起伏而产生的不同运动。

萨尔维阿蒂：我在想象一只向东行驶的船。起初，在一片宁静的海面上，船除了这种行驶之外没有其他运动。加上波浪的起伏，会有一种运动使船头和船尾此起彼落，并使前桅楼前 252
倾后仰。使船身倾斜的其他波浪会使船桅左右摇摆。有的时候，还有一些波浪则可能使船转向，使帆桁改变方向，比如说从正东转向东北，再转向东南。更有一些波浪从下面把龙骨顶起来，可能使船上下起落而不改变航向。总之，我认为这里会有两种运动：一种运动改变望远镜的角度，另一种运动可以说改变望远镜的校准而不改变其角度——也就是使镜筒始终与望远镜平行。

船的摇摆使望远镜发生的两种变化。

沙格列陀：再请告诉我，如果先把望远镜对准大约 6 英里外布拉诺（Burano）的塔，然后把它向左或向右、向上或向下移动手指甲那么大的宽度，这对它瞭望的那座塔会有什么影响？

萨尔维阿蒂：这会使塔立刻从视野中消失，因为这种偏斜虽然小，在那里却可能意味着偏出去很多码。

沙格列陀：但如果不改变角度（使镜筒始终与望远镜平行），而只是把望远镜向左或向右、向上或向下移动10码或12码，这对塔会有什么影响？

萨尔维阿蒂：那是绝对觉察不到的，因为这里的空间和那里的空间都包含在平行的光线之间，所以这里的变化和那里的变化必定相等；由于望远镜揭示的那边的空间可以包含许多座这样的塔，所以这座塔绝不会从视野中消失。

沙格列陀：现在回来谈这只船，我们可以毫不犹豫地断言，不论望远镜向左或向右、向上或向下、向前或向后移动甚至20码或25码，只要保持望远镜总是平行于自身，我们的视线与观测对象之间的偏离就不会超过这25码。由于在8英里或10英里的距离之外，望远镜的视野要比看到的船只体积大得多，所以这样小的变化不会使之消失在视野中。于是，观测对象的消失只可能源于望远镜角度的变化；而船的上下左右摇摆所导致的望远镜偏斜不会有许多码。

253 现在假定有两架望远镜，一架系在船桅下半部，另一架不是系在下桅盘上，而是系在主桅楼上，甚至系在悬挂三角旗的上桅上；两架望远镜都指向10英里外的一艘船。请告诉我，你是否认为，无论船怎样颠簸，在角度变化上，上面的镜筒要大于下面的镜筒。当一个浪头把船首抬起来时，船桅的最高点可能比桅脚多后退30码或40码，我们会看到，上面的镜筒要后退这个量，而下面的镜筒则只走了1英尺，但在角度变化上，上面的望远镜和下面的望远镜是一样的。同样，一个从侧面打来的浪头使上面的望远镜向左或向右移动的距离将是下面望远镜的 100 倍，但两架望远镜的角度则要么没有改变，要么做同等的改变。所以你看，虽然角度变化给瞭望遥远的对象造成了很大障碍，但船沿上下左右前后的颠簸并不会给瞭望造成明显障碍。因此必须承认，在桅顶使用望远镜并不比在桅脚使用望远镜更加困难，因为角度变化在这两个地方都是一样的。

萨尔维阿蒂：在肯定或否定一条陈述之前，我们应该多么小心翼翼啊！我再说一遍，倘若有人断然宣称，由于桅顶比桅脚动得更厉害，在桅顶使用望远镜要比在桅脚难得多，任何人听到这种说法都会信服的。因此，有些人明明看到炮弹沿直线下落，却不愿承认它必定绝对这样运动，而硬要把它的运动说成沿着一条越来越倾斜的弧线，有些哲学家对这些人感到绝望或火冒三丈，我对这些哲学家也不想计较了。

好了，就让那些人难受去吧，我们听听这位作者还对哥白尼提出了什么反驳。

地球的周年运动必然会引起持久的狂风。

辛普利邱：这位作者进而指出，在哥白尼的学说中，感觉必须被否认，甚至连最明显的感觉也要否认。例如，我们能感到一阵微风吹来，但并不因此就能感到一阵速度为每小时 2529 英里以上的狂风的持久冲击，情况就是如此。因为他细心地算
出，这就是地心沿着**大圆**圆周做周年运动时每小时走过的距 254
离；因为正如他所说，在哥白尼看来，“周围的空气随着地球在动；然而空气的运动虽然比最迅速的风还要快，却是我们觉察不到的，我们会认为它很平静，除非出现其他运动。如果这不

是感觉的欺骗，那什么是呢？"

萨尔维阿蒂： 这位哲学家一定相信，哥白尼所说的带着其周围的空气、绕其轨道圆周运转的地球，并不是我们所居住的这个地球，而是另外某个单独的地球；因为我们这个地球以其自身的速度运转时，也带着我们和周围的空气一起运转。一个人想要追击我们，但我们跑得和他一样快，我们怎么会感到他的追击呢？这位先生忘了，被带着运转的不仅是地球和空气，也有我们；因此，与我们接触的总是同一部分空气，它不可能吹到我们。

空气总是以同一部分与我们接触，不会吹到我们。

辛普利邱： 根本不会；请看紧接着这句话："此外，由于地球的转动等，我们也被带着转动。"

萨尔维阿蒂： 现在我既没法帮他，也没法原谅他。辛普利邱，你得原谅他这一点，并帮助他摆脱困难。

辛普利邱： 眼下，我一下子想不出什么让人满意的辩护。

萨尔维阿蒂： 那么，你今天晚上考虑一下，明天为他辩护这一点。现在我们来听听他的其他反驳。

辛普利邱： 同一个反驳还在继续，表明在哥白尼看来，一个人必须否认自己的感觉。因为使我们随地球运转的这个本原要么内在于我们，要么外在于我们，仿佛被地球拽着走。如果是后一种情况，那么既然我们并未感觉到被拽着走，那就不得不说，我们的触觉并未感觉到其相关对象，对它的印象也没有作用于我们的意识。但如果这个本原是内在的，我们将不会感到一种源于我们自己的位置运动，也永远觉察不到我们身上一直附有一种倾向。

根据哥白尼的方法，一个人必须否认自己的感觉。

萨尔维阿蒂：因此，这位哲学家的反驳就是强调，使我们 255
和地球一起转动的本原，不论是外在的还是内在的，都应被我们感觉到；既然我们感觉不到，那它就既不是外在的，也不是内在的。因此，我们不动，地球也不动。我要说的是，不论它是外在的还是内在的，我们都不会感觉到。至于它是外在的这种可能性，船上的实验已经足够消除任何困难了。因为我们既能随意使船移动，也能使之静止不动，并能准确观察，我们能否通过在触觉上感受到的差别来查明船是否在运动。既然我们尚未发现这种差别，那么地球运转与否仍然不为我们所知，又有什么奇怪呢？地球也许一直在带着我们运转，因此我们从来没能以静止的地球设计出什么实验来。

我们的运动可能是内在的，也可能是外在的，但我们不会知道，也不会感觉到。

328

辛普利邱，我知道你曾多次从帕多瓦乘船，而且如果你承认事实的话，你从未感到参与船的运动，除非船因为搁浅或碰上什么障碍而停下来，你和其他乘客不小心跌倒时，才会有所觉察。地球也只有在碰上什么障碍时才会停下来，我可以向你保证，当你被体内的冲力抛向星辰时，你会觉察到这种冲力。

船内的人不可能通过触觉感觉到船的运动。

诚然，你可以通过别的感觉连同推理来觉察船的运动，比如通过视觉，你看到与船分开的田里的竿子和房屋似乎在朝相反的方向运动。如果你想通过这种经验来确信地球的运动，我可以告诉你去看看那些星辰，它们出于同样理由在你看来也朝相反的方向运动。

船的运动可以通过视觉连同推理而觉察到。

地球的运动可以从星辰得知。

其次，倘若因为感觉不到这种本原（如果它是内在的）而感到诧异，那更是没有道理；如果我们感觉不到一种外来的、时常不存在的类似运动，为什么当这种运动不变地持续存在于我们内部时，我们应当感觉到呢？

那么，他关于这第一项论证还说了什么吗？

辛普利邱： 有这样一点点怨言：“根据这种观点，我们不得
256 不怀疑，我们的感官在判断近在手边的可感事物上是完全不可靠或愚蠢的。既然这种官能如此靠不住，我们又能指望找到什么真理呢？”

萨尔维阿蒂： 哦，我还指望从中导出更加有用和确定的准则来呢，我们要学得更慎重些，不要过分相信感官呈现给我们的第一印象，因为感官很容易欺骗我们。我希望这位作者不必大费周折，试图让我们通过感官来理解，这种落体运动是简单的直线运动，而不是其他种类的运动，也不要因为这样清楚明白的事情被人质疑而发火或抱怨。因为这样一来，他就在暗示自己相信，说落体运动根本不是直线运动而是圆周运动的那些人似乎看到石头走的是一条弧线，因为他要求人们运用自己的感官而不是理性来澄清结果。辛普利邱，这不是事实；我从未见过，也不指望看见，石头除竖直下落之外还会以别的方式下落，同样，我相信它在别人眼中也会如此（在这两种意见之间我是不偏不倚的，我不过是作为我们这些戏剧中的一个角色来扮演哥白尼罢了）。因此，我们最好是把我们都同意的表象放在一边，用理性的能力来确证其真实性或揭示其谬误吧。

沙格列陀： 在我看来，这位哲学家要比这些学说的大多数追随者高出一筹。我若有机会见到他，会告诉他一件事以表示我的尊敬；这件事他肯定见过许多次，由这件事（和我们讲的完全一致）我们可以懂得，一个人是多么容易受到简单的表象

或者说感官印象的欺骗。它是这样的：那些走夜路的人看见月亮仿佛跟着他们走似的，沿着屋檐滑动，快慢也和他们一样。在他们看来，月亮在屋檐上就像一只猫真的沿着瓦片奔跑，想要跑到他们前面去；如果没有理性介入，这种表象显然会欺骗感官。

辛普利邱：当然，许多经验都清楚地表明了简单感觉的谬 257
误。所以暂时把这些感觉放一放，让我们听听他接下来的论证，这些论证可以说都是根据事物的本性（ex rerum natura）提出的。

根据事物的本性提出的反对地球运动的论证。

第一个论证是，地球要根据自己的本性做三种迥然不同的运动，不可能不与许多明显的公理实际发生矛盾。其中第一条公理是，凡有果必有因；第二条是，无物能自造；由此又可推出，推动者（movente）和被推动者不可能是同一个。不仅被一个明显的外在推动者推动的东西是如此，而且上述原则还意味着，依赖于一个内在本原的自然运动也是如此。否则的话，既然推动者本身是原因，被动者本身是结果，那么原因与结果在各个方面就都相同了。因此，一个物体的运动不可能完全凭借它自身，以至于整个物体既是推动者，又是被推动者，而是被推动者必须有某种方式能使我们区分运动的动力本原和做这种运动的东西。

三条公理被认为是自明的。

第三条公理是，在那些有感觉的事物中，一个事物就其作为一个事物而言，只能产生一种结果。诚然，在一个动物中，灵魂（anima）的确产生了各种不同的运作，如视觉、听觉、嗅觉、繁殖，等等，但这是借助不同器官才做到的；总之，可以看到，可感对象的不同作用源于原因之中的差异。

像地球这样的简单物不可能做三种迥然不同的运动。

现在，如果把这些公理结合起来，就会清楚地看出，像地球这样的简单物依其本性是不可能同时做三种迥然不同的运动的。因为根据刚才所做的假定，整体不可能完全凭借自身来运动。所以必须为地球的三种运动区分三种本原，否则同一本原就会产生不止一种运动。但如果一个物体包含三种自然运动本原，再加上它的被推动部分，它将不是一个简单物，而是一个由三种运动本原加上被推动部分所组成的物体。因此，如果地球是一个简单物，它将不能做三种运动。

地球不可能做哥白尼归于它的任何一种运动。

此外，地球既然只能做一种运动，就不能做哥白尼归于它的任何一种运动；因为很显然（出于亚里士多德给出的理由），
258 地球的确朝着它的中心运动——这可见于土颗粒都垂直着落向
地球的球形表面。

331

回应根据事物的本性提出的反对地球运动的论证。

萨尔维阿蒂：关于这条论证的构造，有许多东西可说、可思量。不过既然我们可以用几句话解决它，眼下我并不想为它多费口舌；尤其是我已经有了作者本人的回答，他说，单一的本原可以在一个动物中产生各种不同的运作。因此我现在就回答他，地球的不同运动也同样源于单一的本原。

反对地球运动的第四条公理。

辛普利邱：这个回答根本不能让这位反对者满意；事实上，下面你会听到，在他对其反驳所做的进一步补充里，这个回答已经被彻底推翻了。我的意思是说，他又提出一条公理来支持他的论证，这条公理是：对于必要之事，大自然不会过头，也不会不及。这从自然物尤其是动物身上可以明显看出来；由于它们要做许多运动，大自然就给它们制造了许多关节，并且为了

动物的各种关节对于动物的各种运动是必不可少的。

适合运动而把各个部分接合起来，例如在膝部和臀部，使动物能够随意走动或躺下。此外，大自然给人的肘部和手部也制造了许多关节和肌腱，使之能做许多运动。他反对地球三重运动的论证就来自这些事物。一个身体要么是一个连续的整体，没有任何连接或接合，然而能做各种运动，要么有许多关节才能做各种运动。如果没有关节就能做许多运动，那么大自然给动物制造关节就是徒劳的了，这与公理相违背。但如果没有关节就不能运动，那么地球（地球是一个没有关节和肌腱的连续整体）依其本性就不能做一种以上的运动。你看他多么巧妙地反驳了你的回答，就好像已经有所预见似的。

反对地球三重运动的另一个论证。

萨尔维阿蒂：你这话是当真的，还是为了挖苦人？

辛普利邱：我对你说的完全是心里话。

萨尔维阿蒂：那么你一定认为自己拥有比这位哲学家所能想出的更好的理由来为他辩护，对付那些反击。既然现在他不在场，就请你不吝代表他回答我的问题。

动物关节并非为了做各种运动。

首先，你承认大自然给动物制造了关节、肌腱和肌肉，是 259
为了让动物能以许多不同的方式运动。我否认这一陈述，而且要告诉你，制造关节是为了让动物能够移动身体的一个或几个部分，并使其余部分保持不动。至于运动的种类和差异，则只有一种，即圆周运动。因此，你看到，所有能移动的骨头的尽头都或凸或凹，有些是球形，即那些不得不朝四面八方移动的骨头，掌旗官挥舞军旗或者放鹰者招呼老鹰食饵时，其肩关节就必须是这样。用手转动螺丝钻时，肘关节也是如此。还有一些关节则只沿一个方向做圆周运动，而且几乎是圆柱形的，使

动物的运动都是同一种类。

所有可移动的骨头，其尽头都是圆的。

用这些关节的是只能以一种方式弯曲的肢体；指头的各个部分，一节接在另一节上面，就是如此。但不必举出更多的详细反例，只用一条一般的理由就能说明真相。那就是，如果一个坚实的物体运动起来，而它的一端保持在原处不动，则这种运动只可能是圆周运动。而在动物的运动中，由于任何肢体部分并不带动其他与之连接的肢体部分一起运动，所有这种运动必然是圆周运动。

所有可移动的骨头，其尽头为何必然都是圆的，以及为何动物的一切运动都必然是圆周运动。

辛普利邱：我并不这样看，因为我看到动物能做上百种非圆周的运动，而且彼此之间大相径庭；跑啊，跳啊，爬上爬下啊，游泳啊，还有其他许多。

萨尔维阿蒂：一点不错；但这些都是次级运动，依赖于关节和弯曲部分的初级运动。由于小腿在膝部以及大腿在臀部的弯曲，这些都是圆周运动，所以动物才会做出跳跃或奔跑等全身性的可能非圆周的运动。地球的一个部分运动并不需要它的另一个部分保持不动，它的任何运动都必定属于整个地球，所以无需什么关节。

333

动物的次级运动依赖于初级运动。

地球的运动无需关节。

辛普利邱：对方会说，倘若只有一种运动，这也许是事实；但这里有三种迥然不同的运动，要使它们适合于一个没有关节的物体是不可能的。

萨尔维阿蒂：我的确认为这位哲学家会这样回答。我现在从另一方面来对付它；我问你是否认为，地球借助于关节和弯曲部分就可以参与三种不同的圆周运动？

怎么，不回答？既然你始终缄口不言，我就替你这位哲学家回答吧。他肯定会说是的，因为否则的话，他提出大自然制造弯曲部分是为了让运动物体能做各种运动，而没有弯曲部分的地球则不会做赋予它的三种运动，这些考虑就变得多余和不相干了。如果他认为即使弯曲部分也不能让地球适合做这种运动，他就会一口咬定地球不可能做三种运动了。

我们想知道，地球借助于什么关节才能以三种不同的方式运动。

既然如此，我想请你（而且如果可能，我想通过你请提出该论证的这位哲学家和作者）不吝赐教，向我表明这些关节必须如何安排，才能使地球方便地做所有这三种运动；我将给你4个月——噢不，6个月——的时间来答复。目前在我看来，单个本原就能使地球做不止一种运动，其方式就如同我刚才告诉你的，单个本原借助于各种器官可以在动物中产生各种不同的运动。至于关节则是不需要的，因为所要求的运动是整个地球的运动，而不仅仅是某些部分的运动。由于这些运动必定是圆周运动，所以简单的球形就是我们所能要求的最美妙的关节了。

单个本原就能使地球做不止一种运动。

辛普利邱： 最多只能向你承认，地球可能做一种运动。但在我看来，或者在这位作者看来，做三种不同的运动是不可能的，正如他进而这样支持自己的反驳："让我们和哥白尼一起设想，地球凭借自身的一种属性和一种内在本原，在黄道面上自西向东运动；还凭借一种内在本原围绕自己的中心自东向西运转；此外还依靠它自身的一种倾向，自北向南又自南向北做一种倾斜的运动，即第三种运动。"我们的感觉和判断怎么能够理解，一种模糊的自然本原——一种单一的倾向——如何能将一个并非由关节和部件连接起来的连续物体，分解成若干不同的几乎对立的运动呢？我不相信世界上有任何人会说出这样的

反对地球三重运动的另一条反驳。

话来，除非他孤注一掷，决意要为这种立场辩护。

萨尔维阿蒂： 等一下。请把书中这段话找出来给我看看。

261 Fingamus modo cum Copernico, Terram aliqua sua vi et ab indito principio impelli ab occasu ad ortum in eclipticae plano, tum rursus revolvi ab indito etiam principio circa suimet centrum ab ortu in occasum, tertio deflecti rursus suopte nutu a septentrione in austrum et vicissim.

哥白尼的攻击者的严重错误。

辛普利邱，我本来还怀疑你在引用作者原话时是否弄错了；但我现在看到他本人就错了，而且错得很严重。遗憾的是，我发现他还没有理解人家的立场就跳出来争辩，因为这些并不是哥白尼归于地球的那些运动。他从哪里听说，哥白尼认为地球沿黄道的周年运动与地球的绕心自转相反呢？他一定从未读过哥白尼的书，因为书中有上百处——甚至在开头章节中——提到，这两种运动是沿同一方向，即自西向东的。然而，就算他没听别人说过，难道他自己看不出，被归于地球的那些运动，一个来自太阳，一个来自原动天，必定是沿同一方向的吗？

针对哥白尼的机智而简单的反驳。

辛普利邱： 小心你自己犯错，也使哥白尼一道犯错。原动天的周日运动难道不是自东向西的吗？另一方面，太阳沿黄道的运动难道不是恰恰相反，是自西向东的吗？所以当它们转移给地球之后，你如何使相反的运动变成一致的呢？

沙格列陀： 辛普利邱想必已经揭示了这位哲学家错误的来源，他无疑会提出同样的论证。

萨尔维阿蒂： 倘若真能做到，我们至少可以使辛普利邱免通过解释属于地球的周年运动和周日运动为何沿着同一方向，而不是相反方向，来揭示反对者的错误。

于错误。既然星体是从东方地平线升起的，他将很容易明白，如果这种运动并不属于星体，就不得不认为地平线是沿相反的方向沉下去的，因此，地球将会沿着与星体视运动相反的方向自转，也就是按照黄道十二宫的顺序自西向东运转。其次，关于地球的另一种运动，太阳既然静止于黄道带的中心，而地球则围绕黄道带的圆周运转：为使太阳看起来好像按照黄道十二宫的顺序运转，地球必须按照同一顺序运转，因为太阳在黄道 262
带上似乎总是占据着那个与地球相对的宫。例如，地球通过白羊宫时，太阳看起来在通过天秤宫；地球通过金牛宫时，太阳看起来在天蝎宫；地球在双子宫时，太阳看起来在人马宫。这等于说两者都沿着同一方向运动，也就是循着黄道十二宫的顺序，地球绕心自转时也循着这个顺序。

辛普利邱：我都明白，对于这样一个错误，我真不知道该如何解释。

萨尔维阿蒂：别急，辛普利邱，因为还有一个错误比这个错误更糟糕，那就是他让地球自东向西绕心自转。他不晓得，那样一来，宇宙的周日运动看起来将是自西向东的运动，与我们看到的正好相反。

另一个更严重的错误表明，这位反对者对哥白尼的研究不足。

辛普利邱：奇怪，我对球面天文学的基础知识虽然不太了解，但也不至于犯这样严重的错误。

萨尔维阿蒂：那么你想想，这位反对者对哥白尼的书花了多少时间研究呢，他连这条基本的首要假说都弄颠倒了，而哥白尼对亚里士多德与托勒密学说的所有异议都以这条假说为基础。

至于这位作者把他为地球指定的第三种运动[①]说成是哥白尼的想法，我不知道他这话是什么意思。它肯定不是哥白尼连同另外两种运动（周年运动和周日运动）归于地球的第三种运动，因为这种运动与地球的向南向北倾斜毫无关系，而只是为了保持地球周日旋转的轴继续与自身平行。因此我们只能说，对方要么不懂得这一点，要么假装不懂。虽然这一严重缺陷已经足以使我们不必再花什么工夫去考虑他那些反驳，但我仍然愿意思考一下它们，因为与其他许多愚蠢的反对者的观点相比，它们的确更值得评价。

很难说反对者理解被哥白尼归于地球的第三种运动。

现在回到他的反驳，我说周年运动和周日运动根本不是相
263 反的运动。毋宁说，它们都沿同一方向，因此也许依赖于同一本原。第三种运动是周年运动凭借自身自发产生的，因此你无需诉诸任何内在或外来的本原来解释产生的原因（这一点我将适时地证明）。

沙格列陀：我以常识为指导，也想对这位反对者讲几句话。如果我不能当场解决他的所有疑惑，并对他提出的所有反驳进行回应，他就要责备哥白尼——就好像我的无知必然意味着哥白尼的学说是错误的似的。但如果在他看来，像这样责备一位作者是公正的，那么他也不应当认为我不赞成亚里士多德和托勒密是不讲道理了，因为我向他指出，亚里士多德和托勒密的学说同样有许多困难，而他能为我解决的最多就是这些。

---

① 除了公转和自转，哥白尼还为地球指定了一种特殊的运动，以使整个周年运动中地轴方向始终保持不变。伽利略认识到，这一现象并不需要特殊的运动来解释。

以其他星体的类似运动为例来解决同一反驳。

他问我地球凭借什么本原穿过黄道带做周年运动，又凭借什么本原围绕赤道做周日自转。我对他说，地球的这些本原与土星的运动所凭借的本原是类似的；土星每30年绕黄道带运转一周，并且在短得多的时间内在赤道面围绕自己的中心运转一周，这是土星附带的那些星球的隐现显示给我们的。[①] 这类似于他毫无疑问承认的某种东西，例如太阳在一年时间里绕黄道运转一周，并且在一个月不到的时间里平行于赤道运转一周，这是太阳黑子清晰地显示给我们的。木星的卫星每12年环绕黄道带一周，这些卫星本身则以很小的圆和很短的时间绕木星运转，这些运动所凭借的本原也是类似的。

辛普利邱： 这位作者会否认所有这些东西，认为是望远镜的镜片所造成的视觉欺骗。

萨尔维阿蒂： 哦，这对他自己要求过高了，因为他会认为，裸眼在判断下落重物的直线运动时不会上当，然而当它的能力变得更完美、增强30倍时，理解这些其他运动时却会受骗。既然如此，让我们告诉他，罗盘针作为重物有一个向下的运动，还有两个圆周运动——一个是与地平线平行的，一个是沿子午线竖直的；而地球也以类似的甚至同样的方式参与其多种运动。

现在还有什么呢？辛普利邱，请告诉我，这位作者会认为直线运动与圆周运动差别大，还是运动与静止差别大？ 264

① 伽利略从未认出土星环。土星不断变化的形状让他非常困惑，他试图为土星指定两颗离得非常近的卫星来解释这一点。直到1655年，惠更斯(Huygens)才给出了正确的描述和解释。

辛普利邱：肯定是运动与静止之间的差别大。这是显而易见的，因为对亚里士多德来说，圆周运动与直线运动并不是对立的；他甚至承认，圆周运动和直线运动可以混合，而运动和静止却混合不了。

运动与静止的差别大于直线运动与圆周运动的差别。

沙格列陀：于是，让一个自然物具有引起直线运动和圆周运动的两种内在本原，要比让物体具有引起运动和静止的两种内在本原更合理。这两种立场都与地球的各个部分和整体分开后回到整体的那种自然倾向相一致。其差异仅仅在于地球整体的运作；在前一种情况下，地球的内在本原使之始终保持不动，而在后一种情况下，地球则做圆周运动。但根据你的主张以及这位哲学家的说法，运动的本原和静止的本原是不相容的，正如其结果是不相容的一样；然而这并不适用于直线运动和圆周运动，它们彼此之间并不排斥。

让地球具有引起直线运动和圆周运动的两种内在本原，要比让地球具有引起运动和静止的两种内在本原更合理。

339

萨尔维阿蒂：还要补充的是，正如我们已经解释的，地球的一个分离部分回到整体时很可能也做圆周运动。所以无论如何，就这一反驳而言，运动似乎比静止更可接受。

地球的各个部分回到整体时，可能做圆周运动。

现在，辛普利邱，请只管讲接下来的内容吧。

辛普利邱：作者又指出另一条谬误以支持他的反驳，就是同样的运动会适用于本质非常不同的事物，然而观察教导我们，本质不同的事物，其作用和运动也不同。理性也确证了这一点，否则的话，如果事物的特殊运动和作用不能向我们的理智揭示其实质，我们将无法理解和区分它们的本质。

通过不同的运动可以认识不同本质的事物。

沙格列陀：我曾经两三次从这位作者的论证注意到，为了证明事情是如此这般，他利用了这样一句话，说事物就是以这种方式适合我们的理解力，否则我们就会对细节一无所知，而做哲学的标准也就断送了；就好像大自然先创造了人的头脑，265 然后再安排事物来符合人的理解力。但我却认为，大自然先以自己的方式创造了事物，然后再使人的理性灵巧到足以理解大自然的部分秘密，不过要费力才能做到。

大自然先以自己的方式创造了事物，然后再使人的理性能够理解事物。

萨尔维阿蒂：我也是这种看法。但辛普利邱，请告诉我，哥白尼违反观察和理性给哪些本质不同的事物指定了同样的运动和作用呢？

哥白尼错误地给不同本质的事物指定了相同的运作。

辛普利邱：是这些东西：水和气（它们在本性上与土不同），以及在这些元素中所能找到的一切事物，每一个事物都得做哥白尼赋予地球/土（earth）的三种运动。他又从几何学上证明，在哥白尼看来，悬在空中并且在我们头上长时间盘旋而不改变位置的一朵云，必然会做地球所具有的三种运动。证明在这里，你可以自己看，因为我背不出来。

萨尔维阿蒂：我并不急于看它，我甚至认为把他的证明放在那里是多余的，因为我确信任何主张地球运动的人都不会否认它。所以姑且承认他的证明，让我们谈谈他的反驳。这在我看来并不能决定性地反驳哥白尼的立场，因为我们无法从这些运动和作用中提取什么来认识事物的本质，等等。辛普利邱，请告诉我，某些事物完全一致的性质能否使我们认识这些事物的不同本质呢？

辛普利邱：当然不能；恰恰相反，因为作用和性质的相同只能说明其本质是相同的。

不同的本质不能由共同事件来认识。

萨尔维阿蒂：因此，水、土、气以及存在于这些元素中的其他东西，你并不是由这些元素以及与之相关的东西一致具有的那些作用，而是由其他作用推论出它们的不同本质的，这样说对吗？

辛普利邱：的确如此。

萨尔维阿蒂：那么，即使除去这些元素共同具有的、从而对于区分其本质没有用处的那些作用，只要还保留借以区分其本质的所有那些运动、作用和其他性质，就不会使我们失去认识这些东西的能力。

辛普利邱：我认为这种推理完全正确。

266 **萨尔维阿蒂：**但你、这位作者、亚里士多德、托勒密及其所有追随者不是认为，土、水、气都具有同一本质，都围绕地心不动吗？

辛普利邱：这被视为一条驳不倒的真理。

萨尔维阿蒂：那样一来，关于这些元素和元素物体的不同本质的论证，就并非来自这种相对于中心的共同的自然静止状况，而一定是通过注意到它们并非共同具有的其他性质而得知的。因此，任何人如果只考虑这些元素的共同静止状态，而抛开它们的所有其他作用，那么这丝毫不会阻碍我们认识它们的本质。

你看，哥白尼只考虑这些元素的共同静止，而不考虑它们的轻或重、上升或下落、快或慢、疏或密、冷热干湿以及其他一切性质。因此，哥白尼的立场中并不存在这位作者所设想的那种谬误。就本质的多样化或非多样化而言，相同运动上的一致就意味着相同静止状态上的一致。现在请告诉我，他还有别的

适合诸元素的一种共同运动就意味着适合诸元素的一种共同静止。

反驳吗？

相同种类的物体具有相同种类的运动。

辛普利邱： 接下来是他的第四条反驳，仍然来自对大自然的观察。它说的是，相同种类的物体具有相同种类的运动，否则就都处于静止。但是在哥白尼的理论中，相同种类并且非常相似的物体在运动上会有很大差异，甚至截然相反。因为星体彼此非常相似，但运动却如此不同，比如六大行星[①]就一直在运转，而太阳和恒星却永远不动。

反对哥白尼的又一论证。

萨尔维阿蒂： 这一论证的形式在我看来是有效的，但我认为其内容或使用错了，而且如果作者坚持这一假设，结果将与他的观点背道而驰。论证方法是这样的：

在天体中，有六个一直在运动，那就是六颗行星。至于其
他天体（即地球、太阳和恒星），则要看哪颗在动，哪颗停止不
342 动。如果地球静止，太阳和恒星就必然在动；也可以是太阳和
恒星不动，而地球在动。既然如此，我们可以问哪些更适合运 267
动，哪些更适合静止。

由地球天然黑暗而太阳和恒星明亮，可以推出前者在动而后者不动。

常识认为，运动应当属于在种类和本质上与肯定在运动的物体更加一致的那些物体，而静止则应当属于和它们区别最大的那些物体。永恒静止和持久运动是完全不同的事件，所以一直在运动的物体，其本质显然与一直处于静止的物体迥然不同。因此，当我们对运动和静止产生疑问时，让我们看看是否可以通过其他某种相关状况来研究，地球、太阳和恒星中的哪些更类似于已知在运动的那些物体。

① 在当时，月亮被认为是最近的行星，而土星之外的行星尚不为人知。

现在你看，大自然为了顺应我们的需求和愿望，如何为我们提供了无异于运动和静止的两种显著状况，那就是亮与暗，亦即天然明亮或黑暗无光。因此，从内到外闪烁着光辉的物体和完全不发光的物体在本质上迥然不同。现在地球是不发光的，而太阳本身则光彩夺目，那些恒星也是如此。和地球一样，那六颗行星也完全不发光，因此其本质类似于地球，而不同于太阳和恒星。由此可见，地球运动，太阳和恒星天球则不动。

从纯净与不纯净来看地球与天体的另一差别。

辛普利邱：但这位作者不会承认六大行星黑暗无光，而且对这种否认坚定不移；要不然他会结合明与暗以外的状况指出，这六颗行星与太阳和恒星本质上非常相似，太阳和恒星与地球则有本质不同。事实上，我现在看到，接下来的第五条反驳已经提出了地球与天体的巨大区别。他写道，按照哥白尼的假说，宇宙体系及其各个部分之间会纷乱不宁，因为该假说将这样一个所有可朽之物的藏垢纳污之所，即地球连同水、气及其混合物，置于（按照亚里士多德、第谷等人的说法是不变不朽的）天体之间，置于人人都承认如此尊贵的物体之间（连哥白尼本人也声称它们是井然有序的，是以最完美的方式排列的，
268 而且消除了它们的任何易变性），置于像金星和火星这样纯净的天体之间！

如果像所有其他学派所教导的那样，把纯净与不纯净分开，把可朽与不朽分开，向我们表明，不纯净的可朽之物都被限制在月亮轨道的狭窄范围内，而天体则连绵不断地悬于其上，这是多么美妙的一种分布，对大自然——事实上是对上帝这位建筑师本身——是多么适当啊！

哥白尼把亚里士多德的宇宙搅乱了。

萨尔维阿蒂： 的确，哥白尼体系把亚里士多德的宇宙搅乱了，但我们讨论的是我们自己真实的、实际的宇宙。

《反第谷论》作者的谬误。

说地球位于天界之外似乎是愚蠢的。

如果这位作者由亚里士多德意义上天体的不朽和地球的可朽推出两者之间存在着本质差异，并且根据这种差异而断言太阳和恒星在运动而地球不动，则他就迷失在谬误中，把所讨论的东西当成了假设。因为亚里士多德想从天体的运动推出天体的不朽，而现在争论的却是，运动的是天体还是地球。关于这种修辞性演绎的愚蠢，我们已经说得够多了。将地球和诸元素从天界分离和驱逐出去，限制于月亮轨道之内，还有什么能比这种说法更乏味呢？月亮轨道难道不是一个天球吗？而且根据他们的共识，不是正好位于所有天球的中心吗？这的确是把不纯净和病态的东西和健全的东西分开的一种新方法——使被感染者在城市中心占据一个位置！我原来的想法是，麻风院应当尽可能远离城市中心。

哥白尼钦佩宇宙各个部分的安排，是因为上帝把最明亮的天体置于宇宙的正中心，而不是偏向一边，这样它夺目的光辉就会洒向整个殿宇。至于金星和火星之间的地球，请允许我讲几句话。你自己代表这位作者，也许打算将它移开，但我们还是不要拿这些修辞上的闲花野草去纠缠严格的论证吧。这些琐屑之物不如留给雄辩家，或者留给诗人更好些，他们最懂得如 269
何用风雅之辞来吹捧那些最可鄙，甚至最有害的东西。现在，如果还有什么事情需要我们做，就请继续吧。

来自动物的论证，动物的运动尽管是自然的，但需要休息。

辛普利邱： 这里是第六条也是最后一条论证，他指出，转瞬即逝的可朽物体不可能有持久的规则运动。他以动物为例来支持这一点，动物虽然做自然运动，却会感到疲倦，必须休息才能恢复体力。但与地球的巨大运动相比，动物的运动又算得了什么呢？然而地球却要以三种不一致的截然不同的方式运动！除非死心塌地要为这种观点辩护，谁会坚持这种看法呢？

在这种情况下，即使哥白尼说，这种运动对地球来说是自然的，而不是受迫的，因此所起的作用与受迫运动所起的作用相反；而且受到冲力的东西注定要解体而不能持久，而那些自然的事物却能保持其最恰当的安排——即使哥白尼这样说，也无济于事。我会说，这样的回答是毫无用处的，它在我们回答之前已经站不住脚了。因为动物也是自然物，而不是人工物；动物的运动是自然的，源于灵魂，也就是源于一种内在本原，而那种源于外在本原且被推动者毫无贡献的运动则是受迫的。可是，动物如果长时间运动下去，会变得筋疲力尽；如果试图强行坚持下去，甚至会丧命。

所以你看，自然中处处都能找到与哥白尼的立场相反的迹象，而永远找不到支持它的东西。为了让我不再继续扮演这位反对者的角色，我们听听他对开普勒做了哪些反驳（他是不同意开普勒的看法的）；有人认为，像哥白尼的立场所要求的那样把恒星天球扩大，似乎是不合适的，甚至是不可能的，但这位开普勒却加以反对。开普勒的反驳是这样的：“将物体的性

开普勒的论证支持哥白尼。

270 质延伸到其规制之外，要比单纯扩大这个物体更难。因此，哥白尼扩大恒星天球而保持天球固定不动，要比托勒密给恒星的运动增加巨大的速度更为可靠。”作者回答了这一反驳，惊讶于开普勒竟会糊涂到认为托勒密的假说把运动增加到了物体

《反第谷论》的作者对开普勒的反驳。

圆周运动的速度随着圆的直径的增加而增加。

的规制之外，因为在他看来，运动只是按照规制的比例而增加的，运动速度则是按照规制而增加的。他的证明是，设想一块磨石每 24 小时转一圈，这种运动可以说是非常慢了。然后他设想磨石的半径一直延长到太阳，其端点的速度将等于太阳的速度；再把半径延长到恒星天球，端点的速度将等于恒星的速度。然而在磨石的圆周上，它将很慢。接下来，将这种关于磨石的想法用于恒星天球，设想天球半径上的一点与天球中心的距离等于磨石的半径。于是，恒星天球的那种快速运动在这一点上将非常慢。物体由非常慢到非常快取决于它的尺寸，所以速度并不超出物体的规制，毋宁说是按照其规制和尺寸而增加的，这与开普勒的看法迥然不同。

解释开普勒原话的真正含义并为之辩护。

物体的尺寸或大小在运动时会造成差别，但在静止时不会。

自然秩序是让较小轨道在较短时间内走完，较大轨道在较长时间内走完。

萨尔维阿蒂：我不相信这位作者把开普勒看得那么低，以
346 致相信开普勒竟然不晓得，从中心到恒星天球引出的一条线上的最远一点，要比这条线上离中心两码远的一点移动更快。所以他一定已经看到并且完全理解，开普勒的意思是说，大大增加一个不动物体的尺寸，要比大大增加一个已经非常巨大的物体的速度更为适当；因为他注意到了其他自然物的规制(modulo)，即标准和范例，我们在其中看到，离中心越远，速度就越小，也就是说，它们的旋转周期需要更长的时间。而在不可能更大或更小的静止状态下，物体的尺寸不会产生任何差别。因此，如果这位作者的回答与开普勒的论证有什么关系的
话，他得相信，既然速度的增加是尺寸增加的直接后果，那么 271
不论在同一时间运动的是很小的物体还是很大的物体，对于运动本原来说都是一样的。但这与我们在较小天球模型那里观察

到的自然构筑规则是相反的，正如我们在行星那里看到（这对于木星的那些卫星尤为明显），较小的天球运转周期较短。因此，土星天球的运转周期是30年，比任何较小天球的周期都要长。现在从土星天球过渡到一个大得多的天球，并让它24小时转一圈，这肯定超出了模型的规则。所以如果我们认真考虑一下这个问题，那么作者的回答并不反对开普勒论证的意思和想法，而是反对其表达和言说方式。即使在这里，作者也是错的，他也无法否认为了给开普勒扣上愚钝无知的帽子，以某种方式歪曲了开普勒原话的含义。但这种欺诈太过粗陋，所以尽管做了各种严厉指责，他也无法贬低开普勒的学说给有识之士造成的印象。

至于对地球做持久运动的反驳，他的理由是地球一直这样运动不可能不感到疲倦，因为动物出于一种内在本原，自然运动一段时间之后会觉得疲倦，需要休息一下，放松肢体……

沙格列陀：我似乎听到开普勒回答他说，也有一些动物在地上打滚来消除疲劳，因此我们不必担心地球会疲倦；甚至有理由说，地球转个不停，正是为了让自己得到永久而宁静的休憩。

开普勒据信的回答，理由不无机智诙谐。

萨尔维阿蒂：沙格列陀，你过于刻薄和讥刺了。我们在讨论严肃的事情，所以什么玩笑都不要开。

沙格列陀：对不起，萨尔维阿蒂，但我觉得我刚才所说，可能并不像你认为的那样无甚关联。因为某些运动可能更有助于休息和消除旅途劳顿所带来的身体疲劳，正如预防有时比医疗更管用一样。我相信，如果动物像地球一样做那种运动，则它

动物如果像地球那样运动，就不会感到疲倦。

动物感到疲倦的原因。

们根本不会感到疲倦。因为在我看来，动物的身体之所以感到疲乏，是因为只用身体的一部分来带动自己和其余身体；例如走路时，只用大腿和小腿来带动腿部和其余身体，但另一方面，你看，心脏的跳动就不知疲倦，因为心脏只推动它自身。 272

动物的运动当为受迫的，而不是自然的。

此外，我不知道动物的运动究竟是自然的，还是受迫的。事实上，我认为可以说，灵魂以一种异乎自然的运动自然地推着动物肢体运动。因为如果向上的运动对于重物来说是异乎自然的，那么抬起像大腿和小腿这样的重物走路，如果不带强迫是做不到的，因此必定会使运动者感到疲倦。爬梯子就是违反身体的自然倾向使之上升，由于重性对这种运动有自然抗拒，所以会产生疲倦。但如果运动物体对其运动没有任何抗拒，运动物体又何必害怕疲劳或力气减退呢？既然根本用不上力量，为什么会有力量消耗呢？

348

力量一点用不上时，就不会消耗。基亚拉蒙蒂的反驳使他自食其果。

辛普利邱：作者反驳的是人们设想地球所做的那些相反的运动。

沙格列陀：前已讲过，这些运动根本不是相反的，而且作者在这个问题上很糊涂，以致搬石头砸了自己的脚，因为他认为原动天带着所有下层天球一起运动，而这种运动与这些天球在同一时间持续的运动正好相反。所以感到疲倦的应当是原动天，因为它不但要自己运动，还要带着其他许多天球一起运动，而这些天球自身的运动又与之相反。因此，作者得出的最后结论，说什么遍观各种自然结果，总能找到支持亚里士多德和托勒密观点的事物，而永远找不到支持哥白尼的事物，这话需要慎思明辨。更好的说法是，如果其中一种观点为真，另一种必

真命题可以有令人信服的论证，假命题则没有。

然为假，那就不可能找到任何理由、实验或正确的论证来支持
错误的观点，因为它们都不可能与正确的观点相抵触。因此，
273 双方为了支持和反对这两种观点而提出的理由和论证必定大相
径庭，至于其说服力如何，辛普利邱，我请你自行判断。

萨尔维阿蒂：沙格列陀，你的聪敏睿智把我听呆了，我本想就作者最后的这个论证做出回应，但你已经说出了我想说的话；不过，虽然你的回答已经非常充分，我仍想补充一点我的想法。

作者断言，像地球这样一个短暂而可朽的物体要想永远做一种规则的运动，是极不可能的，特别是因为，我们看到动物最终会精疲力竭，需要休息。而地球的运动要比动物的运动大得无可度量，所以在作者看来就更不可能了。我无法理解，为什么他现在会对地球的速度感到不解，因为恒星天球的速度要比地球快得多，而这就像每 24 小时才转一周的石磨的速度一样并没有对他造成困扰。如果地球与石磨的模型相符，其转动速度不会造成比石磨更大的后果，那么作者大可不必担心地球会疲倦，因为连最懒惰迟缓的动物，甚至是变色蜥蜴，每 24 小时走五六码远也不会精疲力竭。但如果他打算绝对地看待速度，而不再根据这个石磨模型来考虑，那么由于这个运动物体要在 24 小时内走过很远的距离，他会更不情愿把这个速度归于恒星天球，因为恒星天球的速度要比地球大得无可度量，还要带着千千万万比地球大得多的星体一起转动。

恒星天球恐怕要比地球更容易疲倦。

接下来，我们只需看看这位作者是根据什么证明来断言 1572 年和 1604 年那两颗新星位于月下天，而不在天界，就像

当时的天文学家们普遍认为的那样；这的确是个大问题。不过这些著作我都没有读过，而且因为有许多计算而非常冗长，我想最好还是趁今晚明早尽快看一遍；明天回到我们的惯常讨论时，我会告诉你们我对这些书的看法。那时如果有时间，我们 274
将讨论被归于地球的周年运动。

现在，关于地球的周日运动，我的考察已经太过冗长；如果你们还有什么话想说，特别是你，辛普利邱，那就抓紧剩下这点时间讨论一下吧。

辛普利邱：我没有什么想说的，只是觉得今天的讨论站在哥白尼一方支持地球运动的想法极多，而且非常敏锐和巧妙。但我并未完全信服，因为毕竟，以上所讲只不过证明了，主张地球不动的那些理由并不是必然的理由。但对方并未因此提出什么证明，使人不得不相信并且证明地球在动。

萨尔维阿蒂：辛普利邱，我从未指望改变你的想法，更不会愿意就这样重要的争论做出明确裁断。我原本只是打算（在我们的下一次争论中也仍然这样打算）让你明白，那些人相信这种每 24 小时的快速运动只属于地球，而不属于除地球以外的整个宇宙，并非盲目相信这种学说的可能性和必然性。毋宁说，他们对于相反意见的理由是做了认真观察、听取和考察的，而不是随随便便不予理会。带着这样的打算，如果这也是你和沙格列陀的意愿，我们可以进一步考察首先被萨摩斯的阿里斯塔克[①]，然后被尼古拉·哥白尼归于地球的另一种运动；其内容

① 萨摩斯的阿里斯塔克（Aristarchus of Samos，约前 300–前 230）（转下页）

我相信你们都很清楚，即地球在一年时间内沿黄道带绕太阳一周，而太阳静居于黄道带的中心。

辛普利邱：这个问题非常伟大和高贵，我将怀着深挚的兴趣来听你们讨论它，希望能听到关于这个话题的方方面面。继而我将在空闲时认真思考已经听到和即将听到的东西。即使我别无所获，单是能在较为可靠的基础上进行推理，我已经受益匪浅了。

沙格列陀：那么，为使萨尔维阿蒂不感到生厌，我们今天
275 的讨论就到这里吧；明天我们将照常讨论，希望能听到了不起的新事物。

辛普利邱：我把这本讨论新星的书留下来，而把这本论文小册子带回去，重看一遍那里面写了什么对周年运动的反驳，这将是明天讨论的主题。

（第二天完）

（接上页）被认为第一次提出了一种融贯的日心说。他对天文学的主要贡献是提出了确定太阳和月亮与地球之相对距离的“二分法”，即在月亮恰好被照亮一半时确定它们的精确位置。虽然此方法在理论上没有任何错误，但由于很难用原始仪器进行准确测定，所以古代观测结果非常具有误导性。

276 第　三　天

沙格列陀：我一直在焦急地等待你的到来，以便听到关于我们这个地球周年运转的新颖见解。这让我感到昨夜今晨特别漫长，虽然我并没有虚度时间。恰恰相反，我大半个晚上都醒着躺在床上，回想昨天的那些争论，思考着各方所采用的支持这两种相反立场——之前是亚里士多德和托勒密的立场，之后是阿里斯塔克和哥白尼的立场——的理由。而且我的确感觉到，不论哪种理论错了，支持它的论证都显得非常合理，因此是值得原谅的——只要我们不超出其原初重要作者所提出的论证。但逍遥学派的见解因为古老而有许多追随者，而另一种见解则拥护者寥寥，这部分是因为难懂，部分是因为新奇。而在前者的拥护者当中，特别在现代，我似乎觉察到一些人在坚持自认为正确的见解时，提出了一些非常可笑甚至幼稚的理由。

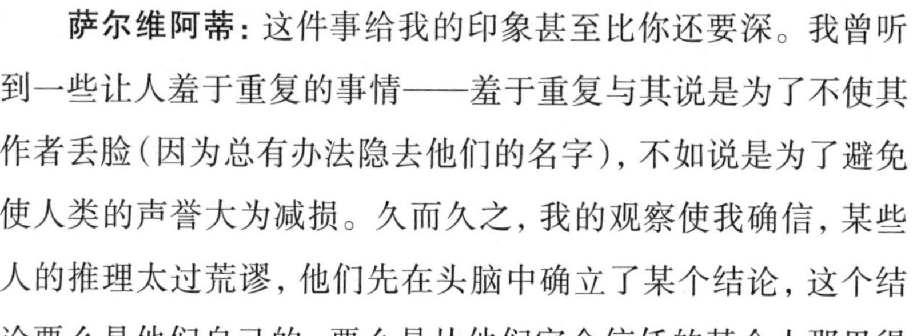

萨尔维阿蒂：这件事给我的印象甚至比你还要深。我曾听到一些让人羞于重复的事情——羞于重复与其说是为了不使其作者丢脸（因为总有办法隐去他们的名字），不如说是为了避免使人类的声誉大为减损。久而久之，我的观察使我确信，某些
277 人的推理太过荒谬，他们先在头脑中确立了某个结论，这个结论要么是他们自己的，要么是从他们完全信任的某个人那里得

有些人先在头脑中确立了他们相信的结论，再照此进行推理。

来的，给他们留下了至深的印象，根本不可能从其头脑中根除。只要他们想到或者听到别人提出什么支持他们成见的论证，不论这些论证多么简单和愚蠢，他们都会立即全盘接受和热情称赞。另一方面，只要提出对它的反驳，不论多么精妙和令人信服，他们都要鄙夷不屑或火冒三丈——老实说，不气出病就算不错了。他们不但愤愤不已，有人甚至密谋压制对手，使其不敢说话。我就经历过这样的事情。

沙格列陀：我知道，这种人不从前提导出结论，也不靠推理确立结论，而是对前提和理由做出修改（我本应说篡改和歪曲），使之与一个在他们看来已经确立和确定的结论相适应。跟这种人打交道是没有好处的，特别是因为和他们在一起不但不愉快，而且可能有危险。所以我们还是和好人辛普利邱继续打交道吧，我和他熟识已久，知道他才思敏捷，毫无恶意。此外，他对逍遥学派的学说极为熟悉，我确信，倘若有什么支持亚里士多德观点的理由是他想不到的，那么别人也不大可能想到。

看哪，我们期盼已久的这位老兄总算来了，跑得上气不接下气的。——我们刚才还在骂你呢。

辛普利邱：请不要骂我，怪就怪海神把我耽搁了太久。因为今天早晨落潮时，他把水都抽干了，弄得我乘坐的那条小船进入离这里不远的一条原始河道之后就搁浅了。我只好在船上待了一个多小时等待涨潮。在此期间（那船几乎一瞬间就搁浅了），无法离船的我看到一件让我非常惊讶的事情。当水低落时，可以看到涓涓细流沿着各种水道迅速移动，许多地方露出

了泥土。我在注视这一结果时，看到沿着一条水道的流动忽然停了下来，转眼间即开始回升，以至于海水从落潮转为涨潮竟
278 无一刻停留。我以前常到威尼斯，但从未见过这种结果。

落潮与涨潮之间水的运动不为静止所中断。

沙格列陀： 那么你不可能时常在涓涓细流中搁浅。由于这些涓涓细流几乎没有什么倾斜，所以大海的起落哪怕只有一张纸的厚度，就足以使水流动或通过这些细流返回很长一段距离。在某些海岸，海水只要上升几码，就可以淹没数千亩平原。

辛普利邱： 这我很清楚，但我认为在下落的最低点与上升的起点之间，必定有一段可以察觉的静止时间。

沙格列陀： 当你想到的是墙壁或桩材时，你会觉得是这样，因为这里的变化是竖直的。但实际上并不存在什么静止状态。

辛普利邱： 在我看来，这些是两种相反的运动，那么既然亚里士多德的学说证明，“在回复的瞬间，中间隔着静止”，[①] 这两种运动之间必定存在着某种静止。

沙格列陀： 这段话我记得很清楚，我还记得我学哲学时，对亚里士多德的这个证明并不信服。事实上，我就有过许多与此相反的经验。我现在可以将它们提出来，但我不想让大家再陷入更多的深渊。我们在这里碰面是为了讨论我们的主题，如果可能的话，不要像前两天那样打断讨论。

辛普利邱： 打断固然不好，但将讨论略作扩展也是不错的。昨晚回家后，我又把那本小册子重读了一遍，发现一些很有说

① 原文为in puncto regressus mediat quies，见亚里士多德《物理学》(Aristotle, *Physica* VIII, 8, 262a, 12–14; 263a, 1–2)。

服力的证据都是反对这种归于地球的周年运动的。由于我不确信对原话的引用是否精确，所以我把这本小册子也带来了。

沙格列陀：好极了。但若真要按照昨天的约定继续我们的讨论，我们应该先听听萨尔维阿蒂对那本论新星的书有什么话要说。然后，我们就可以对周年运动进行考察，而不再打断讨论了。

现在，萨尔维阿蒂，你对于那些新星有什么要说的吗？难道它们真是因为辛普利邱提出的这位作者所做的那些计算，被从天界拉到这些卑下区域的吗？

萨尔维阿蒂：昨天晚上我研究了他的计算过程，今天早 279
上我又看了一下，自问我头天晚上读到的是真写在上面，还是受到了夜间鬼影和荒诞想象的欺骗。非常遗憾，我发现这些内容的确印在书上，为了这位哲学家的声誉，我真希望不是这样。让我百思不得其解的是，他竟然意识不到他这项工作是徒劳的，因为这是一目了然的，而且我记得听我们那位院士朋友赞许过他。很难相信，出于对别人的尊敬，他竟然会轻信到如此不珍惜自己的声誉，以致被怂恿出版一本只会受学者们指责的书。

沙格列陀：你不妨加上一句，许多人会把他歌颂和吹捧得高过古往今来一切学富五车之人，而这些学者里能与他们相抗衡的恐怕百分之一还不到。面对一大堆天文学家的挑战，一个人竟然能够坚持逍遥学派所认为的天界不变性，并能以子之矛攻子之盾，令他们颜面尽失！就算一个省有半打人能觉察到他的浅薄，这点人又如何能与数不清的庸众相比呢？那些人既发现不了也理解不了这些浅薄见解，被大呼小叫所欺骗，而且越是不懂，就越能吹捧。即使是少数真正懂得的人，也不屑回应这种毫无价值、不得要领的拙劣作品。这自有其道理，因为真懂的人不需要看它，而不懂的人则是白费力气。

萨尔维阿蒂： 如果不是出于其他理由而实际拒绝他们，那么沉默的确是对其鄙陋的最合适的斥责。一个理由是，我们意大利人让自己在外国人特别是那些同我们的宗教决裂的人看来仿佛不学无术，并且沦为笑柄；我可以告诉你，一些赫赫有名的人嘲笑我们的院士朋友，以及意大利的许多数学家允许一个叫洛伦齐尼[①]的人将一些愚蠢荒唐的东西印出来，认为完全符合我们院士朋友的观点而不加以驳斥。但这大可不去计较，因为与之相比还可提到一件更加令人捧腹的事情，那就是有一类反对者对自己不懂的东西发表了一通琐碎无聊的观点，而学界却以虚伪待之。

280 **沙格列陀：** 在我看来，再没有什么能比这个例子更能说明他们的坏脾气或者像哥白尼那样的人的不幸处境了；这些人对他们抨击的立场连最基本的知识都不懂，却要对哥白尼那样的人吹毛求疵。

萨尔维阿蒂： 你同样会感到吃惊，对于天文学家们宣称新星

① 安东尼奥·洛伦齐尼（Antonio Lorenzini da Montepulciano）撰写了一部1605年在帕多瓦印刷的关于1604新星的论著。虽然书中没有提到伽利略的名字，但其抨击对象实为伽利略。对国外意见的提及则是基于开普勒《论蛇夫座脚部的新星》（*De Stella nova in pede Serpentarii*）中的一段话谴责伽利略等意大利数学家不去反驳洛伦齐尼的《论天界的数量、秩序和运动》（*De numero, ordine et motu coelorum*, Paris, 1606）。

位于行星轨道之上，而且可能属于恒星天球，他们也拼命反对。

沙格列陀：不过，你是如何可能在这样短的时间内就把整本书读完的呢？它肯定是厚厚的一大本，而且里面一定有数不清的证明。

萨尔维阿蒂：我看了他的前几个反驳就不看了；在这些反驳里，他谈到有12位天文学家认为，1572年的（出现在仙后座的）新星在恒星天球上，而他却根据这12位天文学家的观测提出了12条相反的证明，说那颗新星在月下。为此，他将不同观测者在不同纬度所测量的子午圈高度一对对地进行比较，其方式你立刻就会懂得。我在考察他的这一最初步骤时就已经发现，这位作者根本无法证明任何东西来反对这些天文学家或支持逍遥学派哲学家，事实上，他只是更加令人信服地确证了那些天文学家的观点。因此，我不想同样耐心地考察他的其他方法了；我只是稍加翻阅就已经确定，既然他的前几个反驳毫无说服力，其他反驳也必定如此。事实上（你很快就会看到），只需寥寥数语就足以驳斥这部著作，尽管你看它包含有那么多费力的计算。

基亚拉蒙蒂用来反驳那些天文学家的方法，以及萨尔维阿蒂用来反驳基亚拉蒙蒂的方法。

现在我要告诉你我的做法。是这样，为了以子之矛攻子之盾，这位作者采用了对方所做的大量观测，这些人有十二三个。[①] 他的计算便建立在其中一部分观测的基础上，并且导出

① 被提到名字的有13人，但其中两人（波伊策尔和舒勒）使用了相同的数据。文中给出的数字大都最初源自第谷的《新编天文学初阶》（*Astronomiae instauratae progymnasmata*, Uraniborg, 1602）。《对话》的原始版本在提供数据和计算方面包含许多错误。本文根据法瓦罗从手稿片段中引用的伽利略本（转下页）

这些新星位于月亮以下。现在，由于我很喜欢采用提问的方式，而作者本人又不在场，所以辛普利邱，你来回答我将要提出的问题，你认为他会怎样说就怎样说。

假定我们在讨论1572年出现在仙后座的那颗新星，辛普

（接上页）人的数字做了更正，而且不做特别提及。除第谷外，文中提到的观测者如下：

1. 保罗·海因泽尔（Paul Hainzel），奥格斯堡的业余天文学家，也是第谷的密友。他使用一个半径为17.5英尺的著名象限仪进行观测，据说需要40人才将它安放在德国南部小镇格平根（Goeppingen）。

2. 维滕堡的卡斯帕·波伊策尔（Caspar Peucer），一位知名的同名医生的儿子，他与海因泽尔和伯爵领主就新星问题进行了通信。

3. 黑森的伯爵领主威廉四世（The Landgrave of Hesse, William IV），著名的科学赞助人和业余天文学家。

4. 沃尔夫冈·舒勒（Wolfgang Schuler），小波伊策尔的朋友，维滕堡大学的教授。

5. 塔德阿什·哈耶克（Thaddeus Hagek），布拉格的御医，他写了一本关于这颗著名新星的书，1574年在法兰克福出版。正是哈耶克第一次让第谷熟悉了出版前在学者中广为流传的包含了哥白尼体系的手稿。

6. 埃利亚斯·卡梅拉里乌斯（Elias Camerarius），法兰克福的教授。

7. 纽伦堡的亚当·乌尔西努斯（Adam Ursinus），著有若干占星学著作，他在《1574年预言》（*Prognosticatio anni* 1574）中提到了这颗新星，并认为它在月亮以下。

8. 杰罗姆·穆诺兹（Jerome Muñoz），瓦伦西亚大学数学和希伯来语教授。

9. 鲁汶的科尔内留斯·赫马（Cornelius Gemma），著名天文学家赫马·弗里修斯（Gemma Frisius）的儿子。赫马在1572年这颗新星初现时简述过它，后来又在其《论神圣世界的特征》（*De divinis mundi characterismis*, Antwerp, 1575）中做了详细论述。

10. 格奥尔格·布施（Georg Busch），埃尔福特的画家和业余天文学家，他认为这颗新星在月亮以下。

11. 伊拉斯谟·莱因霍尔德（Erasmus Reinhold），著名的《普鲁士星表》（*Prutenic Tables*）编纂者的儿子，萨尔费尔德（Saalfeld）的医生。

12. 墨西拿主教弗朗西斯·毛罗利科（Francis Maurolycus），最早观测到这颗新星的人之一。

利邱，请告诉我，你认为它会同时出现在不同位置吗？也就是 281
说，它能否既在诸元素和行星轨道当中，同时又高出这些东西，位于恒星当中，甚至无限高于恒星呢？

辛普利邱： 毫无疑问，我们必须说，它只能处于一个位置，与地球有一个确定的距离。

萨尔维阿蒂： 那么，如果这些天文学家所做的观测是正确的，这位作者所做的计算也没有错，那么前者和后者必将给出完全相同的距离，是不是？

辛普利邱： 在我看来必然如此，相信这位作者也不会有不同意见。

萨尔维阿蒂： 但在许多计算中，如果没有两个是吻合的，你会怎么看呢？

辛普利邱： 我会认为所有计算都是错的，要么是计算器出了毛病，要么是观测者弄错了。我最多只能说，其中一个计算可能是对的，但仅仅是一个；不过我也不知道是哪一个。

萨尔维阿蒂： 可你愿不愿意在错误的基础上导出一个成问题的结论，并视之为正确呢？肯定不会。现在，这位作者的计算就是像这样，彼此之间都不吻合；所以你看，你对这些计算能抱多大信心呢？

辛普利邱： 果真如此的话，那的确是一个严重的缺陷。

沙格列陀： 为了替辛普利邱和他那位作者解围，我要说，萨尔维阿蒂，如果这位作者意在查明那颗新星离地球究竟有多远，那么你的论证的确是令人信服的。但我不相信这是他的意图，他只想表明那颗新星在月亮下方。因此，如果根据上述观测以及由此做出的所有计算总能推算出那颗新星的位置低于月亮，这已经足以使那位作者宣布所有那些天文学家极端无知，不论他们错在几何还是算术，总归不能由自己的观测推导出正确的结论。

萨尔维阿蒂：沙格列陀，既然你这样狡猾地坚持这位作者的学说，那我就把注意力转向你吧。让我们看看我能否也说服辛普利邱（尽管他在计算和证明上都不熟练）相信，这位作者的
282 证明至少是不得要领的。首先要知道，这位作者以及和他相冲突的所有天文学家都认为，这颗新星本身是不动的，只是随着原动天的周日运动而运转。但对于这颗新星的位置，他们却意见不一，那些天文学家将它置于恒星区域（也就是月亮以上），而且可能在恒星当中，而这位作者则断定它在地球附近，也就是在月亮轨道的圆弧以下。由于我们谈论的这颗新星位置朝北，离北极也没有多远，所以在我们北方人看来，它从不沉没，用天文仪器来测量其子午圈高度——最低点低于极点多少，最高点高于极点多少——并非难事。当我们在地球的不同位置以及与北极的不同距离处（也就是与仰极高度的不同距离处）做了观测，并把这些观测结合起来，就可以推算出新星的距离。因为如果这颗新星和其他恒星一起位于恒星天球，那么它在与极点的不同高度处测量出来的子午圈高度，彼此之间的差异将和这些仰极高度之间的差异一样。例如，倘若在仰极高度为 45 度的位置测量出这颗新星在地平线以上的高度为 30 度，那么在极点高出 4 度或 5 度的更北位置测量出来的新星高度也应增加 4 度或 5 度。但如果新星与地球的距离远小于恒星天球与地

如果新星在恒星天球，则其最小高度与最大高度的差别将无异于仰极高度的差别。

球的距离，那么随着观测位置接近极点，其子午圈高度应当比仰极高度有更显著的增加。根据这样一种更大的增加——也就是根据新星高度的增加对仰极高度增加的超出，即所谓的视差差异——用一种清晰而可靠的方法很快就能计算出新星与地球中心的距离。

现在，这位作者取来13位天文学家在不同仰极高度所做的观测，并（经过挑选）把其中一部分结果分为12对进行比较，计算出那颗新星的高度总在月亮以下。但他敢于这样做是因为指望但凡拿到这本书的人都对天文学一无所知，这真让我反
胃。我简直不明白其他天文学家如何能够抑制住自己，默不作 283
声。特别是这位作者着力抨击的开普勒；开普勒不是那种忍住不说的人，除非他认为这件事不值得关注。

现在，我把作者由他的十二项测算所推导出的结论都抄在这几张纸上，供你参考。第一条结论是：

1. 根据弗朗西斯·毛罗利科和保罗·海因泽尔的观测，以及4°42′30″的视差，推论出新星与地球中心的距离小于…………………………… 3个地球半径；
2. 根据海因泽尔和沃尔夫冈·舒勒的观测，以及8′30″的视差，推论出新星与地球中心的距离大于………… 25个地球半径；
3. 根据第谷和海因泽尔的观测，以及10′的视差，推论出新星与地球中心的距离略小于……………………… 19个地球半径；

4. 根据第谷和黑森的伯爵领主威廉四世(后文简称“黑森伯爵”)的观测,以及 14′ 的视差,推论出新星与地球中心的距离约为…………………… 10 个地球半径;

5. 根据海因泽尔和科尔内留斯·赫马的观测,以及 42′30″ 的视差,推论出新星与地球中心的距离约为…… 4 个地球半径;

6. 根据黑森伯爵和埃利亚斯·卡梅拉里乌斯的观测,以及 8′ 的视差,推论出新星与地球中心的距离约为… 4 个地球半径;

7. 根据第谷和哈耶克的观测,以及 6′ 的视差,推论出新星与地球中心的距离为…………………………… 32 个地球半径;

8. 根据哈耶克和亚当·乌尔西努斯的观测,以及 43′ 的视差,推论出新星与地面的距离为……………………… 1/2 个地球半径;

9. 根据黑森伯爵和布施的观测,以及 15′ 的视差,推论出新星与地面的距离为 1/48 个地球半径;

284 10. 根据毛罗利科和杰罗姆·穆诺兹的观测,以及 4°30′ 的视差,推论出新星与地面的距离为……………… 1/5 个地球半径;

11. 根据穆诺兹和赫马的观测,以及 55′ 的视差,推论出新星与地球中心的距离约为……………………… 13 个地球半径;

12. 根据穆诺兹和乌尔西努斯的观测，
以及 1°36′ 的视差，推论出新星与
地球中心的距离小于 …………… 7 个地球半径。

这就是作者所做的十二项测算，他说这是他从这 13 位观测者的观测的诸多可能组合中挑选出来的 12 对；可以想见，挑选出来的这 12 对都对他的论证非常有利。

沙格列陀： 但我想知道，在这位作者略去的所有其他测算中，是否有一些对他不利；也就是说，是否有某些计算可以推论出新星位于月亮之上。我觉得一看便知，这样问是合理的。因为我看到这些结果彼此之间差异巨大，其中一些结果所给出的新星与地球的距离是其他一些结果的 4 倍、6 倍、10 倍、100 倍、1000 倍和 1500 倍，于是我不由得怀疑，在他没有计算的那些观测中，是否有一些对反方有利。在我看来，这些计算并不依赖于世界上最深奥的东西，这些天文观测家不可能连做这些计算的聪明和技巧都没有，所以我的怀疑就更加可信了。事实上，仅仅在这十二项测算中，有些会把新星置于与地球只有几里的距离，还有一些则把它置于月亮附近，要说找不到一项研究会有利于对方，把新星置于超出月亮轨道至少 20 码远，这在我看来近乎是不可思议的奇迹。尤其是，所有这些天文学家竟然如此盲目，连他们自己如此明显的错误都看不出来，还有什么能比这更荒谬呢？

萨尔维阿蒂： 那你就听好了，准备大吃一惊吧，一个人若想同别人争论，并显得比别人高明，就会过分相信自己的权威和别人的愚蠢。

285 在被这位作者忽略的那些测算中，有些不仅把新星置于月亮之上，甚至置于恒星之上。而且这样的测算不在少数，而是大多数，这一点你从我这一页就可以看出。

沙格列陀：可这位作者对这些测算怎么说呢？或许，他没有考虑过这些？

萨尔维阿蒂：他考虑得太多了，他说这些观测都是错误的，在此基础上所做的计算就会把新星置于无限远处，这些观测是无法调和的。

辛普利邱：啊，这在我看来肯定像一种无力的遁词，因为对方同样有理由说，他据以推论出新星位于元素区域的那些观测也是错误的。

萨尔维阿蒂：哦，辛普利邱，但愿我能让你明白这位作者的伎俩，虽然它并不怎么高明。他利用你和其他单纯哲学家的天真来掩盖自己的狡猾，力图逐渐讨得你的欢心，让你觉得娓娓动听，志得意满。他将那些想要攻击逍遥学派天界绝对不变性的天文学家说成微不足道，并自命已经使他们哑口无言，自食其果。当你发现他是如何做到这一切时，我会使你大梦初醒，并且激起你的愤慨。我将尽我所能做到这一点。与此同时，沙格列陀，我要请你原谅我和辛普利邱，因为有些事情最好不应让他始终蒙在鼓里，一无所知，而当我继续试图向他讲清楚这些事时，会唠唠叨叨讲一大堆话（我是指以你敏捷的领悟力，会觉得唠叨），使你感到厌烦。

沙格列陀：我不仅不会厌烦，而且很乐意倾听你们的讨论。那些逍遥学派的哲学家要是都能这样做，从而发现自己欠了道

遥学派的这位保护人多少恩惠，那该多么好啊！

萨尔维阿蒂： 请告诉我，辛普利邱，假定这颗新星在北方，
而且处于子午圈内，如果它真的位于恒星中间，你是否相信，
一个人朝着北极星走上半天，这颗新星高出地平线的距离会和
北极星一样多？另一方面，如果新星比恒星低很多，即较为接 286
近地球，那么它看上去会比北极星升得更高，而且越接近地球，
升得就越高。

辛普利邱： 我认为对此我完全清楚，为了证明这一点，我试着画一张数学图。

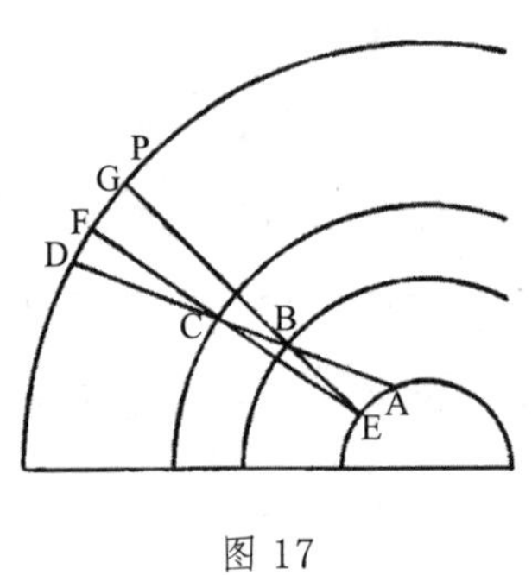

图 17

在这个大圆上，我把北极星标作 P，而在较低的两个圆上，我将标出从地球的 A 点看去的两颗星 B 和 C，沿着 ABC 这条线将会看见一颗恒星 D。于是，当我沿着地球走向 E 点时，这两颗星看上去会和恒星分开而趋近北极星 P——较低的一颗星 B 移动较多，在我看来好像在 G 点；C 星移动较少，看上去好像在 F 点。但恒星 D 将会保持与北极星的同样距离。

萨尔维阿蒂： 我能看出你很清楚。想来你也懂得，由于 B 星比 C 星低，离开 A 点和 E 点的视线在 C 处形成的角（即角 ACE）要小于视线 AB 和 EB 在 B 处形成的角。

辛普利邱： 这很容易明白。

萨尔维阿蒂： 此外，由于地球远小于恒星天球，小到几乎无法察觉，所以与地球离恒星天球的庞大距离 EG 和 EF 相比，

在地球上所能走过的距离 AE 也非常之小，因此你可以懂得，随着 C 星升得距地球越来越高，离开 A 点和 E 点的视线在 C 处形成的角会变得极小，就好像绝对无法察觉或根本不存在似的。

辛普利邱：这一点我也很清楚。

萨尔维阿蒂：辛普利邱，现在你一定知道天文学家和数学家发现了一些不可错的几何规则和算术规则，并且根据这些规则计算了 B 角和 C 角的大小及其差别，再根据 A 点与 E 点之间的距离，就可以确定星体之间的距离，误差在 1 英尺之内，只要这些距离和角测量得准确。

287 **辛普利邱：**那么，如果根据几何和算术所制定的规则是正确的，我们在尝试确定新星、彗星或类似星体的高度时可能产生的所有错误和误差，就将归咎于对距离 AE 或角 B 和角 C 的测量不那么准确了。因此，我们看到的上述十二项测算之间的所有差别并非源于计算规则有什么缺陷，而是源于用仪器观测来确定那些角和距离时产生了误差。

萨尔维阿蒂：毫无疑问，就是如此。现在你一定要密切注意，当星体从 B 移到 C，从而使角度变得更小时，视线 EBG 将不断远离视线 ABD 在角下面的那个部分。ECF 线可以显示这一点，它的下方部分 EC 要比 EB 离 AC 部分更远。但 AD 和 EF 这两条线无论如何延长，也决不会完全分开，因为最后总要在星体上聚在一起。只有无限延长下去，才可以说这两条线被分开了，成为平行的，而这是不可能的。但请留心，由于恒星天球的距离相比于微小的地球可以被视为无限远（正如我们已经提到的)，我们可以把从 A 点和 E 点到恒星所作的两条视线所夹的角看成零，并把这些视线看成平行的。由此我们可以断言，当我们在不同位置对新星进行观测并加以比较，计算结果表明这个角几乎等于零，且视线几乎平行时，我们就可以宣称新星在恒星之间。但若这个角可以觉察得到，新星就必然位于恒星以下；甚至在月亮以下，如果角 ABE 大于在月亮中心形成的角的话。

辛普利邱：那么，月亮的距离并没有大到使这个角无法觉察?

萨尔维阿蒂：是的，的确如此；这个角不仅在月亮可以觉察，甚至在太阳也是可以觉察的。

辛普利邱：那样一来，这个角要能被观测到，新星并不一定在太阳以下，更不用说在月亮以下了。

萨尔维阿蒂：的确如此，当前这个事例就是这样。这一点你在适当的时候就会看到——也就是当我扫清道路时，你虽然不懂天文计算，也更能觉察这位作者如何为了取悦逍遥学派，宁可遮掩和歪曲种种事实，也不肯为了确立真理而将事实坦率地、赤裸裸地摆出来。所以我们还是继续讲下去吧。 288

到目前为止，根据前面所说，我相信你知道，新星的距离绝不会大到使我们多次提及的那个角完全消失，从而使从 A 点和 E 点的观测者发出的视线成为平行线。这无异于你已经完全懂得，如果计算结果意味着这个角完全等于零，或者这两条线真正平行，那么我们就应该有把握认为，那些观测至少在些许程度上是错误的。如果计算结果表明这两条线不仅分开相等的距离（也就是成为平行的），而且超出了这个限度，变得上宽下窄，我们就可以明确断言，这些观测极不准确，错得离谱，导致我们得出了明显不可能的结论。

其次，你必须相信我，并且确信无疑地认为，如果从另一条直线上的两点引出的两条直线和前一条直线所成的两个角之和大于两直角，那么这两条直线就是上宽下窄的；如果等于两直角，这两条线就是平行的；如果小于两直角，这两条线就会会聚，延长下去必然形成一个三角形。

辛普利邱：我不用听你讲也知道这一点。我对几何学还没有无知到连亚里士多德讲过上千遍的那个命题都不知道；也就是说，任何三角形的三个角之和都等于两直角。就拿我图中的三角形 ABE 来说，假定 AE 是一条直线，我很清楚它的三个角 A、E、B 之和等于两直角，因此，E 角和 A 角加起来小于两直角，等于两直角减去 B 角。由此可见，当我们增加 AB 与 EB 这两条线的距离（同时保持它们在 A 点和 E 点固定不动），直到它们所夹的 B 角消失时，这两条线和底所成的两个角之和就将等于两直角，这两条线也将成为平行的。如果继续增加两条线之间的距离，E 角和 A 角之和将会大于两直角。

289 **萨尔维阿蒂：**你简直就是阿基米德，省掉我许多唇舌向你解释，只要计算表明 A 角和 E 角之和大于两直角，就应认为这些观测肯定错误。我想让你完全理解的就是这一点，我担心自己的解释无法使一位纯粹的逍遥学派哲学家对它坚信不疑。现在我们可以谈其余内容了。

你不久前曾经同意我说的，新星不可能同时处于一个以上的位置，由此可知，只要根据这些天文学家的观测计算出来的新星位置不在同一处，观测结果就一定有错误；也就是说，或者是北极星的仰角错了，或者是新星的高度错了，或者两者都错了。由于许多测算都是每次把两个观测结果结合起来，所以只有少数几个测算把新星置于同一位置，也只有这少数几个测算可以认为没有错，其余的则肯定有错。

沙格列陀：那么我们只能相信这少数几项测算，而将其余所有都抛弃掉了。既然你说只有少数几项测算是一致的，而且在这十二项测算中，我看到只有两项（其中的第五项和第六项）把新星与地心的距离定为 4 个半径，那么这颗新星更有可能是元素的而不是天界的。

萨尔维阿蒂：并非如此，因为你仔细看一下就会发现，它并没有说距离恰好是 4 个半径，而是约为 4 个半径。你看，这些距离之间就相差几百英里。看这里：这第五项测算是 13389 英里，比第六项的 13100 英里超出近 300 英里。

沙格列陀：那么，把新星置于同一位置的是哪几项测算呢？

萨尔维阿蒂：这位作者应当感到羞愧，有五项测算都把新星置于恒星之间，你可以看到，我在另一张纸上还记录了更多的组合。不过我打算向这位作者承认一点，这一点也许超出了他对我的要求——简而言之就是，这些观测的每一项组合都有一些错误。我认为这是绝对无法避免的，因为每一项测算都要用到四个观测结果（即不同观测者用不同仪器在不同位置测量 290
出来的两个不同的仰极高度和新星的两个不同高度），任何人只要稍懂道理，就会说这四个观测结果不可能皆无差错。特别是我们知道，同一观测者在同一位置用相同的仪器测出的同一个仰极高度（他可能测量过多次）就可能有1分甚至几分的出入，在这本书中你可以多次看到这一点。

天文仪器很容易产生误差。

假定这些情况成立，我请问你，辛普利邱，你认为这位作者是把这十三位观测者看成机智灵巧、能够熟练使用天文仪器的人，还是看成笨手笨脚的外行呢？

辛普利邱：他一定认为这些人非常机智敏锐，因为倘若认为这些人不能胜任自己的工作，他就无异于谴责自己这本书不得要领，基于充满错误的假说。他若以为利用人家的外行，可以说服我们把错误的命题当成正确的，也未免把我们看得太简单了。

萨尔维阿蒂：这样说来，这些观测者是能胜任的，但还是不免弄错。我们要想从他们的观测中得到最好的可能结果，就得校正他们的错误。我们应当尽可能少地进行修改和校正，只要从那些观测中去除不可能性，恢复其可能性，就够了。举例来说，如果加上或减去两三分，就可以校正某一项观测的明显错误和一种显著的不可能性，那就不应给它加上或减去15、20或50分来校正它。

辛普利邱：我相信作者对此不会否认，因为既然承认这些观测者都是聪明的内行人士，就得相信他们的误差不会大到哪儿去。

萨尔维阿蒂：其次请注意这一点。关于新星所处的各个位置，有些显然是不可能的，另一些则是可能的。它的位置绝对不可能比恒星高出无限多，因为宇宙中没有这样的位置；即使有，我们也看不见位于那里的星体。此外，新星也不可能沿着地面慢慢移动，更不可能在地球内部移动了。一个类似星体的可见物体的可能位置，包括那些可疑的在内，只有在月亮以上 291
和月亮以下才不会和我们的心智相抵触。

现在，当我们试图通过人力所及的最准确的观测和计算来导出新星的真实位置时，我们发现大多数计算都把新星置于恒星上方的无限远处，有些计算则把置于地面附近，另一些计算甚至将它置于地面以下。还有一些计算虽然给出的位置并不是不可能的，但彼此之间并不一致。于是，理应把所有这些观测称为错误的，因此，如果希望所有这些工作不是徒劳无功，我们就必须校正和修改所有观测。

辛普利邱：但这位作者会说，我们根本不应利用暗示新星处于不可能位置的所有那些观测，它们错得太离谱了，而只应接受将新星置于可能位置的那些观测。他会说，我们只有利用最可靠和数量最多的资料，从后面那些观测中寻求新星的位置，即使不是准确而具体的位置（即它与地心的真实距离），至少要查明它属于元素，还是属于天体。

萨尔维阿蒂：你刚才给出的推理正是这位作者为了支持自己的主张而提出的推理，但这种推理对他的对手过于不利；特别让我感到惊奇的主要就在于这一点，即作者对自己的权威满怀信心，而把那些天文学家看成盲目和粗心大意的。现在我就来发表意见，请你代表作者给出回答。

首先我问你，天文学家用他们的仪器测算例如新星在地平线之上的仰角时，是否会超出或不及实际结果；也就是说，导出的结果有时高于、有时低于正确的结果？抑或错误总是同一种，以至于错误发生时，总是过头一点，或者总是不够而永远不会过头？

辛普利邱：我毫不怀疑，过和不及这两种倾向都同样存在。

萨尔维阿蒂：我相信作者也会这样说。你看，在新星的观
292 测者同样会犯的这两种相反的错误中，根据一种错误进行计算会使新星高于应有的高度，根据另一种错误进行计算则会使新星低于应有的高度。既然我们已经同意所有这些观测都是错误的，这位作者为何还要我们承认，显示新星靠近地球的那些观测要比显示新星离我们极为遥远的那些观测更加符合真相呢？

辛普利邱：根据迄今为止我们所说，我看到作者并没有拒斥那些有可能使新星比月亮更远甚至比太阳更远的观测，而是如你所说，只拒斥了那些会使新星距离无限远的观测。这种距离你也斥之为不可能，因此他认为这些观测错得太过离谱而略而不谈。因此在我看来，你若要驳倒这位作者，就应提出更精确、更多或由更认真的观测者所做的测算，将新星置于月亮以上或太阳以上的完全可能的位置——就像作者提出的这十二项测算都把新星置于月亮以下存在于宇宙中的位置，这些位置对新星来说是可能的。

萨尔维阿蒂：哎呀，辛普利邱，正是在这个地方，你和作者都是含糊不清的，不过你们的方式有所不同。从你的言谈中看得出你有一种想法，认为在确定新星距离时产生的**偏差**(esorbitanze)和在观测中产生的仪器误差成正比，反之，从偏差的大小也可以推论出误差的大小。因此，如果有人说，根据

这些观测，新星的距离应当无限远，你就认为观测误差也必然是无限大，因此无法校正，只能拒斥。我亲爱的辛普利邱，情况正好相反。鉴于你并不了解实际情况，我原谅你，因为你在这些事情上未经训练，但我不能以同样的理由掩盖作者的错误。他是假装不懂，并且自认为我们也不会真懂，企图利用我们的无知在孤陋寡闻的众人当中推销他的学说。因此，为使那
些知之甚少便轻信的人弄清楚真相，并且帮助你摆脱错误，你 293
要知道，如果一个观测告诉你新星处于土星的距离，那么仪器测出的仰角哪怕增加或减少 1 分，也会把新星置于无限远的距离，从而使之从可能变成不可能。反过来，在根据把新星置于无限远的观测所做的这些计算中，哪怕增加或减少 1 分，也往往会把新星恢复到一个可能的位置。虽然我说的是 1 分，其实只要修正 1 分的一半、六分之一或更少就够了。

其次，请切记，在像土星或恒星那样非常遥远的距离处，观测者使用仪器哪怕产生一丁点误差，也会使位置从有限和可能变成无限和不可能。对于月下靠近地球的距离，就不会出现这样的情况，例如观测到新星的距离是 4 个半径时，观测不仅可以增加 1 分，而且可以增加 10 分、100 分甚至更多，而计算结果仍然不会使新星无限远，甚至不会比月亮更远。由此你可以看到，所谓仪器误差的大小绝不能由计算结果来决定，而应由仪器实际测出的度和分来决定。那些只要增加或减少一丁点度数就能使新星恢复到可能位置的观测，就应被称为比较准确的或误差较小的观测。在所有可能的位置中，必须认为实际位置是根据最准确的观测计算出来并与绝大多数距离都吻合的。

辛普利邱：你讲的这些我还不太确定，我也不懂为什么在很大的距离，1 分的误差就能导致较大的偏差，而在很小的距离，10 分或 100 分的误差都算不了什么。但请不吝赐教。

萨尔维阿蒂：我把所有组合以及被这位作者删去的部分估算都摘录下来，亲笔做了计算并写在同一张纸上。看了这份摘要，你即使在理论上弄不懂，至少也可以在实践上弄明白。

294 **沙格列陀：**那么从昨天到现在的短短 18 小时里，你一定废寝忘食，只做这些计算了。

萨尔维阿蒂：并非如此，我吃睡两不误。这些计算我做得很快，实际情况是，我惊讶地看到，作者研究的这个问题根本不需要这么多计算，而他却费了那么大气力。为了充分认识这一点，并且迅速表明，由作者使用的那些天文学家的观测可以推论出，新星有更大的可能性位于月亮以上（甚至在行星以上，在恒星之间或更高），我把这位作者记下的 13 位天文学家的所有观测都抄在这页纸上，列出仰极高度和新星的子午圈高度，极点以下的最小值和极点以上的最大值。数据如下：

第谷

仰极高度	55°58′	
新星的高度	84° 0′	最大值
	27°57′	最小值
这些来自第一篇文章，但第二篇文章中的最小值是	27°45′	

海因泽尔		
仰极高度	48°22′	
新星的高度	76°34′	20°9′40″
	76°33′45″	20°9′30″
	76°35′	20°9′20″

波伊策尔和舒勒		黑森伯爵	
仰极高度	51°54′	仰极高度	51°18′
新星的高度	79°56′	新星的高度	79°30′
	23°33′		23° 3′

卡梅拉里乌斯		
仰极高度	52°24′	
新星的高度	80°30′	24°28′
	80°27′	24°20′
	80°26′	24°17′

哈耶克		乌尔西努斯		295
仰极高度	48°22′	仰极高度	49°24′	
新星的高度	20°15′	新星的高度	79°	
			22°	

穆诺兹		毛罗利科	
仰极高度	39°30′	仰极高度	38°30′
新星的高度	67°30′	新星的高度	62°
	11°30′		

赫马		布施	
仰极高度	50°50′	仰极高度	51°10′
新星的高度	79°45′	新星的高度	79°20′
			22°40′

莱茵霍尔德	
仰极高度	51°18′
新星的高度	79°30′
	23° 2′

现在，为了看到我的整个方法，让我们从作者略去的这五项测算开始——之所以略去，也许是因为这些测算对他不利，因为它们都把新星置于月亮以上许多个地球半径。这里是其中第一项，是根据黑森伯爵和第谷的观测计算出来的；作者自己也承认，这两个人所做的观测是最精确的。在这第一项测算中，我会解释我的研究所采用的程序，使你懂得它也适用于所有其他测算，因为测算都遵循同一规则，只是给出的材料有所不同而已。这里的材料包括仰极高度的度数和新星在地平线之上的高度，由此可以求出新星高于地心多少个地球半径。在这个问题上，涉及多少英里是无关紧要的；就像这位作者所做的，求出观测位置之间的距离是多少英里，完全是浪费时间精力。我不明白他为什么要这样做，尤其是他最后又把英里换算成地球半径。

辛普利邱：也许他这样做是为了在尺度上把新星的距离定得更小些，甚至小到几英寸。我们这些不懂你的算术规则

的人，听到计算结果总会感到惊讶，例如我们读到：“因此彗星或新星距地心三十七万三千八百零七又四千零九十七分之 296
二百一十一（$373807\frac{211}{4097}$）英里。”从你这么不辞劳苦地做这样精确的计算，连最微小的细节都记录下来，我们得到的印象是，你的计算连一英寸都不放过，到最后根本不可能欺骗我们100英里的距离。

萨尔维阿蒂： 如果在几千英里的距离，多一码或少一码都关系重大，如果我们认为正确的那些假设确定到能使我们最终导出一个不容置疑的真理，那么你的推理和对他的辩解就是合适的。但你从作者所做的十二项测算可以看到，他导出的新星距离彼此之间竟会相差数百英里甚至数千英里（因此远非正确）。既然我非常确信，我所寻求的距离必然与正确距离相差数百英里，我又何必为1英寸的计算差错而烦恼呢？

不过，让我们研究一下我用以下方式所做的运算。如摘记所示，第谷观测到新星在55°58′的仰极高度上，黑森伯爵观测到的仰极高度是51°18′。第谷观测到的新星的子午圈高度是27°45′，黑森伯爵观测到的子午圈高度是23°3′。我把这些高度并列如下：

第谷	极	55°58′	新星	27°45′
黑森伯爵	极	51°18′	新星	23° 3′

然后，我从较大的减去较小的，剩下的差如下：

	4°40′	4°42′
视差	2′	

其中仰极高度之差 4°40′ 小于新星高度之差 4°42′，因此有 2′ 的视差。

在作者本人所作的图上，B 点是黑森伯爵的位置，D 是
297 第谷的位置，C 是新星的位置，A 是地心，ABE 是在黑森伯爵位置处的垂线，ADF 是在第谷位置处的垂直线，BCD 角为视差。

由于两条垂线所夹的 BAD 角等于仰极高度之差，所以是 4°40′，我把它单独记在这里。然后我从弧弦表上找到它的弦，把它记在旁边；若半径 AB 是 100000，则它是 8142。于是，我很容易求出 BDC 角，因为 BAD 角的一半是 2°20′，加上直角就得到 BDF 角为 92°20′。给这个角加上 CDF 角，就得到 BDC 角的大小，CDF 角是与新星较大高度垂线的偏离，在这种情况下是 62°15′，所以 BDC 角为 154°45′。[①] 我从表上找到这个角的正弦是 42657，将它们写在一起，并在下面写上视差的 BCD 角 2 分及其正弦 58。

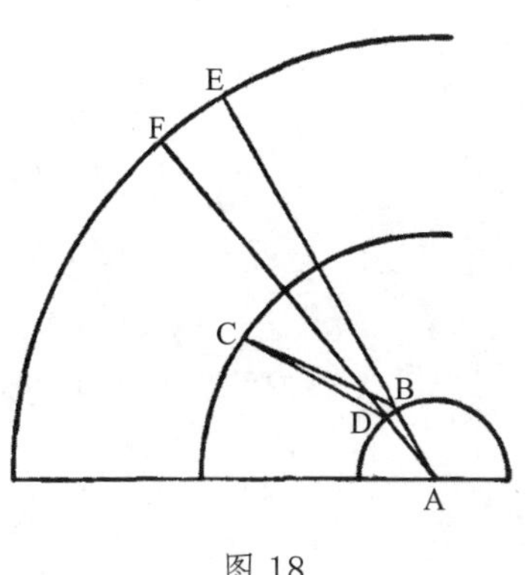

图 18

由于在三角形 BCD 中，DB 边与 BC 边之比等于对角 BCD 的正弦与另一对角 BDC 的正弦之比，因此，如果 BD 线是 58，BC 将为 42657。既然半径为 100000 时，DB 弦为

① 这里显然应为 154°35′。但将正弦从 42657 更正为 42920 会改变整个计算并影响后面的文本，因此我们保留了原始的错误。

8142，我们试图按照比例法查明 BC 由多少这些同样的 100000 298
所组成：如果 BD 是 58 时，BC 是 42657，那么如果 DB 是
8142，BC 将是多少？[①]

BAD 角	4° 40′，	若半径 AB 是 100000，则它的弦为 8142
BDF	92° 20′	
BDC	154° 45′	正弦 42657
BCD	0° 2′	58

58	42657	8142

```
        42657
         8142
       ------
        85314
       170628
       42657
      341256
     --------
58 ) 3473~~13294~~ (  59
      571
       5
```

因此，我把第二项乘以第三项，得到 347313294；再除以

① 按照当时的惯例，伽利略在除的过程中并没有显示连续的乘积；乘法和减法是同时进行的。对这个例子的解释也适用于后面的例子。每一个乘积的最后五位数字在整个计算中都被忽视了，文中以删除号的形式显示出来。除数乘以第一个部分商（partial quotient）（即 58 乘以 5），乘积（290）从被除数的前三位数字（347）中减去，留下余数（57）。接着求 573 的试商（trial quotient）——这里数字"3"并不是被"拿下来"，而仅仅是跟在数字 57 之后。选择 9 作为商，取它和 58 的乘积，得到 522；再将它从 573 中减去，留下 51。将数字"1"写到具有十进位置的最高处，也就是置于数字"57"之后；数字"5"也按照相同的规则写入新的一行，在"7"下方。如果对整个被除数（347313294）做除法，则下一个部分余数（partial remainder）将是 511。将它除以 58，上述过程将会继续。

第一项即 58，其商将是半径为 100000 时 BC 线的值。要想求出 BC 线包含多少个半径 BA，须再把这个商除以 100000，我们就得到了 BC 中包含的半径数。347313294 除以 58 是 $5988160\frac{1}{4}$，见下：

$$\begin{array}{r} 5988160\frac{1}{4} \\ 58\overline{)\,347313294} \\ 5717941 \\ 54\ \ 3 \end{array}$$

再把这个数除以 100000，便得到 $59\frac{88160}{100000}$

1 | 00000　|　59 | 88160

我们可以对运算做出缩减，用第一个乘积[①]（即 347313294）除以 58 和 100000 这两个数的乘积：

5800000 ）3473 13294（ 59
571
5

类似地得到 $59\frac{5113294}{5800000}$。BC 线中包含这么多个半径，再加上 AB 线的 1 个半径，就得到两条线 ABC 的略小于 61 个半径。因此，从中心 A 到新星 C 的距离大于 60 个半径，如这位作者所说，

① 这里的"乘积"在原文中是"商"，法瓦罗做了更正。

按照哥白尼本人的说法，假定从地心到月亮的距离是 52 个半径，那么按照托勒密的计算，它比月亮高 27 个半径以上，按照哥白尼的计算，比月亮高 8 个半径以上。

通过这种研究，根据卡梅拉里乌斯和穆诺兹的观测，我发现新星位于类似的距离，也就是在 60 个半径以上。以下是他们的观测和计算。

仰极高度：			新星的高度： 299
卡梅拉里乌斯	52°24′		24°28′
穆诺兹	39°30′		11°30′
差	12°54′	差	12°58′
			12°54′
	视差（角 BCD）		0° 4′

角 BAD 12°54′ 及其弦 22466

角 BDC 161°59′，BCD 0° 4′ 正弦 30930，116

比例法

22466

116　　30930　　22466

673980

202194

67398

116 ）694873380（ 59　　BC 的距离 59 半径，几乎是 60

1144

10

以下测算基于第谷和穆诺兹的两项观测，由此计算出新星与地心的距离为 478 个或更多个半径。

仰极高度:		新星的高度:	
第谷	55°58′		84° 0′
穆诺兹	39°30′		67°30′
差	16°28′	差	16°30′
			16°28′
	视差(角 BCD)		0° 2′

角			
BAD	16°28′	及其弦	28640
BDC	104°14′	正弦	96930
BCD	0° 2′	正弦	58

比例法

58　　96930　　28640

　　28640

3877200
58158
77544
19386

58) 2776075200 (478
4506
53

300 以下测算得出新星与地心的距离超过 358 个半径。

仰极高度			新星的高度
波伊策尔	51°54′		79°56′
穆诺兹	39°30′		67°30′
	12°24′		12°26′
			12°24′
			0° 2′

角 { BAD 12°24′ 及其弦 21600
BDC 106°16′ } 正弦 { 95996
BCD 0° 2′ } 58

比例法

58　　95996　　21600
21600

7597600
95996
191992
---
58) 2073513600 (357
3339
42

根据另一项测算，新星与地心的距离超过 716 个半径。

仰极高度	黑塞的伯爵领主	51°18′	新星的高度	79°30′
	海因泽尔	48°22′		76°33′45″
		2°56′		2°56′15″
				2°56′ 0″
				0° 0′15″

角 { BAD 2°56′ 弦 5120
BDC 101°58′ } 正弦 { 97845
BCD 0° 0′15″ } 7

比例法

7　　97845　　5120
5120

1956900
97845
489225
---
7) 500966400 (715
134

301 正如你所看到的，① 这五项测算都把新星置于月亮以上。现在我要你考虑一下我刚才告诉你的情况，即在距离很远的时候，几分变化就会使新星移动很大一段距离。例如，在上述第一项测算中，计算表明新星距地心 60 个半径，视差为 2 分，那些希望坚持新星在恒星之间的人只要把观测校正 2 分或更小，就会使视差消失或变得很小，并把新星置于很远的距离，就像每个人认为天空距离很远一样。在第二项测算中，修正小于 4 分，结果也类似。和第一项测算一样，在第三和第四项测算中，2 分的修正也把新星置于恒星之间。在最后一项测算中，$\frac{1}{4}$ 分—— 15 秒——将得到同样的结果。

但对于月下的高度来说，你会发现情况并非如此。你可以想象任何距离，并试图修正作者所做的测算，使之全都符合明确的距离，你会发现必须做的修正要大得多。

沙格列陀：如果我们考察一下你所说的一个例子，对于完全理解这一点将不会有任何害处。

萨尔维阿蒂：随便把新星置于月下的任何距离处，因为我们很容易确定，我们认为足以使新星回到恒星中间的那些校正能否使新星移到你们决定的位置。

沙格列陀：为了选择对作者最有利的距离，我们假定该距离是他所有十二项测算中最大的。因为如果他和天文学家们对此意见不一，天文学家们断言新星必须在月亮以上，而他却把

① 施特劳斯和法瓦罗指出，上述公式中的“97845”应为“97827”。

新星置于月亮以下，那么他只要证明新星在月亮以下哪怕最小的距离，他也会取得胜利。

萨尔维阿蒂：因此，让我们看看基于第谷和塔德乌斯·哈耶克的观测所做的第七项测算，根据这项测算，作者发现新星与地心的距离是 32 个半径，这个距离最有利于他那一方。为 302
了有利于他，我们不妨把新星置于不利于天文学家们的距离，也就是把新星置于恒星天球以外。

假定这些之后，让我们查明，需要对他的 11 项测算做什么样的校正，才能把新星的距离提高到 32 个半径。我们从第一项测算开始，根据海因泽尔和毛罗利科的观测来计算，作者发现，与地心的距离约为 3 个半径，视差为 4°42′30″；现在让我们看看，若把视差只缩减 20 分，其距离是否会提升到 32 个半径。运算非常简要和精确。我把 BDC 角的正弦乘以 BD 弦，并把这个乘积（略去最后 5 位数字）除以视差的正弦，得到 $28\frac{1}{2}$ 个半径；所以即使从 4°42′30″ 校正为 4°22′30″，新星的距离也不能提升到 32 个半径。就辛普利邱的了解来说，这种校正等于 $262\frac{1}{2}$ 分。

海因泽尔	极	48°22′	新星	76°34′30″
毛罗利科	极	38°30′	新星	62°
		9°52′		14°34′30″
				9°52′
			视差	4°42′30″

BAD	9°52′	弦	17200
BDC	108°21′30″	正弦	94910
BCD	0°20′		582

94910
17200
18982000
66437
9491
582) 16324~~52000~~ (28
4688
2

在第二项测算中，根据海因泽尔和舒勒的观测，视差为 8′30″，新星的高度约为 25 个半径，其运算如下：

303

BD	弦	6166
BDC	正弦	97987
BCD		247

97987
6166
587922
587922
97987
587922
247) 6041~~87842~~ (24
1103
11

将视差 8′30″ 缩减为 7′，其正弦为 204，新星的距离被提升到约 30 个半径。因此，1′30″ 的校正是不够的。

204) 60418?842 (29
1965
12

现在我们看看，基于海因泽尔和第谷的观测所做的第三项测算需要多少校正。第三项测算将新星置于约 19 个半径高，视差为 10 分。事实表明，这位作者已经发现了那几个角及其正弦和弦，在作者的计算中，它们暗示新星的距离约为 19 个半径。因此，为了提升新星的位置，必须按照他在第九项测算中同样遵循的规则缩减视差。与此同时，让我们假定视差为 6 分，其正弦为 175。两者相除，我们发现新星的距离不到 31 个半径。因此，4 分的校正对于作者的需求来说太小了。

角				
	BAD	7°36′	弦	13254
	BDC	155°52′	正弦	40886
	BCD	0°10′		291

13254
40886
79524
106032
106032
53016

291) 541903044 (18　　175) 5419 (30
2501　　16
18

304 接下来，利用作者本人找到的弦和正弦，让我们用同一规则来考察第四项测算和其余测算。在第四项测算中，视差为 14 分，由此确定的高度不到 10 个半径。将视差从 14 分缩减为 4 分，你可以看到，无论如何也无法将新星的距离提升到 31 个半径，所以从 14 分校正 10 分是不够的。

BD	弦	8142
BDC	正弦	43234
BCD	正弦	407

```
            43235
             8142
          -------
            86470
           172940
           43235
         345880
        ---------
116 ) 352019370 (  30
           4
```

在作者的第五项测算中，其正弦和弦如下：

BD	弦	4034
BDC	正弦	97998
BCD	正弦	1236

```
             97998
              4034
          --------
            391992
           293994
         391992
        ----------
145 ) 395323932 (  27
         1058
           3
```

视差为 42′30″，这暗示新星的高度约为 4 个半径。校正视

差，将它从 42′30″ 缩减为只有 5′，并不足以将新星的距离提升到 28 个半径，所以 37′30″ 的校正太小了。

以下是第六项测算中的弦、正弦和视差：

BD		弦	1920
BDC		正弦	40248
BCD	8′	正弦	233

40248
1920
804960
362232
40248
29) 77276160 (26
198
1

新星在地球之上大约 4 个半径。让我们看看视差从 8 分缩 305
减为 1 分时这个距离如何变化。请看计算，新星不会被提升到 27 个半径，因此将视差从 8 分校正 7 分是不够的。

正如你看到的，在第八项测算中，弦、正弦和视差如下：

BD	弦	1804
BDC	正弦	36643
BCD	正弦	29

36643
1804
146572
293144
36643
29) 66103972 (22
83
2

作者由此算出，新星的高度在 $1\frac{1}{2}$ 个半径，视差为 43 分，将视差缩减为 1 分，新星的距离仍然小于 24 个半径。所以 42 分的校正是不够的。

现在我们来看第九项测算。以下是弦、正弦和视差—— 15 分。作者由此算出，新星与地面的距离小于 $\frac{1}{47}$ 个半径。但这是一个计算错误，因为我们立刻会看到，它实际上大于 $\frac{1}{5}$。看这里：它约为 $\frac{90}{436}$，大于 $\frac{1}{5}$。

BD	弦	232	39046
BDC	正弦	39046	232
BCD	正弦	436	78092
			117138
			78092
			436) 9058672

作者接下来所说是完全正确的——将视差缩减为 1 分甚至是 $\frac{1}{8}$ 分，都不足以校正观测。但我可以告诉你，小到 $\frac{1}{10}$
306 分的视差不会使新星的高度恢复到 32 个半径，因为 $\frac{1}{10}$ 分（即 6 秒）的正弦是 3。如果按照我们的规则用 90 来除，或者用 9058762 除以 300000，这个距离就变成了 30 $\frac{58672}{100000}$，略大于 $30\frac{1}{2}$ 个半径。

第十项测算以这些角和正弦以及 4°30′ 的视差，得到新星高度为 $\frac{1}{5}$ 个半径。我看到，将视差从 $4\frac{1}{2}$ 度缩减为 2 分不会使新星的距离提升到 29 个半径。

BD		弦	1746	1746
BDC		正弦	92050	92050
BCD	4°30′	正弦	7846	87300

3492
15714
58) 1607~~19300~~ (27
441
4

第十一项测算使新星的距离约为13个半径，视差为55分。让我们看看如果将视差缩减为20分，新星的距离会是多少。计算结果是，它把新星提升到略小于33个半径，因此校正应为从55分缩减略小于35分。

BD		弦	19748	96166
BDC		正弦	96166	19748
BCD	55′	正弦	1600	769328

384664
673162
865494
96166
582) 18990~~56168~~ (32
1536
36

第十二项测算视差为1°36′，意味着新星的距离小于6个半径。将视差缩减到20分会使新星的距离小于30个半径；因此，1°16′的校正是不够的。

307

BD		弦	17257	17258
BDC		正弦	96150	96150
BCD	1°36′	正弦	2792	862900
				17258
				103548
				155322
				582) 1659356700 (28
				4957
				29

以下是作者在十次测算中对视差的校正，以将新星移至 32 个半径的高度：

度	分	秒		度	分	秒
4	22	30	out of	4	42	30
0	4	0	out of	0	10	0
0	10	0	out of	0	14	0
0	37	30	out of	0	42	30
0	7	0	out of	0	8	0
0	42	0	out of	0	43	0
0	14	50	out of	0	15	0
4	28	0	out of	4	30	0
0	35	0	out of	0	55	0
1	16	0	out of	1	36	0
9	216			9	296	

x60=	$\frac{540}{756}$	x60=	$\frac{540}{836}$

由此可以看出，为将新星移至 32 个半径的高度，我们必须从 836 分的总视差中减去 756 分，将其缩减为 80 分——即使这些校正也不够。

因此你可以看到（正如我立刻要指出的），如果这位作者决定把 32 个半径当作新星的真正高度，那么为使它们都把新星移到这样的距离，校正上述十项测算（说十项是因为我们所做的第二项测算也很高，只以 2 分的校正就把高度移至 32 个半径）就需要缩减视差，使减去的总数多于 756 分。但在我所测算的暗示新星在月亮以上的五种情况中，只要校正 $10\frac{1}{4}$ 分就足以使 308
它们都把新星置于恒星天球。正如我们看到的，除了这些，还有五项测算暗示新星恰恰在恒星之间，而不需要任何校正，使十项测算一致把新星置于恒星天球，其中五项只要校正 $10\frac{1}{4}$ 分；而为了调整作者的十项测算，使新星提升到 32 个半径的高度，需要从 836 分中修正 756 分。也就是说，如果你想使新星的距离为 32 个半径，就必须从 836 分的总数中减去 756 分，甚至这一校正也还不够。

现在来看其余五项测算，它们直接使新星没有视差，也不需要校正，从而把新星置于恒星天球，甚至置于恒星天球最远的部分（总之，与极本身一样高）：

	仰极高度	新星高度
卡梅拉里乌斯	52°24′	80°26′
波伊策尔	51°54′	79°56′
	0°30′	0°30′
黑森伯爵	51°18′	79°30′
海因泽尔	48°22′	76°34′
	2°56′	2°56′
第谷	55°48′	84°
波伊策尔	51°54′	79°56′
	4° 4′	4° 4′
莱茵霍尔德	51°18′	79°30′
海因泽尔	48°22′	76°34′
	2°56′	2°56′
卡梅拉里乌斯	52°24′	24°17′
哈耶克	48°22′	20°15′
	4° 2′	4° 2′

所有这些天文学家所做的观测还可以做出各种组合，其中暗示新星无限高的要比按计算把新星置于月亮以下的多得多（多 30 个左右）。正如我们都同意的，观测者的错误更可能小
309 而不是大，把新星从无限远处拉到恒星天球，对观测所做的校正显然要比把新星拉到月亮以下所做的校正小得多。因此，这一切都支持那些把新星置于恒星之间的人的看法。而且，我们从前面的例子已经看到，这种修正所需的校正，要比新星从未必可能的近处提升到对这位作者更有利的高度所需的校正小得多。

在其中三个未必可能的近处，新星与地心的距离似乎小于一个半径，可以说新星得在地下运转。在这样的组合中，一个观测者的仰极高度要大于另一个观测者的仰极高度，而前者所取的新星仰角要小于后者所取的新星仰角；这些组合记录如下。第一个组合是黑森伯爵和赫马的，黑森伯爵的仰极高度是51°18′，大于赫马的仰极高度50°50′，而黑森伯爵的新星高度79°30′，小于赫马的新星高度79°45′。

	仰极高度	新星高度
黑森伯爵	51°18′	79°30′
赫马	50°50′	79°45′

另外两组如下：

布施	51°10′	79°20′
赫马	50°50′	79°45′
莱茵霍尔德	51°18′	79°30′
赫马	50°50′	79°45′

从迄今为止我向你们展示的可以看到，作者用来研究新星的距离并证明它在月亮以下的第一个方法非常不利于他的论证，它以更大的清晰性和可能性暗示，新星的距离将它置于最遥远的天界。

辛普利邱：在我看来，这位作者的证据迄今为止的无效性已经非常清楚地暴露出来。但我发现这些只占了他书中的几页，他的其他论证可能比这些论证更有说服力。

310 **萨尔维阿蒂：**事实上，如果我们把过去的东西当作剩下的东西的样本，则它们的有效性只可能更小。因为很明显，前者的不确定性和不可靠性显然是仪器观测误差的结果，他假设仪器观测使仰极高度和新星高度可以精确测量出来，而事实上，所有这些都可能很容易出错。天文学家们已经花了数个世纪的时间来测量极的高度，而星体的子午圈高度是最容易观测的，因为它们非常明确；此外，它们使观测者有足够的时间继续进行研究，因为它们不像远离子午圈的高度那样在短时间内发生明显变化。

如果是这样（肯定是这样），我们对基于观测的计算能有什么信心呢？这些观测数量更多，更难进行，更加多变，而且最重要的是，它们是用更不方便、更不可靠的仪器做出的。我瞥了一眼随后的证据，发现这些观测是在各种地平经圈中对新星高度所做的，这些地平经圈以阿拉伯语术语“地平经度”（azimuths）而为人所知。在这些观测中，我们使用的仪器不仅可以在地平经圈中移动，同时也可以在地平圈中移动，因此，我们在地平经圈中测量新星高度的同时，必定也能观测到新星与地平圈中子午线的距离。此外，必须在相当长的时间间隔后重复操作，依靠时钟或对新星的其他观测，认真记录经过的时间。

接下来，他将这个观测网络与另一个类似的观测网络进行了比较，后者是由一个不同的观测者在不同国家、用不同仪器、在不同时间所做的。这位作者试图由此推论出与先前的观测相同时刻的新星高度及其地平纬度。最终，他以这些调整为基础进行计算。现在我请你来判断由这种研究方法所做的推导有多可信。

此外，我毫不怀疑，如果有人愿意经受这样漫长的计算，他就会发现，和以前一样，对对方有利的因素要多于对作者有
利的因素。但我觉得不值得为一个我们丝毫不感兴趣的问题 311
费心。

沙格列陀：我同意你的观点。但如果这个问题被如此多的困惑、不确定性和错误所包围，为什么这么多天文学家会如此自信地宣称这颗新星非常遥远呢？

萨尔维阿蒂：这两种观测都很简单、容易和正确，这足以使他们相信新星位于恒星天球，或至少在月亮以上很长一段距离。一种观测是新星位于子午圈上的最低点和最高点时，与天极的距离相等，或者差别很小。另一种观测是新星总与周围的某些恒星距离相等；特别是仙后座 X，新星与它的距离不到 $1\frac{1}{2}$ 度。由这两点就可以毫无疑问地推论出，视差要么完全没有，要么很小，以至于最粗略的计算就可以证明，新星距离地球很远。

沙格列陀：但作者难道不知道这些吗？如果知道，那他是如何为自己辩护的呢？

萨尔维阿蒂：当一个人找不到任何理由来为自己的错误辩护，并提出一些轻率的借口时，人们就说，他在抓取从天而降

的绳索。这位作者抓取的不是绳索，而是从天而降的蜘蛛网，只要考察一下上述两点，你就很容易看出来。

首先，关于我们观测到的一个个极距离表明了什么，我已经在这些简要的计算中记下了。为了完全理解，我首先应当告诉你，如果新星或其他某种现象离地球很近，并且绕极做周日运动，那么新星在子午圈上的天极以下时将比在天极以上时离天极更远。这可以从接下来这张图看出，在这张图中，T 点表示地心，O 是观测者的位置；VPC 是恒星天球的弧，P 为天极。在圆 FS 上运动时，该现象有时可见于天极下方，沿着视线 OFC，有时可见于天极上方，沿着视线 OSD。因此，它在恒星天球上的视位置是 D 和 C，但相对于地心 T 的真位置则是与天极等距离的 B 和 A。由此显而易见，该现象 S 的一个视位置

312 （即 D 点）要比沿视线 OFC 看到的另一个视位置 C 更靠近天 399
极。这是第一点要注意的。

其次，你必须注意，新星与天极的低视距离（apparent lower distance）超出它与天极的高视距离（apparent upper distance）的量大于它的低视差（lower parallax）。我的意思是，CP 弧（低视距离）超出 PD 弧（高视距离）的量大于 CA 弧（低视差）。

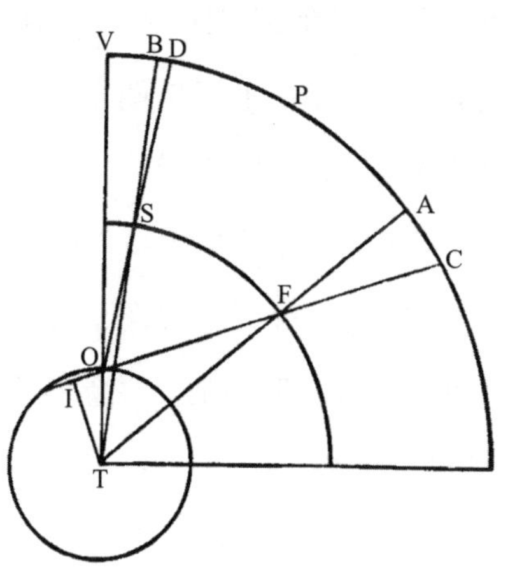

图 19

这很容易推论出来，因为CP弧超出PD弧的量必定大于超出PB弧的量，因为PB大于PD。但PB等于PA，而CP超出PA的量是CA弧。因此，CP弧超出PD弧的量大于CA弧，这就是被认为在F的现象的视差，这正是我们需要知道的。为了有利于作者，我们将假定，新星在F的视差就是CP弧（即天极以下的距离）超出PD弧（天极以上的距离）的总量。

现在我来考察作者引用的所有天文学家的观测意味着什么，其中没有一个不与他和他的目的相违。首先我们来看布施的观测，他发现新星在天极以上时与天极的距离是28°10′，在天极以下时与天极的距离是28°30′，所以超出了20分，为了有利于作者，我们把它当成新星在F的视差，也就是TFO角。然后，与天顶的距离即CV弧是67°20′。确定这两个量以后，作CO线，让TI垂直于CO，考虑三角形TOI，其中I角是直角。IOT角已知，它是VOC角的对角，即新星到天顶的距离。F角也已知，三角形TIF是一个直角三角形；这个角被当作视差。因此，我们在这里标出两个角IOT和IFT，取其正弦，如你所见， 313
将它们记录下来。

由于在三角形IOT中，若整个TO是100000，则IOT角的正弦给出TI是92276，而且在三角形IFT中，若整个TF是100000，则IFT角的正弦给出TI是582。按照比例法，我们说：若TI是582，TF是100000；但若TI是92276，TF是多少呢？

我们把92276乘以100000，得到9227600000，将它除以582，如你所见，得到15854982；如果TO的长度是100000，那么这就是 TF 的长度。因此,为了查明 TF 中有多少条 TO 线,我们把 15854982 除以 100000,结果约为 $158\frac{1}{2}$;新星 F 与地心 T 的距离就是这么多个半径。为了简化运算,我们看到,92276 与 100000 的乘积先除以 582,再把商除以 100000,我们把正弦 92276 除以正弦 582,就可以得到同样的结果,而不必把 92276 乘以 100000。这可见于下面,92276 除以 582 也约等于这个 $158\frac{1}{2}$。因此切记,只要把 TOI 角的正弦 TI 除以 IFT 角的正弦 TI,就可以得到所要求的用半径 TO 表示的距离 TF。

角 $\left\{\begin{array}{ll} \text{IOT} & 67°20' \\ \text{IFT} & 20' \end{array}\right\}$ 正弦 $\left\{\begin{array}{r} 92276 \\ 582 \end{array}\right.$

15854982
582) 9227600000
3407002246
49297867
325414
100000) 15854982

TI	TF	TI	TF
582	10000	92276	?

582) 92276 (158
34070
492
3

现在看看波伊策尔的观测给出了什么。其中在天极以下的距离是 28°21′,在天极以上的距离是 28°2′,差为 19 分,与天顶的距离是 66°27′。由这些数据可以推论出,新星与地心的距离几乎为 166 个半径。

$$\text{角}\left\{\begin{array}{ll}\text{IAC} & 66°27'\\ \text{IEC} & 19'\end{array}\right\}\text{正弦}\left\{\begin{array}{r}91672\\ 553\end{array}\right.$$ 314

553) 91672 ($165\frac{427}{553}$

36397

312

4

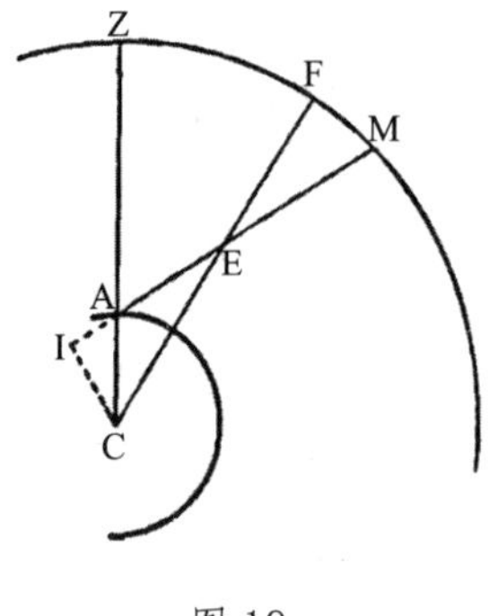

图 19a

下面是第谷的观测，它最有利于反对者。在天极以下的距离是 28°13′，在天极以上的距离是 28°2′，整个差 11 分就好像全是视差。与天顶的距离是 62°15′。其计算如下；新星与地心的距离是 $276\frac{9}{16}$个半径。

$$\text{角}\left\{\begin{array}{ll}\text{IAC} & 62°15'\\ \text{IEC} & 11'\end{array}\right\}\text{正弦}\left\{\begin{array}{r}88500\\ 320\end{array}\right.$$

320) 88500 ($276\frac{9}{16}$

2418

21

下面是莱因霍尔德的观测，它给出新星与地心的距离是 793 个半径。

$$角\left\{\begin{array}{ll}\text{IAC} & 66°58'\\ \text{IEC} & 4'\end{array}\right\}正弦\left\{\begin{array}{r}92026\\ 116\end{array}\right.$$

$$\begin{array}{r}116\ )\ 92026\ (\ \ 793\frac{88}{116}\\ 10888\\ 33\end{array}$$

由以下黑森伯爵的观测可得，新星与地心的距离是 1057 个半径。

$$角\left\{\begin{array}{ll}\text{IAC} & 66°57'\\ \text{IEC} & 3'\end{array}\right\}正弦\left\{\begin{array}{r}92012\\ 87\end{array}\right.$$

$$\begin{array}{r}87\ )\ 92012\ (\ \ 1057\frac{58}{87}\\ 5663\\ 5\end{array}$$

315 根据卡梅拉里乌斯的两项对作者最有利的观测，我们得到，新星与地心的距离是 3143 个半径。

$$角\left\{\begin{array}{ll}\text{IAC} & 65°43'\\ \text{IEC} & 1'\end{array}\right\}正弦\left\{\begin{array}{r}91152\\ 29\end{array}\right.$$

$$\begin{array}{r}29\ )\ 91152\ (\ \ 3143\\ 4295\\ 1\end{array}$$

穆诺兹的观测没有视差，因此把新星置于最高的恒星之间。海因泽尔的观测使新星无限远，但只要校正二分之一分就可以将它置于恒星之间；乌尔西努斯的观测也只要校正 12 分就可以得到同一结果。其他天文学家则没有给出天极以上和以下的距离，因此导不出任何结论。现在你看到，所有这些观测都和这位作者相违，都把新星置于最高的天界。

沙格列陀：那么，面对这样明显的矛盾，他做了什么辩护呢？

萨尔维阿蒂：辩护极其软弱无力：他说，视差会因折射而减小，起相反作用的折射使现象升高，而视差则使现象降低。你可以从以下事实来判断这可怜的借口有多大用处：如果折射的效果真如某些天文学家近年来所说的那样大，那么要想提升已经在地平线以上 23 度或 24 度的现象的真位置，它所能做的最多只是使视差减小大约 3 弧分。要把新星拉到月亮以下，这种校正太小了。在某些情况下，有利于他的与其说是这种校正，不如说是我们承认，天极以下距离对天极以上距离的整个超出是因视差而产生的。这种好处要比折射的效果清楚明白得多，我对折射量提出质疑并非没有理由。

此外，我要问这位作者，既然他使用了这些天文学家的观测，他是否相信这些人已经了解并且考虑了这种折射效果。如果他们已经了解并且考虑了，我们就有理由相信，他们在测定 316
新星的真高度时已经将它考虑在内，按照因折射而产生的变化所要求的程度减小仪器上显示的新星高度，使他们宣称的距离准确无误，而不仅仅是表面的和错误的。但如果他相信这些天文学家没有考虑过折射，他就应当承认，这些天文学家在测定所有那些不考虑折射就无法完全校正的东西时都错了，其中就

包括精确测定仰极高度。仰极高度通常源于总是可见的某些恒星的两个子午圈高度。这些高度和新星的高度一样被折射所改变。因此，由此导出的仰极高度也是有缺陷的，和这位作者归于新星高度的缺陷是同样性质；也就是说，前者和后者都会以相等的误差比实际高度高一些。就我们目前的主题而言，这种误差是无关紧要的。因为我们只需要知道新星在天极以上和天极以下两个距离之差，我们可以清楚地看到，假定折射对新星和天极的测算产生共同的影响，两个距离之差将保持不变。

如果作者曾经肯定天极的高度已被精确指定，因折射而导致的误差也已得到校正，而这些天文学家在指定新星的高度时却忘了防范这种误差，那么作者的论证还有些许重要性，虽然也没有重要到哪里去。但他并没有让我们确信这一点，可能也不会这样做，(更有可能的情况是)那些观测者是不会忘记防范这种误差的。

沙格列陀：在我看来，这一反驳根本无效。但请告诉我，他是怎样摆脱新星与周围恒星保持同样距离这一观点的。

萨尔维阿蒂：他类似地尽力抓住两条比他的第一条反驳还要无力的线索，其中一条仍然与折射有关，但更不牢靠。因为
317 他说折射改变了新星的真位置，使之看起来要高一点，从而使新星和与之比较的邻近恒星之间的视距离变得不确定了。作者假装不知道，折射对新星和与之邻近的恒星所起的作用是一样的，把它们同样地提高了，因此它们之间的距离保持不变；我对作者的这种故作不知真是惊讶之至。

作者的另一条借口就更可怜了，甚至不无荒谬；他的根据

是，仪器观测可能出现差错，因为观测者没能把瞳孔的中心置于六分仪（一种用来观测两星间距的仪器）的支点处。观测者把六分仪的支点置于颊上距瞳孔有一段距离的某块骨头上，从而在眼中形成一个比六分仪的两边夹角更小的角。一个人若先观看略高于地平线的星，而后又在这些星升得很高时再去观看，则视线所形成的角本身也有所不同。因此他说，当一个人的头保持不动而把仪器持续升高时，会测出不同的角。

但在升高六分仪时，若颈部后仰，头部和仪器一起抬起来，角度将保持不变。所以作者说，观测者在使用仪器时并没有按照要求把头抬起来，这一假定是不大可能成立的。但即使这的确发生了，请你判断，两个等腰三角形，一个三角形的两边约为 4 码长，另一个三角形的两边的长度比 4 码小一粒扁豆的直径，这两个三角形的顶角之间会有什么差别呢？以下两条视线之间的长度差别肯定不会比这大：一条视线从瞳孔中心垂直地落在六分仪刻度盘平面上，这条线的长度不会长于一根拇指的宽度；而当我们把六分仪升高一点，但头部并不随之升高时，这条线不再垂直地落在上述刻度盘平面上，而是略为倾斜，与刻度盘平面形成的角变得更小。

但为了让这位作者从他那些不当的、下贱的借口中彻底解放出来，他要晓得（因为他在天文仪器的使用上明显经验不
足），沿着六分仪或四分仪的每一侧都有两个观察孔，一个在中 318
心，另一个在相反的一端，比刻度盘平面高出一英寸左右，视线经由这些观察孔的上部望出去，眼睛与仪器距离相当远——约为一两拃甚至更多——因此瞳孔、颧骨或观测者的任何其他

部位都碰不到或压不到仪器。这些仪器也不是用手臂擎着或举起的，特别是当它们体型巨大，重达几十、几百甚至几千磅，都安装在非常牢固的基础上时，就像一般情况那样。这样一来，作者的整个反驳就都破产了。

这些都是作者的遁辞，即使貌似合理，也不足以为他保证百分之一弧分；而他却自认为能使我们相信，他借助这些遁辞能够抵销一百多弧分的差异。我的意思是说，在整个运行过程中，我们从来察觉不出一颗恒星和一颗新星之间的距离有什么差异，但若新星和月亮一样近，即使没有仪器，我们用肉眼也应能够清楚地看到这种差异，正如当时那些较为明智的天文学家所熟知的那样，若与离新星一度半以内的仙后座 X 星相比较，此差异应当超过两个月亮直径。

沙格列陀：听了这番话，我仿佛看到一位不幸的农夫，在预期的全部收成被一场暴风雨摧毁之后，只能面色苍白、心怀沮丧地拾些落穗，而拾到的都不够一只鸡一天吃的。

萨尔维阿蒂：的确如此，为了反对那些攻击天界不变的人，这位作者准备的弹药太少了；他试图把新星从最高天界的仙后座拉到这些卑下的元素区域，那条锁链也太脆弱了。现在，既然天文学家们的论证和这位反对者的论证之间的巨大分歧在我看来已经得到清晰显明，我们不妨离开这一点，回到我们的主题。接下来，我们将考虑一般被归于太阳的周年运动。不过，这种运动先由萨摩斯的阿里斯塔克、后由哥白尼从太阳转而归
319 于地球。我知道，在反对这一立场方面，辛普利邱是全副武装的，特别是有他那本数学论文的小册子作为剑和盾。我们不妨

从这本小册子提出的反驳开始。

辛普利邱：如果你不介意，我将撇开那些而谈刚刚过去的事情，因为它们是最近才发现的。

萨尔维阿蒂：你最好按照我们以前的步骤，依次讨论亚里士多德等古人提出的相反论证。我也会这样做，以免遗漏或考虑不周。同样，才思敏捷的沙格列陀也会在灵感来临之际提出他的想法。

沙格列陀：我做事一贯缺乏分寸，既然你要求这样，就请多加原谅。

萨尔维阿蒂：你的这种好意我得感谢，而不是原谅。现在，既然辛普利邱不相信地球和其他行星一样，可以围绕一个固定的中心运转，就请他把那些导致他不信的反对意见提出来吧。

辛普利邱：第一个也是最大的困难是，处于中心和远离中心是彼此矛盾和不相容的。因为倘若地球必须在一年之内绕圆周即黄道移动一圈，地球就不能同时处于黄道的中心。但地球的确处于黄道的中心，这是亚里士多德、托勒密等人以多种方式证明了的。

萨尔维阿蒂：论证得很好。一个人要想让地球沿一个圆周运转，必须首先证明地球不在这个圆的中心，这是毫无疑问的。接下来，我们要看看地球是否处于那个中心，我说的是地球绕之运转，你说的是地球处于那里。在此之前，我们必须说明你我的中心概念是否相同。所以请告诉我，你所说的这个中心是什么，以及在哪里。

辛普利邱：我所说的"中心"是指宇宙的中心，世界的中心，恒星天球的中心，诸天的中心。

迄今尚未有人证明宇宙有限还是无限。

萨尔维阿蒂： 既然你或别人迄今为止都没有证明宇宙是有限和有形的，还是无限和无界的，我就很有理由对自然之中是
320 否存在这样一个中心提出质疑。尽管如此，即便承认宇宙是有限的，是有界的球形，因此有自己的中心，我仍然看不出为什么要相信，处于那个中心的是地球而不是其他物体。

一旦否认宇宙可动，亚里士多德证明宇宙有限的那些证据就全都失败了。

辛普利邱： 亚里士多德曾经给出上百条证据，证明宇宙是有限、有界和球形的。

萨尔维阿蒂： 所有这些证据后来被归结为一个，而它又根本站不住脚。因为只有当宇宙可动时，亚里士多德才能证明宇宙有限有界，如果我否认他关于宇宙可动的假设，那么他所有的证明就都失败了。但为了避免增加争论，我姑且承认你说的宇宙有限、球形且有一个中心。既然这一形状和中心是从可动
性推论出来的，我们就更有理由根据天体的这种圆周运动来详细研究宇宙中心的固有位置了。甚至亚里士多德本人也是以同样的方式来推理和判定这一点的，他使所有天球都绕之运转的那个点成为宇宙中心，并认为地球就位于这一点。现在，辛普利邱，请告诉我：如果迫于最明显的经验，亚里士多德不得不对宇宙的这种秩序和分布进行部分的重新安排，并承认自己在两条命题之间弄错了一条——要么误把地球置于宇宙的中心，要么误称天球围绕这个中心运转——你认为他会承认弄错了哪一条呢？ ***409***

亚里士多德使所有天体绕之旋转的那个点成为宇宙中心。

在与亚里士多德的学说相矛盾的两条命题中，亚里士多德如果不得不做出选择，他会接受哪一条呢？

辛普利邱： 如果碰到这种情况，我认为那些逍遥学派……

萨尔维阿蒂： 我问的不是逍遥学派，而是亚里士多德本人。

关于逍遥学派，我很清楚他们会怎样回答。作为对亚里士多德最毕恭毕敬、最卑躬屈膝的奴才，他们会否认世间一切经验和观察，甚至为了避免承认它们而拒绝亲眼去看；[1]他们会说，宇宙始终如亚里士多德所写，而不是如自然所说。倘若拿掉亚里士多德的权威这座靠山，你认为他们会以什么姿态进行论战呢？因此请告诉我，你认为亚里士多德本人会怎样做。

辛普利邱：说实话，我判定不了他会认为这两个困难中哪一个比较小。

萨尔维阿蒂：请不要把“困难”一词用于某种必然如此的 321
事情；想把地球置于天界旋转的中心就是一个“困难”。但是，既然你不知道亚里士多德会倾向于哪一方，而且我们都认为他是个才智卓著的人，我们就来考察一下这两个选项中哪个更为合理，并把它当作亚里士多德会支持的观点。因此，再次从头开始我们的推理，让我们出于对亚里士多德的尊重，假定宇宙（关于它的大小，我们对恒星以外是毫无了解的）和任何是球形并做圆周运动的物体一样，其形状和运动必然有一个中心。再者，既然我们确定恒星天球内部有许多彼此相套的天球，每一个天球也都携带着星体做圆周运动，我们要问：这些内藏的天球是和宇宙一样围绕同一个中心运转，还是围绕远离它的另一个中心运转？相信和主张哪一条才更合理呢？辛普利邱，请谈谈你的看法。

---

① 伽利略对此有亲身经历。众所周知，帕多瓦的克雷莫尼诺和比萨的利布里（Libri at Pisa）甚至拒绝透过望远镜去看，而且据说有数位教授缺席了伽利略对落体运动不依赖于重量的公开演示。

辛普利邱：如果我们能止于这条假设，而且肯定不会碰上别的什么干扰，我会认为，说包容者和被包容者全部围绕一个共同的中心运转，要比说它们围绕不同的中心运转合理得多。

包容者和被包容者围绕同一中心运转要比围绕不同的中心运转更为恰当。

萨尔维阿蒂：如果宇宙的中心的确是所有天球和天体（即行星）绕之运转的那一点，那就完全可以肯定，处于宇宙中心的是太阳而不是地球。因此，作为这第一个总体构想，中心位置就是太阳的位置，地球与该中心的距离就是它与太阳的距离。

如果世界的中心就是行星绕之运转的那一点，那么处于这个中心的是太阳而不是地球。

辛普利邱：你是如何推论出，是太阳而不是地球位于行星旋转的中心呢？

萨尔维阿蒂：这是由最明显因此也最具说服力的观测推论出来的。在把地球移出中心而把太阳置于中心的这些观测中，其中最明显的是，我们发现所有行星时而靠近地球，时而远离 411
地球。这其中的差别非常大，比如金星与我们的最远距离是最近距离的6倍，火星与我们的最远距离几乎是最近距离的8倍。由此可见，亚里士多德认为这些行星总与我们等距，是不是有点弄糊涂了。

由许多观测推论出，是太阳而不是地球位于天界旋转的中心。

322 **辛普利邱：**但有什么迹象表明它们绕太阳运转呢？

萨尔维阿蒂：是这样推论出来的：我们发现火星、木星和土星这三颗外行星与太阳相冲时总是非常靠近地球，而与太阳相合时则离地球很远。这种靠近和退离非同小可，以至于火星靠近地球时的大小看起来是离地球最远时的60倍。其次，金星和水星也必定绕太阳旋转，因为它们从未远离太阳，也因为我们看到它们时而在太阳的这一面，时而在另一面，正如金星

金星的形状改变表明其运动是围绕太阳的。

月亮不可能和地球分离。

的形状改变所充分证明的那样。至于月亮，它的确无论如何不可能与地球分离，更具体的理由我们以后再谈。

沙格列陀：我希望听到地球的这种周年运动能比它的周日运动产生更加惊人的现象。

地球的周年运动与其他行星的运动混合起来产生了明显的反常。

萨尔维阿蒂：你不会失望的，因为周日运动对天体的作用，和宇宙沿相反方向快速运动时并没有什么两样，也不可能有什么两样。但这种周年运动与所有行星的个别运动混合起来产生了许多奇异现象，过去世界上所有最伟大的人都被这些现象难住了。

现在回到那些总体构想，我再重复一下，土星、木星、火星、金星、水星这五颗行星绕之旋转的中心是太阳；地球也是如此，只要我们成功地把它置于天界。至于月亮，它的运转是围绕地球的，而且如我所说，是不可能与地球分离的；但这并不妨碍它随着地球绕太阳做周年运动。

辛普利邱：我对这种安排还根本不相信。也许画张图更能帮助我理解，讨论起来可能也容易些。

萨尔维阿蒂：应当画。但为了让你更满意，也为了让你惊讶，我要你自己来画。你会看到，无论你如何坚信自己不理解，其实你是完全理解的，只要回答我的问题，你就能准确画出来。请拿一张纸和一只圆规，假定这张纸就是浩瀚的宇宙，你需要 323
按照理性的引导来分配和安排宇宙的各个部分。首先，既然我不必告诉你，你就已经确信地球处于这个宇宙中，那就随便画一个点来表示你认为地球所在的位置，并用某个字母将它标出来。

辛普利邱： 假定这里就是地球的位置，标为 A。

根据现象画出的宇宙体系草图。

萨尔维阿蒂： 很好。其次我知道，你很清楚地球并不在太阳里面，也不与太阳相邻接，而是与太阳有一段距离。所以请给太阳另选一个位置，随便离地球多远，把它也标出来。

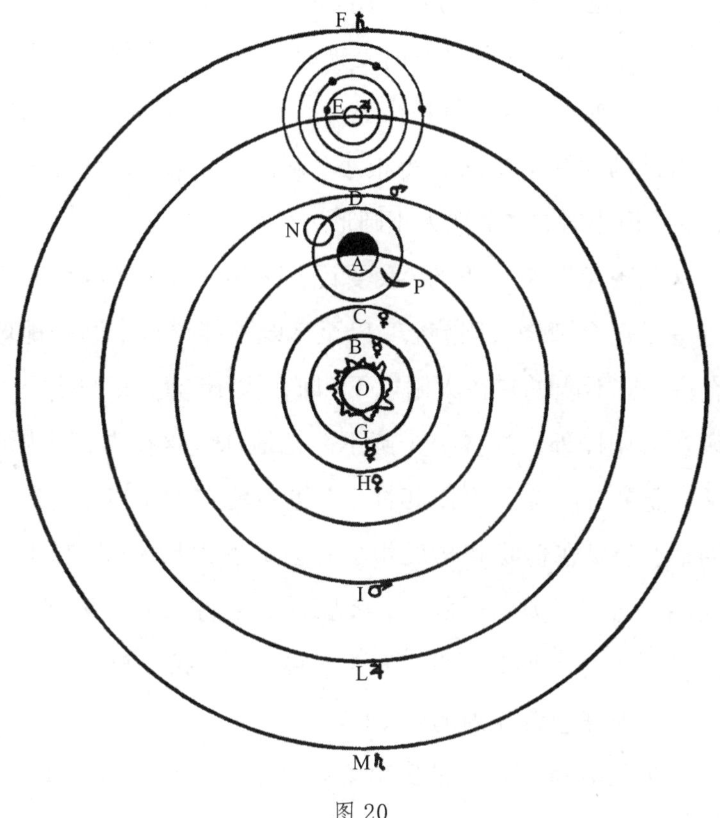

图 20

辛普利邱： 我画好了；假定这就是太阳的位置，标为 O。

萨尔维阿蒂： 确定这两点之后，我要你想一想怎样放置金星，使其位置和运动能够符合感觉经验。因此，你必须根据过去的讨论或者你自己的观察，回忆一下你所知道的这颗行星的

情况，然后为它指定一个你认为适当的位置。

辛普利邱： 我将假定你所讲述的现象以及我在那本论文小 324
册子中读到的现象都是正确的，也就是说，这颗行星从来不会退到距离太阳超过 40 度左右的位置，因此它不仅从未与太阳相冲，甚至也不会达到方照，连 60 度的星位也达不到。此外，我将假定，它在我们看来有时是彼时的 40 倍；在傍晚与太阳相合时，正在逆行的这颗行星会显得大些；在早晨与太阳相合时，正在前进的这颗行星会显得很小；显得很大时，它呈现为月牙形，显得很小时，它呈现为正圆形。

金星在傍晚相合时很大，在早晨相合时很小。

414

这些现象既是正确的，我要说，我看不出如何避免断言这颗行星沿一个圆绕太阳旋转，以至于既不能说这个圆把地球包含在内，也不能说它在太阳以下（即在太阳与地球之间），也不能说在太阳以外。这样一个圆不能把地球包含在内，因为那样的话，金星有时会与太阳相冲；它也不能在太阳以下，因为那样的话，金星在傍晚和早晨相合时会呈现为月牙形；它也不能在太阳以外，因为那样的话，金星看上去将永远是正圆形，而不会呈现为月牙形。因此，为了安置金星，我将画一个围绕太阳而不把地球包含在内的圆 CH。

人们必然会断言，金星必定绕太阳旋转。

萨尔维阿蒂： 为金星做出安排之后，现在该考虑水星了。你知道，水星总是围绕太阳，对太阳的远离比金星小得多。所以请考虑当给它指定什么位置。

水星被断言围绕太阳，并且在金星的轨道内。

辛普利邱： 水星既然和金星类似，其最恰当的位置无疑应是一个较小的圆，在金星的这个圆之内，而且也围绕太阳。一个原因是，水星的光辉超过了金星和所有其他行星，这也是水星离太阳特别近的证据。因此，我们可以把水星的圆画在这里，用字母 BG 标出。

萨尔维阿蒂： 接下来，我们应把火星放在哪里？

辛普利邱： 由于火星的确与太阳相冲，它的圆必定把地球包含在内。我看出火星也必定把太阳包含在内，因为它与太阳相合时，如果不是到了太阳之外，而是达不到太阳，它就会像
325 金星和月亮那样呈现为月牙形。但火星看上去总是圆的，因此它的圆必定把太阳和地球都包含在内。我记得你曾说，火星与太阳相冲时，看起来是与太阳相合时的 60 倍大，所以在我看来，用一个围绕太阳并把地球包含在内的圆就可以解释这一现象，我把圆画在这里，标为 DI。火星在 D 点时，与太阳相冲并且地球很近，而在 I 点时，与太阳相合并且离地球很远。

火星必然把地球和太阳都包含在其轨道之内。

火星与太阳相冲时，看起来是与太阳相合时的 60 倍大。

既然木星和土星也能观测到同样的现象（尽管木星比火星的变化小些，土星比木星的变化还要小些），在我看来很清楚，我们同样可以用两个仍然围绕太阳的圆将这两颗行星包含在内。这第一个圆是木星的，我标为 EL；另一个更高的圆是土星的，标为 FM。

木星和土星同样围绕地球和太阳。

萨尔维阿蒂： 到现在为止，你表现得非常之好。正如你所看到的，既然三颗外行星对太阳的靠近和退离是以地球与太阳之间距离的二倍来衡量的，这就使火星的变化大于木星的变化，因火星的圆 DI 小于木星的圆 EL。同样，EL 又小于土星的圆 FM，所以土星的变化更小于木星的变化，这与现象是完全符合的。现在，你只需给月亮找一个位置。

三颗外行星的靠近和退离是以地球与太阳之间距离的二倍来衡量的。

视尺寸的差异，土星小于木星，木星又小于火星，以及原因。

辛普利邱： 遵循同样的方法（在我看来非常令人信服），我

们既然看到月亮时而与太阳相合，时而与太阳相冲，所以必须承认，月亮的圆把地球包含在内。但它不能也把太阳包含在内，否则月亮与太阳相合时就不会呈现为月牙形，而是永远呈现为圆形，并且非常之亮。此外，它永远不会像经常发生的那样，因为介于我们和太阳之间而引起日蚀。因此，我们必须为它指定这样一个围绕地球的圆 NP：当它在 P 时，我们从地球 A 上看，它与太阳相合，有时会在这个位置引起日蚀。当它在 N 时，它与太阳相冲，在这个位置会落在地球的阴影下而引起月蚀。

月亮的轨道包含地球，但不包含太阳。

萨尔维阿蒂：现在，辛普利邱，我们将如何处理那些恒星呢？我们是把它们洒在宇宙的无限深渊中，使之与某一预先确定的点有各种不同的距离，还是将它们置于一个围绕自身中心 326
延伸开来的球面上，使每一颗恒星与该中心都是同一距离？

辛普利邱：我宁愿采取一种中间路线，给它们指定一个围绕一个明确中心的天球，这个天球介于两个球面之间——一个是距离非常遥远的凹面，另一个是较近的凸面，两个球面之间是位于不同高度的无数恒星。或许可以称之为宇宙球体，其中也包含着我们业已标出的行星天球。

恒星的可能位置。

萨尔维阿蒂：那么，辛普利邱，我们一直在做的就是按照哥白尼的分配来安排天体，而现在却由你亲手做了。此外，除了太阳、地球和恒星天球，你已经给它们指定了各自的固有运动。你把一种围绕太阳但不包含地球的圆周运动归于水星和金星。你又使火星、木星、土星这三颗外行星围绕太阳运转。其次，月亮只可能围绕地球运转而不把太阳包含在内。对于所有

什么应被视为宇宙球体。

这些运动，你同样和哥白尼看法一致。现在只需把这三种东西分配给太阳、地球和恒星天球：静止状态似乎属于地球；沿黄道带的周年运动似乎属于太阳；周日运动则似乎属于恒星天球，除地球以外的整个宇宙都参与这种运动。既然所有行星（我指的是水星、金星、火星、木星和土星）天球都以太阳为中心运转，那么把静止状态归于太阳而不是归于地球似乎最为合理——正如任何可动球体的中心保持固定不动，而远离中心的其他点则并非如此。

静止、周年运动和周日运动必须分别分配给太阳、地球和恒星天球。

可动球体的中心固定不动，而不是其他部分固定不动，似乎更为合理。

接下来是地球，它处于可动天体——我是指每 9 个月旋转一周的金星和每 2 年旋转一周的火星之间——中间。将每年旋转一周的运动归于地球而把静止状态归于太阳，要比认为地球静止不动简洁优雅得多。果真如此，那就必然推出周日运动也
327 属于地球。因为如果太阳静止不动，而地球并不自转，只以周 417
年运动绕太阳运转，我们的一年就只有一日一夜了，也就是 6 个月的白天和 6 个月的黑夜，正如我们曾经指出的那样。

如果周年运动被归于地球，那么周日运动也应归于地球。

所以你看，将这种急速的每 24 小时的运动从宇宙中取消，而那些恒星（就是许多个太阳）和我们的太阳都享受永恒的静止，是多么优雅！还可以看到，这幅草图是多么简洁，为天体的许多重要现象都提供了理由。

沙格列陀：我的确看出这样很好。但正如你从这种简单性中推论出该系统很可能为真，别人也能由它做出相反的推论。如果毕达哥拉斯学派的这种非常古老的安排与现象如此吻合，他们会问（并非没有道理），为什么数个世纪以来鲜有追随者呢？为什么它遭到了亚里士多德本人的驳斥，甚至连支持它的

哥白尼近年来也没怎么走运呢？

萨尔维阿蒂：沙格列陀，那种旨在使普通人固执己见并且不愿听取（更不用说同意了）这一创新的愚蠢想法，我时常能够听到；你要是和我一样受过几次这样的罪，我想你对很少有人拥护这种观点就不会那样大惊小怪了。有些人相信，他们不可能当天在君士坦丁吃午饭而在日本吃晚饭，或者确信地球太过沉重，无法先爬到太阳上方再猛然落回来，便认为这已经令人信服地证明了地球静止不动，并坚持这种信念不动摇，对于这些蠢货，我觉得完全可以不予理会。这种人为数众多，我们不必为他们操心，也不必理会其愚蠢行为。在讨论非常复杂微妙的学说时，对于那些靠概括来下定义而不能对事物做出区分的人，我们也无需为了让他们与我们为伍而试图改变其想法。再者，这些人已经蠢到连自己的局限都看不出来了，就算把世界上的所有证据都摆在他们面前，你能指望他们的头脑有丝毫改变吗？

一些极为幼稚的理由就足以使那些蠢货相信地球固定不动。

不，沙格列陀，我的惊讶和你的非常不同。你惊讶的是，
为什么这种毕达哥拉斯主义观点的追随者那么少，而我惊讶的 328
却是，时至今日竟然还有人拥护和追随它。对于那些坚持这种观点并且视之为真的人的卓越才智，我只能钦佩得五体投地；单凭理智之力对自己感官的破坏，他们宁愿相信理性告诉他们的东西，而不是相信感觉经验明确显示给他们的相反的东西。正如我们所见，我们已经考察的那些反对地球运动的论证非常合理；而托勒密主义者、亚里士多德主义者及其所有门徒都认为这些论证很有说服力，这一事实便是其有效性的强大论据。

表明哥白尼的观点是多么不大可能为真。

但那些从表面上看与周年运动相抵触的经验所表现出来的力量的确要大得多，所以我要再说一遍，每当想起阿里斯塔克和哥白尼能使理性征服感觉，不管感觉如何表现，仍然让理性主宰他们的信念，我真是感到无限惊讶。

在阿里斯塔克和哥白尼那里，理性和论证战胜了感觉证据。

沙格列陀：那么，我们还会碰上对这种周年运动更强烈的攻击？

萨尔维阿蒂：会的。自从受到一种异常清晰的见解的启发，我对哥白尼体系已经不那么抗拒了；但这些反驳是那样明显和合理，若不是存在一种比自然常识更加高明的见识与理性联合起来，我很怀疑我对哥白尼体系的抗拒会不会比以前更顽固。

沙格列陀：好的，萨尔维阿蒂，那么让我们开始谈正经事吧，因为说其他的我觉得都是浪费。

萨尔维阿蒂：遵命……

［辛普利邱：二位先生，萨尔维阿蒂刚才谈到某些事情，使我现在心烦意乱，请给我一个机会让我的心灵恢复宁静。等这场风暴平息下来，我将更能听取你们的理论。因为凹凸不平的镜子是照不出形象的，正如那位拉丁诗人的优美诗句所说：

那日风平浪静，
我在水边端详倒影。①

① 这句诗出自维吉尔《牧歌》(Virgil, *Bucolics*, ii, 25 f.)。拉丁文原文为“…nuper me in littore vidi, cum placidum ventis staret mare”。

萨尔维阿蒂： 你说得很对，请讲讲你那些伤脑筋的事吧。

辛普利邱： 有些人否认周日运动属于地球，因为他们看不
到自己被运到了波斯或日本；有些人反对周年运动，因为如果 329
地球每年绕太阳转一圈，庞大而笨重的地球就得先升得很高，后降得很低，而这是他们根本不愿承认的；你把这两种人都说成是糊涂蛋。对于地球的周年运动，我现在也有这种反感，觉得这条反驳是对的，即使你把我归入那些糊涂蛋之列，我也不感到脸红；特别是当我看到，人们在一块平原上仅仅推动一块石头也会遇到很大阻力，更不用说推动一座山了，即使是一座山，也只是阿尔卑斯山脉极微小的一部分，这时我的反感就更强烈了。因此请你不要对这些反驳完全嗤之以鼻，而要解决它们；这样做不仅仅是为我，也是为那些觉得这些反驳很有道理的人。因为我认为有些人虽然头脑简单，但要他们看出并承认自己头脑简单绝非易事，即使他们知道别人是这样看待他们的。

沙格列陀： 事实上，他们越是头脑简单，就越不可能使他们相信自己的短处。因此，我认为解决诸如此类的所有反驳是件好事，不仅是为了让辛普利邱满意，也是为了其他同样重要的理由。因为许多人虽然精通哲学和其他科学，但对天文学、数学或另一些其他学科显然缺乏了解，在钻研真理上脑筋不够敏锐，因而固守着这类愚蠢学说不放。可怜的哥白尼之所以处境悲惨，我觉得原因就在于此；他那些观点只可能受到谴责，而且只会落到那些反对者手中；他那些论证本来就很复杂，因此很不容易掌握，而那些人领会不了这些论证，仅凭一些表面

现象就确信它们是错误的，并到处宣称它们一无是处。哥白尼的论证非常深奥，人们即使不能被这些论证说服，让他们看出那些反驳的苍白无力也是好的。认识到这一点，他们对目前认为错误的学说的判断和指责就会有所节制。有鉴于此，我将对周日运动提出另外两条反驳，这是不久前我听一些重要的有识之士提出来的，然后我们再谈周年运动。

330 第一条反驳是，如果太阳和其他星体不是从东方地平线升起，而是保持静止，而地球的东面下降到它们以下，那么不用多久，许多山脉就会随着地球的运转而下沉到一个位置，以至于我们本来要陡峭地爬上山顶，几个小时以后须俯身向下爬才能到达山顶了。

另一条反驳是，如果周日运动属于地球，地球的这种运动就得飞快，以致位于井底的人只有一瞬间的工夫才能看到他正上方的一颗星，在这极短的时间内，地球经过了两三码，即井口的宽度。然而实验表明，这颗星经过井口这段视距离却要很长一段时间，由此必然推出，井口的移动速度并不像周日运动要求的那样快。因此地球是不动的。

辛普利邱：在这两条反驳中，第二条我认为的确有说服力；而至于第一条，我觉得我自己也解决得了。因为我认为，地球拖着山向东自转，和地球静止不动而山脱离地基沿着地面被拖着走，是同一回事。我看不出拖着一座山在地面上走，和在海面上驾驶一条船，在操作上有什么两样。因此，如果关于山的反驳是有效的，那么同样可以推出，当船继续航行并与我们的港口有几度距离时，我们爬桅杆就不仅仅为了上升，而是为了在一个平面上走动，最后甚至是为了下降了。现在这种情形并未发生，我也没有听说有哪位海员（即使是那些环球航行的海员）曾经因为船在这个地方而不在另一个地方，而发现爬桅杆的动作（或在船上做的其他动作）有什么不同。

萨尔维阿蒂：你论证得很好。如果提出这条反驳的人想到这一点，考虑过若地球自转，几个小时以后附近他东面那座山会被这种运动带到诸如奥林匹斯山或卡梅尔山现在所在的位置，那么他将会看到，根据他自己推理思路就得相信并承认，331
为了爬上山顶，人不得不往下爬。这种人的头脑就和那些否认对跖地（antipodes）的人一样，理由是一个人不能头朝下、脚附在天花板上走路；这些想法是对的，也是他们完全理解的，但他们却不知道这些困难有最简单的解决办法。我的意思是说，他们很清楚受地球吸引或下落是趋向于地心，而上升则是远离地心，但他们不晓得，处于我们对跖地的人，无论站立还是行走都不会有任何困难，因为他们也和我们一样是脚跟朝着地心、头朝天的。

沙格列陀：但我们知道，有些人在其他领域极为聪敏，却对这些观点茫然无知。这便证实了我刚才的说法；将一切反驳乃至最虚弱的反驳都清除干净是好事。因此，关于井的那个问题也应予以答复。

萨尔维阿蒂：这第二条反驳的确有某种令人无法捉摸的说服力。但我仍然认为，如果质问提出这条反驳的那个人，请他把自己的意思表达得更清楚，解释一下假定地球做周日运动会产生什么在他看来并未出现的后果，那么我敢说，他在解释自己的问题及其后果时会弄得一团糟，也许并不比他通过冥思苦想从问题中解脱出来更容易。

辛普利邱： 老实说，我确信会是如此，尽管我目前也处于这样的混乱状态。因为这条论证初看起来很有说服力，但另一方面我开始意识到，如果沿着同一思路继续推论下去，会产生其他一些麻烦。因为这种极快的运动如果属于地球，在那颗星上应当看得见，而如果这种运动属于那颗星本身，也应当在它之上被发现——甚至更容易发现，因为这种运动在那颗星上必定会比在地球上快几千倍。另一方面，那颗星经过井口时一定是不可见的，因为井口的直径只有两三码，而井口随地球一起
332 运动的速度却要超过每小时 200 万码。事实上，我们甚至无法想象这短暂的一瞬，然而我们从井底却能长时间看见一颗星。所以我很愿意把这个问题弄清楚。

萨尔维阿蒂： 辛普利邱，既然你对自己的意思也感到困惑，并不真正懂得自己应当说什么，我现在坚信这条反驳的作者的思想是一片混乱。之所以得出这样的结论，主要是因为你在这件事情上漏掉了一个主要区分。现在请告诉我，在做这个实验时（我指的是星体经过井口的实验），你是否区分过井的深浅，或者说观测者距离井口的远近。因为我没有听你提过这一点。

辛普利邱： 事实上，我根本没有想过，但你这一问却提醒了我，让我意识到这种区分肯定是必不可少的。我已经开始看出，为了确定星体经过井口的时间，井的深浅和井口的宽窄可能同样有影响。

萨尔维阿蒂： 不过，我仍然怀疑井口的宽窄对我们说来是

否有影响，或者有多大影响。

辛普利邱：怎么？在我看来，经过10码宽度所花的时间将是经过1码宽度所花时间的10倍。我确信，在我的视野中，一条10码长的船要比100码长的船消失得快得多。

萨尔维阿蒂：所以我们仍然坚持那个根深蒂固的想法，认为除非被双腿带着走，否则我们是不会动的。

亲爱的辛普利邱，如果你看到的那个对象在运动，而你在观察它时始终静止不动，那么你这样说是对的。但如果你在井中，而井和你一起被地球的旋转带着走，你难道看不出，无论是过了1小时、1000小时还是无限长的时间，你都不会被井口超过吗？在这种情况下，地球的动或不动对你的作用，可以不从井口，而从其他某个不参与同一运动状态（或者依我说是静止状态）的单独的对象看出来。

辛普利邱：到现在为止还算不错，但假定我在井中，并且和井一起被周日运动带着走，而我看到的那颗星是不动的。井
口（只有这里容许我的视野通过）不到3码宽，而阻挡我视野的 333
其余地面却有千百万码，我看到那颗星的时间如何能是我看不到那颗星时间的一个可觉察部分呢？

萨尔维阿蒂：你仍然陷在同一诡辩中不能自拔，事实上，得有人帮你一把才行。辛普利邱，看得见星体的时间并非由井口的宽窄来衡量，因为那样一来，井口永远会让你的视野通过，你就永远能看见星体了。不是的，这段时间的长短一定要根据透过井口始终可见的那部分不动的天空来求得。

辛普利邱：我看到的那部分天空不就像井口是地球的一部

分那样，是整个天球的一部分吗？

萨尔维阿蒂： 这个问题我要你自己来回答。请告诉我，井口是否总是地球表面的同一部分？

辛普利邱： 毫无疑问，总是同一部分。

萨尔维阿蒂： 井中的人看到的那部分天空又是怎样的呢？是否总是整个天球的同一部分？

辛普利邱： 现在我开始拨云见日，懂得你刚才对我的提醒了，即井的深浅与这件事有关。因为我并没有质疑眼睛离井口越远，看到的那部分天空就越小，因此它经过井口并且从一个坐井观天的人的视野中消失的时间就越短。

萨尔维阿蒂： 但井里是否有某个位置，他从这里看到的那部分天空之于整个天球，就如同井口之于整个地球表面呢？

辛普利邱： 在我看来，如果把井一直挖到地心，我们从那里看到的那部分天空之于整个天球，也许会如同井口之于整个地球表面。但离开地心向地表上升，我们会看到越来越多的天空。

萨尔维阿蒂： 最后，把眼睛置于井口，就会看到半个天空，或者比半个天空少一点；如果我们位于赤道，它经过井口需要 12 小时的时间。]

火星对哥白尼体系发起了猛烈攻击。

334 不久前我曾为你勾勒了哥白尼体系的轮廓，而火星却对该体系的真理性发起了猛烈攻击。因为如果火星与地球的最小距离与最大距离之差是地球与太阳距离的两倍，那么当火星距离我们最近时，它的圆盘看起来应当是它距离我们最远时的 60 倍。但我们并没有看到这样的差别。毋宁说，它与太阳相冲并且在我们附近时，其大小仅仅是与太阳相合、被太阳光遮掩时的四五倍。

金星的现象也和哥白尼体系不一致。

金星则给我们带来了另一个更大的困难，那就是，如果按照哥白尼所说，金星围绕太阳转，则它将时而在太阳这一边，时而在太阳那一边，时而靠近我们，时而远离我们，远近的差异将等于它描出的圆的直径。于是，当它在太阳以下并且离我们非常近时，其圆盘大小在我们看来应当略小于它高于太阳并接近相合时的40倍。但这种差别几乎是觉察不到的。

金星给哥白尼带来了另一个困难。

426

按照哥白尼的说法，金星要么本身发光，要么由透明物质所组成。

哥白尼对金星和火星形状大小的变化不合理，没有提。

除此之外还有另一个困难；因为如果金星本身不发光，和月亮一样仅靠太阳照射才发光（这似乎是合理的），那么当它在太阳以下时看起来应当像月亮靠近太阳时那样呈现为月牙形——但这一现象并不见于金星。因此，哥白尼宣称金星要么本身发光，要么其组成物质使之能够吸收太阳光，并把太阳光分布于整个球体，以至于在我们看来光彩夺目。[①]哥白尼就是这样原谅了金星的形状不变，却对金星尺寸的微小变化不置一词，更未谈及火星的要求。我之所以这样认为，是因为对于和他的观点非常抵触的现象，他无法解释得让自己满意；但还有那么多理由令他信服，所以他仍然坚持己见，视之为真。

月亮极大地扰乱了其他行星的秩序。

除此之外，月亮也是个问题；因为如果所有行星都和地球一起绕太阳运转，那么只有月亮打乱了这种秩序而绕地球运转（随同地球和整个元素天球每年绕太阳转一圈），似乎就把整个

① 事实上，哥白尼说这些假说是别人提出的，他自己并没有承诺（Copernicus, *De Revolutionibus*, bk. 1, ch. 10）。

秩序都打乱了，使之显得不可能和错误。

335 这些困难使我对阿里斯塔克和哥白尼产生了怀疑。他们虽然无法解决这些困难，但不可能注意不到它们；尽管如此，根据其他许多引人注目的观测，他们仍然确信实际情况必定像理性告诉他们的那样。于是，他们自信满满地断言，宇宙结构的形式只可能像他们描述的那样。然后，还有其他非常严重但很美妙的问题是普通人难以解决的，但却被哥白尼看穿并解决了；等我们回答了对这种立场怀有敌意的那些人的反驳之后再谈这些。

回应针对哥白尼体系的前三项反驳。

现在来解释和回应前面提到的那三项严重的反驳，我要说，前两项反驳不但与哥白尼体系不矛盾，而且绝对大大有利于它。因为火星和金星的尺寸变化的确和指定的比例一样，而且金星在太阳以下时的确呈现钩形，其形状改变和月亮完全一样。

沙格列陀：但如果哥白尼当初没有看到这一点，你又是如何看到的呢？

萨尔维阿蒂：这些事物只有通过视觉才能领会，而大自然并没有赋予人那么完善的视觉，使其能成功地分辨这些差别。毋宁说，视觉工具本身就带来了阻碍。然而在我们这个时代，上帝欣然允许有创造才能的人做出了一种美妙的发明，将我们的视觉增加了 4 倍、6 倍、10 倍、20 倍、30 倍和 40 倍，过去因为太远或太小而看不见的无数东西，现在借助望远镜都可以看见了。

沙格列陀：但金星和火星并不是因为距离太远或尺寸太小

而看不见的。我们单凭肉眼就能看见它们。那我们为什么分辨不出它们大小和形状的差异呢?

为什么金星和水星呈现的大小差异不如应有的那么大。

萨尔维阿蒂: 在这方面，正如我刚才提示你的，主要是因为我们眼睛的阻碍。由于这个缘故，遥远的明亮星体在我们看来就不是那么清晰单纯，而是饰有许多外来的光线;这些光线长而密，使星体的大小在我们看来比原来没有这顶小光圈时增 336
加 10 倍、20 倍、100 倍或 1000 倍。

沙格列陀: 现在我想起读到过这类事情，但我记不起是在我们的院士朋友写的《关于太阳黑子的通信》还是在《试金者》中了。辛普利邱可能没有读过这些书，所以为了帮助我回忆并且让辛普利邱了解这些情况，你不妨把道理给我们解释得更详细一些。因为我认为，为了理解现在讨论的内容，有一些这方面的知识是必不可少的。

辛普利邱: 对我而言，萨尔维阿蒂现在所说的一切都很新鲜。说实话，我对这些书一点不感兴趣，而且到目前为止，我对这种新造的光学仪器也毫不信任。我只是遵从我这群人里的其他逍遥学派，将别人赞叹的巨大成就视为镜片导致的幻觉和欺骗。如果我过去这样看是错误的，我将乐于摆脱错误;我从你这里听到的其他新事物也令我着迷，所以其余的我也将洗耳恭听。

逍遥学派将望远镜的观测斥为欺骗。

萨尔维阿蒂: 这帮人对自己的精明自信满满，对别人的判断完全不屑一顾，这完全不合理。对于这种仪器，他们连试都不试一下，别人却用它做过成千上万次实验，而且天天在做，他们却自命比这些人更有能力评判这种仪器，这真是匪夷所思。不过，我们还是忘掉这些固执任性的人吧，连斥责他们都太抬举他们了。

明亮物体看起来就像被外来的光线环绕着。

现在回到正题，我说明亮物体在我们看来就好像被新的光线所环绕似的，要么因为它们的光线在包围瞳孔的潮气中发生了折射，要么因为光线从眼睑边上反射出来分布在瞳孔上，要么是出于其他原因。因此，这些物体看起来要比没有这种光渗作用时大得多。随着这种明亮物体变得越来越小，增大的比例也越来越大，就如同在一个直径4英寸的圆的周围添加一圈比如4英寸长的发光的头发，会使圆的大小看起来增大9倍一样。但是……

为什么明亮物体越小，看起来增加得就越大。

337 **辛普利邱：**我认为你的意思是说“3倍”，因为在一个直径4英寸的圆的各边各增加4英寸，会使它增大3倍，而不是增大9倍。

萨尔维阿蒂：辛普利邱，学一点几何学嘛；圆的直径固然增加了3倍，但(我们现在所谈的)面积却增加了9倍。因为，辛普利邱，圆的面积是和直径的平方成正比的，一个直径4英寸的圆的面积与一个直径12英寸的圆的面积之比，就等于4的平方与12的平方之比，也就是16比144，所以是大9倍，而不是大3倍。这一点你要懂得，辛普利邱。

圆的面积的增加与直径的平方成正比。

现在继续，如果我们把这一圈4英寸长的头发添加在一个直径只有2英寸的圆的周围，那么圆加上头发的直径将是10英寸，它的面积与物体原来的面积之比将是100比4（即10的平方比2的平方），所以是大25倍。最后，将这4英寸长的头发添加在直径1英寸的小圆周围，将使其增大81倍。因此，随着被增加的实际物体变得越来越小，这种面积的增加会成比例地越来越大。

沙格列陀：这个令辛普利邱感到不解的问题并不困扰我，但还有一些事情我希望你解释得更清楚些。特别是我想知道，你是根据什么来断言，这种增长对于所有可见物体总是相等的呢？

物体的光越强烈，看起来就越大。

一项简单的实验表明，星体的增大是由外来光线引起的。

萨尔维阿蒂：我说的是，只有明亮物体有这种增长，黑暗
物体则没有。这是部分解释，现在再补充其余的。在明亮物体
中，那些亮度最大的，在我们瞳孔上的反射也最大最强烈，因
此显得比那些不太明亮的增大很多。为了不在这一细节上拖得
太久，我们还是向我们最伟大的导师求教，看看他昭示了什么；
今晚等天全黑了以后，让我们看一下木星；我们会看到它光芒
430 四射而且非常巨大。然后我们透过一根管子去看，或者紧握手
掌，中间留一个小孔，从小孔望出去；或者用针在卡片上戳个
小洞，从小洞望出去。我们将会看到，没有那些光线的木星圆
盘显得非常之小，先前用肉眼看，它就像一支大火炬，而现在
其大小还不到先前的$\frac{1}{60}$。然后我们可以看一下天狼星，这颗星 338
非常美，比其他任何恒星都要大。用肉眼看，它并不比木星小
多少，但若按照之前描述的方法去看，去掉它那些头饰，它的
圆盘将显得非常之小，大约只有木星大小的$\frac{1}{20}$。事实上，一个
人除非有完满的视觉，否则很难找到它，由此可以合理地推论，
这颗星的亮度比木星大很多，产生的光渗作用也更大。

木星不像天狼星增大得那么多。

太阳和月亮只有很少的增大。

其次，太阳和月亮的光渗作用微乎其微，因为太阳和月亮

本身在我们眼中就占据很大面积，没有给外来光线留下余地，所以它们的圆盘看起来好像光秃无毛且界限分明。

一项明显的实验表明，最明亮的星体的光渗作用要比不太明亮的星体大得多。

我们还可以用一项我做过多次的实验来证明同一事实，我的意思是，证明发光较为强烈的明亮星体比那些光线暗淡的星体产生的光线要多得多。我常常在天空漆黑时看到木星和金星在一起，与太阳成 25 度或 30 度。用肉眼看去，金星有木星的 8 倍甚至 10 倍大。但后来用望远镜看，木星的圆盘实际上有金星的 4 倍大或更多。然而，金星的亮度要比暗淡的木星光辉灿烂得多，这只是因为木星距离太阳和我们都很远，而金星则距离我们和太阳都很近。

这些事情一经说明，我们就不难理解，为什么火星与太阳相合时（此时火星和地球的距离是它与太阳相冲时和地球距离的 7 倍或更多），火星的大小只是它与太阳相冲时的四五倍。 **431**
这里的原因完全是光渗作用。因为如果去掉它那些外来光线，我们会发现它完全按照恰当的比例增大。而要想去掉它那圈头发，望远镜是唯一且最卓越的手段。望远镜能把火星的圆盘放大 900 倍或 1000 倍，使它看起来和月亮一样光秃无毛且界限分明，并使它的大小在上述两个位置完全按照恰当的比例变化。

望远镜是去掉星体发饰的最佳手段。

339 其次是金星，金星在傍晚与太阳相合，即在太阳以下时，看起来应当是早晨与太阳相合时的近 40 倍大，然而看起来连两倍都不到；除了光渗作用，金星还呈现出镰刀形，它的钩尖不但很细，而且因为斜着接收太阳光，所以光线微弱。由于小且光线微弱，它的光渗作用要比我们看到它的整个半球被照亮

金星看起来增大不多的第二个原因。

时更小和更不活跃。但望远镜明明白白向我们显示，它的钩尖和月亮的一样是界限分明的，而且可以看到属于一个很大的圆，这个圆的大小几乎是它早晨出现在太阳那边最后时刻的同一圆盘的40倍。

沙格列陀：噢，尼古拉·哥白尼啊，你若能看到你的体系被这样清晰的实验所证实，该多么高兴啊！

哥白尼信赖理性，而不信赖感觉经验。

萨尔维阿蒂：是的，但那样一来，他那令人赞叹的才智就不会那样被有识之士所推崇了！因为如我以前所说，我们可以看到他以理性为向导，坚定不移地继续断言那些似乎与感觉经验相抵触的结论。他始终坚称金星可能绕日运行，某时与我们的距离会是另一时的6倍以上，但看起来始终一样大，而实际上应当大40倍。

432 **沙格列陀：**我相信木星、土星和水星所呈现的大小差异也应精确对应于它们变化的距离。

水星无法观测清楚。

萨尔维阿蒂：关于这两颗外行星，我在过去22年里几乎每年都能精确地观测到这种情况。关于水星做不出什么重要的观测，因为我们看不见水星，除非它与太阳成最大的角度，而此时它与地球在距离上的差别是无法觉察的。因此，这种差别是观察不到的，其形状变化也是如此，但肯定和金星一样有变化。但我们真能看到时，它必然向我们呈现出半圆形，就像金星与太阳成最大角度时一样；不过水星的圆盘太小了，其光辉又那么明亮，即便是望远镜的威力也不足以去掉它那些头发，使之看起来完全是光秃秃的。

地球不单独绕太阳运转、而是和月亮一起绕太阳运转所引起的困难已经消除。

我们还得排除一个似乎反对地动说的强大理由。那就是，340

虽然所有行星都绕太阳转，但只有地球不像其他行星那样，它并不孤独，而是带着月亮和整个元素领域一起每年绕太阳运转一周，与此同时，月亮每个月又绕地球运转一周。这里，我们只能再次惊叹和赞扬哥白尼那敏锐的洞察力，同时也惋惜他不幸没能活到今天。因为现在木星已经把地球和月亮连带运动这种明显的反常消除了。我们看到木星就像另一个地球，每12年绕太阳运转一周，随之一起运转的不只是1个月亮，而是4个月亮，连同其4颗卫星轨道内可能包含的一切。

沙格列陀：你为何要把木星的4颗卫星称为“月亮”呢？

美第奇星［即木星的卫星］就像环绕木星的4个月亮。

萨尔维阿蒂：这就是从木星上看它们的人所看到的样子。因为它们本身是黑暗的，它们的光来自太阳；从它们进入木星阴影的圆锥时会被掩食，就可以明显看出这一点。由于它们只有面向太阳的半球被照亮，所以对于我们这些在它们轨道之外并且距离太阳较近的人来说，它们看起来始终是完全明亮的；但对于木星上的人来说，它们只有在其圆周最高点时看起来才是完全明亮的。在最低的地方，即介于木星与太阳之间时，它们从木星上看将是月牙形的。总之，在木星上的人看来，其形状改变就如同我们地球人看到的月亮形状改变。

现在你看，这三条理由初看上去似乎与哥白尼体系非常不一致，实际上却与之极为协调。由此辛普利邱将更能看出，我们有很大的把握可以断言，行星运转的中心是太阳而不是地球。既然这就等于把地球置于那些无疑绕太阳运转的天体之间（在水星和金星以上，但在土星、木星和火星以下），那为什么不能类似地承认，地球可能甚至必然也绕太阳运转呢？

辛普利邱： 这些情况事关重大、惹人注目，托勒密和他的追随者不可能不知道。既然知道，他们必定也曾设法提出充分 341
的理由来解释这些可感的现象；而且是适当的、很有可能成立的理由，因为长期以来有这么多人都接受他们。

天文学家的主要任务是给现象提供理由。

哥白尼曾根据托勒密的假设来重建天文学。

萨尔维阿蒂： 你说得很好，但你要知道，纯粹天文学家的主要活动就是为天体现象提供理由，并把这些现象和星体的运动纳入一个由若干个圆所组成的结构和安排，使运动的计算结果与那些现象相符合。他们对承认有可能在其他方面产生麻烦的一些反常并不怎么操心。哥白尼本人写道，起初研究天文学时，他曾根据旧的托勒密假设来修正天文学，改正了行星的运动，使计算结果与现象符合得更好，反之亦然。但这仍然是把行星一个个地分别对待。他接着说，当他想把所有个别结构拼凑成一个完整结构时，就出现了一个可怕的怪物，其各个肢体

434 之间极不成比例，无法合成一个整体。因此，不论天文学家作为计算者可能有多么满意，但作为科学家，他是无法得到满足和宁静的。他很清楚，虽然天界现象可能凭借本质上错误的假设而得到拯救，但他若能由真实的假设导出这些现象，那会好得多，因此，他努力探究是否曾有古代的名人把一种与通常接受的托勒密结构不同的结构归于宇宙。他发现，一些毕达哥拉斯主义者曾把周日旋转归于地球，另一些毕达哥拉斯主义者则把周年运转也归于地球，于是他开始根据这两条新假设来考察行星运动的现象和特性，所有这些他都了如指掌。这样一来，他发现整体与部分之间的对应异常简单，遂支持这种新的安排，并感到安心。

是什么促使哥白尼建立自己的体系。

辛普利邱： 托勒密的安排里虽然有那些反常，但哥白尼的安排里难道没有更大的反常吗？

萨尔维阿蒂： 这些毛病在托勒密那里，而治愈它们的是哥白尼。首先，所有哲学学派难道不是都认为，一个做自然圆周
342 运动的物体绕自己的中心不规则地运动，而绕另一点有规则地运动，是非常不适当的吗？然而，托勒密的结构却由这些不规则的运动所组成，而在哥白尼体系中，每一种运动都同样环绕自己的中心。① 在托勒密那里，必须给天体指定相反的运动，使每一个天体既自东向西运动，同时又自西向东运动，而在哥白尼那里，所有天体运转都沿同一个方向，即自西向东。还有，我们对行星的视运动该怎么说呢？它非常不规则，不但时快时慢，而且有时会完全停下来，甚至之后还要后退很长的距离。为了拯救这些现象，托勒密引入了若干巨大的本轮，使之逐个适应每一颗行星，给不协调的运动定下某些规则——但所有这些都可以用地球的一种简单运动彻底清除。在托勒密的构造中，所有行星都被指定了自己的轨道，一个叠在另一个之上，于是我们不得不说，位于太阳天球之上的火星常常会下降很远，以至于冲破了太阳天球，落到太阳天球之下，且比太阳更接近地球，然而没过多久又升到太阳之上广大无边的距离，辛普利邱，你难道不认为这极其荒谬吗？然而，诸如此类的种种反常可以被地球单一而简单的周年运动彻底清除。

托勒密体系存在诸多不便。

① 对于那些将“所有天界运动都是匀速圆周运动”奉为真理的人来说，哥白尼用来消除偏心匀速点的设计备受称赞。

沙格列陀： 我想更好地理解，留、逆行和顺行等在我看来极不可能的现象在哥白尼体系中是怎样的。

哥白尼对行星的留和逆行的消除是支持他的有力论据。

萨尔维阿蒂： 沙格列陀，你会看到哥白尼体系是怎样处理这些现象的，任何人只要不是顽固不化和无可救药，单凭这种理论就足以认可这一学说的其余部分。现在我告诉你，土星的运动在 30 年里，木星在 12 年里，火星在 2 年里，金星在 9 个月里，水星在 80 天左右的时间里，不发生任何变化。只有介于

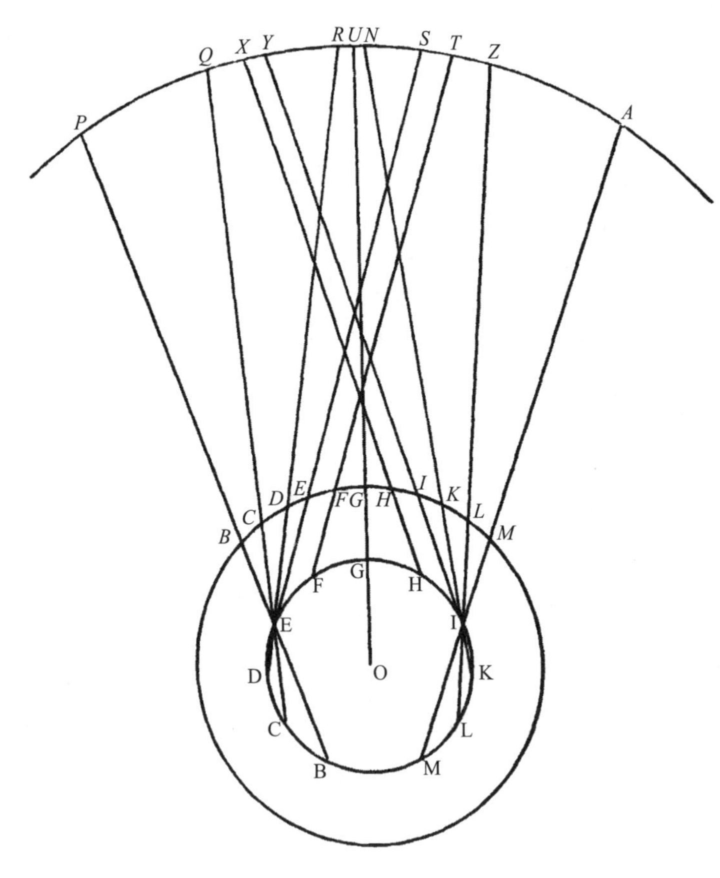

图 21

火星与金星之间的地球的周年运动，导致了上述五颗行星所有的视不规则运动。为了便于完整地理解这一点，我想给你画一张图来说明。现在假定太阳位于中心 O，围绕这个中心画出地球周年运动的轨道 BGM。（例如）木星在 12 年里描出的圆将
343 是这里的 *BGM*，在恒星天球里，把黄道带的圆取作 *PUA*。还有，在地球的周年轨道上，我们取几段相等的弧，BC、CD、DE、EF、FG、GH、HI、IK、KL 和 LM，而在木星的圆上标出其他一些弧，它们是地球经过自己那些弧时，木星同时经过的弧。它们是 *BC*、*CD*、*DE*、*EF*、*FG*、*GH*、*HI*、*IK*、*KL* 和 *LM*，在比例上要小于在地球轨道上标出的那些弧，因为木星通过黄道带的运动要比地球的周年运动慢。

单单是地球的周年运动就使五大行星的运动产生了巨大的不均等。

现在假定地球在 B 时木星在 *B*；那么在我们看来，木星好像在黄道带上的 *P*，沿着直线 B*BP*。然后，让地球从 B 走到 C，同时木星从 *B* 走到 *C*；在我们看来，木星好像到了黄道带上的 *Q*，即按照黄道各宫的顺序从 *P* 顺行到 *Q*。然后地球到达 D，木星到达 *D*，在黄道带上它看起来将在 *R*；地球在 E 时，木星
344 在 *E*，它在黄道带上出现在 *S*，仍在顺行。但现在，当地球开始直接进入木星与太阳之间时（地球到达 F，木星到达 *F* 之后），在我们看来，木星好像准备沿黄道带返回，因为在地球走过 EF 弧期间，木星将在黄道带的 *S* 点和 *T* 点之间慢下来，在我们看来几乎停住不动。之后，地球到达 G，木星到达 *G*（与太阳相冲），在黄道带上将被看到位于 *U*，经过黄道带上整个 *TU* 弧返回；但实际上，木星一直沿着自己均匀的路径运行，不仅沿着自己的圆顺行，而且在黄道带上也相对于黄道带的中心和位于

证明三颗外行星的不规则运动来自地球的周年运动。

那里的太阳顺行。

地球和木星就这样继续运行，当地球到达 H、木星到达 *H* 时，木星看起来已经通过整个 *UX* 弧从黄道带上返回很远了；但地球到达 I、木星到达 *I* 时，木星在黄道带上看起来只移动了一小段距离 *XY*，在那里像停住不动似的。后来，当地球前进到 K、木星前进到 *K* 时，木星会通过 *YN* 弧在黄道带上顺行；木星继续运行时，从 L 处的地球将会看到 *L* 处的木星位于黄道带上的 *Z* 点。最后，木星在 *M* 时，从 M 处的地球将会看到木星到了黄道带的 *A*，并继续顺行。而木星在沿自己的圆穿过 *FH* 弧，同时地球也沿自己的轨道穿过 FH 弧时，木星在黄道带上的整个视逆行运动将是 *TX* 弧。

这里就木星所说也同样适用于土星和火星。土星的这种逆
438 行比木星还要频繁，因为土星走得比木星更慢，所以地球能在较短时间内赶上土星。火星逆行较少，因为火星的运动比木星更快，所以地球赶上火星要花较多时间。

逆行土星较多，木星较少，火星更少；及其原因。

其次是金星和水星，它们的圆都在地球的圆以内，它们也会出现留和逆行，但不是因为它们实际的运动，而是因为地球的周年运动。哥白尼（借助于佩尔加的阿波罗尼奥斯[①]的说法）在其《天球运行论》第五卷第 35 章已经敏锐地证明了这一点。

阿波罗尼奥斯和哥白尼证明了金星和水星的逆行。

先生们，请看，我们观察到的土星、木星、火星、金星、水星这五大行星的视反常，用周年运动（如果周年运动属于地球

地球的周年运动最能解释五大行星的特殊现象。

① 佩尔加的阿波罗尼奥斯（Apollonius of Perga）活跃于公元前 200 年左右。他是古代最伟大的几何学家之一，主要贡献是圆锥曲线理论。

的话)来解释是多么轻而易举啊。它消除了所有反常,将这些运动全都归结为恒常的规则运动;是尼古拉·哥白尼第一次为我们澄清了这一美妙结果的原因。

但还有一种同样美妙的结果迫使人的理智不得不承认这种周年运动,并把它归于我们的地球;这其中包含着一个可能更难解决的症结。这是一种涉及太阳本身的前所未有的新理论。因为在证实这样一个重要结论方面,太阳不愿回避,而是愿意无可非议地充当最大的见证。因此,现在你们就听听这种新的了不起的奇妙结果吧。

太阳本身证明了周年运动属于地球。

439

最初发现和观察太阳黑子(和天空中所有其他新奇事物一样)的正是我们那位猞猁学院的院士;他在1610年发现了它们,那时他还在帕多瓦大学担任数学讲师。在威尼斯这里,他曾向许多人谈论过太阳黑子,其中一些人仍然健在;正如他在《致奥格斯堡市长马克·韦尔泽的书信》(*Letters to Mark Welser, Prefect of Augsburg*)的第一封信中所说,一年以后,他又在罗马将太阳黑子示于很多人。与那些认为天界不变的胆小鬼或谨小慎微的人不同,他最早断言这些黑子由一种在短时间内产生和消解的材料所构成。至于位置,黑子与太阳相临接,并绕太阳旋转,或者毋宁说就在太阳球体上完成其旋转,而太阳则围绕自己的中心在一个月左右的时间里转一圈。起初,他认为太阳的这种运动是围绕一根与黄道面成直角的轴进行的,因为这些黑子在太阳圆盘上描出的弧在我们看来就像平行于黄道面的直线。然而,黑子却因为种种漫游的、不规则的偶然运动而改变位置。这样一来,它们胡乱改变位置,彼此之间毫无秩序——

猞猁学院的院士第一次发现了太阳黑子和天界的所有其他新奇事物。

这位院士长期观察太阳黑子的进展史。

有些时而集拢，时而分散；有些分解成许多黑子，形状大为改
变，多数都很特别。虽然这些无常的变化会部分改变这些黑子
原有的周期路径，但我们的院士朋友并不因此而改变看法，反 346
而相信这些偏差是由某些固定的关键原因引起的；他仍然认为，所有这些视变化都源于某些偶然的改变，就像一个人从远处观察云的运动时所发现的那样。那些云看起来移动很快，运动恒定，因地球的转动（如果这种运动属于地球）而每 24 小时沿着与赤道平行的圆旋转一圈，但风给它们带来的偶然运动使之有些改变，朝四面八方随便移动。

正在这时，韦尔泽以“阿派勒”为笔名给他写了几封信谈论这些黑子，敦促我们这位朋友坦白说出他对这些信的想法，并发表关于这些黑子本性的见解。他在三封信中对这项要求做了答复，先是指出阿派勒的想法是多么徒劳和愚蠢，然后表明自己的观点，接着又预言阿派勒逐渐了解更多情况之后，肯定会改变主意赞成他的观点，后来情况果然如此。我们的院士朋友觉得（其他了解自然事实的人也会觉得），他在其《书信》中已经考察和证明了人类理性在这些事情上所能达到的一切（如果说不是人类好奇心所寻求和渴望的一切的话），因此，他暂时中断了持续观察，而去从事其他研究。只是为了满足某位朋友的要求，他有时才与朋友一起做些观察。

这样又过了几年，他在我的塞尔维庄园（Villa delle Selve）做客，当时天空特别晴朗，而且持续数日，他不由得心又痒痒起来；他碰巧发现一颗单独的太阳黑子又大又粗，在我的请求下，他对其整个行进做了观察，并且认真记下了太阳在子午圈

上时黑子每天的位置。我们看到，这颗黑子的行进并不完全沿一条直线，而是有些弯曲；这让我们想到可以不时做些别的观察。我们之所以有这么大干劲，是受到了我这位客人忽然萌生的一个想法的激励，以下是他亲口告诉我的话：

347 “菲利普，我认为一条意义非凡的道路正在向我们敞开。因为如果太阳的自转轴不与黄道面垂直，而是稍微倾斜一点——就像我们观察到的黑子的弯曲路径所暗示的那样——我们将拥有一种比以往更可靠、更令人信服的关于太阳和地球的理论。”

那位猞猁学院的院士由太阳黑子的运动忽然想到其重大意义。

我因这一充满希望的前景而兴奋，就请他把他的想法讲得更明白些，他答道：“如果周年运动属于地球，即沿黄道绕太阳运转，并且太阳位于这个黄道的中心，如果太阳的自转不是围绕黄道的轴（这将是地球周年运动的轴），而且围绕一个倾斜的 **441**
轴，我们就必定会从太阳黑子的视运动中看出特别的变化，只要我们假定太阳轴的倾斜度始终不变，方向始终朝着宇宙中的同一点。首先，地球以其周年运动带着我们绕太阳运转，将使黑子的路径在我们看来有时沿直线，但一年只有两次；在其他时间里，它们看起来将是明显弯曲的弧。其次，这种弧的弯曲在半年里看起来将和另一个半年里看起来的倾斜相反。也就是说，弧的凸起有 6 个月将会朝着太阳圆盘的上部，而在另外 6 个月将会朝着太阳圆盘的下部。第三，在我们看来，黑子可以说是从太阳圆盘的左侧开始生出来，然后继续运动到太阳右侧消失和落下，东边的那些点（即初现）将有 6 个月时间低于与之相对的那些掩点。而在另外 6 个月里，情况将会相反；也就是

那位院士预见到，如果周年运动属于地球，太阳黑子的运动将会发生奇特的变化。

说，黑子产生于较高的点，再从那里落下去，最后在最低的点消失。一年里只有两天，升落的这些点是平衡的，此后黑子的路径将开始逐渐倾斜。这种倾斜将与日俱增，三个月后达到最大的斜度，再从那一点开始减小，在差不多同样长的时间里再次回到平衡。第四件奇特的事情是，斜度最大的那天将是黑子 348
沿直线行进的那一天；而在平衡那天，黑子行进的弧将是最弯的。在其他时候，行进弧的曲率会随着倾斜的减小和趋于平衡而增加。”

沙格列陀： 萨尔维阿蒂，我知道打断你的话是不礼貌的，但我认为，正如人们所说，当他们堕入云里雾里时，再听你滔滔不绝讲下去也很不好。说实话，我目前对你宣布的那些结论形不成任何清晰的看法。但这样泛泛地、糊里糊涂地听下去，这些结论让我想到它们都有不同寻常的后果，所以我想更好地掌握它们。

萨尔维阿蒂： 你现在碰到的情形，我以前也碰到过，那时我的那位客人就径直对我说了这些话。接着，为了帮助我理解，他用一件物质的仪器来表现事实；它不过是个天球仪，利用了上面的一些圆——虽然这些圆本来有其他用途。既然我们现在没有天球仪，我将视需要在纸上画几张图。为了呈现我讲的第一件事，即黑子的行进一年只有两次看起来是走直线的，让我们设想这个 O 点是地球轨道的中心（或者说黄道的中心），同样也是太阳球体本身的中心；鉴于太阳与地球相距遥远，可以假定我们地球人只能看到太阳球体的一半。于是，我们绕中心 O 作圆 ABCD，表示将我们看得见的太阳半球与看不见的

由太阳黑子的运动所发现的第一件事，以及由此关于所有其他现象的解释。

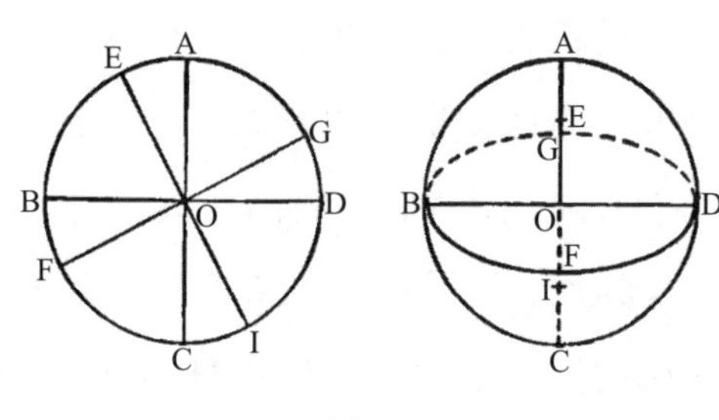

图 22

另一半球分隔开来的界限。现在，既然我们的眼睛和地球的中心一样都被假定在黄道面上，而太阳的中心也在黄道面上，如果我们设想太
349 阳被黄道面切成两半，则截线在我们看来将像一条直线。假定这条直线是 BOD，并且假定它垂直于 AOC，而 AOC 将是黄道与地球周年运动的轴。

现在让我们假定太阳在自转，而中心不动。假定它不是绕着垂直于黄道面的轴 AOC 旋转，而是绕着另一个有些倾斜的轴 EOI 旋转；让这个固定不变的轴永远保持同一斜度，指向恒星天球和宇宙的同一部分。由于太阳球体在旋转时，其面上的每一点（除两极以外）都描出圆周，圆周的大小视其离开两极的远近而定，让我们取 F 点与两极等距，作直径 FOG 垂直于轴 EI，它将是围绕 E、I 两极所描大圆的直径。

现在，假定带着我们一起运转的地球位于黄道上一点，使我们能看到的太阳半球以圆 ABCD 为界；这个点经过两极 A 和 C 时，也要经过两极 E 和 I。显然，直径为 FG 的大圆将垂直于圆 ABCD，从中心 O 射到我们眼睛里的光线也垂直于 ABCD。因此，这条光线落在直径为 FG、圆周在我们看来是一条直线的圆的平面上，与 FG 是相同的。于是，只要有一颗黑子在 F 点，并且被太阳的旋转所带动，它就将在太阳表面上标记出那个在我们看来是一条直线的圆的圆周。因此，这颗黑子

的运动将表现为一条直线，在同一太阳旋转中描出较小圆的其他黑子的运动也将表现为一条直线，因为所有这些圆都平行于那个大圆，而我们的眼睛所处的位置与它们相距遥远。

其次，如果你想到6个月后地球会走完半个轨道，并处于现在我们看不见的太阳半球对面，因此我们看到的那部分的边界仍将是过极点E和I的同一个圆ABCD，那么你会明白，黑子的行进将会出现同样的情形。也就是说，所有黑子看起来都
将走直线。但由于这种情况只有在边界经过极点E和I时才会 350
发生，而且由于这一边界因地球的周年运动而不时有所改变，所以黑子经过固定极点E和I是暂时的，因此这些黑子的运动显示为直线的时间也是暂时的。

根据以上所说，我们可以知道，黑子先出现在F这边、然后前进到G的运动是如何显示为一种由左到右的上升的。但假定地球与黑子沿直径相对，则黑子将出现在观察者左边，靠近G，但其路径将朝着右边的F下降。

现在我们设想地球离开它当前的位置一个象限，在这第二张图中标出边界ABCD，并且和以前一样标出我们的子午圈平面所要经过的AC轴。[1]这个平面上还有太阳的轴，轴上落在我们看得见的那个半球的朝着我们那一极标为E，而落在我们看不见的那个半球的另一极则标为I。EI轴的倾斜使其上部

① 在上一页中，AOC是黄道的轴，但从这里开始，它又成了地球子午圈的投影。这是伽利略的一个奇特疏忽。显然，他的意思是当太阳的旋转轴指向我们或远离我们时，太阳黑子的路径就会出现最大曲率；但在绘图之后，黑子的出入位置都落在一条水平线上，他忘了这条线代表的是黄道面，而把它说成了赤道面。

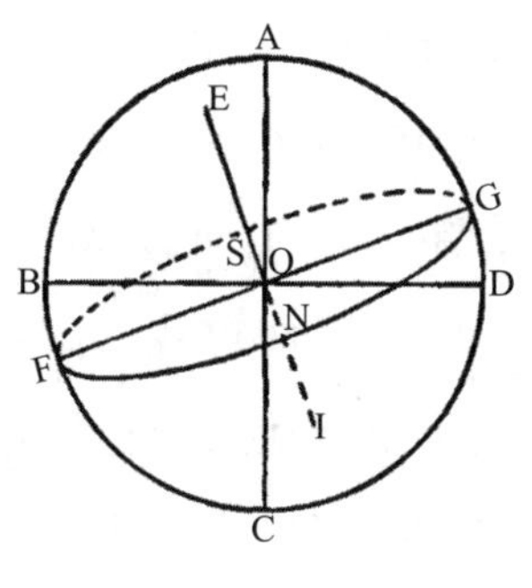

图 23

E 朝着我们，太阳旋转所描出的大圆将是图中的 BFDG，其看得见的一半 BFD 将不再显现为一条直线（因为 E 和 I 两极不在 ABCD 圆周上），而在我们看来显现为弯曲的，其凸出部分朝着底部 C。与大圆 BFD 平行的所有较小的圆显然也是同样情形。同样应当知道，当地球与这个位置沿直径相对，从而使我们现在看不见的另一个太阳半球被看见时，我们将会看到大圆的同一部分 DGB 是弯曲的，其凸出部分朝着顶部 A；这个位置的黑子的行进将会先沿着弧 BFD，然后沿着另一个弧 DGB。黑子在 B 点和 D 点附近的最初出现和最后消失将是平衡的，前者既不高于也不低于后者。

现在我们把地球放在沿黄道的一个位置，使边界 ABCD 和子午线 AC 都不通过 EI 轴的两极，就像我在这第三张图中所显示的那样，其中看得见的极点 E 落在边界 AB 弧与子午线截面 AC 之间；大圆的直径将是 FOG，看得见的半圆是 FNG，
351 看不见的半圆是 GSF。前者的凸出部分 N 弯向太阳的底部，后者及其顶点 S 则弯向太阳的顶部。黑子的进口和出口（即 F 和 G）将不像以前 B 和 D 那样是平衡的，而是 F 较低，G 较高（虽然差异不如第一图中那么大）；此外，FNG 弧将是弯曲的，但不像前一例中 BFD 弯得那么厉害。于是，在这种安排下，黑子的路径将从左边的 F 上升到右边的 G，走的将是曲线。假定地球位于沿直径相对的那一点，因此这里看不见的太阳半球将

变得可见，并将以同一个圆 ABCD 为边界，则我们显然会看到，黑子的行进沿着弧 GSF，从上面的 G 点开始（G 点将仍在观察者左边），走向边界的 F 点，落向右边。

一旦懂得我所解释的东西，我相信你们将不难看出，太阳黑子视运动的所有差异是如何产生于太阳半球的边界通过太阳自转的两极或与之靠近或远离的点的，因此两极距离这一边界越远，黑子的路径就越弯曲、斜度越小。距离最大，即两极位于子午线截面时，弯曲变得最大，斜度变得最小（即斜度归于平衡，如第二张图所示）。另一方面，如第一张图所示，当两极位于边界时，斜度达到最大，弯曲达到最小（归于直线）。当边界离开两极时，弯曲开始变得越来越明显，而斜度或倾斜则逐渐减小。

这就是我的客人对我说的奇特变化；如果周年运动的确属于地球，而位于黄道中心的太阳则围绕一个不与黄道面垂直而是略为倾斜的轴自转，那么太阳黑子的行进在不同时间看起来 352
就会是这样。

沙格列陀：对于这些后果我完全相信，而且认为若把一个圆球置于这一斜度上，然后从各种角度观察它，那么这些后果会给我留下更深的印象。

现在你还得告诉我们，这些猜测结果的影响会是怎样。

观察到的情况符合预测。

萨尔维阿蒂：后来，我们一连很多个月进行非常仔细的观察，并对各种黑子在一年中不同时间的路径做了极为准确的记录，发现结果和我们的预测完全一致。

沙格列陀：辛普利邱，如果萨尔维阿蒂这里告诉我们的是事实（对我们来说，怀疑他的话是不妥的），那么托勒密主义者和亚里士多德主义者想要推翻这么重大的发现，使他们的观点免于彻底溃败，就需要拿出最有力的论证、最高明的理论和最可靠的实验。

辛普利邱：慢慢来，我的朋友；恐怕你走得并不像你认为的那么远。因为虽然我尚未完全掌握萨尔维阿蒂谈话的内容，但考虑一下他的论证形式，我仍然看不出我的逻辑会让我认为，这种推理方式必然迫使我接受支持哥白尼假说的任何结论；也就是说，支持太阳静止于黄道带的中心，而地球则围绕太阳运转。因为虽然假定太阳自转和地球绕日运转，我们必然会看到太阳黑子出现这样那样的奇特现象，但并不能相反地推出，由太阳黑子的这些奇特现象就必然可以断言，地球的确围绕黄道带的圆周运转，而太阳位于黄道带的中心。因为谁能向我保证，静止于黄道中心的地球上的居民不会看到沿黄道运转的太阳上的这些奇特现象呢？除非你们首先向我证明，这类现象在太阳运动而地球静止时无法得到解释，否则我不会改变看法，也不会相信太阳运动而地球静止。

虽然把周年运动归于地球符合太阳黑子的现象，但并不因此就可以反过来从太阳黑子的现象推出，周年运动必然属于地球。

沙格列陀：为了支持亚里士多德和托勒密的立场，辛普利
353 邱表现得很勇敢，斗争也很机智。说实话，我觉得和萨尔维阿蒂只谈了短短一会儿，他的严格推理能力就已经有了很大提高——我听说这种情况也曾发生在别人身上。谈到这种探究和结论（关于能否为太阳黑子运动的明显奇特现象找到恰当原因，同时保持地球不动和太阳运动），我希望萨尔维阿蒂能将他的想法向我们和盘托出。因为完全有理由相信，对此他曾考虑

再三，并沿这条线索做过尽可能多的推论。

萨尔维阿蒂：我曾考虑过多少次，和我那位客人朋友也讨论过。关于那些哲学家和天文学家能为古代体系提出什么辩护理由，有一件事我们是确定的。那就是真正的纯逍遥学派既嘲笑任何人（在他们看来）醉心于毫无意义的蠢事，又佯称所有这些现象都是镜片的虚幻错觉，这样一来就可以摆脱责任，不必再对这件事做任何思考。但对于科学的天文学家来说，在对这件事的观点进行认真思考之后，我们在古代体系下没有找到任何回答能够调和黑子的行进和人类理性。现在我将告知我们的想法，你们可以自行决定如何利用它。

纯逍遥学派哲学家嘲笑太阳黑子及其现象是望远镜镜片导致的错觉。

假定太阳黑子的视运动如我们上面所说，地球静止于黄道的中心，太阳的中心位于黄道的圆周上，那么这些黑子的各种
视运动必然是由太阳的运动所引起的。首先，太阳必然自转，
448 并且带着黑子运转，我们已经假定甚至证明这些黑子附着于太阳表面。其次，必须要说，太阳自转的轴与黄道的轴并不平行，这等于说它并不垂直于黄道面。因为如果垂直，这些黑子的行进在我们看来将沿直线，并与黄道平行。既然黑子的行进看起来基本上是沿曲线，所以太阳的这根自转轴是倾斜的。

如果地球静止于黄道带的中心，那么我们必须为太阳赋予四种不同的运动，详细说明如下。

第三，必须说，这根轴的倾斜并不固定，并非始终朝着宇 354
宙的同一点，而是时时改变着指向。因为如果倾斜始终对准同一方向，那么黑子的路径永远不会改变形状；不论是直是曲，是上弯还是下弯，是上升还是下降，它们在此一时和彼一时的形状将完全相同。因此我们不得不说，这根轴是可变的，有时位于看得见的太阳半球边界圆的平面上（我指的是黑子路径看

起来沿直线而且最倾斜的时候，这在一年中出现两次），另一些时候则位于观察者的子午线平面上，因此它的一极落在看得见的太阳半球，另一极则落在看不见的太阳半球——两个极点都距离太阳另一根轴的两个极点很远，这另一根轴将与黄道的轴平行，而且必然要归于太阳；也就是说，其距离与黑子转动轴的倾斜所暗示的距离相等。此外，落在看得见的太阳半球的那个极点有时将在上部，有时将在下部。这一点的一个必要论据是黑子路径处于水平并且曲率最大时的情形，其凸起有时向下，有时向上。

由于这些状态在不断变化，使斜度和曲率时大时小，斜度有时归于完全平衡，曲率则有时归于完全笔直，所以必须假定黑子每月转动的这根轴在自转，使轴的两极围绕另一根轴（因此要把它归于太阳）的两极描出两个圆，圆的半径将对应于这根轴的斜度。根据要求，它的周期应为一年，因为这是黑子路径的种种现象重复一次的时间。这根轴的转动应当围绕与黄道轴平行的另一根轴的两极，而不是围绕其他任何点，大小总是相同的最大斜度和最大曲率清楚地表明了这一点。

355 因此最后，为使地球静止于中心，必须为太阳赋予两种围绕自己中心的运动，围绕两根不同的轴进行，一根轴一年转一圈，另一根轴不到一个月就转一圈。在我看来，这样的假定似乎非常困难，几乎是不可能的；这是因为不得不把另外两种绕不同轴围绕地球的运动归于同一个太阳，其中一根轴一年绕黄道转一圈，另一根轴则形成螺旋或与赤道面平行的圆，一天转一圈。

至于那种必须归于太阳本身的第三种运动（我并不是指那种带着黑子的近乎每月的运动，而是指必然使轴和两极做这种每月运动的另一种运动），我看不出它有任何理由要每年转一圈（依赖于沿黄道的周年运动），而不是每 24 小时转一圈（依赖于围绕赤道两极的周日运动）。我知道我现在所讲的东西晦涩难懂，但是当我们谈到哥白尼归于地球的第三种运动（周年运动）时，你们就会明白了。

现在，如果把彼此之间互不协调、但又必须全都归于太阳的这四种运动归结为单一的非常简单的运动，而给太阳指定一个不变的轴；如果即使不对其他许多观察归于地球的运动做什么革新，也仍然很容易保持太阳黑子运动的许多奇特现象，那么在我看来，这种决定是无法拒绝的。

辛普利邱，这就是我和我的朋友所想到的哥白尼主义者和托勒密主义者在捍卫自己观点、解释黑子现象时可能举出的辩护理由。你可以根据自己的判断做出决定。

辛普利邱：我承认我本人没有能力做出这样重要的决定。至于我自己的想法，我始终保持中立，希望有朝一日能有一种比我们人类理性更高的智慧照亮我们的心灵，将使之晦暗不明的所有迷雾一扫而净。

沙格列陀：辛普利邱的建议卓越而虔诚，每一个人都应接 356
受和遵循，因为只有源于最高智慧和无上权威的东西才能完全安心地支持。但在人的理性所能探入的范围内，仅就理论和可能的原因而言，我敢说（比辛普利邱要稍微大胆一点），在我所听到的许多深奥道理中，我从未碰到比这两个猜测（除了那些纯粹几何学的和算术的证明）更让我的理智感到惊奇，或者更让我心驰神往的了；在这两个猜测中，一个来自五大行星的留和逆行，另一个来自太阳黑子运动的奇特现象。在我看来，这两个猜测轻而易举地清晰给出了这些奇特现象的真正原因，表明这些现象是由一种简单的运动引起的，这种运动混杂着同样简单但各自不同的其他许多运动。此外，这两个猜测在表明这一点时并未引入任何困难，反倒把其他观点所伴随的所有困难都消除了，以至于我很快便断言，那些仍对这种学说保持敌意的人，要么是没有听说过它，要么是没有理解这些论证，尽管论证为数众多且如此具有说服力。

萨尔维阿蒂：对于这些论证，我不会说它们令人信服或不令人信服，因为（正如我以前所说）我并不旨在就这个重大问题解决什么东西，而只想提出双方能让我提出的那些物理的和天文学的理由。我请别人来做出决定，这个决定最终决不能模糊不清，因为这两种安排必定一个为真，另一个为假。因此，在人类学问的范围内，正确一方所采用的理由不可能不清楚和令人信服，而反方的理由只可能徒劳而无效。

沙格列陀：那么，我们现在该听听另一方的意见了，听听辛普利邱带回的那本论文小册子讲些什么。

辛普利邱：书在这里，正是在这个地方，作者第一次根据
357 哥白尼的立场简要描述了世界体系，他说："所以地球连同月亮和整个元素世界，哥白尼"，等等。[①]

① 这句话原文为：Terram igitur una cum Luna totoque hoc elementari （转下页）

萨尔维阿蒂：等等，辛普利邱；在我看来，这位作者从一开始就暴露出他对自己所要驳斥的立场不怎么了解，因为他说，哥白尼让地球连同月亮自东向西运动，一年绕“大圆”（orbis magnus）一周，这是错误的和不可能的，所以哥白尼从来没有说过这样的话。事实上，哥白尼是让地球沿相反方向运动（我的意思是自西向东，也就是按照黄道十二宫的顺序运动），因此周年运动看起来似乎属于太阳，而太阳被静止地置于黄道带的中心。

你看这个人是多么自负，连支撑整个宇宙结构的最伟大和最重要的部分都一无所知，却要驳斥他人的学说。这个开头很糟糕，很难获得读者的信任，不过我们还是继续吧。

小册子对哥白尼进行讽刺，提出反驳。

辛普利邱：对宇宙体系进行解释之后，他开始提出对周年运动的反驳。第一条反驳讽刺性地嘲笑哥白尼及其追随者，说按照这种不切实际的世界秩序，就必须肯定一些最极端的奇谈怪论，比如太阳、金星和水星都在地球以下；重物自然上升，轻物自然下降；当我们的救主和救赎者基督接近太阳时，他将升至地狱，降到天堂；当约书亚命令太阳停止不动时，地球停止不动——要么就是太阳的运动与地球相对；太阳在巨蟹宫时，地球正经过摩羯宫，从而冬季宫带来夏天，春季宫带来秋天；众星不为地球升落，而是地球为众星升落；东方从西方开始，而西方从东方开始；总之，几乎整个世界进程都被颠倒过来。

（接上页）Copernicus，出自前文中提到的洛舍的《关于天文学争论和新奇事物的数学研究》，这里做了简化，以致让接下来的讨论有些难以理解。所引段落最关键的部分如下：“地球和月亮在一年之内自东向西在火星和金星之间运转，［地球的］中心描出了大圆。”

萨尔维阿蒂：我对这一切都很满意，只是不满意他把最可敬、最伟大的《圣经》中的一些段落混杂在这些愚蠢幼稚的东西里，并企图利用神圣的事物来伤害一些人，那些人做哲学只是为了消遣娱乐，准备做一些假设在朋友中争论一番，并不想肯定或否定什么。

358 **辛普利邱：**的确，他连我也伤害到了，而且伤得不轻；特别是后来他又说，即使哥白尼主义者真能以某种扭曲的方式来回应诸如此类的论证，他们也仍然无法令人满意地回应后面一些论证。

萨尔维阿蒂：哎呀，这真是糟糕透顶，因为他自命拥有比《圣经》的权威还要有效和令人信服的东西。不过让我们尊重《圣经》，转到物理的和人的论证。但如果他那些物理论证举不出什么比先前的论证更有意义的东西，那我们还是不要去理会他吧。回应这种琐碎无聊的东西纯粹是浪费口舌，我肯定不赞成。至于他说哥白尼主义者对这些反驳做出了回应，那实在是大错特错。我不相信任何人会把时间这样白白浪费掉。

辛普利邱：我也赞成这种决定，所以让我们听听他的其他更有根据的反驳吧。现在你看这里，他用非常精密的计算推论出，如果哥白尼让地球绕太阳周年运动的轨道与巨大的恒星天球相比几乎觉察不到，而且哥白尼也说必须这样假定，那我们就不得不坚持认为，恒星与我们的距离不可思议，其中最小的恒星也比地球的整个轨道大得多，其他恒星将比土星的轨道更大。然而这样的数量实在太过巨大，让人无法理解，也无法相信。

假定周年运动属于地球，则一颗恒星必定比地球的整个轨道还要大。

第谷的论证建立在错误的假说之上。

好争论的人在自己理亏时，常抓住对方偶然说出的某个字眼不放。

萨尔维阿蒂：我的确看到第谷也对哥白尼提出过类似的反驳，所以这并非我第一次揭露这个论证的谬误（毋宁说是许多谬误），因为它建立在完全错误的假说之上。它基于哥白尼的一条格言，他的对手对这条格言做严格字面的理解，就像那些好争论的人在事情的主要议题上已经理亏，却紧紧抓住对方偶然说出的某个字眼不放，大发牢骚。

行星运动的视变化在恒星那里始终觉察不到。

为了让你理解得更好，要知道哥白尼先是解释了地球的周年运动对各个行星产生的引人注目的后果，特别是三颗外行星
的顺行和逆行。然后他又补充说，这些视变化（火星比木星明 359
显，因为木星距离较远，土星则不如木星明显，因为土星比木星更远）在恒星那里仍然觉察不到，因为与木星或土星的距离相比，恒星距离我们极为遥远。这里，反对这种观点的人站了

454 出来，认为哥白尼所谓的“觉察不到”指的是被他假定实际上绝对不存在。他们指出，即使最小的恒星也仍然觉察得到，因为它会撞击我们的视觉，于是他们做了计算（同时引入了更多错误假设），推出在哥白尼的学说中，必须承认恒星要比地球轨道大得多。

假定一颗六等恒星和太阳一样大，则行星显著的变化在恒星那里始终觉察不到。

现在，为了揭露他们整个方法的愚蠢，我将表明，假定一颗六等恒星和太阳一样大，那么凭借正确的证明就可以推出，恒星与我们的距离足以使地球的周年运动对它们的影响无法觉察，而这种周年运动却对行星产生了观察得到的极大变化。同时，我将向你清晰地表明，哥白尼的对手们所做的假定中包含着一个巨大的错误。

地球与太阳的距离为1208个地球半径。

首先，我和哥白尼一样假定，而且和他的对手都认为，地

球轨道的半径，即地球与太阳的距离，是1208个地球半径。[①]其次，我也同意，太阳在其平均距离的视直径约为半度或30分，即1800秒或108000毫秒。由于一颗一等恒星的视直径不到5秒或300毫秒，一颗六等恒星的直径为50毫秒（哥白尼对手的最大错误就在于此），所以太阳的直径为一颗六等恒星直径的2160倍。因此，如果假定一颗六等恒星实际上和太阳一样大，而不是更大，那么这等于说，如果太阳远离我们，直至其直径
360 看上去只是现在的$\frac{1}{2160}$，则其距离将为现在的2160倍。这就等于说，一颗六等恒星的距离为2160个地球轨道半径。由于一般认为地球与太阳的距离是1208个地球半径，而这颗六等恒星的距离，如我们刚才所说，是2160个地球轨道半径，所以地球半径与地球轨道半径之比将远大于（几乎为两倍）地球轨道半径与恒星天球之比。因此，地球轨道的直径对恒星导致的星位差异，并不比我们观测到的地球半径导致的太阳星位差异更为显著。

太阳的直径为半度。

一颗一等恒星的直径和一颗六等恒星的直径。

太阳的视直径超出恒星多少。

一颗六等恒星的距离，假定它与太阳一样大。

455

恒星因地球轨道产生的差异，比地球大小在太阳上引起的差异大不了多少。

沙格列陀：作为第一步，这是个糟糕的失察。

萨尔维阿蒂：它的确错了，因为按照这位作者的说法，六等恒星需和地球的轨道一样大，才能表明哥白尼所说的“觉察不到”是正当的。然而，假定六等恒星只和太阳一样大，而太

① 哥白尼给出的太阳最大距离（即远地点距离）是1179个地球半径（Copernicus, *De Revolutionibus*, bk. iv, ch. 19），平距离是1142个地球半径（*ibid.*, ch. 21），托勒密给出的平距离是1210个地球半径（Ptolemy, *Almagest*, bk. v, ch. 15）。伽利略提到的1208个半径源自洛舍的《关于天文学争论和新奇事物的数学研究》（Locher, *Disquistiones*, p. 25）。值得注意的是，伽利略关于恒星距离的想法远非事实，但与流行于当时天文学界的误解相比又是一大进步。

第谷和小册子的作者都假定六等恒星是其应有大小的一千万倍。

阳则不到地球轨道的一千万分之一大，将使恒星天球变得非常巨大和遥远，单凭这一点就足以消除对哥白尼的这条反驳了。

沙格列陀：请为我做做这项计算。

萨尔维阿蒂：计算不长，而且简单。双方都同意，太阳的直径是地球半径的11倍，而地球轨道的直径则是地球半径的2416倍。因此地球轨道的直径约为太阳直径的220倍，由于诸天球的大小与其直径的立方成正比，所以取220的立方，我们就得到地球轨道是太阳的10648000倍。而作者会说，一颗六等恒星的大小必然等于这个轨道。

按照地球轨道计算恒星的大小。

沙格列陀：那么，他们的错误在于计算恒星的视直径时产生了误解。

萨尔维阿蒂：是这个错误，但不是唯一的错误。的确，我惊讶地看到有那么多天文学家，包括一些著名的天文学家，在确定恒星和行星的大小时(只有太阳和月亮两大光体除外)会错得那样厉害。这些人里包括法加尼[①]、巴塔尼[②]、塔比特·本·库拉[③]，最近的第谷、克拉维乌斯[④]以及我们院士朋友的所有先驱。因为他们都没有注意到那种额外的光渗作用，后者会产生一种错觉，使星体看起来是没有光晕时的上百倍甚至更大。这些人也不能以疏忽为借口；他们只要愿意，是能看到

所有天文学家对星体大小的共同错觉。

---

① 法加尼(al-Fergani)活跃于公元800年左右。

② 巴塔尼(al-Battani)是最著名的阿拉伯天文学家，卒于公元928年。

③ 塔比特·本·库拉(Thabit ben Korah，836-901)是阿拉伯世界首屈一指的托勒密著作编纂者。

④ 克拉维乌斯(Christopher Clavius，1537-1612)是当时罗马顶尖的耶稣会数学家，也是萨克罗博斯科著作的评注者。

361 无遮盖的星体的，只要在黄昏星体初现或清晨即将消失时看一看就够了。单是金星就本应提醒他们觉察到自己的错误，因为金星在白天看起来非常小，需要很好的眼力才能看到，但当天晚上就显得像一支大火炬。我不信他们会认为一支火炬的真正圆盘就如同它在黑暗中显示的那样，而不是在光亮环境中所呈现的那样；因为我们的灯火在夜晚远看很大，但到了近前，其真正火焰看起来却很小而且界限分明。单是这一点就足以使他们警觉了。

金星使那些天文学家在确定星体大小方面的错误成为不可原谅的。

非常坦率地说，我确信他们当中没有人（甚至是第谷本人，尽管他在操作天文仪器方面很精确，而且斥巨资建造了庞大而精密的仪器）测定过除太阳和月亮以外的任何星体的视直径。我认为可以这么说，有某位远古的天文学家凭借经验法则，随意声称实际情况就是怎样怎样，后来者不做任何进一步的实验，就亦步亦趋地跟着这第一个人说。因为他们当中如果有人亲自检验一下这件事情，无疑会发现这里的错误。

沙格列陀：但如果他们缺少望远镜（因为你说过，我们的院士朋友是借助这种仪器才了解事情真相的），那就应当原谅他们，而不应指责是出于疏忽。

萨尔维阿蒂：如果他们没有望远镜就无法取得这一成果，那就是对的。诚然，望远镜使星体的圆盘看起来光光的，而且放大了很多倍，所以操作起来容易得多；但没有望远镜也能操作，尽管不能同样精确。我这样做过，以下是我所使用的方法。我朝恒星（我选的是织女星，它在北与东北之间升起）的方向悬挂一根轻绳，然后靠近或远离位于我与恒星之间的这根绳子，

测量星体视直径的方式。

找到绳宽恰好挡住的那颗星的地点。接着，我找到我的眼睛与
绳子的距离，它相当于在我的眼睛处所成的并且覆盖绳宽的角
的两条边之一。恒星直径在恒星天球所成的角与这个角是相似 362
或相等的。利用弧弦表，由绳宽与绳子离我眼睛距离之比，我
立刻得出了角的大小——在测定这些非常小的角时应时常防
备，勿把视线的交点置于我眼睛的中心（如果视线不发生折射，
就不会到达眼睛中心），而应置于眼睛的位置以外（瞳孔的实际
宽度将使视线会聚在这里）。

沙格列陀：我理解这种防备，但对它有些怀疑；我对这种操作最不解的是，如果是在黑夜里进行这种操作，那么我认为这是在测量光渗圆盘的直径，而不是测量真正无遮盖的星体的直径。

萨尔维阿蒂：绝非如此，因为绳子挡住了无遮盖的星体，也就取消了原本不属于星体而属于我们眼睛的那圈光晕；星体的真正圆盘一被遮盖起来，光晕便立刻消失。在做这种观测时，你会惊讶地看到，一根这么细的绳子就能挡住那只大火炬，而似乎只有一个大得多的障碍物才能遮盖它。

其次，为了确定这根绳子的宽度，准确测量它与眼睛的距离等于多少个绳宽，我并不测量一根绳子的直径，而是将许多这样的绳子排在桌上，使之相互碰到。然后我用一只圆规量出 15 根或 20 根绳子的总宽度，再用它去量绳子到视线焦点的距离，该点事先在另一根绳子上做了标记。通过这种非常精确的操作，我发现一颗一等星的视直径（通常认为是 2 分，第

一等恒星的直径只有 5 秒。

谷在其《天文学书信》[1] 中甚至定为 3 分)只有 5 秒,只是他们认为的 $\frac{1}{24}$ 或 $\frac{1}{36}$。现在你看,他们的学说基于一个多么严重的错误啊!

沙格列陀:原来如此,我完全懂了。但在继续进行之前,我想提出一个我想到的问题,那就是在很小的角内找到视线的交点。我的困惑源于我的一种印象,即这一交点的位置可能并
363 不取决于所视物体的大小,而是另有原因,让我觉得在观察同样大小的物体时,视线的交点距离眼睛是可远可近的。

瞳孔的扩大与收缩

萨尔维阿蒂:沙格列陀,你真是才思敏捷,我已经懂你的意思了。你对自然的观察非常细致;我敢打赌,见过猫眼瞳孔剧烈扩大和缩小的一千个人里面,也没有一个人见过人的瞳孔有类似的效果,后者取决于是透过一口井去看,还是透过一种昏暗的介质去看。在白天,瞳孔大为减小,观看太阳圆盘时,它会变得比一粒米还要小;但在夜幕下观看不发光的物体时,它可以放大到一粒豌豆那么大甚至更大。一般来说,这种放大和减小的变化可以远大于 10 比 1,由此可以清楚地看到,当瞳孔放大到很大时,视线的交角一定离瞳孔较远,这就是我们观看昏暗物体时的情形。这一学说是沙格列陀刚才提供的,[2] 它提醒我们,如果要做一项非常重要而且准确的观测,我们应当做一个与此有关的实验来研究一下这种交点。但在目前的情况

① *Astronomical Letters*, p. 167 (*Epistolae astronomicae*, Uraniborg, 1596);《对话》原版中标注的是章节数(ch.)而非页数(p.)。

② 这里指 1612 年沙格列陀给伽利略的信中提到了眼睛里发生的折射。见 *Opere* XI, p. 350。

下，为了揭示那些天文学家的错误，你不必这样准确；因为即使假定交点就在瞳孔上，也就是说对他们有利，也没多大关系，因为他们错得太厉害了。我不知道这是否就是你的意思，沙格列陀。

沙格列陀：正是这个意思。很高兴我这个问题还算合理，因为你一同意，我就放心了。但我想借此机会听你谈谈，这个视线交点的距离是怎样测定的。

如何找到视线交点与瞳孔的距离。

萨尔维阿蒂：方法很简单，是这样的：我拿两张纸条，一张黑的，一张白的，黑纸条的宽度是白纸条的一半。将白纸条粘在墙上，黑纸条则粘在一根棍子或其他支撑物上，与白纸条约为15码或20码远。然后，我沿同一方向离开黑纸条同样远的距离，那些直线显然会在这个距离处相交，它们离开白纸条的边缘，会在掠过中间黑纸条的边缘时碰到。由此可以推出，眼睛位于这个交点，只要视觉发生在一个点，那么处于中间的 364
黑纸条会刚好挡着白纸条。但如果我们仍然看得到白纸条的边缘，那就必然可以推出，视线并不只在一点相交。为使白纸条仍然被黑纸条挡着，眼睛不得不移近一些，以使中间的黑纸条挡着远处的白纸条。记下眼睛移近的距离，这就是在这种操作中视线的真正交点与眼睛的距离。此外，这样我们也可得出瞳孔的直径，或者说视线撞击的孔的直径。因为该直径与黑纸条宽度之比，将等于沿纸条边缘所作直线的交点到眼睛第一次看见白纸条被中间的黑纸条挡着时的位置的距离与两个纸条间距之比。

因此，如果我们想准确测定一颗星的视直径，并按照上述

方式进行观测，那就必须比较绳子的直径和瞳孔的直径。例如，发现绳子直径是瞳孔直径的 4 倍，眼睛与绳子的距离是 30 码之后，我们就可以说，沿着绳子边缘从星体直径边缘所作直线的真正交点将离绳子 40 码远。这样一来，从绳子到上述直线交点的距离与交点到眼睛位置的距离，就会形成正确的比例，它一定等于绳子直径与瞳孔直径之间的比例。

沙格列陀：我懂了。现在我们听听辛普利邱还要为哥白尼的对手做什么辩护。

辛普利邱：虽然萨尔维阿蒂的论述大大减轻了哥白尼的这些对手所指出的那种巨大的难以置信的错误，但我认为这个错误并未完全消除，它仍然有足够的力量来推翻哥白尼的观点。因为如果我对最后那条主要结论理解得不错，那么当我们假定一颗六等星和太阳一样大时（这在我看来是一个不同寻常的假
365 定），地球轨道仍然会给恒星天球引起类似于地球半径给太阳引起的那些可观察的变化。既然我们并没有观察到恒星发生过这样的变化甚至更小的变化，那么在我看来，单是这件事就足以推翻地球的周年运动，使之站不住脚。

萨尔维阿蒂：如果哥白尼一方没有更多话可说，那么辛普利邱，你是可以得出这样的结论的；但可说的话还多着呢。至于你的回答，没有任何理由阻止我们假定恒星的距离比通常认为的远得多。你自己以及任何不愿贬低托勒密追随者们所接受的那些命题的人，一定觉得假定恒星天球比我们迄今认为的巨大得多是很方便的。因为所有天文学家都认为，行星的轨道越大，其运转就越慢；因此，土星运转得比木星慢，木星运转得比

天文学家都认为，轨道越大，运转就越慢。

太阳慢(因为土星所描出的圆比木星大,木星所描出的圆比太阳大)。例如,土星的轨道是太阳轨道的 9 倍,而土星的运转周期是太阳运转周期的 30 倍。现在,既然在托勒密的学说中,恒星天球 36000 年转一圈,而土星 30 年转一圈,太阳 1 年转一圈,我们就能以这样的比例得出如下推论:

根据天文学家们的另一个假定,可以算出恒星的距离必定是 10800 个地球轨道半径。

如果是太阳轨道 9 倍大的土星轨道的运转周期是太阳的 30 倍,那么按照比例,运转慢 36000 倍的轨道应当多大呢?结果是,恒星天球的距离必定是 10800 个地球轨道半径——这将是我们刚才计算的一颗太阳那么大的六等星距离的 5 倍。现在你看,地球的周年运动所引起的恒星天球的变化该多么小啊。

根据木星和火星的比例来计算,恒星天球同样要远得多。

如果我们根据木星和火星的类似关系来计算恒星天球的距离,那么根据木星计算出的距离将是 15000 个地球轨道半径,根据火星计算出的距离将是 27000 个地球轨道半径;也就是说,比我们假定恒星和太阳一样大时所导出的距离还要大(前者是 7 倍,后者是 12 倍)。

辛普利邱: 在我看来,对此可以回答说,自托勒密时代以 366
来,恒星天球的运动一直被观测到没有他认为的那么慢。我认为我甚至听说过,注意到这一点的正是哥白尼本人。

萨尔维阿蒂: 你说得对,但你说的这些似乎不利于托勒密主义者,他们从未因为如此缓慢的运转使恒星天球变得过于巨大无边,而拒绝接受恒星天球 36000 年的运转周期。如果大自然不允许这种巨大无边,他们早就否认这样缓慢的运转了,因为除非尺寸大得惊人,否则任何天球在比例上都适应不了这样的运转。

沙格列陀：萨尔维阿蒂啊，我们不要求助于这些比例来反对那种人，这只能是浪费时间；他们甘愿接受最不成比例的东西，所以这样反对他们绝对是得不偿失。我们还能想象有什么比例会比这些人未做任何解释就承认和接受的那些比例更不相称吗？他们先是写道，我们排列天球次序的最恰当的方式莫过于按照其周期变化来排列，把慢的放在快的外面，并把最慢的恒星天球置于最高；然后，他们又放置了一个更高从而也更大的天球，让它每 24 小时转一圈，而紧接着它的恒星天球则要 36000 年转一圈！不过关于这类怪异之事，昨天我们已经说得够多了。

萨尔维阿蒂：辛普利邱，希望你能暂时把你对你学说追随者的感情放在一边，坦白地告诉我，你认为他们是否理解，他们后来决定的这个大小，因为过于巨大而无法归于宇宙。我认为他们并没有理解。在我看来，这里的情形就和数量达到千百亿时一样，我们的想象变得混乱了，形不成任何概念。在理解巨大的距离时，也会发生同样的事情；它对我们理智的影响就像静夜观天对我们感官产生的影响，我凝视群星，凭目光判断，它们的距离仿佛只有几英里远，或者说，恒星并不比木星、土星甚至月亮更远。

无限巨大的尺寸和数目是我们的理智所无法理解的。

367 但这一切姑且不谈，考虑一下以前天文学家和逍遥学派哲学家关于仙后座和人马座那些新星距离的争论。天文学家将这些新星列为恒星，而逍遥学派哲学家则认为它们比月亮还要近。在区分长距离和极大距离方面，我们的感官是多么无力啊，即使事实上后者要比前者大千万倍！

最后我想请问你，愚蠢的人啊：[1] 你的想象是否先是觉得宇宙有某个大小，然后又认为太大了呢？如果是这样，你是否愿意设想自己的理解力超过了上帝？是否愿意想象比上帝所能造就的更伟大的事物？如果你的理解力理解不了这一点，你又为什么对你不理解的事物进行判断呢？

辛普利邱：这些论证都很好，没有人否认天的大小可能超出了我们的想象，因为上帝本可以把天创造得比现在大千万倍。但我们难道不应承认，宇宙中没有什么事物是白白创造出来或徒劳无用的吗？现在我们看到，诸行星拥有这种美妙的秩序，它们排列在地球周围，与地球的距离相称于它们对地球产生的影响，亦即对我们有益的影响，那为何要在行星的最高轨道（即土星的轨道）与恒星天球之间插入一片空无所有的、多余的、徒劳无用的巨大空间呢？是为了对谁有用和有益呢？

萨尔维阿蒂：辛普利邱，认为上帝的智慧和能力所能做的唯一恰当的工作就是关心我们，超出这个限度，神就什么都不创造、不处理，在我看来，此时我们是把自己看得太高了。我们不应这样束缚上帝的手脚。只要认识到，上帝和大自然忙于管理人类事务，即使除了人类，没有其他事情需要关心，也不会专事于我们更多，我们就应当很满足了。我认为，我可以举一个非常恰当和非凡的例子来解释我的意思，它源于太阳光的作用。当太阳从这里吸收些水汽，或者在那里给植物温暖时，

大自然和上帝仿佛只关心人类，而没有其他关切似的。

以太阳为例来说明上帝对人类的关心。

① 从回复中可以明显看出，这一称谓并非针对辛普利邱个人。“愚蠢的人”指的是谢纳或他的学生洛舍。

它仿佛没有别的事情，只是吸收这些水汽和给植物温暖似的。
368 即使是让一串葡萄或一颗葡萄成熟，它做起来也非常有效，以至于哪怕太阳的全部事务都旨在让这颗葡萄成熟，它也做不了更多。现在，这颗葡萄从太阳那里获得了它所能获得的一切，而且并不因为太阳同时产生成千上万其他效果而失去任何东西，那么如果这颗葡萄相信或要求太阳光的作用只应用于它自身，它岂不是犯了傲慢或嫉妒之罪吗？

我敢肯定，对于人类事务的管理，上帝不会漏掉任何事物，但我无法让自己相信，宇宙中没有其他事物也同样依赖于上帝的无穷智慧，至少我的理性是这样告诉我的；但若事实并非如此，我也不会拒绝相信我从一个更高的理智所借用的推理。与此同时，当我听说在行星轨道与恒星天球之间插入的巨大空间是无用和无意义的，其中一颗星星也没有，而且超出我们理解力的任何无限空间对于维持恒星都是多余的时，我要说，以我们的虚弱而试图为上帝的行动寻找理由，并把宇宙中并非对我们有用的任何事物都称为无意义和多余的，这未免太自以为是了。

465

把宇宙中我们不晓得是否为我们而造的任何事物都称为多余的，是太过自以为是了。

沙格列陀：还是这样说吧，我觉得你说“我们不知道是否对我们有用”要更加准确些。我认为，我们所能想象的最大的狂妄或疯狂之一就是说，“既然我不知道木星或土星如何对我有用，它们就是多余的，甚至并不存在”。这是因为，迷惑的人啊，我既不知道我的动脉对我有什么用，也不知道我的软骨、脾或胆对我有什么用；若不是他们把解剖的许多尸体里面的胆、脾、肾给我看，我甚至不知道我有胆、脾、肾。即便如此，将天上的某颗星拿掉，我们才可能知道它对我们的作用。

也只有在我的脾被拿掉之后，我才可能晓得脾对我的用处。因此，为了晓得某颗星对我有什么作用(既然你想让天体的所有作用都针对我)，那就必须暂时拿掉这颗星，并说这样一来我觉得缺失的影响取决于这颗星。

天上可能有许多我们看不见的东西。

还有，他们说土星与恒星之间的空间不包含任何星体，而且极为巨大和无用，这是什么意思呢？会不会是我们没有看见
星体呢？木星的 4 颗卫星和土星的那些伴侣直到我们开始看见 369
才进入天界，之前则没有。天上难道不是有无数其他恒星还没有被人们看见吗？那些星云从前只是小块白斑，后来我们不是用望远镜看出它们是一团团明亮美丽的星体吗？人类真是狂妄、鲁莽和无知啊！

萨尔维阿蒂：沙格列陀，没有必要去深究他们那些徒劳的
466 夸大。让我们继续原先的计划，也就是考察双方提出的论证是否有效而不做任何决定，让那些比我们知道更多的人去决定吧。

“大”“小”“巨大”等都是相对的术语。

回到我们自然的人类理性，我要说，“大”“小”“巨大”“微小”等术语都不是绝对的，而是相对的；同一个东西与各种其他事物相比较，有时可以称为“巨大”，有时则可以称为“觉察不到”，更不用说称为“小”了。既然如此，我要问：哥白尼的恒星天球是相对于什么才能被称为太巨大呢？依我之见，它只有相对于其他某个同样类型的东西，才能被称为太大。现在让我们看看与它同样类型的最小的东西，即月亮轨道。如果必须认为恒星天球相对于月亮天球太过巨大，那么以类似或更大比例超过某个同类事物的任何其他大小，也应当说太过巨

认为根据哥白尼的观点恒星天球会过于巨大的那些人的论证是无价值的。

大；根据同样理由，也应当说在宇宙中并不存在。于是，大象和鲸鱼只能算是假想的怪物或诗人的杜撰，因为大象与蚂蚁相比太过巨大(两者都是陆地动物)，鲸鱼与鮈鱼相比也同样太过巨大(两者都是鱼类)。而在自然中实际发现的大象和鲸鱼将不可测量地巨大；因为如果按照哥白尼体系的要求取恒星天球的大小，则大象和鲸鱼超过蚂蚁和鮈鱼的比例肯定要远远大于恒星天球超出月亮天球的比例。

一颗恒星占据的空间比一颗行星占据的空间小得多。

此外，木星天球多么大，土星天球作为一颗星的容器又是
多么大，尽管行星本身与恒星相比很小！如果在宇宙中指定一
大块空间来容纳每一颗恒星，则那个含有无数恒星的天球肯定
370 要比哥白尼所需要的大成千上万倍。还有，你们不是说一颗恒
星很小吗？我的意思是说，即便是最显著的恒星也很小，更不
用说我们看不见的那些恒星了。我们称它很小，是相比于周围 467
的空间而言的。现在，倘若整个恒星天球是一个发光的天体，
又有谁不晓得，在无限的空间中可以指定一个巨大的距离，使
这样一个明亮的球体看起来比我们现在从地球上看到的一颗恒
星同样小甚至更小呢？由此出发，我们会把现在所谓无比巨大
的东西都看成小的。

恒星相对于它周围的广大空间被称为小的。

从巨大的距离看去，整个恒星天球可能像一颗恒星那样小。

沙格列陀：在我看来，一些人非要认为上帝按照他们微弱的理性能力、而不是按照上帝巨大而无限的能力来创造宇宙，这真是愚不可及。

辛普利邱：你讲的所有这些都很好，但对方所反对的是非要认为恒星和太阳一样大，甚至大得多；因为恒星和太阳都是位于恒星天球内部的个别天体。所以我觉得这位作者的以下追

小册子的作者所提出的反问。

问是非常中肯的；他问："这样巨大的构造是为了什么目的和用处？难道是为地球这样一个无足轻重的小点而造的吗？而且为什么距离如此遥远，以至于从地球上看非常之小，而且绝对无法对地球起任何作用呢？这些恒星与土星之间相隔这样一个大得不成比例的深渊，是为了什么目的呢？所有这些事情都让人困惑不解，因为找不出适当的理由来支持它们。"

回答小册子作者所提出的问题。

萨尔维阿蒂：由这个家伙所提的问题，我们似乎可以导出，倘若允许天空、恒星及其距离保持他迄今为止所认为的尺寸和大小（尽管他肯定从未设想它们有任何可理解的大小），他就会完全懂得并且满足于它们对地球的好处，地球本身也就不再是那样一个无足轻重的东西了。这些恒星也不再远得仿佛那样微小，而会大到能对地球有所作用了。恒星与土星之间的距离将会比例协调，对于任何事物他都会有把握十足的理由，这些理
468 由我本应很想听到。但他这些话显得思想混乱而且自相矛盾，我不由得认为，他这些把握十足的理由是很稀缺的，要不然就是拿不出什么理由，而且他所谓的理由更像是谬误，甚至是些 371
愚蠢的幻想。

小册子的作者思想混乱，提出的问题自相矛盾。

针对小册子作者而提出的问题，由此表明作者本人的那些问题是无效的。

因此我问他，这些天体是否实际作用于地球，是否为此目的才被创造成这般大小，安排在这般距离，抑或与地界事务毫无关系？如果它们与地球毫无关系，而我们对它们的所有事情和得失一无所知，那么我们这些地球居民想要充当其尺寸的仲裁者和位置安排的调节者，岂不是愚不可及吗？但如果作者说，它们的确对地球有作用，而且是为此目的而被驱使的，那么这等于承认了他在另一处否认的事情，赞扬了他刚刚斥责的

事情，当时他说，天体与地球距离那么远，看起来是那样微小，因此对地球不可能有任何作用。我的仁兄啊，恒星天球不论离我们多远都已经确定，你刚才也断言它在影响地球事务方面是比例协调的，恒星天球上的确有许多恒星看起来很小，而且有上百倍这么多的恒星是我们完全看不见的，也就是说极其微小了。因此，你现在必须否认它们对地球的作用（这是自相矛盾），要么承认它们虽然看起来小，但并不有损于对地球的作用（这仍然是自相矛盾）。否则的话，你必须坦然承认你对恒星尺寸和距离的判断是愚蠢的，更不用说是狂妄和轻率的了（这将是诚实的坦白）。

辛普利邱：事实上，我读到这段话时也立刻看出了他的明
显矛盾。他说，所谓哥白尼的恒星由于看起来很小，所以不能
作用于地球，但他没有注意到，他曾经认为托勒密和他自己的 469
那些恒星对地球有作用，而这些恒星不仅显得很小，而且大都
是看不见的。

萨尔维阿蒂：现在我就得谈到另一点了。他是根据什么说那些恒星显得这么小呢？会不会因为它们就是这样对我们显现的呢？他难道不知道，这乃是源于我们用来观看它们的工具即我们的眼睛吗？或者他是否知道，只要改变工具，我们就可以随意使它们看起来越来越大？谁知道呢？也许对于不用眼睛看的地球而言，它们会如实地显得非常巨大呢？

业已证明，遥远的物体显得小是眼睛的缺陷。

372 不过，我们现在该丢下这些无谓之争，谈论更重要的事情
了。我已经证明了两件事：首先，可以把恒星天球置于什么距离，使地球轨道的直径给恒星天球造成的变化，不大于地球直

径从其距离处给太阳造成的变化；然后我表明，为使一颗恒星和我们看起来的一样大，无需假定它比太阳更大。现在我想知道，第谷或其弟子是否尝试研究过，恒星天球有没有什么现象能使我们大胆地肯定或否定地球的周年运动。

第谷及其追随者们并未尝试研究，恒星天球是否有什么现象可以肯定或否定地球的周年运动。

沙格列陀：我会替他们回答“没有”，哥白尼本人就说恒星天球不会有这种变化，所以他们不必做这种研究；而且他们的论证“对人不对事”（ad hominem），所以也承认哥白尼的这一点。然后，他们又根据这一假定显示了由此而来的一种不可能性，也就是为使一颗恒星看起来和它现在一样大，恒星的体积实际上必须大到超出地球的轨道，因此恒星天球需要变得非常巨大——他们说，这种事情是完全无法置信的。

萨尔维阿蒂：我也这样认为，而且我相信，他们和人家争辩与其说是为了追求真理，不如说是为了替另一个人辩护。而且我不仅认为他们都没有做过这样的天文观测，甚至不确定他们当中是否有谁晓得，若不是恒星天球在这样的距离处，以至于恒星的任何变化都小到无法觉察，地球的周年运动究竟应当给恒星造成什么变化。因为决定不做这些研究而退守哥白尼的一句话，也许足以反驳这个人，但肯定无法澄清事实。

天文学家也许没有注意到，地球的周年运动会产生什么现象。

现在变化说不定是有的，[①] 只不过没有去寻找罢了；要么就是因为这些变化太小，或者由于缺乏精确的仪器，所以哥白尼当时不知道。这也不是他因为缺乏仪器或其他某种匮乏而无法

由于缺乏仪器，一些事情不为哥白尼所知。

① 1837 年，贝塞尔（Bessel）第一次发现了一颗恒星因地球的周年运动而产生的视差。利用天鹅座 61 星（现在也叫“贝塞尔星”），他发现了大约 $\frac{3}{10}$ 秒的视差，充分证明了伽利略在这里和以下几页猜想的正确性。

知道的第一件事情。但他基于最可靠的理论，做出了似乎与他并不理解的事物相矛盾的断言。因为正如之前所说，如果没有
373 望远镜，我们无法知道火星在一个位置会比在另一个位置大 60 倍，金星大 40 倍，而且它们各自的大小差异看起来要比真正的差异小得多。但自从有了望远镜，我们就可以确定，这种差异完全符合哥白尼体系的要求，毫发不差。因此，我们不妨尽可能精确地研究一下，假定地球有一种周年运动，那么能否在恒星中实际觉察到这种应有的变化。

我坚信这件事迄今为止还没有人做过。不仅如此，而且如我所说，也许很少有人完全懂得应当寻找什么。我这话不是随便说的，因为我曾见过其中一位反哥白尼主义者[①]的手稿，上面说如果这种观点是对的，极点就必须持续地每 6 个月升落一次，就像地球在走过其轨道直径这样大的空间时，6 个月向北走，6 个月向南走一样；因为我们既然跟着地球运转，我们向北时极点应该比我们向南时更高，这在他看来也是合理的，甚至是必然的。还有一个很聪明的数学家也犯了同样的错误，尽管根据第谷在《新编天文学初阶》(*Progymnasmata*)第 684 页的说法，这位数学家是哥白尼的追随者；他说他观测到仰极高度在冬夏有所不同；而由于第谷否认这一断言为真，但并不指责这种方法(也就是说，他否认看到仰极高度有任何变化，但并

第谷等人根据仰极高度不变而反驳地球的周年运动。

① 这里指的是弗朗切斯科·英戈利(Francesco Ingoli，1578-1649)，他撰写了一本对哥白尼体系提出质疑的小册子，后来成为教廷传信部(Propaganda Fide)的秘书。1616 年，他就这一主题致信伽利略，伽利略则回复了一封长信(生前没有发表)，其中包含了支持哥白尼观点的论证。

不指责这种研究对确定所寻求的东西是不适用的)，这就等于说他也认为，对于拒斥或承认地球的周年运动，仰极高度每6个月是否变化是一项很好的检验。

辛普利邱：老实说，萨尔维阿蒂，我也觉得应当得出这样的结论。因为我不相信你会否认，如果我们向北只走60英里，北极星会升高1度；同样，向北再走60英里，北极星对我们来说会再升高1度，依此类推。现在，如果只前进或后退60英里就能使仰极高度产生这样显著的变化，那么地球带着我们朝这个方向不是运行60英里，而是运行60000英里时，会产生多大变化呢？

萨尔维阿蒂：如果遵循同样比例，这应使北极星对我们而 374
言升起1000度。你看，辛普利邱，一种根深蒂固的印象是多么害人啊！多年来，你的头脑中有一种成见，认为每24小时转一圈的是天空，而不是地球，因此这种旋转的极点在天上，而不在地球上；这种习惯你连一个小时也放弃不了，而且即使你设想只是地球在运转，把自己伪装成敌人，看看如果这种伪装的确是真理，将会产生什么后果，你也坚持不了多久。辛普利邱，如果每24小时自转一周是地球，那么两极在地球上，轴在地球上，赤道面(即经过与两极等距的所有点的大圆)在地球上，经过地面上与两极有其他距离的点的无数大大小小的其他平行线也在地球上。所有这些东西都在地球上，而不在恒星天球上。不动的恒星天球没有所有这些东西，我们只有在想象中把地轴延长到恒星天球，才能在我们的极点上方标出两个天极，只有把赤道面扩展到恒星天球，才能说天上好像有一个圆对应于赤

道面。

现在，既然真正的轴、真正的极点和真正的赤道都在地球上，而且只要你待在地球上同一位置保持不动，这些也不会改变，那么无论你把地球带到哪里，你自己相对于极点、这些圆或任何其他地界事物的位置都不会改变。这是因为这种位移是你和所有其他地界物体所共有的；而运动若是共有的，则仿佛不存在。如果你不改变你相对于地球两极的位置，（即提升或降低它们），那么你也不会改变你相对于假想天极的位置，只要我们把“天极”理解为地轴延长到天上时所标记的那两点。

运动若是共有的，则仿佛不存在。

地球改变位置时，天上这两点固然会发生改变，因为地轴会指向不动天球的其他部分，但我们相对于这两点的位置不会
375 改变，一点绝不会比另一点更高。若有人想让恒星天球上对应于地球两极的两点之一上升，另一点下降，就必须沿地球朝一点运动而远离另一点。正如我所说，单让地球连同我们一起运动，产生不了任何变化。

沙格列陀：萨尔维阿蒂，请允许我举一个例子将这件事解释清楚。这个例子虽然粗糙，但很恰当。辛普利邱，设想你在一条船上，站在船尾，假定你用一架四分仪或别的什么仪器对准前桅的顶端，就好像你要测量它的仰角似的，比如 40 度吧。如果你沿甲板走 25 步或 30 步，再把仪器对准同一船桅，你无疑会发现它的仰角更大了，比如增加了 10 度。但你若不是朝着船桅走 25 步或 30 步，而是留在船尾，让整只船朝那个方向移动，你认为船前进 25 步或 30 步会使前桅的仰角在你看来提高 10 度吗？

一个恰当的例子，用以解释为什么仰极高度不会因为地球的周年运动而有所改变。

辛普利邱：我懂得并且相信，即使船前进 1000 英里，仰角也不会有丝毫增加，更不用说前进 30 步了。但尽管如此，我相信，如果通过桅顶望出去，沿同一方向看见一颗恒星，并把四分仪固定不动，那么船朝着那颗恒星前进 60 英里之后，四分仪仍将和以前一样对准桅顶，但却不再对准那颗恒星了，后者会升高 1 度。

沙格列陀：但你认为，我们的目光不会落在桅顶指向恒星天球的那一点吗？

辛普利邱：并非如此，但这一点会有所不同，要低于先前看到的恒星。

沙格列陀：就是这个道理。正如在这个例子中，桅顶的仰角并不对应于恒星的仰角，而是对应于恒星天球上位于眼睛到桅顶那个方向的那一点的仰角，因此（在我们考察的这个例子中），恒星天球上对应于地极的并不是一颗恒星或恒星天球的其他某个固定的东西，而是地轴延长那么长之后碰到的那一点。这一点并不是固定的，而是随着地极的变化而变化。因 376
此，第谷或任何提出这条反驳的人本应说，如果地球做这种运动，那么对应于我们极点的位置附近的某颗恒星，其高低会被看出或观测到某种变化，但极点的高低不会发生变化。

地球的周年运动可能使某颗恒星发生变化，但不会使极点发生变化。

辛普利邱：事实上，我知道他们在含糊其词，但在我看来，这仍然消除不了这条反对论证的力量，如果它指的是恒星的变化而不是极点的变化，那么我觉得它还是相当有力的。如果船前进 60 英里就能使一颗恒星在我看来升高 1 度，那么当船朝着同一颗星移动地球轨道直径那么长的距离，即你说的地球与太阳距离的两倍时，为什么我看不到类似甚至大得多的变化呢？

有人认为周年运动会使恒星的仰角发生巨大变化；对这种含糊其词的看法的解决。

沙格列陀：辛普利邱，这又是你含糊其词的地方，你知道却又没有意识到你知道；我将试着提醒你。请告诉我，如果你把一架四分仪对准一颗恒星，并测得它的仰角比如说是 40 度，然后倾斜四分仪的一侧（而不改变你自己的位置），使恒星始终高于四分仪的方向，你会说恒星的高度因此就更大了吗？

辛普利邱：当然不能，因为变化是仪器造成的，而不是源于观测者向恒星移动而改变了位置。

沙格列陀：但如果你航行或在地面上行进，你会说这架四分仪没有造成任何变化，而且只要你不去倾斜它，而让它固定在原来的位置，四分仪就一直会以同一仰角对着天空吗？

辛普利邱：让我想一下。我要说，四分仪无疑不会保持同一斜度，因为我的航行不是沿一个平面，而是沿着地球的圆周。它每前进一步都会改变相对于天的角度，因此船上的仪器也会改变角度。

沙格列陀：说得不错。你也知道，你航行的圆越大，为使
377 那颗恒星在你看来升高 1 度所要做的航行就越远。最后，你若是沿一条直线朝着恒星运动，你需要走的距离就要比沿着任何圆的圆周（不论多么巨大）远得多。

一条直线与一个无限大的圆的圆周是一回事。

萨尔维阿蒂：是的，因为一个无限大的圆的圆周与一条直线最终是一回事。

沙格列陀：啊，这个我可不懂了，而且我觉得辛普利邱也不懂。这句话背后肯定有很深奥的道理，因为我们知道萨尔维阿蒂从不信口开河，也从不说什么似非而是的话，除非这些话

会引出某种不无道理的看法。所以到了合适的时候，我会提醒你解释一下这句话，为什么一条直线和一个无限大的圆的圆周是一回事；不过现在，我并不想打乱我们正在进行的辩论。

现在回到原来的话题，我请辛普利邱考虑一下，地球相对于极点附近的某颗恒星怎样前进或后退才能像是一条直线，因为这就是地球轨道的直径。因此，试图把地球沿这条直径运动所引起的北极星的升落，同沿着地球的小圆运动所引起的北极星的升落相比较，就强烈表明你对这件事情缺乏理解。

辛普利邱：但我们仍然面临同样的困难，因为连应当存在的微小变化都找不到。而且如果变化为零，那么被归于地球沿轨道的周年运动也应当认为是零了。

沙格列陀：现在我要让萨尔维阿蒂继续发言了，我相信他不会对北极星或其他某颗恒星的升落视而不见，就好像不存在似的。即使任何人都不晓得这样的事情，而且哥白尼本人也认为这种升落会小得观测不到（我不说为零），我也仍会这么说。

探究地球的周年运动应当在什么恒星当中引起什么变化。

萨尔维阿蒂：我之前曾说，我不相信有人观测过地球的周年运动在一年四季是否可能引起任何恒星的变化；我还补充说，我怀疑是否有人非常清楚地知道会出现怎样的变化，或者在哪些恒星当中出现变化。所以我们不妨认真考察一下这一点。

那些天文学家并未具体指明地球的周年运动会产生哪些变化，这表明他们并未清楚地理解这些变化。

我的确发现，有些作者一般性地写道，不应承认地球的周年运动，因为否则的话，我们不可能不在恒星当中看出变化。
由于没有听到有人接着说这些可见的变化应当是怎样的，以及 378
在哪些恒星当中出现，我认为完全有理由假定，那些一般地声称恒星始终不变的人并不真正懂得（甚至可能没有尝试弄懂）

这些变化的本性，或者懂得他们认为应当看到的是什么。之所以敢做这个判断，是因为我知道被哥白尼归于地球的周年运动，如果在恒星天球能被觉察到，将不会在所有恒星当中同等地产生可见的变化，而是必然在某些恒星上产生较大的变化，在另一些恒星上产生较小的变化，在另外一些恒星上产生更小的变化，最后在某些恒星上不产生任何变化，不论你为这种周年运动假定的圆有多大。于是，应当看到的变化有两种；一种是这些恒星尺寸的视变化，另一种是它们在子午圈上高度的变化，这意味着升落位置、天顶距离等的变化。

这些变化应当在某些恒星上大些，在另一些上小些，在另外一些上则完全没有。

沙格列陀：我觉得我所面临的问题就像一团混乱不堪的线绳，没有上帝的帮助，我可能永远也无法解开；我得向萨尔维阿蒂承认我的不足，这个问题我时常想到，但从未理出个头绪。我这样说并非是指那些和恒星有关的事情，而是你提到的这些子午圈高度、升落的纬度、天顶的距离等使我意识到这项任务要艰巨得多。我现在就要告诉你我头晕目眩的原因。

哥白尼假定恒星天球是不动的，位于其中心的太阳也是不动的。因此，我们看到的太阳或恒星的一切变化都必然源于地球，也就是说是由我们引起的。但太阳沿着我们子午圈上一个很大的弧升落，差不多是 47 度，而它沿着倾斜的地平线升落时，弧的变化要更大。你看，地球相对于太阳怎么会如此显著地倾斜和升高，而相对于恒星则根本没有变化或小到无法觉察呢？这就是我从未解开的结，如果你能为我解开，我会认为你比亚历山大还要伟大。

由太阳和恒星的现象对哥白尼的主要反驳。

萨尔维阿蒂：只有沙格列陀那样的智巧，才想得出这些困

难；这个问题是哥白尼本人觉得无法解释清楚的问题之一，从 379
他亲自承认这个问题的晦涩难解，以及两次试图以两种不同的方式进行解释，就可以看出这一点。我坦率承认自己并不懂他的解释，直到经过长期艰苦的思索，我才以另一种非常清楚明白的方式弄懂了它。

针对一些古人认为地球是一颗行星，亚里士多德提出的反驳。

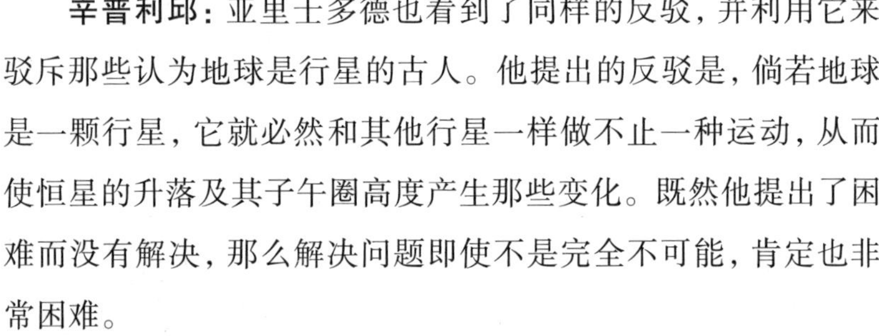

辛普利邱：亚里士多德也看到了同样的反驳，并利用它来驳斥那些认为地球是行星的古人。他提出的反驳是，倘若地球是一颗行星，它就必然和其他行星一样做不止一种运动，从而使恒星的升落及其子午圈高度产生那些变化。既然他提出了困难而没有解决，那么解决问题即使不是完全不可能，肯定也非常困难。

萨尔维阿蒂：这个结打得非常紧，因此解开它就更加美妙
478 和令人钦佩了；但我今天不能告诉你们怎样解，请原谅要等到明天。眼下，如刚才所说，我们还是继续考虑和解释周年运动在恒星中产生的这些变化和差异吧。在对此进行解释时，先得说明某些要点，作为解决主要困难的准备。

周年运动是地球中心沿黄道的运动，而周日运动则是地球围绕自己中心的运动。

现在我们重新回到归于地球的两种运动（我说两种是因为第三种并非毫无疑问是一种运动，我将在适当的时候进行解释），即周年运动和周日运动。周年运动必须理解为地球中心沿轨道圆周所做的运动，该轨道是在黄道面上描出的一个固定不变的大圆。而周日运动则是地球围绕自己的中心和轴所做的自转，地轴并非垂直于黄道面，而是与黄道面有一个约为 23.5 度的倾角，一年到头始终保持这个角度不变。必须特别指出，地球永远以这种倾斜指向天空的同一部分，因此周日运动的轴

始终保持与自身平行。于是，如果设想将地轴一直延长到恒星，那么随着地球沿整个黄道运转一年，这根轴将描出一个倾
380 斜的圆柱面，它的一个底是所谓周年运动的圆，另一个底则是轴的端点——或者说轴的极点——在恒星当中描出的类似的想象的圆。这个圆柱按照描出它的轴的倾角与黄道面相倾斜，我们已经说过，这个倾角是23.5度。它长久保持不变，好几千年才有一点微小的变化，就目前而言是无关紧要的。因此，地球既不斜下去，也不竖起来，而是保持不变。由此可知，仅由周年运动引起的观察到的恒星变化，在地面上任一点和在地心观察到的都是一样的。于是在目前的解释中，我们将使用地心，就好像它是地面上任一点似的。

地轴永远平行于自身，并且描出一个与其轨道相倾斜的圆柱面。

地球从不倾斜，而是保持斜度不变。

为了更清楚地理解整个问题，让我们画一张图。首先，我们在黄道面上画一个圆ANBO；假定A点和B点是南北方向的两端（即巨蟹宫和摩羯宫的开端），并将直径AB过D和C朝恒星天球无限延伸。

现在我说，首先，不论地球在黄道面上如何运动，黄道上任何恒星的仰角都不会变化，而将总处于同一平面上，尽管它们对地球的靠近和远离将会相差地球轨道直径那样大的距离。这在图上很容易看到，因为不论地球在A点还是在B点，总可以看见恒星C在同一条线ABC上，尽管距离BC要比距离CA小整个直径BA那么长一段。因此，恒星

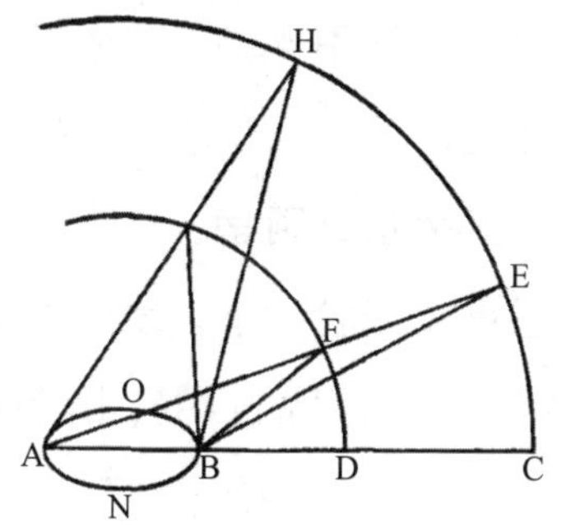

图24

黄道上的恒星虽然距离地球时近时远，但并不因地球的周年运动而升落。

C或黄道上的任何其他恒星所能发现的变化只能是靠近或远离地球所导致的视尺寸的增大或减小。

沙格列陀：请等一等，因为我对这一点不太放心。我完全了解，地球在A和B时，我们会看见恒星C在同一条线ABC上。我也懂得，如果地球沿这条线从A走到B，AB线上所有 381

由黄道上的恒星引出的对地球周年运动的反驳。

点都将如此。但既然根据我们的假设，地球沿着ANB弧运行，那么当地球在N点(或A和B以外的任何其他点)时，我们显然不会再看到恒星在AB线上，而会在许多别的线之上。现在，如果在不同的线上应当引起可见的变化，那么这种变化应当可以觉察出来。

我还要进一步指出，既然哲学朋友之间应当容许哲学上的自由，我认为你是在自相矛盾，让我吃惊的是，你眼下正在否认被你今天说成不同寻常和千真万确的事情。我指的是发生在行星之间特别是三颗外行星之间的事情；这些行星始终处在黄道上或距离黄道非常近，不仅在我们看来时近时远，而且其运动是那样不规则，以至于有时显得停止不动，有时则以不同程度逆行——所有这一切都是由地球的周年运动引起的。

萨尔维阿蒂：虽然我曾上千次肯定沙格列陀的睿智，但我想重新试验一下，看看从他的才智中可以得出什么东西。我这样做有自己的目的，因为如果我那些命题经得住其判断的锤炼，我就可以确定它们真金不怕火炼，堪比任何东西。因此我说，我故意装作没有看到这条反驳，但这并不是为了欺骗你，或者让你相信什么错误的东西，就像一条反驳被你我忽视时可能发生的那样；这条反驳看起来似乎很有力量，很有说服力，但实际上并非如此；事实上，我现在怀疑你是不是仅仅为了试验我而装作看不出它的空洞。好吧，在这件事情上，我要比你更狡猾，你千方百计藏在肚里不说，我却要让你亲口说出来。所以请告诉我，你是如何知道行星的留和逆行是周年运动引起的，又是如何知道这种运动相当大，因此黄道上的恒星当中至少应当看到类似影响的一些迹象呢？

382 **沙格列陀：**你这个要求包含两个我必须回答的问题：第一个问题涉及你对我的指责，也就是说我虚伪；另一个问题则涉及恒星当中可能出现的现象，等等。关于第一个问题，请容许我说，我并非假装不知道这条反驳是无效的。为了让你确信这一点，我现在就直率地告诉你，我很清楚这条反驳是空洞的。

萨尔维阿蒂：那么既然你先是声称不懂它是个错误，而现在又承认你很清楚它是个错误，你这样说话又怎能不是虚伪呢？我真的不懂。

沙格列陀：从我对理解的这种自白，你可以确信我说我不懂并不是装假。因为我若想装假并且未说实话，谁又能阻止我继续装下去，仍然否认自己看出了错误呢？所以我说，我当时是没懂，但多亏你的提醒，我现在已经看清楚了。你先是正面地告诉我，这里存在一个错误，然后又开始一般地质问我是怎样看出行星的留和逆行的。你看，我是通过把行星和恒星进行比较才知道这一点的，我们看到，两者相对于彼此的运动时而向西，时而向东，有时几乎保持不动。但恒星天球之外并没有一个更加遥远的可见天球可与恒星相比较。因此，我们在恒星中找不到任何迹象能与行星中出现的现象相对应。我相信这就

行星的留、顺行和逆行是相对于恒星才知道的。

是你急于从我口中得到的结论。

萨尔维阿蒂：可不是吗，而且还加上了你极为精妙的洞见。如果说我开的小玩笑使你开了心窍，那么你开的玩笑也提醒我，恒星当中有时完全可能观察到某种现象，由这些现象或许可以发现周年运动的影响究竟在何处。那样一来，和行星及太阳本身一样，恒星也会为这种运动属于地球出庭做证。因为我不相信恒星是与中心等距地分布在一个圆面上。我设想它们同我们的距离差异很大，一些恒星的距离是另一些的两三倍。因此，如果我们通过望远镜发现某些较大恒星附近有一颗很小的 383
星，而这颗小星之所以小是因为距离非常遥远，那么这些恒星有可能发生一些可感的变化，对应于外行星的那些变化。

恒星当中出现的类似于在行星当中看到的现象，可以作为地球周年运动的论据。

关于黄道上恒星的特殊案例，暂时就谈这么多吧。现在，我们来谈黄道之外的那些恒星，假定有一个大圆垂直于黄道面，例如恒星天球上对应于二至圈的一个圆，将它标记为 CEH，它同时也是一个子午圈。在其上取一颗黄道之外的恒星，即这里的 E。你看，这颗恒星的确会随着地球的运动而改变仰角，

黄道之外的恒星根据与黄道的距离而或多或少地升落。

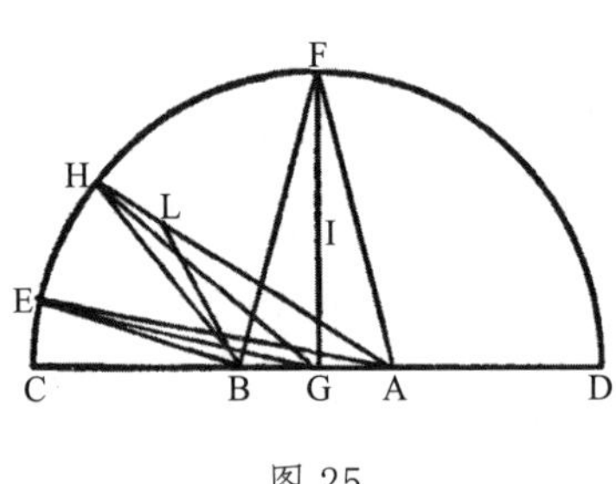

图 25

因为从 A 处的地球看去，它将在视线 AE 上，仰角为 EAC，但从 B 处的地球看去，它将在视线 BE 上，仰角为 EBC。这个角大于 EAC，因为它是三角形 EAB 的外角，而 EAC 则是内对角。因此，恒星 E 与黄道的距离看起来会有所改变，它在 B 点的子午圈高度也将大于在 A 点的子午圈高度，其比例如同 EBC 角

对 EAC 角的超出，即 AEB 角。将三角形 EAB 的边 AB 延长到 C 点，其外角 EBC（等于两个内对角 A 和 E 之和）超出 A 角的度数就是 E 角的度数。如果我们在同一子午圈上取一颗离黄道更远的恒星——把它标为 H——则它从 A 和 B 两个位置看去变化会更大，因为 AHB 角变得比 AEB 大。这个角将随着所观测的恒星越来越远离黄道而继续增大，直到最后恒星位于黄极时而达到最大变化。为了理解清楚，可做如下证明：

设地球轨道的直径为 AB，其中心为 G，假定将直径延长到恒星天球的 D 点和 C 点。从中心 G，把黄道的轴 GF 延长到恒星天球，并假定它描出一个和黄道面垂直的子午圈 DFC。在 FC 弧上任取两点 H 和 E 作为恒星的位置，并加上线 FA、FB、AH、HG、HB、AE、GE 和 BE。于是，AFB 就是位于极点
384 F 的恒星的差角（或可说视差）；对于在 H 点的恒星，差角是 AHB 角，对于在 E 点的恒星，差角是 AEB 角。我要说北极星 F 的差角是最大的；至于其他恒星的差角，离这个最大角度较近的要大于那些离它较远的。也就是说，F 角大于 H 角，H 角大于 E 角。

假定围绕三角形 FAB 作一个圆。由于 F 角是锐角，它的底 AB 小于半圆 DFC 的直径 DC，所以三角形 FAB 将落在底 AB 所截的外接圆的较大部分内。由于 AB 在中心被等分且与 FG 成直角，所以该外接圆的中心将在 FG 线上，设它为 I 点。G 不是圆的中心，但在从 G 点向外接圆圆周所引的所有线中，过中心的线最长。于是，FG 将会大于过 G 引向该圆周的任何其他线，因此，该圆周将与和 GF 线等长的 GH 线相截，同时也

会与 AH 线相截。设截点为 L，并添加 LB 线。于是，AFB 角将等于 ALB 角，它们都被夹在外接圆的同一部分中。但外角 ALB 要大于内角 H，因此 F 角大于 H 角。

用同样的方法我们可以表明 H 角大于 E 角，因为三角形 AHB 的外接圆的圆心在垂线 GF 上，而 GH 线比 GE 线离 GF 更近；所以其圆周既与 GE 线相截，也与 AE 线相截，由此命题可得。

地球对黄道上恒星的靠近和远离，最大相差地球轨道的整个直径。

由此可以断言，现象的变化（用专门的技术术语可以称之为恒星视差）按照所观察恒星距离黄极的远近而有大有小，最后，对于黄道本身之上的恒星，变化将归于零。至于地球对恒星的靠近和远离，正如我们已经看到的，黄道上那些恒星的远近，最大相差地球轨道的整个直径。对于黄极附近的那些恒星，这种靠近和远离的差异几乎为零，而其他恒星离黄道越近，

484 变化就越大。

较近的恒星比较远的恒星变化大。

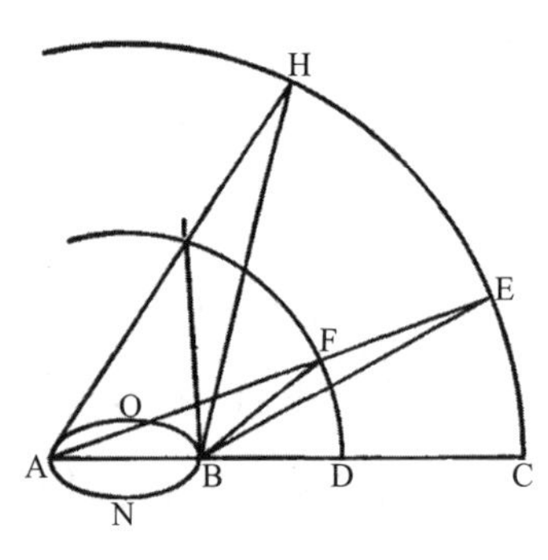

图 26

第三，我们可以看到，这种现象变化的大小取决于所观测恒星距离我们的远近。因为如果我们另作一个离地球较近的子午圈（即图中的 DFI），那么位于 F 的一颗恒星从 A 点的地球沿视线 AFE 看去，后来又从 B 点的地球沿视线 BF 看去，其差角 BFA 将大于前一差角 AEB，BFA 是三角形 BFE 的外角。

沙格列陀：我听了你的论述非常高兴，也受益匪浅；现在，

为了确认我是否已经全懂，我将简要陈述一下你结论的核心。在我看来，你为我们解释了地球的周年运动可能使我们在恒星当中观测到的两种现象变化。一种是被地球带着运动的我们靠近或远离恒星而产生的恒星视尺寸的变化；另一种（同样依赖于这种靠近和远离）则是恒星在同一子午圈上看起来时高时低。此外，你还告诉我们（我完全理解），这两种变化并非对所有恒星都一样，而是有些变化较大，有些变化较小，还有一些则没有什么变化。对于黄极附近的恒星来说，这种因靠近和远离而引起的同一颗星显得时大时小的现象是觉察不到甚至几乎不存在的，但对于黄道上的恒星来说则很大，而对于两者之间的恒星来说则有大有小。另一种变化的情形恰恰相反；也就是说，沿黄道的恒星高低变化为零，黄极周围的恒星高低变化很大，两者之间的恒星则高低变化有大有小。

对地球的周年运动所引起的恒星现象的概述。

还有，这两种变化在较近的恒星当中比较容易觉察，较远的则不那么明显，最远的则完全消失。

386 这就是我的理解。在我看来，接下来就是如何说服辛普利邱了。我觉得他不会那么容易妥协；既然这些变化源于地球的巨大运动和位置变化（两个位置之间的差距可以大到我们与太阳距离的两倍），要他承认这些变化无法觉察绝非易事。

辛普利邱：真的，老实说，恒星距离那么远，以至于刚才解释的那些变化在恒星当中始终无法觉察到，对于不得不承认这一点，我的确感到很大抵触。

萨尔维阿蒂：辛普利邱，不要完全绝望，也许还有别的方法来化解你的困难呢。首先，恒星的视尺寸不大看得出变化，对你来说似乎并非完全不可能，因为你知道，人们在这方面的估计可能大错特错，特别是在看明亮物体时。例如从两百步外看一支燃烧着的火炬，然后走近三四码再看它，你相信你会感到火炬更大了吗？就我而言，即使我走近二三十步，肯定也不会发现这一点；有时我远远看到这样一个光体，甚至无法判定它是走向我还是远离我，而事实上却在靠近我。你对这种情况怎么说呢？如果土星靠近和远离的这种差异（我是指太阳与我们距离的两倍）几乎完全觉察不到，如果木星的这种差异也几乎注意不到，那它对恒星来说又算得了什么呢？我相信你会毫不犹豫地把恒星置于土星两倍远的地方。火星，当它靠近我们时……

距离遥远且非常明亮的物体，靠近或远离一点是觉察不到的。

486

辛普利邱：请不要再在这一点上费力了，因为我的确相信，关于恒星视尺寸看起来不变，你所讲的很可能是实情。但对于另一个困难，即恒星的外观在不断改变，而我们却看不到任何变化，这又该怎么说呢？

萨尔维阿蒂：让我们也说几句，也许会使你在这一点上感到满意。简要地说，如果那些变化能在恒星当中实际觉察出来，你会满足吗？因为在你看来，如果周年运动属于地球，那就必须如此。

辛普利邱：就这个特定问题而言，若能觉察到，我会满足的。

如果恒星当中能觉察到某种周年变化，地球的运动就不容有任何异议。

萨尔维阿蒂：我以为你会说，如果这种变化觉察得到，地球的运动就无可置疑了，因为这件事是找不到反对意见的。但即使这种变化不为我们所见，地球的运动也并不因此被排除， 387

地球的不动也并不必然被证明。哥白尼曾宣称，恒星天球的广大距离可能使这种微小现象观察不到。而且正如我们已经指出的，这些变化可能迄今为止都无人寻找过，即使寻找过，也没有按照要求去做，也就是缺乏必要的精密和准确。要达到这样的精密是很难的，因为天文仪器还不完善，变动常常很大，操作仪器的人也可能很不在行，不能像要求的那样谨慎细心。我们之所以对这些观测不大信得过，一个强有力的理由是，天文学家在确定新星和彗星乃至恒星本身的位置方面彼此意见不一，甚至在测定仰极高度方面，他们的结果常常会相差许多分。

证明天文仪器的不可靠，可以表明精密观测是必要的。

事实上，四分仪或六分仪通常有一个三四码长的臂，一个人在安装照准仪的垂线或准线时，你怎能指望他不会差两三分呢？因为在这种情况下，这种差错只有一粒粟种的厚度。此外，这种仪器几乎不可能制造和保持得绝对准确。当初阿基米德亲手制作了一架浑仪来测定太阳进入二分点，托勒密就不信任它。

487

托勒密不信任阿基米德制作的一架仪器。

辛普利邱： 但如果仪器是这样不可靠，观测结果又这样可疑，我们如何能放心地接受它们，并使之免于错误呢？我听说，人们对第谷那些斥巨资建造的仪器以及他做天文观测的卓越技能大为吹捧。

第谷的仪器是斥巨资建造的。

萨尔维阿蒂： 这些我都同意，但不论是关于第谷的哪个事实，都不足以使我们在这样重大的事情上确定无疑。我想使用的仪器比第谷的大得多，要非常精密，而且花费极少，它的各个面要有 4 英里、6 英里、20 英里、30 英里或 50 英里长，因此 1 度是 1 英里宽，1 分是 50 码，1 秒比 1 码小不了多少。总之，

什么样的仪器适合最精密的观测。

可以让它们要多大就有多大，同时不花我们一分钱。

精确观测太阳到达和离开夏至点。

在佛罗伦萨附近的一所乡间别墅，我曾明明白白地观测到太阳在夏至点，而后又离开了。因为一天傍晚日落时，太阳躲到了大约60英里以外庇埃特拉帕纳（Pietrapan）山的一座峭壁后面，只有朝北的一小部分露出来，其宽度还不到太阳直径的百分之一。但次日傍晚，在同一下落地点，太阳露出的部分却明显更细。这令人信服地证明，太阳已经开始离开回归线；然而，在两次观测之间太阳的回返肯定还不到沿地平线的一秒。后来我用了一架可以把太阳圆盘放大一千多倍的优良的望远镜进行观测，颇觉愉快和方便。

联系地球周年运动对恒星进行观测的一个适合位置。

我现在的想法是，我们要用类似的仪器来观测那些恒星，并利用其中一颗变化明显的星。如我所说，这些恒星是距离黄道最远的。如果按照我接下来所要讲的方式来操作，那么就更靠近北方的地区而言，利用黄极附近巨大的织女星[①]是非常方便的，不过我准备利用另一颗星。我一直在亲自寻找适合做这种观测的地点。那是一片开阔的平原，平原北面竖立着一座突出的大山，山顶上建造有一座东西向的小教堂，这样教堂屋顶的栋木可以和平原上某座房屋上方的子午圈成直角。我想安装一根和栋木平行的梁，高出栋木一码左右。然后，我将在平原寻找一处位置，使北斗七星中的某一颗在经过子午圈时刚好被我那根梁遮住。或者，如果梁的大小不足以遮住这颗星，我就

① 伽利略选择织女星（即天琴座α星）作为最有希望发现视差的恒星之一值得称赞。两个世纪后，它的确被斯特鲁韦（Struve）选中，并且做了大量观测。

寻找一个地方可以看到梁遮住半颗星——这只要借助一架优良的望远镜就可以清楚地观察到。那个地方如果碰巧有什么房屋可以做这种观测，那会非常方便，但如果没有，我会在地上牢
389 牢打入一根桩子，在上面做个记号，表明每次观测时眼睛所处的位置。我将在夏至做第一次观测，这样逐月观测下去，或者高兴时就进行，直到冬至为止。

通过这些观测，那颗星的升落不论多小，都可以觉察到。如果在这些操作的过程中碰巧知道了什么变化，那在天文学上将是多么巨大的成就啊！因为通过这些手段，除了查明周年运动，我们也能了解这颗星的大小和距离。

沙格列陀：我完全理解整个步骤，而且操作起来似乎非常容易，也符合期待，以至于有充分的理由相信，哥白尼本人或其他某位天文学家实际做过这些观测。

萨尔维阿蒂：在我看来恰恰相反，因为如果有人尝试过，那么无论观测结果对谁有利，他都不大可能不提到结果。但我们不知道有任何人出于上述或其他目的而使用过这种方法；而且如果没有一架精良的望远镜，它也不易取得成效。

沙格列陀：你说的这些我完全同意。

现在离天黑还有很长时间，你要是想让我得到休息，并且对你说来不是太麻烦，我希望你能向我们解释一下你刚才说要留到明天再谈的那些问题。所以请把我们给你的暂缓令交还给我们，并把所有其他论证丢在一边，向我们解释（假定地球具有哥白尼归于它的那些运动，而保持太阳和恒星不动）太阳的升落、季节的改变、昼夜不等长等事件是如何产生的，使之像

在托勒密体系中那样明白易懂。

萨尔维阿蒂：只要是沙格列陀恳请我做的事，我都不会回绝，也不能回绝。我之所以要求推迟一下，不过是为了有更多时间将那些前提在头脑中重新组织一下，从而对这些事件在哥白尼体系和托勒密体系中的发生方式做出清晰而全面的解释。

哥白尼体系难以理解，但易于操作。

事实上，在哥白尼体系中要比在托勒密体系中更容易解释，由 390
此可以清楚地看到，哥白尼体系的假说虽然不大容易理解，但对大自然来说更容易实施。不过我不利用哥白尼诉诸的那些解释，而是利用其他解释，乃是为了让该体系更容易了解。为此，我将把以下若干假定当成已知和自明的：

第一，我假定地球是一个围绕自己的轴和两极自转的球体，地面上任一点都在沿着圆周运动，而圆周的大小取决于指
490 定的点距离两极的远近。其中最大的圆由与两极等距的一点描出。所有这些圆都彼此平行，我们称之为**平行圈**。

理解地球运动的后果所需的原理。

第二，地球是球形的，其材料不透明，所以地球表面始终半明半暗。明暗部分的界线是一个大圆，我们称之为**光的边界圆**。

第三，当光的边界圆过地球的两极时，它将把所有平行圈都切成相等的部分，因为它本身是一个大圆；但当它不过两极时，它将把所有平行圈都切成不等的部分，只有中间的圆除外；因为它也是一个大圆，无论如何都将被切成相等的部分。

第四，由于地球在围绕自己的两极自转，所以昼夜的长短取决于光的边界圆在平行圈上所切的弧。处于明亮半球的弧决定白天的长度，其余部分则决定夜晚的长度。

这些确定之后，为了更清楚地理解接下来要讲的内容，我们不妨画一张图。我们先用一个圆周来表示地球在黄道面上描出的轨道。我们用两条直径将它分成四个相等的部分；摩羯宫、巨蟹宫、天秤宫、白羊宫在这里同时表示四个基点，即两个至点和两个分点。在这个圆的中心标出固定不动的太阳O。

表明哥白尼体系及其后果的一张简图。

现在以摩羯宫、巨蟹宫、天秤宫、白羊宫四个基点为中心
391 作四个相等的圆，表示这四个不同季节中的地球。在一年时间里，地球中心沿着黄道十二宫的顺序，自西向东绕行摩羯宫-白羊宫-巨蟹宫-天秤宫整个圆周。可以清楚地看出，地球在摩羯宫时，太阳将出现在巨蟹宫；地球沿弧从摩羯宫走到白羊宫时，

由哥白尼的方法推出的太阳的周年运动。

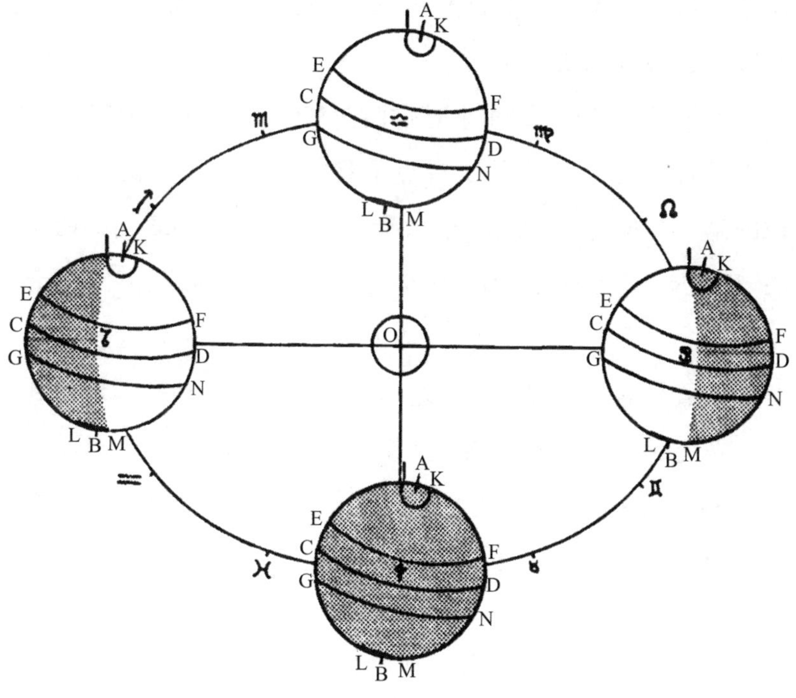

图 27

太阳看起来将沿弧从巨蟹宫走到天秤宫。总之，太阳将在一年时间里按顺序走完整个黄道十二宫。因此，根据第一项假定，太阳沿黄道的周年视运动得到了完满的解释。

现在谈谈地球的另一种运动，即地球自转的周日运动，必须确定它的两极和轴。应当知道，这些并非垂直于黄道面；也就是说，并非平行于地球轨道的轴，而是倾斜于直角大约 23.5 度，当地球中心位于摩羯宫的至点时，北极朝着地球轨道的轴。
于是，假定地球中心位于这一点，我们画出地球的两极和轴 392
AB，AB 与摩羯宫-巨蟹宫直径的垂线[①]成 23.5 度的倾角，因此 A-摩羯宫-巨蟹宫这个角等于补角，即 66.5 度，而且必须假定这个倾角是不变的。我们将把上面的极点 A 取为北极，把下面的极点 B 取为南极。

如果假定地球每 24 小时自西向东绕自己的轴 AB 转一圈，那么地球表面上标出的所有点都将描出彼此平行的圆。在地球的第一个位置，我们标出大圆 CD 以及离它 23.5 度的两个圆 EF 和 GN，还有两端与两个极点 A 和 B 有相似距离的两个圆 IK 和 LM；我们还可以画出地上无数点描出的与这五个圆平行的无数其他圆。现在假定地球中心的周年运动把地球移到了图上业已标出的其他位置，并按照以下法则运行：它自己的轴 AB 不仅不改变它与黄道面的倾角，而且方向也不变；它始终与自身平行，始终指向宇宙的同一部分，或者说恒星天球的同

① 这里的“与……垂线”在原版中没有，而是法瓦罗加上去的，后来成为国家版文本的一部分，因此这里也做了翻译。但这一补充似乎显得多余，因为这段话中两次描述了倾角。

一部分。也就是说，如果我们设想把地轴延长，则它的上端将描出一个与过天秤宫-摩羯宫-白羊宫-巨蟹宫的地球轨道平行且相等的圆，就像一个以天秤宫-摩羯宫-白羊宫-巨蟹宫为下底的圆柱在其周年运动中，其上底所描出的样子。因此，由于斜度不变，我们仿照围绕摩羯宫的中心所画的图，围绕白羊宫、巨蟹宫、天秤宫的三个中心画出另外三张图。

然后我们考虑关于地球的第一张图。由于 AB 轴以 23.5 度的倾角朝向太阳，而且 AI 弧也是 23.5 度，所以日光照亮的半个地球（我们这里只能看到它的一半）与黑暗部分由光的边界圆 IM 分开。平行圈 CD 是大圆，将被这个边界圆切成相等
393 的部分，但所有其他平行圈将被切成不等的部分，因为光的边界圆 IM 并不经过 A、B 两极。平行圈 IK 以及在它与 A 极之间描出的所有其他平行圈，都将完全处于明亮部分内，而在 B 极与平行圈 LM 之间描出的那些相对的平行圈则将处于黑暗部分内。

此外，由于 AI 弧等于 FD 弧，而 AF 弧是 IKF 弧与 AFD 弧的共同部分，所以后两个弧相等，均为一个象限；由于整个 IFM 弧是一个半圆，所以 MF 弧也将是一个象限，且等于 FKI。因此，在地球的这个位置，太阳 O 在任何处于 F 点的人看来都是垂直的。但由于围绕固定轴 AB 的周日自转，平行圈 EF 上的所有点都将经过同一点 F，因此在这一天，正午的太阳将高悬于平行圈 EF 的所有居民头顶上；在他们看来，太阳将以自己的运动描出被我们称为北回归线的那个圆。

但是，在平行圈 EF 上方靠近北极 A 的所有平行圈上的居

民看来，太阳则低于他们的天顶而偏向南。另一方面，在EF下方靠近赤道CD和南极B的平行圈上的所有居民看来，正午的太阳则高于天顶而偏向北极A。

其次，你们可以看出，在所有平行圈中，只有大圆CD被光的边界圆IM切成相等的部分，其他平行圈，不论在它上方还是下方，都被切成不等的部分。在大圆CD上方的那些平行圈中，半日弧（即地球被太阳照亮的部分）大于半夜弧（即处于黑暗中的部分）。而在大圆CD下方并靠近南极B的那些平行圈，情况则恰好相反；在这些平行圈中，半日弧小于半夜弧。你们还可以清楚看到，随着平行圈越来越接近极点，这些弧的差异越来越大，直到平行圈IK完全处于明亮部分中，那里的居民会24小时全是白天，而没有黑夜。与此相反，平行圈LM将完全处于黑暗中，24小时全是黑夜，而没有白天。

接下来我们看地球的第三张图，这里地球中心位于巨蟹宫，从这里看，太阳将出现在摩羯宫的起点。事实上很容易看出，由于AB轴的斜度不变，始终与自身平行，所以地球的外 394
观和位置与第一张图完全相同，只不过在第一张图中被太阳照亮的半球现在处于黑暗中，而之前黑暗的半球现在变得明亮了。因此，第一张图中所示的昼夜差异及其相对长短现在完全颠倒过来了。

首先注意到的是，在第一张图里，IK圈完全在光亮中，而现在则完全在黑暗中；与之相对的LM圆现在完全在光亮中，而以前则完全在黑暗中。在大圆CD与极点A之间的平行圈中，半日弧现在小于半夜弧，这与第一张图的情形相反；而在靠近极点 B 的其他平行圈中，半日弧现在大于半夜弧，同样与第一张图的情形相反。你们现在可以看到，太阳位于回归线 GN 上的居民的头顶，而在平行圈 EF 上的那些居民看来，太阳则向南移动整个 ECG 弧，即 47 度。简而言之，太阳是从北回归线过赤道移到南回归线，沿子午圈先升后降，总共走过了 47 度。这整个变化并非源于地球有什么升落；恰恰相反，源于地球从不升落，而总是相对于宇宙保持同一方位，只是绕日运转，太阳则处于地球以周年运动绕之运转的该平面的中心。

这里必须注意一个显著的现象：由于地轴相对于宇宙总保
持同一方向（或者说指向最高的恒星），使太阳在我们看来有
47 度的升落，而恒星则没有任何升落，因此，如果地轴始终以
给定的倾角朝向太阳（或可说朝向黄道轴），太阳看起来就不
会有任何升落变化。于是，给定位置的居民将总有相同时间的 495
白天和夜晚，以及相同种类的季节；也就是说，一些人将永远
395 过着冬天，一些人永远过着夏天，一些人永远过着春天，等等。
但另一方面，恒星的升落变化在我们看来会显得极大，同样会
相差 47 度。为了理解这一点，我们再来考虑第一张图中地球
的位置，这里 AB 轴的上极 A 朝着太阳倾斜。在第三张图中，
始终与自身平行的同一地轴以同一方向指向最高天球，因此
地轴的上极 A 不再朝着太阳倾斜，而是远离太阳倾斜，和它在
第一张图中的位置相差 47 度。因此，为使 A 极仍以同样的倾
角朝向太阳，需要（让地球沿着圆周 ACBD 转）使 A 极向 E 转
47 度；在我们看来，子午圈上的任何恒星都将升高或降低这个
度数。

地轴倾角不变所导致的不同寻常的现象。

现在我们继续解释其余的问题，考虑第四张图中的地球，其中心位于天秤宫的起点，而太阳则出现在白羊宫的起点。于是，地轴在第一张图中被认为倾斜于摩羯宫-巨蟹宫直径，因此处于沿摩羯宫-巨蟹宫直径与地球轨道平面成直角的平面上，而转到第四张图时（如我们所说，地轴总是平行于它自身），地轴则处于和地球轨道平面垂直的平面上，并且平行于那个沿摩羯宫-巨蟹宫直径与地球轨道平面成直角的平面。于是，从太阳中心到地球中心（从 O 到天秤宫）的直线将与 BA 轴垂直。但这条从太阳中心到地球中心的直线也总与光的边界圆垂直；因此，这个圆将经过第四张图中的 A、B 两极，而 AB 轴将位于它的平面上。但这个大圆既然经过各个平行圈的两极，将把诸平行圈都分成相等的部分；因此，IK、EF、CD、GN 和 LM 等弧都将是半圆，被照亮的半球将是面对我们和太阳的这个半球，而光的边界圆将是 ACBD 这个圆周。当地球处于这个位置时，昼夜平分会对所有地球居民出现。

在第二张图中也是同样情形，这里地球被照亮的半球朝向太阳，而把它的黑暗一面和夜弧朝向我们。这些夜弧也都是半圆，因此也会造成昼夜平分。最后，由于从太阳中心到地球中 396
心的直线垂直于地轴 AB，而平行圈中的大圆 CD 也垂直于地轴 AB，所以 O-天秤宫这条直线也必然和平行圈 CD 一样过同一平面，与它的圆周交于日弧 CD 的中心；因此，对于处在这个交点的任何人来说，太阳都将处于其头顶。但该平行圈上的所有居民被地球的旋转带动，都将经过这里，看到正午的太阳就在他们头顶上方；因此，在所有地球居民看来，太阳都将描出最大的平行圈，即所谓的赤道圆。

此外，当地球在至点时，它的极圈之一 IK 或 LM 将完全在光亮中，而另一个极圈则在黑暗中；而当地球在分点时，每一极圈的一半将在光亮中，而其余的一半则在黑暗中。不难看出，例如地球从巨蟹宫（这时平行圈 IK 完全在黑暗中）走向狮子宫时，平行圈 IK 靠近 I 点的一部分将开始进入光亮，而光的边界圆 IM 将开始退向两极 A 和 B，不再与圆 ACBD 交于 I 和 M，而是交于另外两点，这两点落在 IA 弧和 MB 弧的端点 I、A、M 和 B 之间。于是，IK 圈的居民开始享受光亮，而 LM 圈的居民则开始体验黑暗。

所以你们看，只要把两种简单的互不矛盾的运动归于地球，按照适合其大小的周期运行，并且像所有运动天体那样自西向东运转，就能给所有可见现象提供恰当的原因。要使这些现象与一个固定不动的地球相协调，只有抛弃运动物体在速度和大小上显示出来的全部对称性，并把一种不可思议的速度赋予那个在所有其他天球之外的巨大天球，而下面那些天球则运动非常缓慢。此外，还得让前者的运动与后者的运动相反，最高天球还得逆着所有较低天球自身的倾向运送它们，这就更让人难以置信了。现在你们自行判断哪一种可能性更大。

沙格列陀：我感觉，在处理结果的简单和容易方面，这种
397 新的安排与古代那种被普遍接受的安排差异甚大。因为如果将宇宙组织得这样繁复，所有哲学家公认的许多公理就得从哲学中消除了。比如人们说，大自然不会不必要地增加实体，大自然总是采用最简便的手段产生结果，大自然不做任何徒劳之

所有哲学家普遍承认的公理。

事，等等。

必须承认，我尚未听说过比这更令人钦佩的东西，我也不相信人的心灵曾经探究过这样精微的道理。我不知道辛普利邱是什么看法。

亚里士多德指责柏拉图研究几何学过了头。

辛普利邱：如果我非要坦陈自己的看法，我觉得这些精微的道理都属于几何学性质的，当初亚里士多德指责柏拉图研究几何学过了头，以致脱离了合理的哲学，就是指这些东西。我知道一些非常了不起的逍遥学派哲学家，听他们劝告自己的学生不要研究数学，因为这会使理智走上诡辩的道路，而不能进行真正的哲学思考。这一学说与柏拉图的学说截然相反，如果不先精通几何学，柏拉图不会容许其进入哲学。

萨尔维阿蒂：你的这些逍遥学派劝阻其弟子研究几何学，我很赞成，因为在所有技艺中，几何学最能揭露他们的谬误。你看他们与那些数学哲学家多么不同啊，后者更愿意和熟悉一般逍遥学派哲学的人打交道，而不愿和不了解这些的人打交道，因为如果不了解这些，就无法对两种学说进行比较。

逍遥学派哲学家谴责几何学研究。

但这些姑且不谈，请告诉我在你看来，是什么谬论或过分精微的道理使这种哥白尼式的安排不那么可信呢？

辛普利邱：事实上，我并没有全懂，也许是因为我不太熟悉托勒密是如何解释同样结果的——我指的是行星的留、逆行、进退，白天的加长和缩短，四季的变化，等等。但姑且不谈由基本假设产生的推论，即便是这些基本假设本身，我感觉也存在很大困难，如果这些基本假设不成立，整个体系也就土崩瓦 398
解了。在我看来，既然哥白尼的整个框架都建立在一种脆弱的基础上(即基于地球的运动),那么如果消除这一基础,就没有进一步争论的余地了。而要消除这一基础,亚里士多德的一条公理似乎就够了,即一个简单物天然只能有一种简单运动。然而在哥白尼这里,地球这样一个简单物却被赋予了三种运动(如果不是四种的话);而且这些运动彼此之间差异甚大。因为除了朝向中心的直线运动(这是地球作为一个重物必须具有的运动),地球还被赋予了一种圆周运动,沿大圆每年绕太阳转一圈,以及一种每 24 小时自转一圈的运动,还有绕自己的中心每年转一圈的另一种旋转,它与前面提到的每 24 小时自转一圈相反(这是最超出常理的,也许因为这个缘故,你对此始终缄口不言)。我打心里反感这一点。

地球被赋予了四种不同的运动。

萨尔维阿蒂: 关于向下的运动,我们已经证明,它根本不属于地球,地球从来没有、也永远不会有这种运动。它属于地球的各个部分,这仅仅是为了让部分重新回到整体。

499

向下的运动不属于整个地球,而属于地球的各个部分。

至于周年运动和周日运动,这些都沿一个方向,所以是完全相容的,就像我们让一个球从斜面上滚下,球在自动滚下的同时会自转一样。

周年运动和周日运动对于地球是相容的。

至于地球每年自转一圈的第三种运动,哥白尼将它归于地球,仅仅是为了保持地轴倾斜,指向恒星天球的同一部分。关于这种运动,我现在要告诉你一些事情,值得你非常认真地考虑。这种运动没有任何相抵触或难以说明的地方(尽管和另一种周年运动相反),它天然适合于任何悬空和平衡的物体,而不需要运动的任何原因。如果带着这样一个物体沿着圆周运动,它自身会立刻获得一种与带它旋转的方向相反的围绕其自

带着任何悬空和平衡的物体沿圆周运动,它自身会获得一种相反的运动。

身中心的运动；这种运动的速度使得两种运动在完全相同的时间内完成一次旋转。要想看到这种美妙的结果(这非常适合我们当前的目的)，你可以将一个浮球放在一碗水中，并把碗端在
手里。你若踮起脚尖旋转，球会立刻开始自转，方向与碗相反，碗转完一圈时，球也转完一圈。

实验明显表明，两种相反的运动存在于同一运动物体中是很自然的。

你看，地球只是一个悬在稀薄空气中且保持平衡的球体，此外还能是什么？当地球被带着沿一个大圆的圆周每年转一圈时，它必定会获得(没有其他推动者)一种与周年运动相反的周年自转。你会看到这种结果，但你若进而正确地思考，就会发现这种自转并非真实，而只是一种现象；在你看来像是自转，其实是不动的；除了你自己和碗，整体相对于一切保持静止的东西都保持不变。因为如果你在球上做个记号，看它指向什么

500

方向(指向你所在房间墙壁的哪个部分，或者田野，或者天空)，你会看到在你和碗旋转时，球上的记号总是指向同一方向。但将它与碗和你自己(这些都在动)相比较，球就会不断改变方向，而且会自转，转动方向与碗和你自己的方向相反。因此，更加正确的说法是，你和碗围绕一个不动的球转，而不是球在碗里转。地球就是这样悬在和平衡在其轨道圆周上，其位置使它的一个标记(例如北极)总是指向某颗星或恒星天球的另一个部分，而且始终指向这里，尽管它在周年运动中被带着沿其轨道圆周运转。

地球的第三种运动毋宁说是一种静止。

地球固有的一种神奇的力，使它总是指向天空的同一部分。

单是这一实验就足以使你不再诧异并消除一切困难了。但如果除了这种不借助任何协作原因的情况外，再加上地球固有的一种显著的力，使它自身的特定部分总是指向恒星天球的特

定部分，辛普利邱会怎样说呢？我说的是磁力，是任何磁石都恒常分有的那种力。如果这种磁石的每一个微粒中都有这种力，谁又能怀疑在富含这种材料的整个地球中，这种磁力不会
400 达到更高程度呢？或者说，就其内部的首要物质而言，地球本身会不会就是一块巨大的磁石呢？

地球是由磁石构成的。

辛普利邱：那么，你是坚持威廉·吉尔伯特[①]磁哲学的那些人当中的一个了？

威廉·吉尔伯特的磁哲学。

萨尔维阿蒂：当然是，而且我相信，凡是认真读过他的书、做过他的实验的人，都和我为伍。我也希望，在这件事情上你能和我一样发生转变。只要你能产生像我一样的好奇心，意识到自然中有无数事物对人类理智来说仍然未知，你在自然现象方面就会从某位作者的奴役中解放出来，从而减轻对你理性的束缚，缓和你对感觉经验的顽固蔑视。这样一来，有朝一日你就不会因为听信古人的话而否认感觉经验。

现在我要说，平庸者过于胆怯（如果可以这样说的话），他们不仅盲目同意甚至敬仰自己幼儿初学时老师们所称赞的那些作者的任何著作，而且拒绝听取（更不用说考察）任何新的命题或问题，即使这些命题或问题尚未被他们的权威所驳斥，也没有考察或考虑过。其中一个问题就是研究，什么才是我们这个地球真正的、固有的、基本的、内在的、一般的物质和材料。虽然亚里士多德或吉尔伯特之前的任何人从未想到这种物质是

平庸者的胆怯。

① 威廉·吉尔伯特（William Gilbert，1544–1603），英国伊丽莎白女王的御医，被认为是第一位伟大的英国实验科学家。他1600年出版的《论磁》（*De magnete, magneticisque corporibus*）是一部经典的系统观察著作。

否可能是磁石（更不用说曾经反驳这种看法的亚里士多德或其他任何人了），但我的确碰到过许多人，他们一听到这种想法，就像马看见自己影子一样吓得跳了起来，并且避免讨论这种想法，认为它完全是想入非非，甚至是一种癫狂。若不是一位著名的逍遥学派哲学家拿来送我，吉尔伯特的书可能永远也到不了我手。他之所以送给我，我想是为了保护他的藏书不受这种想法的传染吧。

辛普利邱：我坦承自己就是那种平庸的人，自从这几天被允许参加你们这些讨论，我意识到自己已经在一定程度上偏离了那条陈腐平庸的道路。但这种新颖且古怪的观点非常粗糙，
在我看来很不自然，也难以掌握，恐怕我还没有觉醒到那样的 401
程度。

萨尔维阿蒂：如果吉尔伯特写的是正确的，那它就不是一种意见，而是一个科学话题；它并不新颖，而是和地球本身一样古老；如果是真的，那它就不可能粗糙或难懂，而是必定平顺易懂。如果你愿意，我可以使你清楚地看到，你是在给自己制造黑暗，对那些本身并不可怕的事物感到恐惧——就像小男孩对妖怪（除了名字）一无所知却害怕妖怪一样，因为除了名字，妖怪什么都不是。

辛普利邱：我很乐意得到开导并消除错误。

萨尔维阿蒂：那就请回答我要问你的问题。请先告诉我，你认为我们居住的这个所谓“地球”（earth［土］）是由一种单纯的材料组成的，还是由不同的材料组合而成。

地球是由各种不同材料组成的。

辛普利邱：我能看出，它是由各种不同的物质和物体组

成的。首先，我看到水和土是其主要组分，而水和土是截然不同的。

萨尔维阿蒂：我们姑且不谈江河湖海，只考虑那些坚实的部分。请告诉我，在你看来，这些部分是同一种东西，还是各种不同的东西呢？

辛普利邱：从现象上说，我看到它的材料是各种各样的，有大片贫瘠的沙地，也有肥沃的良田；还可以看到无数崎岖的荒山，遍布着各式各样的坚硬岩石，如斑岩、雪花石膏、碧玉和数不清的各种大理石；还有各种金属的巨大矿藏，总之材料如此多样，一整天工夫也列举不完。

萨尔维阿蒂：那么在所有这些不同材料中，你认为在地球这个庞然大物的组成上，它们是以同样的比例出现，还是在所有这些材料中，有一部分材料远远超出其他，实际上是这个庞然大物的主要物质呢？

辛普利邱：我认为石头、大理石、金属、宝石和其他各种材料就像珠宝饰物一样，对于原初地球来说是外在和表面的，我想原初地球在体积上要无限超出所有这些东西。

萨尔维阿蒂：既然你所提到的这些东西都像表面的点缀，
402 你认为这个庞大的主体是由什么组成的呢？

辛普利邱：我认为是简单的、不大掺杂的土元素。

萨尔维阿蒂：但你所理解的“土”是什么呢？是铺在田地上、用锄头和犁翻碎、播种谷物果实并自动长出森林的土地吗？简而言之，是所有动物的居所和所有植物草木的发源地吗？

辛普利邱：我要说，这就是我们地球的首要物质。

萨尔维阿蒂：嗯，我觉得这话说得并不怎么妥当。因为这片被翻动、耕种并长出果实的土地只是地球表面的一部分，而且是很浅的一部分。就与地心的距离而言，它并没有多深，而且经验表明，不用挖多深就能看到一些和外层非常不同的材料，它们更坚硬，对种植来说也毫无用处。还有，根据我们的设想，那些更靠近中心的部分由于上面压着很重的东西，应当会压得很紧，和最坚实的岩石一样坚硬。此外，这类材料注定长不出作物，只会永远埋葬在地球的黑暗深渊里，给它施加肥料完全是白费。

辛普利邱：谁说靠近地心的那些内在部分是贫瘠的？它们或许也产生我们不知道的东西呢。

504

萨尔维阿蒂：怎么，难道不是你吗？因为你很清楚，宇宙中所有必不可少的部分都是为了人的利益而产生的——你应当非常确定，特别是这个地球应当是注定为我们这些地球居民的方便而创造的。但这些材料我们永远看不见，而且如此遥不可及，我们能从这些材料那里得到什么好处呢？于是，我们这个地球的内部物质不可能是可以弄碎或消散的东西，也不会像我们称为“土”的这层表土那样松散，而必定是一种非常致密和坚硬的物体，总之是一种非常坚硬的石头。如果它只能如此，你又有什么理由不愿相信它是磁石，而宁愿相信它是斑岩、碧玉或其他某种坚硬的石头呢？如果吉尔伯特写到地球内部是砂岩或玉髓，也许这个悖论在你看来就没有那么陌生了吧？

地球内部必定非常坚硬。

辛普利邱：我承认地球最中心的部分压得很紧，因此非常结实和坚硬，而且越在深处就越是如此，亚里士多德也承认这一点。但我不知道有什么理由非得认为这些部分会退化，变得和地面上这种土完全不同。

萨尔维阿蒂： 我打断这条论证并不是为了向你确凿地证明，我们这个地球首要和真正的物质是磁石，而只是为了向你表明，人们不愿承认它是磁石，而宁愿相信它是别的什么材料，这是没有根据的。你若认真思考就会发现，可能只是一个随意的名称促使人们相信这种物质是土，因为我们常常使用“土”这个名称来指我们耕种的材料和我们这个地球。但是，如果当初地球的名称来自石头（就像它也可能来自土），那么说地球的首要物质是石头，就肯定不会遇到任何人的抵抗或反驳。事实上，这是更有可能的；我认为，倘若能除去地球的外壳，只剥下一两千码的一层，然后把石头与土分开，那么石堆肯定会比沃土堆大得多。

如果起初把我们的地球称为“石头”，那它就会被称为“石头”而不是“土”了。

我并没有向你提出任何理由来在事实上确凿地证明，我们的地球事实上是由磁石组成的，现在也不是提出这些理由的时候，特别是因为，你得空时可以在吉尔伯特的书中找到这些。我只是想以自己的方式解释一下他做哲学的程序方法，以激励你去读他的书。我知道你很清楚，认识一些现象大大有助于研究事物的本质，因此，我希望你能彻底弄清仅见于磁石的许多现象和性质。这方面的一个例子就是磁石对铁的吸引，以及它能把这种力量传给铁；同样，磁石也能把指向两极的属性传给铁，就好像它本身保有这种能力一样。此外，我要你亲眼检验一下磁石如何拥有一种能力，使罗盘针不仅具有一种久为人知

吉尔伯特做哲学的方法。

磁石的各种属性。

的属性，即以子午圈下方的一种水平运动指向地极，而且还具 404
有一种新观察到的性质，那就是把罗盘针平衡地置于一个事先标记了该子午圈的小磁石球上，罗盘针会竖直向下倾斜。我的意思是说，罗盘针会按照它与磁极的远近而或多或少地低于给定的标记，直到它在极点时会笔直地竖立起来，而在赤道地区，它始终平行于磁石球的轴。

其次可以检验一下，任何磁石在极点附近都会比在中间有更活跃的吸引力，而且在一极的吸引力明显要比在另一极更强，较强的是指向南方的那一极。请注意，在一块小磁石中，这个较强的南极如果需要面对一块大得多的磁石的北极吸着一块铁，它会变弱。简而言之，你可以用实验来确定吉尔伯特所描述的种种性质，看到所有这些性质都属于磁石，而不属于任何其他材料。

现在，辛普利邱，假定有一千种不同的材料放在你面前，每一种材料都用布遮盖和包裹起来，你看不见它们是什么，你需要不打开包裹而从外在迹象查明是什么材料。在尝试这样做的过程中，如果你碰上一种材料，清楚地表明它所具有的全部属性只属于磁石而不属于任何其他材料，你会认为这种材料的本质是什么呢？你会说它可能是一块乌木、雪花石膏或锡吗？

地球是一块磁石的确凿论据。

辛普利邱： 毫无疑问，我会说它是一块磁石。

萨尔维阿蒂： 既然如此，你就大胆宣称，在土、石、金属、水等等的这种遮盖或包裹下面藏着一块巨大的磁石。因为在这方面，任何人只要认真观察，就会看出所有相同的现象和事件都属于一个真正的无遮盖的磁石球。别的不说，单就罗盘针的

倾角而言，就足以说服那种最顽固的判断了，罗盘针被带着绕地球运转时，越靠近极点就越倾斜，越靠近赤道就越不倾斜，
405 最后在赤道变得平衡。我还没有提到显见于所有磁石的另一种显著结果，那就是对于北半球的居民来说，磁石的南极总是强于北极。[①] 我们离赤道越远，这种差异就越大；在赤道时，两边的强度相等，尽管明显更弱。而到了远离赤道的南方，磁石的性质就变了，对我们来说较弱的一边强于另一边。这一切都符合小磁石在有力量更强的大磁石在场的情况下我们所看到的情形，因此把小磁石置于大磁石赤道近处或远处，它所起的变化就和我告诉你的把任何磁石置于地球赤道近处或远处时所起的变化一样。

沙格列陀：我第一次细读吉尔伯特的书就很信服，我还找到一块极好的磁石，做了长时间多次观察，所有结果都令人极为惊异。但我觉得最让人惊讶的是，当我按照这位作者教导的方式给磁石装了衔铁[②]之后，它的吸铁能力大大增强了。通过这样的装配，我使它的吸引力增加了 8 倍，原先能勉强吸住 9 盎司的铁，装了衔铁之后就能吸住不止 6 磅。也许你见到过这块磁石，就在你那位最尊贵的大公爵的陈列室里，吊着两只小铁锚，我就是因为大公爵喜欢才割爱的。

装有衔铁的磁石比不装衔铁的磁石能吸住更多的铁。

萨尔维阿蒂：我过去常看那块磁石，感到非常惊异，直到

① 伽利略认为针的倾斜是因为有更大的力施于被拉下去的一端，而非方向效应。

② 这里的“衔铁”(armature)是指附于磁石上的凹半球形薄铁皮，或能套在上面的锥形铁片(Gilbert, *De magnete*, bk. ii, ch. 17)。

后来，我看到我们那位院士朋友的一小块样品，感到更加佩服。这块样品还不到 6 盎司重，未装衔铁时只能吸住 2 盎司的铁，装了衔铁之后则能吸住 160 盎司的铁。因此，装衔铁时的吸力是不装衔铁时的 80 倍，吸的铁是它本身重量的 26 倍。连吉尔伯特本人都能看到这个更大的奇迹，因为他在书中写道，他从来没有使磁石成功地吸住 4 倍于其自身重量的铁。

沙格列陀：在我看来，这块磁石给人的心灵打开了广阔的哲学天地，而且我常常思索，它是如何赋予了衔铁以一种远大
于它自身力量的力。但我始终没能找到任何令人满意的答案， 406
也没能从吉尔伯特在这个问题上发表的看法中找到什么帮助。不知你是否也是这样看。

萨尔维阿蒂：对于这位作者，我感到无比的赞赏和钦佩。无数才智卓越之士都曾论及这样一个问题，却未曾予以关注，而他却能提出这样一个惊人的概念。在我看来，他做的许多新的认真观察也值得大加赞扬；和他相比，那些愚蠢而不诚实的作者真是丢脸，他们不只写他们知道的东西，还把所有道听途说的庸俗愚蠢的东西都写了进去，从未想过用实验验证一下。他们这样做也许是为了把书写得厚厚的。我希望吉尔伯特能更像数学家一些，特别是在几何学方面有深入的基础，有了这门学科的基础，他将不会把被他视为观察到的正确结论之真正原因(verae causae)[①]的那些理由过于轻率地当作严格证明。坦白地说，他所给出的那些理由并不严格，而且缺乏那些必然而永

① 即实际的物理实体或作用，有别于为实施科学理论而作的假想建构。

恒的科学结论所必定具有的说服力。

最早的观察者和发明者值得敬佩。

我毫不怀疑，通过进一步的观察，特别是通过正确而确凿的证明，这门新科学会渐渐得以改进。但这未必会减少第一位观察者的荣誉。最初发明的竖琴制作肯定很粗糙，演奏起来肯定更粗糙，但我并不因此而减少对竖琴最初发明者的尊重，我对他的钦佩反倒要远超对后世使这门行当臻于完美的一百位艺术家的钦佩。我认为古人把那些优美艺术的首创者奉若神明是非常合理的，因为我们看到，对于稀罕而文雅的事物，普通人根本不怎么好奇和关心，即使看到和听到专家们将这些事物做得精妙绝伦，也丝毫升不起学习的愿望。你现在想想看，这种人会不会仅仅因为听到干龟筋发出的啸啸声或四把锤子[①]的撞击声，而去制作竖琴或发明音乐呢？从最小的开端开始，致
407 力于伟大的发明，认识到神奇的艺术就隐藏在琐碎幼稚的事物中，这不是普通人所能做的；只有超乎凡人的灵魂才会有这些概念和思想。 509

加了衔铁的磁石吸力大大增强的真正原因。

现在来回答你的问题，我要说，对于磁石的衔铁与附着在磁石上的别的铁之间那种持久而强大的关联究竟是由什么原因引起的，我也思考过很长时间。首先，我确定磁石装了衔铁之后，力量没有任何增加，因为距离稍远一些，它就吸引不住了。如果在磁石与衔铁之间插入一张薄纸，磁石对铁的吸引也没有那么强了；甚至在这两者之间插一张金叶，光是磁石也能比衔

① “四把锤子”引用了一个著名典故，即毕达哥拉斯注意到敲击铁砧的四个不同重量的锤子在音调上存在差异，由此发现了和音理论背后的算术关系。

铁吸住更多的铁。由此可以看出，磁石的力并没有变化，只是有些新的结果罢了。

新的结果必定有新的原因。

由于新的结果必定有新的原因，我们希望查明通过衔铁来吸引铁这一行为究竟新引入了什么，结果发现，除了接触上的改变，并无其他改变。因为原来是铁碰到磁石，现在是铁碰到铁，所以不得不断言，接触上的差异造成了结果上的差异。其次，据我所知，接触上的差异必定源于铁物质的微粒较为精细、纯净和致密，而磁石微粒则较为粗糙、不纯和不致密。由此可知，将两块铁打磨光滑、平整、抛光并贴在一起，它们会贴得严丝合缝，以至于一块铁上的无数点和另一块铁上的无数点全都彼此接触。因此可以说，将两块铁连接在一起的线要比将磁石与铁连接在一起的线多得多，因为磁石的物质孔隙更多且不大整齐，铁面上的所有点和线未必都能在磁石面上找到对应的连接者。

表明铁的组成物质要比磁石更精细、纯净和致密。

磁石的不纯肉眼可见。

现在我们可以看到，铁物质（特别是像纯钢那样精炼过的）的微粒要比磁石微粒致密、精细、纯净得多，因此我们能把铁磨成像刀锋那样薄薄的一片，但却无法把磁石磨成这样。其次，我们也能明显看到磁石的不纯和掺杂有别的石头；首先是通过一些小斑点的颜色来看（大都为灰色），然后是将磁石拿到 408
一根用线悬挂的针附近。针在这些小石点处就静止不了；它被周围的部分所吸引，似乎要跃向这些部分而逃离原来的斑点。由于其中一些异质的斑点很大，眼睛很容易辨别，可以相信还有许多斑点散布在磁石上，但因为太小而注意不到。

我告诉你的这些（即铁与铁的接触大是接合牢固的原因），

可以用一项实验来证实。如果我们把一根针的针尖置于磁石的衔铁上，则针尖对衔铁的附着并不比对裸磁石的附着更牢固；这只可能源于这两种接触是相等的，即都在一点上接触。然而现在你看下面的情形。将一根针置于磁石上，使针的一头伸出一些，然后将一根钉子置于这一头。针会立刻与钉子牢牢附在一起，以至于把钉子拿开时，针会一头附在磁石上，一头附在钉子上。把钉子拿得更远，如果针眼附在钉子上而针尖附在磁石上，针就会脱离磁石；但若针眼附在磁石上，那么把钉子拿开时，针仍将附在磁石上。在我看来，这仅仅是因为，针的针眼一头较大，比针尖接触磁石更多。

沙格列陀：整个论证都令我信服，而且我认为用针做的这些实验并不亚于数学证明。我坦白承认，在整个磁学中，我尚未听到或读到有任何内容能对磁学的其他显著现象给出这样令人信服的理由。若能这样清晰地解释它们的原因，对我们的理智而言，我想不出什么比这更愉快的事了。

萨尔维阿蒂：在考察我们结论的未知原因时，必须足够幸运，从一开始就沿着真理的道路引导自己的推理。沿这条道路行进时，很容易碰到被理性或经验认作真理的其他命题。我们
409 自己命题的真理性将从这些命题的确定性获得力量和证据。这正是我在目前的情况下碰到的事情。为了通过其他一些观察来确定我所提出的原因是正确的（即磁石的物质远不如铁或钢的物质连续），我请大公殿下博物馆里的工匠们将你以前的那块磁石的一面磨平，然后尽可能地擦亮抛光。让我感到满意的是，这让我直接经验到了我所寻找的东西。我在那里找到了许

多颜色各异的斑点，和任何致密而坚硬的石头一样光亮；其余表面则只是摸起来是平的，但一点不光亮，好像蒙了一层雾。这就是磁石的物质，那些光亮的部分则是混杂的其他石头，只要让磨平的一面靠近一些铁屑，大量铁屑就会跃向磁石，但没有一粒铁屑会跃向上述斑点；这些斑点为数极多，有些有四分之一个指甲那么大，有些小点，还有许多非常之小，那些几乎看不见的则不可胜数。

于是，我起初认为磁石的物质不可能连续和紧致，而是有孔隙的，这种想法肯定非常正确；而且与其说有孔隙，不如说是海绵状的，但差别在于，海绵的洞眼里含的是空气或水，而磁石的洞眼里含的则是又硬又重的石头，其光泽可以表明这一点。因此，如我开头所说，当我们把铁的表面与磁石表面贴在一起时，铁微粒（尽管铁微粒在连续性上可能比任何其他材料的微粒更高，这一点从铁比其他材料更光亮就可以看出来）并未全部接触到坚固的磁石，而只有少数微粒是如此；既然接触者很少，吸力也就弱了。但磁石的衔铁除了接触到磁石表面的很大一部分，还具有和它接近但并未接触到的那些部分的吸力；而且由于衔铁接触悬铁的一面很平（悬铁的这一面也很光滑），所以在两个表面上，无数个微粒即使不是与无限个点、也是与无数个点接触到了，因此会产生很强的吸力。

吉尔伯特并没有做过把接触磁石的铁块表面磨平的这项实 410
验，而是使铁块凸了出来，这一来它们的接触就小了，粘性也就大大减弱。

沙格列陀：如我刚才所说，你所给出的理由我认为说服力绝不亚于一项纯几何学证明。由于它涉及一个物理问题，我想辛普利邱也会认为这在自然科学所容许的范围内是令人信服的，他知道，在自然科学中不能要求几何学证据。

辛普利邱： 的确，我认为萨尔维阿蒂的雄辩非常清楚地解释了这种结果的原因，连头脑最平庸的人，不论他多么不科学，也会被说服。但我们仅限于哲学术语，把诸如此类结果的原因归于**共感**(sympathy)，即性质类似的事物之间的某种一致和相互欲求，正如在另一方面，我们把天然背离和相互憎恶的事物之间的仇恨和敌意称为**反感**(antipathy)。

哲学家用共感和反感这两个术语来方便地解释许多物理结果。

沙格列陀： 于是，凭借这两个词，就可以给出我们在自然中看到的令人惊异的大量事件和结果的原因了。在我看来，这种做哲学的方法和我的一位朋友的绘画方式不无相似之处或共感。他用粉笔在画布上写道："这里我要画一泓清泉，狄安娜[①]和她的水泽仙女；这里画几只猎犬；那里画一个猎人拿着一只牡鹿头。余下是一片田野、一座森林和一些小丘。"然后，他让一位画家拿颜色将其余部分填满，便洋洋得意地说他画出了阿克忒翁[②]的传说——其实除了标题，他没有贡献任何东西。

解释某些哲学论证软弱无力的一个有趣例子。

但离题这么久，我们岔到哪里去了！这和我们既定的安排是不合的。我几乎已经忘了我们在转而谈论磁学之前在谈什么

① 狄安娜(Diana)是罗马神话中的月亮与橡树女神，罗马十二主神之一，对应于希腊神话中的阿尔忒弥斯女神。——中译者

② 阿克忒翁(Actaeon)是希腊神话中阿里斯塔俄斯和奥托诺耶的儿子，维奥蒂亚的英雄和猎人。据奥维德的《变形记》所述，他在基塞龙山上偶然看到女神阿耳忒弥斯女神在沐浴，女神因而把他变成了一只鹿，这只鹿被他自己的50只猎狗追逐并撕成碎块。——中译者

了，但不管是什么，在这个主题上，我记得还有些话要说。

萨尔维阿蒂：我们当时在证明，被哥白尼归于地球的第三种运动根本不是运动，而是一种静止状态，是保持地球的某些特定部分指向宇宙中同样特定的若干点不变；也就是说，永远保持地球周日运动的轴与它自身平行，并且指向某些恒星。我 411
们当时说，这种完全恒定的方位天然属于平稳地悬在流动柔顺介质中的任何物体，因为就像碗里的球一样，尽管球在转动，但它相对于外物的方位并不改变，而仅仅相对于持碗和球的人才在自转。

我们还可以给这个简单和天然的事件补充上磁力，使地球更加牢固不变，等等。

沙格列陀：现在我全想起来了。当时我心里一闪并想说出的是一些想法，涉及辛普利邱针对地球运动所提出的困难和反驳。后者的根据是，一个简单物不可能有多种运动，因为在亚里士多德的学说中，只有一种简单运动可以是自然的。

磁石的三种不同的自然运动。

我想提请考虑的正是磁石，因为可以明显看到，有三种运动自然地属于磁石：一种是作为重物朝着地球中心的运动；第二种是恢复和保持它的轴指向宇宙某些部分的沿地平面的圆周运动；第三种是吉尔伯特发现的这种运动，[①] 即磁石的轴按照它离赤道距离的远近（在赤道上它始终与地轴平行），在子午面上朝地面倾斜的运动。除了这三种运动，或许还有第四种运动，

① 这里，沙格列陀误将罗盘针垂直倾角的发现归于吉尔伯特。虽然吉尔伯特的确描述了这种效应，但他将首次发现的功劳归于“熟练的航海家和天才工匠罗伯特·诺曼（Robert Norman）”。诺曼于 1576 年在英格兰宣布了这一发现。

即当它平衡地悬在空中或其他某种流动柔顺的介质中，并且消除一切外来和偶然的障碍时，它的绕轴自转；吉尔伯特本人也表示赞成这种想法。所以你看，辛普利邱，亚里士多德的公理是多么站不住脚啊。

辛普利邱：这不但没有击中他的公理，甚至也不是针对它的，因为他谈论的是简单物和天然适合它的东西，而你却用适合复合物的东西来反对他。你所说的内容对于亚里士多德的学说而言也并不新颖，因为他也承认复合物可以做复合运动，等等。

亚里士多德承认复合物可以做复合运动。

沙格列陀：等一下，辛普利邱。我想提一个问题请你回答。
412 你说磁石不是简单物，而是复合物。那么我问你，磁石里混杂了什么简单物使之成为复合的呢？

辛普利邱：我没法告诉你磁石的成分或精确比例，但只要说它们都是元素物体就足够了。

沙格列陀：对我来说也足够了。那么，这些元素物体的自然运动是什么呢？

辛普利邱：是两种简单的直线运动，向上的和向下的。

沙格列陀：接下来请告诉我：你认为这类复合物的自然运动必定由组成它的简单物的两种简单自然运动复合而成吗？抑或是另一种运动，不可能由简单物的两种简单自然运动复合而成？

辛普利邱：我认为，复合物的运动将由组成它的简单物的运动复合而成，而且复合物不能做不能由这些单纯运动复合而成的运动。

复合物的运动必须能由组成它的简单物的运动复合而成。

由两种直线运动合成不出圆周运动。

哲学家们不得不承认，磁石是由元素物质和天界物质复合而成的。

沙格列陀：可是辛普利邱，你永远不能由两种简单的直线运动合成一种圆周运动，而磁石却有两三种不同的圆周运动。所以你看，基础很糟的原理会带来多大麻烦，或者说，由好的原理会引出坏的推论。接下来你将不得不说，磁石是由元素物质和天界物质复合而成的，因为你想坚持直线运动只属于元素，而圆周运动只属于天体。因此，如果你想自信地做哲学，那就得说，宇宙中做自然运动的物体全都做圆周运动，因此磁石作为我们地球真正首要和必不可少的物质的一部分，也具有这种性质的运动。

把磁石称为复合物，而把地球称为简单物，是错误的。

请注意，由于你的谬误推理，你把磁石称为复合物，把地球称为简单物；然而看得出来，地球要复杂得千万倍都不止，因为地球不仅含有成千上万种彼此完全不同的材料，而且含有
516 大量你所谓的复合物；我指的是磁石。在我看来，这就像把面包称为复合物，把大杂烩称为简单物一样，尽管大杂烩里也掺有不少面包，以及上百种与面包同被吃的不同食物。

逍遥学派的推理充满了谬误和矛盾。

在我（以及其他人）看来，令人惊讶的是，逍遥学派竟然承 413
认——他们的确也无法否认——我们地球其实是由五花八门的材料复合而成的，然后又承认复合物的运动必定是合成的，可以进行合成的运动有直线和圆周两种，因为两种直线运动因彼此对立而不相容；他们还声称纯粹的土元素是找不到的；断言地球从来不做任何位置运动；最后，他们要把这个无处可寻的物体置于自然中，让它做一种它从未使用也永远不会使用的运动；然而对于这个的确存在且一直存在的实际物体，他们却否认它具有他们最初承认与之天然适合的那种运动！

萨尔维阿蒂： 沙格列陀，我们不要再在这些细节上费心了，特别是你知道，我们的目标并不是仓促地判断哪种见解是正确的，而只是为了自己消遣，把能够支持各方的论证和反论证提出来。辛普利邱这样回答，是为了给他那些逍遥学派朋友解围；所以我们将暂时不做判断，而让那些比我们知道更多的人来做。

三天来，我们已经详细讨论了宇宙体系，现在该开始讨论那种引发我们讨论的主要现象了；我指的是海洋的涨落，[①] 它很可能是地球的运动引起的。不过如果你们同意，这个问题我们将推迟到明天再谈。

与此同时，为了免得忘掉，我想告诉你们一件事情，我希望吉尔伯特当初没有听信。那就是他承认，一只小磁石球如果放得非常平衡，就会自转；这是不存在任何原因的。因为如果整个地球天然有一种每 24 小时围绕其中心的自转，而地球的各个部分也必须随着整体每 24 小时围绕其中心旋转一次，那么只要在地球上，它们就已经实际具有了这种随地球一起旋转 **517**

吉尔伯特赋予了磁石一种不大可能的结果。

414 的运动，而给它们指定一种围绕自身中心的运动，将无异于赋予它们一种完全不同于第一种运动的第二种运动。这样一来，它们就有了两种运动，即每 24 小时围绕整体中心的旋转，以及围绕自身中心的自转。而这第二种运动是没有根据的，我们没有任何理由引入它。如果一块磁石脱离了天然整体，失去了它与整体合在一起时追随那个整体的性质（因而失去了围绕地球

① 伽利略原计划以潮汐理论为中心来撰写《对话》。

普遍中心的旋转)，那么认为它会围绕自身中心做一种新的旋转，可能性说不定要大一些。但不论与地球分开还是附在地球上，如果磁石始终保持着它原先天然而持久的行进，那么给它加上另一种新的运动，又是为了什么呢?

某些人用来证明水元素表面是球形的愚蠢论证。

沙格列陀：我懂你的意思了，这让我想起一条和它一样空洞的论证；如果我记得不错，它是由萨克罗博斯科[①]等研究球面天文学的作者提出来的。为了证明水元素和陆地合成了一个球面，两者形成了我们这个地球，他写道，这一点的确证证据可见于许多小水滴形成一个球形，就像我们平日里在许多植物的叶子上看到的露水那样。因此，根据那条平凡的公理“适用于整体的道理也适用于部分”，既然各个部分具有这种形状，那么整个元素也具有这种形状。我觉得这些作者头脑非常糊涂，看不出自己这样说显然很无聊；他们也不想想，如果他们的论证是正确的，那么不仅小水滴离开其元素整体后会缩成球体，而且任何更大量的水也会如此。情况根本不是如此；事实上，由于水元素倾向于围绕一切重物所趋向的共同重力中心(即地球的中心)形成球形，所以按照上述公理，它的各个部分都遵循这种倾向，因而一切海面、湖面、池面，总之容器中所有部分的水，都会延伸成球形。但这个球体的中心就是地球的中心，而水体是形不成它自身的个别中心的。

① 约翰内斯·德·萨克罗博斯科(Joannes de Sacrobosco，也作“霍利伍德的约翰”[John Holywood])是中世纪论述球面天文学的第一位也是最重要的作者。他生于英国，在巴黎担任天文学教授，1256年在巴黎去世。沙格列陀批评的这段话就出现在萨克罗博斯科关于地球是宇宙中心的证明之前。

415 **萨尔维阿蒂：**这个错误的确很幼稚，而且如果只有萨克罗博斯科犯这个错误，我是完全可以原谅他的。但我不能类似地原谅他那些评注者和其他名流，甚至是托勒密本人，我为他们的盛名而脸红。

不过现在时间已晚，我得走了；明天我们还照常碰头，以达到我们之前一切讨论的目的。

（第三天完）

416

第 四 天

沙格列陀：我不知道你们是真的比我们的惯常讨论来晚了一点，还是仅仅因为我渴望听到萨尔维阿蒂对这个有趣问题的想法而觉得你们来晚了。我凭窗眺望已久，翘首企盼看到我派去接你们的小船。

萨尔维阿蒂：我认为你觉得时间迟了只是出于你的想象，而不是因为我们拖拉。为了不扯得太远，我们最好闲话少说，直接讨论正题。

521

现在，让我们看看大自然的情况（究竟是事实如此，还是大自然一时兴起，好像要捉弄我们的幻想似的）；我是说，那种长期被归于地球的运动除了潮汐无法解释，什么都能解释，现在却发现大自然也容许用地球运动来同样精确地解释潮汐；反过来，这种潮汐的涨落本身也协助确证了地球的运动。[①] 到目

大自然一时兴起制造了海洋的潮汐，支持了地球的运动。

潮汐和地球运动可以相互确证。

---

① 《对话》的这个部分本质上是对伽利略《论潮汐》（*Discorso sopra il flusso e reflusso del mare*）的重新加工和拓展。他于 1616 年将《论潮汐》承交红衣主教奥西尼（Orsini），试图缓和教会对哥白尼理论的反对。他是如此喜欢这种对潮汐的解释，以至于曾打算给整部《对话》起一个类似于《论潮汐》的标题。正如我们将会看到的，伽利略对潮汐的解释依赖于地面上一点由于地球自转和绕太阳公转的合成而导致的速度变化。但这无法解释实际观察到的潮汐周期性。潮汐的每日周期与月亮的运动密切相关，而且比一天还要多出将近一个小时。人们早已观察到这个事实，这也是许多作者诉诸月亮对海水的影响来解释潮汐的原因。（转下页）

除了海洋的潮汐，所有地界现象都对地动或地静持中立态度。

前为止，地球运动的迹象一直取自天界现象，因为地球上没有任何事情能够足够有力地证明两种立场孰是孰非。我们已经详细考察过这一点，表明如果地球在动而其他星体不动，那么让我们通常认为地球不动而太阳和星体在动的所有地界现象，在我们看来必然是完全一样的。在所有月下事物中，只有从水元素那里（非常巨大，不像地球的所有坚实部分那样与地球连在 417
一起，而是因其流动性而相当自由，与地球分开，有自身的法则），我们才能看出地球在动静方面的一些迹象或暗示。我曾多次考察从水的运动中观察到的结果和现象，有些是我亲眼见到的，有些是道听途说的；不仅如此，在读到和听到许多人为这些现象提出的愚不可及的原因之后，我得出了两个来之不易的结论。先要做几条必不可少的假定，那就是倘若地球不动，海洋的潮汐就不会自然地发生；当我们把之前为地球指定的运动赋予地球时，海洋就必然产生潮汐，从各方面来看，这种潮汐都与我们观察到的潮汐现象相一致。

522

第一个一般结论：如果地球不动，就没有潮汐。

沙格列陀：无论就自身而言，还是就其推论而言，这个命题都很关键，因此我要更加认真地聆听你的解释和验证。

认识结果导向研究原因。

萨尔维阿蒂：在像这样的自然科学问题上，认识结果会导向研究和发现原因。否则的话，我们的研究将是盲目的，甚至比这还要不确定；因为我们将不知道何去何从，而盲人至少知

（接上页）伽利略拒绝接受这种解释的一般根据是完全正当的。可以推测，他认为自己正在做的正是他对哥白尼万分钦佩之事——即拒绝仅仅因为感官证据似乎与理性解释相抵触而放弃理性解释。就伽利略关于潮汐的“首要原因”而言，假设一个绝对参考系（这里是他认为不动的恒星）是非常合理的。

道他们想到哪里。因此，我们必须首先认识结果，然后再寻求原因。至于那些结果，沙格列陀，你一定比我了解得更充分、更可靠，因为你生于威尼斯，长期住在这里，而这里的潮汐以巨大而闻名；此外，你还航行去过叙利亚，头脑机智而有好奇心，必定做过许多观察。而我只能在很短的时间内对亚得里亚海湾的这一端以及第勒尼安海岸的近海发生的情况进行观察，所以必须时常依靠别人的说法，而别人的说法大都不太一致，因此相当不可靠，所以与其说是确证了我们的思考，不如说是增加了混乱。

在我看来，由我们确信并且包括主要现象的那些论述，仍
418 然可以找到真实而主要的原因。对于我认为是新的因而没有机会进行思考的那些结果，我并不自命能够列出所有恰当的充分的原因；我现在要说的，仅仅是为了开辟前人未曾涉足的道路，我坚信那些比我更睿智的人将会拓宽这条道路，并且比我最初开辟它时走得更远。虽然其他遥远的海洋中可能会发生在我们地中海并不出现的事情，但我提出的理由和原因仍将是真实的，只要它被我们海洋中实际发生的事情所证实和充分符合；因为一个真实而主要的原因最终必定适用于同类结果。于是，我会告诉你们据我所知存在的结果，并为它们指定我认为真实的原因；而你们二位可以提出你们所注意到的其他原因，然后看看我所举出的原因是否也能解释它们。

潮汐的三个周期——日潮、月潮和年潮。

现在我说，可以观察到海洋的潮汐有三个周期。第一个也是主要的周期是巨大而显著的日潮，海水按照它每隔若干小时涨落一次；在地中海，这些间隔多为各自 6 个小时左右，即 6

个小时涨潮和6个小时落潮。第二个周期是月潮，它似乎源自月亮的运动；它并不引发其他运动，而只是改变业已提到的日潮大小，根据月亮是满月、新月或方照而有显著不同。第三个周期是年潮，似乎依赖于太阳；它也只是改变日潮大小，使太阳在二至点和二分点时发生的日潮大小有所不同。

在日潮周期中发生的不同情况。

我们先来谈谈日潮周期，因为它是主要的，在这个周期中，月亮和太阳在其周月和周年变化中所起的作用是次要的。从这些每小时的变化中可以观察到三种不同状态：在某些地方，水只涨落而不向前运动；在另一些地方，水没有涨落，但时而向东流、时而向西流；还有一些地方，高度和流向都有变化。威 419
尼斯就是这种情况，潮水进来时升高，潮水离开时降低。在以开放海岸为终点的东西向的海湾尽头，情况就是如此，潮水升高时能够铺展开来；如果水路被山岭或很高的堤坝所阻挡，潮水就会抵着这些山或堤坝涨落而不做任何向前的运动。在另一些地方，潮水在其中心地区来回流动而不改变高度，这显见于斯库拉（Scylla）和卡律布狄斯（Charybdis）之间的墨西拿海峡（Straits of Messina），那里海峡狭窄，水流湍急。但在开阔的地中海及其岛屿周围，如巴利阿里群岛、科西加岛、撒丁岛、厄尔巴岛、西西里岛（在非洲那边）、马耳他岛、克里特岛等，高度改变很小，但潮流非常显著，尤其在海洋被限制在岛屿之间或岛屿与大陆之间时。

在我看来，即使看不到其他结果，单是这些实际的和已知的结果，就足以说服任何愿意诉诸自然解释的人相信地球在运动；因为保持地中海的海床不动，而让其中的水这样行为，确

实超出了我的想象，可能也超出了深入思考这些问题的其他任何人的想象。

辛普利邱： 萨尔维阿蒂，这些现象并非最近才有，它们非常古老，无数人都目睹过，不少人曾试图给出理由来解释它们。离这里不远，有一位伟大的逍遥学派最近从亚里士多德的一份文本中发掘出潮汐的一个原因，亚里士多德的诠释者们未曾很好地理解。根据这份文本，他推论出这些运动的真实原因仅仅源自海洋的不同深度。最深的海水更充足因而也更重，会排出较浅的海水；于是浅水先升后降，由这种持续不断的斗争而产生潮汐。

某位现代哲学家给出的潮汐原因。

还有很多人把潮汐归因于月亮，说月亮对海水有一种特殊
的控制；最近某主教出版了一本小册子[①]，说月亮在天空中漫游
时，把一堆海水吸向自己并跟着自己走，因此海水总是月亮下 525
面的那个部分最高。而且由于月亮在地平线以下时，海水的这
420 种升高还会回来，他告诉我们，对于这种现象，他只能解释为，
月亮不仅自身天然保持这种能力，还能把这种能力赋予黄道对
宫。我想你也知道，还有一些人[②]说，月亮凭借其温热能稀释
海水，一旦被稀释，海水就上升了。也还有一些人，他们……

某主教把潮汐归因于月亮。

吉罗拉莫·博罗等逍遥学派哲学家认为，潮汐与月亮的温热有关。

沙格列陀： 辛普利邱，其余的请不要再谈了。花时间讲述

① 这里是指 Marcantonio de Dominis, *Euripus sive sententia de fluxu et refluxu maris*（Rome, 1624）。

② 指吉罗拉莫·博罗（Girolamo Borro）等人，博罗是比萨大学的医学和哲学教授，在 *Del flusso e reflusso del mare e dell'inondatione del Nilo*（Florence, 1583）中提出用月亮的热来解释潮汐。

这些毫无价值，更不用说去反驳它们了。如果你对类似的废话表示赞同，你就会判断错误——我们知道，你才刚刚卸掉判断的包袱。

萨尔维阿蒂： 沙格列陀，我比你更随和一些；如果辛普利邱认为他告诉我们的那些内容有一定的可能性，我倒想为辛普利邱说几句话。

回应一些虚妄的潮汐原因。

岛屿是海底不平的一个迹象。

辛普利邱，我说的是表面高的海水排出表面低的，而不是深水排出浅水；而且高的海水赶走低的海水之后，很快便达到静止和平衡。你的逍遥学派哲学家必定认为，世界上所有湖泊（保持平静）和所有看不到潮汐的海洋，其底部一定完全平坦；而我却天真地认为，即使没有别的探查，单是高于水面的岛屿就是底部不平的一个非常明显的迹象。你不妨告诉你那位主
526 教，月亮天天在整个地中海上方巡游，但海水只在其东端升起，对我们来说则在这里的威尼斯。

至于那些要使月亮的温热能够涨潮的人，你可以让他们在一壶水下面烧起火，将其右手放入水里，直到热使水升高 1 英寸，然后取出右手来书写海洋涨潮。或者要他们至少向你表明，月亮是如何稀释海水的某一部分而不是其余部分的，比如稀释威尼斯这里的海水，但不稀释安科纳、那不勒斯或热那亚那里的海水。

两种诗意的心灵。

我们不妨说，有两种诗意的心灵：一种善于发明谎言，另一种则倾向于相信谎言。

辛普利邱： 我不认为有什么人知道是谎言时还去相信它们；至于有关潮汐原因的意见（那是不可胜数的），我知道一个

结果只有一个真实和主要的原因，所以我很清楚最多只能有一个是正确的，所有其余的原因必定是错误的和难以置信的。也许迄今为止提出的那些原因当中并不包含真实的原因。我倒相信实际情况就是如此，因为倘若真理之光如此微弱，竟然无法照彻许多谬论的黑暗，岂不匪夷所思。但以我们这里所容许的坦诚，我不得不说，引入地球的运动并使之成为潮汐的原因，与我听到的所有别的虚构概念相比，我觉得也好不了多少。如果看不到什么与自然现象更加一致的理由，我将毫不犹豫地转而相信潮汐是一种超自然结果，因此对人的心智来说是不可思议的奇迹——就像直接依赖于上帝全能之手的其他许多奇迹一样。

真理之光不会如此微弱，以致无法照彻许多谬论的黑暗。

萨尔维阿蒂：你的论证很谨慎，也符合亚里士多德的学说；因为你知道，在其《力学》(*Mechanics*)一书的开头，他就把所有原因不明的事物都归于奇迹。但我认为，你之所以说潮汐的真实原因是不可思议的，最强有力的理由仅仅是，在迄今为止提出的作为真实原因的所有事物中，没有一个事物我们可以通过恰当的人工手段复制出来。因为我们从来不能通过月光或日光，通过温热或不同的深度，使一个不动容器中的海水来回流动或者在同一个地方涨落。但只要让容器动起来，我就能不借助任何人工手段让你看到海水的那些变化，若能如此，你为何要拒斥这个原因而诉诸奇迹呢？

527

亚里士多德将那些原因不明的结果都归于奇迹。

辛普利邱：除非你不用海水容器的运动，而用其他自然原因来劝阻我，否则我就只能诉诸奇迹。因为我知道海水的容器并不动，整个地球是天然不动的。

萨尔维阿蒂：难道你不相信，凭借上帝的绝对能力，能够超自然地让地球运动吗？

辛普利邱：谁能怀疑这一点？

萨尔维阿蒂：那么，辛普利邱，既然我们必须引入奇迹才
能造成海洋的潮汐，那就让自然地带动海洋的地球奇迹般地运 422
动吧。事实上，这种操作在奇迹事物中要更为简单和自然，因为让一个球体转动（就像我们看到许多球体转动那样），要比让大量水在某些地方比另一些地方更快地来来回回更容易，也就是这里涨落多一些，那里涨落少一些，在另一些地方则根本没有涨落，并且在同一容器内产生所有这些变化。此外，这些是许多奇迹，而地球运动则只是一个奇迹。不仅如此，让水流动这个奇迹还带来了另一个奇迹，那就是保持地球稳定以抵御水的冲击。因为地球若不是因为奇迹而保持稳定，水的冲击就会使地球时而朝这个方向、时而朝另一个方向摇晃。

沙格列陀：辛普利邱，关于萨尔维阿蒂要向我们解释的这种新的见解是不是愚蠢，我们暂时不要做判断，也不要急于将它和那些荒谬可笑的陈旧意见归在一起。至于奇迹，只有在我们听了那些仅限于自然领域的论证之后，再去类似地诉诸它。尽管在我看来，自然界和上帝的所有作品都像是奇迹。

萨尔维阿蒂：这正是我的看法，我说潮汐的自然原因是地球的运动，并不排除这种操作是奇迹的可能性。

现在回到我们的讨论，我要回答并且再次断言，只要地中海的海床和包围的容器静止不动，从未有人知道我们地中海海床中的海水如何能够产生我们看到的那些运动。如我所要描述

的，这件事我们司空见惯，但却迷惑不解；因此，请认真听。

表明如果地球不动，潮汐就不可能自然地发生。

这里是威尼斯，海水现在很低，风平浪静；海水正开始上涨，五六个小时之后将达到 10 拃或更高。这种上涨并非源于原来的水被稀释，而是源于新到达这里的海水——和原来的水属于同一类型，具有相同的盐分、相同的密度、相同的重量。辛普利邱，船浮其中，浸没部分并无丝毫增加；同量的两桶水，
423 重量毫厘不差；水的冷度完全没有变化；简而言之，这就是最近亲眼看到进入利多岛的海峡和河口的水。

现在请告诉我这水是怎样来的，又是从哪儿来的。难道是由于附近海底有某些深渊或开口，使地球像巨鲸呼吸那样将海水吸入又排出吗？如果是这样，为什么安科纳、杜布罗夫尼克和科孚海峡的水不在 6 小时内类似地上涨，而是涨得很少，甚至察觉不到呢？谁能设法将新的水倒入一个不动的容器，让它只在某个地方上涨而不在别处上涨呢？

你也许会说，这些新的海水来自大洋，是经由直布罗陀海峡被带进来的？这并不能消除上述困难，而只能使困难加剧。首先请告诉我，经由海峡进入的海水在 6 个小时内毫无阻碍地到达地中海海岸尽头，途经两三千英里的距离，返回时又途经相同的距离，这些海水是怎样行进的呢？散布在海上的船会遇到怎样的情况？海峡中的那些船处于连绵不绝的峭壁似的巨大潮头上，进入不到 8 英里宽的海峡——此海峡必须在 6 个小时内为足以淹没数百英里宽和数千英里长的区域的大量海水让路——会遇到什么情况呢？有什么老虎或老鹰能以这样的速度奔跑或飞翔呢？我的意思是说，以每小时 400 英里或更快的速

度奔跑或飞翔。

不可否认，有许多水流穿过整个海湾，但速度很慢，一艘划艇就能够超过它们，尽管前进会受些影响。此外，如果这些海水是从海峡进来的，那就有另一个难题：它们如何在这样遥远的地方升得这么高，而不首先在较近的地方以相似或更大的程度升起来？总之，我不相信依靠顽固或机巧能够解决这些困难，在自然限度内面对这些困难坚持地球不动。

沙格列陀：到目前为止，我都能听懂你的意思，如果我们假定地球做那些运动，我急于听到这些奇妙结果如何能够不受阻碍地发生。

萨尔维阿蒂：由于这些结果必定是地球自然运动的推论，
所以它们必然不会遇到阻碍，而且很容易发生。不仅很容易发 424
生，而且必然以这种方式发生，而不能以另一种方式发生。因
530 为这就是自然而真实的事物的属性和条件。

自然和真实的结果会不受阻碍地发生。

于是，既已确定不可能解释海水的运动而同时保持其容器不动，让我们进而考虑容器的运动能否产生所要求的结果，就像观察到的那样。可以赋予一个容器两种运动，使其中所盛的水先流向一端，再流向另一端，并且在那里升降。当容器的一端先低下去、另一端再低下去时，会发生第一种运动，因为在这种情况下，流向较低部分的水会在容器的两端交替升降。但由于这种升降不过是趋向或远离地球中心，所以这种运动不能归因于作为海水容器的地球本身的凹陷。因为不论赋予地球怎样的运动，地球这样的容器都不可能有任何部分能够趋向或远离地球中心。

容器的两种运动可以造成水的升降。

地球的凹陷不可能造成对地球中心的趋向或远离。

当容器不倾斜地移动，以变化的速度非匀速地前进，有时加速、有时减速时，则会发生第二种运动。这种变化会导致，容器中的水（不像其固体部分那样牢牢地附在容器上）会因其流动性而几乎与容器分开，并不必然遵循其容器的所有变化。于是当容器慢下来时，水将保持业已获得的一部分冲力，从而流向前端，在那里必然上升。另一方面，当容器加速时，水会保持一部分慢度，在习惯于新冲力的同时有所落后并落向后端，在那里有所上升。

一种前进的、不均匀的运动可以使水在容器内流动。

以那些从富西纳（Fusina）不断开来的满载这个城市用水
425 的驳船为例，可以非常清楚地解释和显明这些结果。让我们想象这样一艘驳船以适中的速度沿着环礁湖开过来，满载着水平稳地运动，搁浅或碰到什么阻碍时会大为减慢。现在，水不会因此失去其先前获得的与船相等的冲力，而将保持冲力流向船首，在那里显著上升，在船尾下降。但另一方面，如果同一条船在其平稳行进中显著增加速度，那么它所盛的水（在习惯于这个速度之前并保持其慢度时）将流向船尾，在那里上升，在船首下降。这一结果是无可置疑的和清晰的；我们可以在任何时候对它做实验检验，关于它有三点你们要特别注意。

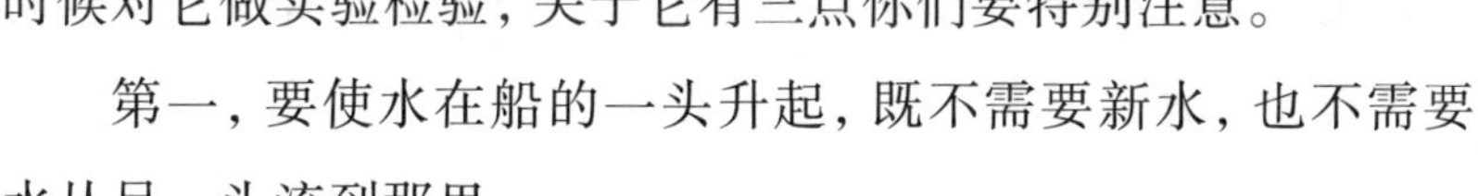

第一，要使水在船的一头升起，既不需要新水，也不需要水从另一头流到那里。

第二，除非船的行进起初很快，而且碰上的东西或其他阻碍很坚固，否则靠近船中部附近的水不会显著升降。此时不但会让所有水向前流动，而且会使大部分水溢出船外；船在缓慢行驶时，如果突然受到剧烈撞击，也会发生同样的情况。但如果船在正常行驶时适当地加速或减速，船的中部（如我所说）将看不出什么升降，而其他部分则距离船的中部越近就上升越多，距离越远就上升越少。

第三，与两头的水相比，船中部的水虽然升降没有什么变化，但来回流动很厉害。

地球各个部分的运动有加速和减速。

现在，先生们，船与它所盛的水的关系，以及水与容纳它的船的关系，就如同地中海海床与其中所盛的水的关系，以及水与包含它的地中海海床的关系。接下来我们要证明以下结论 426
为真，以及以何种方式为真：地中海海床和所有其他海床（总之地球的所有部分）做一种明显不均匀的运动，即使只能把规则而均匀的运动归于地球本身。

辛普利邱：虽然我不是数学家，也不是天文学家，但初看起来，这像是一大悖论。如果整体的运动是规则的，而各个部分的运动是不规则的，那么这就是一个悖论，破坏了“适用于整体的道理也适用于部分”这一公理。

萨尔维阿蒂：辛普利邱，我先证明我的悖论，再把针对它捍卫这条公理或者使两者相一致的任务留给你。我的证明会非常简易，它只依赖于我们详细谈论过的事情，无需引入任何有利于潮汐的说法。

我们已经说过，地球有两种运动：一种是周年运动，由地心沿地球轨道圆周按照黄道十二宫的顺序（即自西向东）绕黄道运转，另一种是地球本身围绕其自身中心每 24 小时（同样自西向东）的绕轴自转，这根轴有些倾斜，与它周年运转的轴并不平行。我要说，由这两种本身均匀的运动的合成，产生了地

证明地球的各个部分如何加速和减速。

球各个部分的一种不均匀运动。为使这一点更容易理解，我画一张图来解释它。

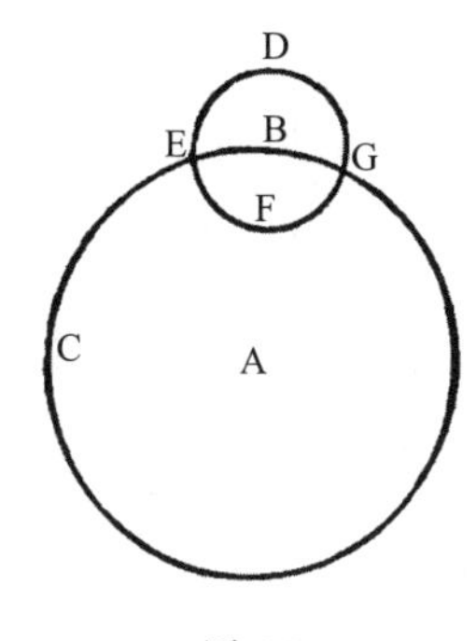

图 28

首先，我围绕中心 A 作地球轨道的圆周 BC，在其上取 B 点；再以 B 点为中心作小圆 DEFG 表示地球。假定地球中心 B 沿轨道的整个圆周自西向东即从 B 向 C 运行。进一步假定地球
427 按照 D、E、F、G 的顺序每 24 小时绕其自身的中心 B 转一圈。这里我们必须注意，一个圆围绕其自己的中心运转时，它的每一个部分在不同时间必定做相反的运动。由于围绕 D 点的圆周部分向左（即向 E）运行时，其对立部分围绕 F 向右（即向 G）运行，所以这是很明显的。因此当 D 点到达 F 时，其运动将与它原先在 D 时的运动相反。此外，在 E 点（比如说朝着 F）下降的同时，G 将朝着 D 上升。既然地面绕其自身中心运转时，地面各个部分的运动存在这种对立，那么在结合周年运动与周日运动时，必定会产生地面各个部分的一种绝对运动，它时而大大加速，时而又以相等的程度大大减速。只要先看看围绕 D 的各个部分，就可以清楚地看到这一点，其绝对运动将会非常快，它乃是沿同一方向即向左的两种运动造成的。其中第一种运动是周年运动部分，这是地球的所有部分共有的；另一种运动则是同一点 D 的运动，由周日运动带着向左运转，因此在这种情况下，周日运动增大和加速了周年运动。

围绕自身中心做规则运转的一个圆的各个部分在不同时间做相反的运动。

周年运动与周日运动的混合导致了地球各个部分运动的不均匀。

D 对面的 F 部分的情形则完全相反。这个部分被周日运动

带着向右运转，而共同的周年运动则带着它和整个地球一起向左运转，因此周日运动减小了周年运动。这样一来，这两种运动合成出来的绝对运动就被大大减速了。

围绕E点和G点，绝对运动始终等于简单的周年运动，因为周日运动对它基本不起什么作用，既不向左也不向右，而是向下和向上。由此我们可以得出结论，正如整个地球及其每一个部分的运动如果只做一种运动，不论是周年的还是周日的，将都是均匀不变的；同样，这两种运动混合起来，也必然会使地球的各个部分产生这种不均匀的运动，因周日运动对周年运动的增减而时而加速、时而减速。

正如经验的确证明的，如果容器运动的加速和减速使其中 428
所盛的水沿其长度来回流动，并且在其两端升降，那么谁会否认，这种结果在海水中也会产生或者说必定产生呢？因为海床也会发生这些变化，尤其是自西向东延伸的那些海床，它们就是沿这个方向运动的。

潮汐最有效力和最主要的原因。

这就是潮汐最基本和最有效力的原因，否则它就不会发生。然而，在不同时间地点观察到的特殊事件是多种多样的；这些事件必定依赖于各种不同的伴随原因，尽管所有伴随原因都必定与基本原因有某种关联。因此，我们接下来的任务就是提出并考察可能引起这些不同结果的不同现象。

在潮汐中发生的不同事件。第一个事件：在一端升起的水会自行恢复平衡。

其中第一个事件是，由于盛水容器做某种很大的加速或减速，每当水获得流向某一端的原因，当主要原因消失时，水将不会保持在那种状态中。因为凭借自身的重量和铺平自己的自然倾向，水会主动迅速回到原来的状态；由于水是重的和流动的，水不仅会回到平衡，而且会超越平衡，被其自身的冲力所推动，在最初下降的那一端上升。但水不会留在那里；通过反复来回摆动，我们会知道水不愿突然失去已经获得的运动速度而回到静止状态。它希望运动速度慢慢减小，逐渐降低。正是以这种方式我们看到，一根绳子悬着的重物，一离开静止（即垂直）状态，就会自行回到这种静止状态，但要经过多次来来回回，在往返中不断越过这个垂直位置。

在最短的容器中，摆动频率最大。

第二个需要注意的事件是，刚才提到的往复运动会按照盛水容器的不同长度而以或大或小的频率（即较短或较长的时间）进行。在较短的距离内往复较为频繁，而在较长的距离内则往复较少，正如在上述秤锤的例子中我们看到，用长线悬挂的秤
429 锤的往复频率要小于用短线悬挂的秤锤。

深水的摆动频率较大。

关于第三个事件，你们应当知道，使水在不同时间内做往复运动的不仅有容器的长短，还有深浅的不同。对于等长但不等深的容器中所盛的水来说，较深的水将以较短的时间摆动，而较浅的水的摆动频率则较小。

水在容器两端升降，而在中部流动。

第四，这类摆动在水中产生了两个结果，值得我们注意和认真观察：一是水在容器两端的交替升降，二是水平的来回流动。这两种不同的运动在水的不同部分各有不同。水的两端升降最大；中部根本没有什么升降；其他部分则视其距离两端的远近而成比例地升降。另一方面，中部在另一种（前进的）往复运动中移动很多，而两端的水则不做这种运动——除非水在上涨时碰巧高出堤岸并溢出原来的河道和容器。但只要有堤岸的阻碍约束着，中部的水就只有升降；这也不能阻止中部的

水来回流动，其他部分的水也视其距离中部的远近而成比例地流动。

地球运动的现象无法实际再现出来。

第五个特殊事件必须更加认真地考虑，因为我们不可能通过任何实际实验来复制它的结果，那就是：在像前面提到的驳船那种走得时快时慢的人工容器中，整个容器和它的每个部分始终在均一地加速或减速。例如，当驳船运动受阻时，船首部分并不比船尾部分更加减速，而是做同样的减速。加速时也是一样，那就是赋予驳船以某种新的加速原因，船首和船尾会以同样方式加速。但令人惊讶的是，在像长海底那样的巨大容器中(尽管这不过是地球固体中的空腔罢了)，其两端的速度却并 430
不共同增减、等同地增减和在同一时间增减。因为当这种容器的一端因为周年运动与周日运动的合成而大大减速时，另一端有可能受到影响而参与一种更快的运动。

为使你们更容易领会，我们用之前画的图来解释它。假定一片海有四分之一圆那么长，如 BC 弧。那么如我以前所说，靠近 B 的部分在做很快的运动，因为两种运动(周年运动和周日运动)都沿同一方向结合起来，而此时靠近 C 的部分则在做很慢的运动，因为这些部分缺乏依赖于周日运动的向前运动。如果我们假定一处海底有 BC 弧那么长，我们将会立刻看到，它的两端在给定时间内的运动非常不等。如果一片海有半圆那么长，并且在 BCD 的位置，则它将有极为不同的速度，因为 B 端的运动会很

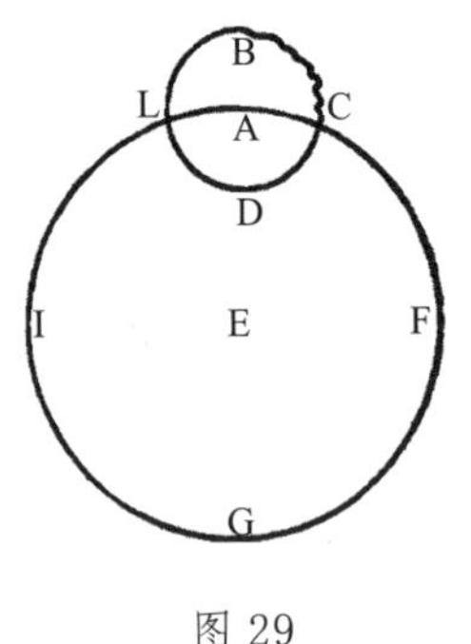

图 29

快，D端很慢，而C周围的中部则做适中的运动。如果这片海短一些，海水的这种奇异现象就不会那么显著，其各个部分在一天某些时间内受到的运动快慢的影响就会小些。

现在，如果我们先从实验中看到，容器各个部分的同等加速或减速的确可能是所盛的水来回流动的原因，那么如果容器的位置使其各个部分的加速和减速非常不均匀时，我们会设想容器中发生什么呢？我们肯定会说，必然可以觉察到水中藏有更大、更新奇的骚动原因。尽管在许多人看来，我们似乎无法用人工的手段和容器来检验这些事件的结果，但这并非完全不
431 可能；我有一个机械模型，从中可以详细观察到这些奇特的运动合成的结果。但就我们当前的目的而言，我们迄今从理智上把握的道理已经足够。

沙格列陀：就我而言，我很清楚这种令人惊异的现象必然发生于海床，尤其是东西距离很长的那些海床，也就是沿着地球运动的方向。由于这种现象在某种意义上是我们梦想不到的，在我们所能制造的运动中也没有先例，所以我不难相信，我们的人工实验不可能模仿它所产生的结果。

在潮汐中观察到的特殊事件的理由。

萨尔维阿蒂：这些弄清楚之后，现在需要考察在潮汐涨落中经验观察到的各种不同的特殊事件。首先，不难理解为什么在湖泊、池塘甚至小海里没有明显的潮汐。对此有两条令人信服的理由。一条理由是，由于水池很短，水在一天的不同时间里获得了不同的速度，但水的各个部分却没有出现什么差别；它们齐一地加速和减速，前后一样；也就是说，东西皆同。不仅如此，它们是逐渐获得这些变化的，不是因为突然碰上一个

为什么小海或湖泊里不发生潮汐。

障碍或阻碍，或者盛水容器突然大大加速。容器及其各个部分是慢慢地、同等地被赋予了相同的速度，由于这种齐一性，所盛的水也毫不抵抗或毫不犹豫地受到了同样的影响。因此，升降或流向某一端的迹象只是模糊地显示出来。这一结果也显见于人工的小容器，水在其中只要加速或减速是缓慢而均匀地进行的，就被赋予同样的速度。但在东西相距遥远的海底，当一端运动很慢、另一端运动很快时，加速或减速就要显著和不均匀得多。

第二条理由是水从其容器的运动所获得的冲力所引起的往
复摆动，这种摆动（如我们所说）在小容器中以高频率进行。地 432
球的运动中有一个内在的原因，只在某个12小时周期里使水运动，因为盛水容器的运动一天只有一次急剧加速或减速。这第二个原因依赖于水的重量，水的重量试图使它恢复平衡，并按照容器长短产生1小时、2小时或3小时等的摆动。于是，这个原因与第一个原因相结合，就使整个运动变得完全无法觉察，对于小容器来说，第一个原因即使就自身而言也一直很小。主要原因以12小时为周期，在被第二个原因超过并逆转时，并未结束施加干扰，第二个原因依赖于水的重量，并根据容器的长短深浅而有1、2、3或4小时等的摆动时间。与第一个原因所起的作用相反，第二个原因干扰和消除了第一个原因，从不容许第一个原因达到其运动的顶点甚至平均值。这种冲突整个消灭或者说大大掩盖了潮汐的任何迹象。我还有一点没有提到，即风的不断变化通过使水变得不平静，将使我们无法确定某些很小的升降，如半英寸或更少，实际上是否属于长度只多出一点点的水底和容器。

其次，我将解决这样一个问题：既然在主要原因中，除了以12小时为周期(即一次凭借最快的运动速度，一次凭借最慢的运动速度)，没有使海水运动的原因，那么为何潮汐通常表现为6小时涨潮、6小时落潮呢？我要说，这一测定不可能只来自主要原因。还需要引入一些次要原因来解释它，即容器的长短和水的深浅。这些原因虽然不会使水运动(那种作用仅仅来自主要原因，否则就不会有潮汐)，但在限制往复运动的时间方面却是主要因素，而且极其有力，以致主要原因必须顺从它。
433 因此对于这些往复运动来说，6小时并不比任何其他时间间隔是更恰当或更自然的周期，尽管它也许是最常观察到的周期，因为它是我们地中海的潮汐周期，多少个世纪以来，地中海是观察潮汐的唯一可行的地点。虽然如此，并不是在地中海任何地方都能观察到这一周期；在一些较为狭窄的地方，比如赫勒斯滂(Hellespont，即达达尼尔海峡)和爱琴海，周期就要短得多，而且周期之间差别很大。据说亚里士多德就是因为看见这些差异并且无法理解它们的原因，而在埃维亚岛(Negroponte)的某些绝壁上长期观察潮汐之后绝望地跳海自尽的。

为什么潮汐大都以6小时为周期。

第三，我们很容易看到，为什么像红海这样的海虽然很长，却没有什么潮汐。这是因为它的长度不是从东延伸到西，而是从东南延伸到西北。地球的运动是自西向东，水的冲力总是针对子午圈，而不是从一个平行圈到另一个平行圈。因此，在沿长度方向朝两极延伸、但沿其他方向却很狭窄的那些海洋中，是不存在潮汐的原因的——除非这些海洋与其他海洋通连，而

一些很长的海没有潮汐的原因。

其他海洋有很大的潮汐运动。

为什么潮汐在海湾两端最高，中部最低。

第四，我们很容易理解为什么潮汐在海湾的两端升降最大，而在中部升降最小。日常经验向我们表明，在位于亚得里亚海尽头的威尼斯这里，差异通常有五六英尺之多，而在远离地中海两端的各个部分，这种变化很小；例如在科西加岛和撒丁岛以及罗马和里窝那海岸，差异不会超过半英尺。另一方面，我们也知道为什么在升降很小的那些地方，前后流动却很大。我要说，理解这些事件的原因并不难，因为我们在各种人造容器中很容易观察到这些事例，当容器移动得不均匀或者说时快时慢时，我们看到同样的结果会自然地发生。

为什么水在狭窄的地方比在宽阔的地方流动更快。

第五，让我们进一步思考，在宽阔的海峡里缓慢流动的定 434
量的水，在流过狭窄的地方时为何会流得那样急。由此我们将不难理解，在将卡拉布里亚与西西里隔开的狭窄海峡中为何会出现巨大的水流。因为这片广阔的岛屿与大海东部的爱奥尼亚海湾所封闭的全部海水，虽然因为那里宽阔而缓缓向西流下，然而一旦被限于斯库拉和卡律布狄斯之间的墨西拿海峡，就会迅速流下并形成巨大的激荡。据说在非洲与马达加斯加（San Lorenzo）的大岛之间也出现过类似但更显著的情形，那里的海水介于印度洋和南大西洋（Etiopico）[1]这两大洋之间，在流入马达加斯加与南非海岸之间更小的海峡时必然受到限制。麦哲伦

---

① 在伽利略的时代，习惯上将非洲埃及以南的一切事物都称为“埃塞俄比亚”（Ethiopia）。17 世纪的地图有时会将南部非洲两侧的大洋写为“埃塞俄比亚大洋”。

海峡中的潮水一定极为汹涌，因为它是南大西洋与南太平洋之间的通道。

第六，为了解释在潮汐中观察到的一些更奥妙的事件，我们现在还要对潮汐的两个主要原因做另一项重要考察，而后将它们结合起来。如我常常所说，第一个也是最简单的原因是地球各个部分的明确加速和减速，海水由此获得一定的周期，在24小时内流向东方并流回西方。另一个原因则依赖于水自身的重量，水一旦被主要原因推动，就试图通过重复摆动使自身恢复平衡；这些摆动并不只有一个预先设定的时间，而是按照海洋这个容器的不同长度和深度有不同的时间。就其依赖于这第二个原因而言，有些会在1小时内流动并返回，有些是2小时、4小时、6小时、8小时、10小时，等等。

讨论在潮汐中观察到的一些不太明显的事件。

现在，如果我们把周期确定为12小时的第一个原因与周期例如为5小时的第二个原因加在一起，那么主要原因和次要原因有时碰巧会使其冲力都朝同一方向。在这种结合中(或可
435 说在这种意见一致的同谋中)，潮汐会非常大。在其他时候，主要冲力碰巧变得在某种意义上与次要冲力相反；在这样的邂逅中，一个冲力会抵消另一个冲力，从而减弱海水的运动，海水会回到一种非常宁静和几乎不动的状态。还有一些时候，当两个原因并不对立但又不完全统一时，它们会引发潮汐升降的其他变化。

此外，还可能发生这样的情况：由某条狭窄的海峡连通的两个大海，由于两个运动原因的混合，一个引起涨潮，另一个则同时引起相反的运动。在这种情况下，连通这两个大海的海峡中会有异乎寻常的动荡，海水冲激回旋，剧烈翻腾，险象环生，这些传说和叙述我们时有耳闻。这些不协调的运动不仅依赖于所连通海洋的不同位置和长度，更依赖于不同的深度；它们有时会引发各种混乱的、观察不到的海水骚动，其原因曾使海员们大为困惑，而且在没有狂风或其他显著的大气变化可以充当解释时，仍然会碰上骚动。

现在，空气的这些扰乱必须和其他现象一道加以认真考虑，并被视为第三种偶然原因，它能大大改变我们那些依赖于主要的[①]更本质原因的观察结果。例如，从东方不断吹来的狂风无疑会支撑住海水，阻止它退落。如果在既定时间内再次出现高潮，甚至出现第三次高潮，海水会涨得很高。这样，在风力连续数天的支撑下，海水可能比通常升高很多，导致异常的泛滥。

我们还必须注意运动的另一个原因，这将是我们的第七个问题。这是因为江河里大量的水注入了那些并不宽广的海，所以在连通大海的那些水道或海峡里，总会看到水朝同一方向流动；比如君士坦丁堡下面的博斯普鲁斯海峡就是如此，那里 436
的水总是从黑海流向马尔马拉海（Propontide）。由于黑海很窄，潮汐的主要原因并不起多大作用；但另一方面，许多大河流入黑海，巨大的水流必须经由博斯普鲁斯海峡吐出，所以那里的海流很出名，而且总是向南。此外，我们必须注意，这个海峡或水道虽然的确很窄，但并没有斯库拉和卡律布狄斯之间

为什么在一些狭窄的海峡中，海水看上去总是朝同一方向流动。

① 这里“主要的”一词，原版中误写为“次要的”。法瓦罗做了更正。

的墨西拿海峡那种骚动；因为它北有黑海位于其上，南接马尔马拉海、爱琴海和地中海——虽然要越过一片很长的地带；正如我们已经指出的，一片海不论从北到南有多长，都不会受到潮汐的影响。但西西里海峡位于地中海各个部分之间，从西到东——即和潮汐流动同方向——延伸很远，所以那里的骚动会很大。如果直布罗陀海峡不那么开阔，赫拉克勒斯之门（Gates of Hercules）的骚动还会更大；据说麦哲伦海峡的潮流就极为强烈。

这就是我目前想到要告诉你们的潮汐这种基本的周日周期以及与之伴随的各种现象的原因。如果在这些方面你们有什么话要说，现在就可以提出来，然后我们谈另外两个周期，即周月周期和周年周期。

反对地球运动的假说有利于说明海洋的潮汐。

辛普利邱：我觉得你的论证不可谓不可信，正如我们所说，推理是假设性的，也就是假定地球确实在做哥白尼赋予它的两种运动。但若将这些运动排除在外，那么其他一切都是徒劳和无效的；你自己的推理也向我们非常清楚地指出，这一假说是排除在外的。你在假定地球有两种运动的情况下给出了潮汐的原因；反过来，你又用循环论证的方法用潮汐来表明和确证地球的这两种运动。在进行更具体的论证时，你说水是一种流体，并非牢固地附于地球，因此并不需要严格服从地球的所有运动。由此你推出了潮汐。

437 我现在仿照你提出相反的论证：空气比水更稀薄、更易于流动，而且更不附于地面，而水却因为自身的重量（如果没有其他原因）附于地面，且比非常轻的空气更向下压它。既然如此，空气就更不应当跟随地球运动；于是，如果地球的确在以这些方式运动，我们这些地球居民以同样的速度被带动，必然会感到一阵风从东刮来，以一种让人无法忍受的力量持续袭击我们。日常经验告诉我们，这种现象必然会发生；因为如果我们骑马以每小时不到 8 英里或 10 英里的速度在平静的空气中驰骋，面部会感到一股类似强风的袭击；如果我们以每小时 800 英里或 1000 英里的速度飞驰，而空气却不做这样的运动，试想空气对我们的袭击将是什么样子！然而这种现象我们却丝毫感觉不到。

萨尔维阿蒂：对于这个似乎令人信服的反驳，我的回应是，空气固然比水稀薄得多、轻得多，而且因为轻，要比又重又多的水更少地附于地球，但你由这些条件导出的推论却是错误的，
544 即空气因为轻、稀薄以及更少地附于地球，必然比水更不遵循地球的运动，因此对于完全参与地球运动的我们来说，空气的这种抗拒是可以明显感觉得到的。实际情况恰好相反。因为如果你认真回忆一下，我们所指定的潮汐的原因在于海水不遵循其容器的不规则运动，而要保持它之前获得的冲力，而且海水冲力的增减与容器冲力的增减并不完全相同。现在，既然对运动新的增减的抗拒在于保持原先获得的冲力，最适合这种保持的运动物体也将最适合呈现这种保持所带来的结果。水倾向于保持已有的骚动，甚至在使之骚动的原因停止作用之后仍然具有这种强烈的倾向，可以从强风使水剧烈搅动的经验中得到证明。虽然风可能已经停止，空气变得平静，但这些波浪还
会运动很长时间，正如那位神圣的诗人陶醉地吟唱的：深深的 438

回应针对地球旋转的反驳。

水比空气更能保持获得的冲力。

爱琴海啊……[1] 这种骚动的持续依赖于水的重量，因为正如在别处所讲，轻物的确比重物更容易动起来，但运动的原因一旦停止，轻物则不如重物能够保持运动。空气本身非常稀薄且极轻，最小的力就能使它运动；而当推动者停止作用时，空气却很难保持运动。

轻物比重物更容易动起来，但不大能保持运动。

至于地球周围的空气，我会因此说它像水一样因附于地球而被带着旋转，尤其是包含在容器中的那些部分，这里的容器是指群山环绕的平原。我们还可以更合理地宣称，这些部分由粗糙的地面所带动，而不是像逍遥学派断言的那样，较高的部分由天界运动所带动。

空气被粗糙的地面所带动要比由天界运动所带动更合理。

到目前为止，我所说的内容似乎已经恰当地回应了辛普利邱的反驳。但我想基于一项引人注目的实验，提出一条新的反驳和另一条回应让辛普利邱更满意，同时为沙格列陀证实地球 545
的运动。

我说过，空气，尤其是低于最高山峰的那部分空气，是由粗糙的地面带动的。由此似乎可以推出，如果地球并非高低不平，而是平坦光滑，那就没有理由说它带着空气一起走，或至少不能说它这样齐一地带着空气走。要知道，我们这个地球的表面并非都是崇山峻岭和崎岖不平，而是有很大的区域都很平

用一个关于空气的新论证来确证地球的旋转。

[1] 这里原文为：Qual l'alto Egeo, etc.，是意大利著名诗人托尔夸托·塔索(Torquato Tasso)在《被解放的耶路撒冷》(*Jerusalem Liberated*, xii, 63)中的诗句："当肆虐的北风不再咆哮，深深的爱琴海啊，也未曾止息，而是将风的声响和律动，留在它的浪涛之中。"伽利略这里称塔索为"神圣的诗人"，这与他早年将塔索与阿里奥斯托(Ariosto)相比时对塔索的负面评价形成鲜明对比。

滑，比如海洋的表面就是如此。这些海洋离它们周围的山脉很远，似乎没有任何能力带着它们上方的空气一起走；因此，地球不带空气一起走如果有任何推论的话，就应当在这些地方被感觉到。

辛普利邱：我也想提出同样的反驳，在我看来它很有说服力。

萨尔维阿蒂：你完全可以这样说，辛普利邱，也就是我们
这个地球在转动，但空气中却感觉不到地球转动的结果，你就
可以论证地球是不动的。但如果这种你认为应当感觉到的必然 439
推论事实上被感觉到，那会怎么样？你会认为这是地球运动的
一个迹象和强有力的论证吗？

辛普利邱：在那种情况下，问题就不单单与我有关；因为如果这种情况发生，而我不知道它的原因，那么也许别人知道。

萨尔维阿蒂：这样的话，没有人能赢得了你，而必定总是输掉；你还是不要打赌的好。不过，为了不欺骗我们的裁判员，我将继续讲下去。

地球附近空气的蒸汽部分参与地球的运动。

我们刚才已经说过，现在再重复一下，并做一些补充，也就是空气作为并非牢固附于地球的一种稀薄流体，似乎无需服从地球的运动；只是粗糙不平的地面才把与之邻接或者不超过最高山峰很多的那部分空气带着走。这部分空气中充满了蒸汽、烟和呼气，而这些气体都是参与土质属性的材料，与这些运动天然相适应，因此这部分空气对于地球的转动应当抵抗最小。但在缺少运动原因的地方，即在地面辽阔平坦且混杂土质蒸汽较少的地方，周围空气完全服从地球旋转的理由就被部分

消除了。于是，当地球向东旋转时，在这些地方应当持续感到有风自东向西吹来，而且这种风应当在地球转动最快的地方最容易觉察，也就是离两极最远、离周日旋转的大圆最近的那些地方。

在两条回归线之间，总有微风向西吹。

驶向西印度群岛很容易，返回却很难。

事实上，实际经验有力地确证了这一哲学论证。因为在热带（即两条回归线之间），在大海上，在那些远离陆地、刚好没有地质蒸汽的地方，可以感到一种微风以恒定的运动从东吹来，正是由于这种风，船才成功驶向西印度群岛。同样，从墨西哥海岸出发，船也在太平洋乘风破浪成功驶向东印度群岛，
440 东印度群岛在我们东边和船的西边。而从东印度群岛向东航行则很困难且没有把握，也无法沿同样的路线返回，而必须靠近陆地航行，以便碰上由其他原因引起的其他应时的多变的风，
就像我们陆地居民常常经验的那样。这些风的起源有各种不同 547
的原因，我们这里不必费心列出。这些偶然的风无差别地吹向地球的各个部分，扰乱了远离赤道且和粗糙地面接壤的海面。这等于说，大海被空气所扰乱，这些扰乱妨碍了主要气流，尤其是在海洋上，如果没有这些偶然的扰乱，主要气流是能持续感觉到的。

来自陆地的风扰乱了大海。

现在你们看到，水和空气的行为与确证地球运动的那些天界观察非常一致。

沙格列陀：不过最后，我还想告诉你一个特殊情况，它似乎不为你所知，但却可以确证同样的结论。萨尔维阿蒂，你提到过海员们在热带碰到的那种现象，我是指那种从东边持续吹来的风，这种风我曾听常做这一航行的人讲过。而且有趣的

对空气的另一项观察，以支持地球运动。

是，海员们并不称之为“风”，而是给它取了另一个名字，我一
下想不起来了，之所以这样称呼也许是因其运动常常均匀。他
们遇到这种风时，就绑好横桅索和帆的其他缆绳，这样就不必
再去碰这些东西，可以安全地继续航行，甚至睡觉。人们早就
知道这种持续的微风，知道它会持续不断地吹；因为如果有别
的风打断它，人们就不会认为它是一种不同于所有其他风的特

航行地中海，自东向西的时间要短于自西向东。

殊结果。由此我可以推断，地中海或许也会参与这种现象，但
这是观察不到的，因为它常常被附带的其他风所打断。我是特
意这样说的，而且是基于非常可信的理论，我去阿勒颇做领事
时，在驶向叙利亚途中有幸学到了这些理论。我把船在亚历山
大里亚、亚历山大勒塔和威尼斯港的出发和到达日期特地记录

下来，让我感兴趣的是，我从这些记录中一再发现，船每次回 441
548 到威尼斯这里（即自东向西经过整个地中海的航程）的时间总
要小于相反方向的航程，比例上要少 25%。由此可见，东风整
体上要强于西风。

萨尔维阿蒂：我很高兴了解这些细节，这大大确证了地球的运动。虽然地中海的所有海水可以说都是通过直布罗陀海峡来的，它要把那么多注入它的河流的水都汇入大洋，但我并不认为潮流会强到能够单独造成这种显著差别。这也显见于法洛斯岛的水向东流回和向西流是一样的。

沙格列陀：与辛普利邱不同，除了我自己，我并不想说服任何人，你关于第一部分所讲的内容我很满意。因此，萨尔维阿蒂，如果你希望继续讲下去，我将洗耳恭听。

萨尔维阿蒂：遵命，但我也想听听辛普利邱的看法，因为

由他的判断，我可以猜出逍遥学派对我这些论证的看法，如果这些论证传到他们耳朵里的话。

辛普利邱：我不希望你根据我的意见来猜测别人会怎样判断。如我经常所说，在这类研究上我是初学者，那些在哲学上有精深研究的人所想到的事情，我可能永远也想不到。因为如俗话所说，我连门都没有摸到。不过为了迸出一点火花，我要说，你所论述的那些结果，特别是最后这个结果，我认为单凭天界的运动就足以解释它，而不必引入你给这个领域带来的与此截然相反的任何新奇论点。

逍遥学派承认，在自东向西的周日旋转中，火元素和大部分空气是通过接触作为其容器的月亮天球而被带着旋转的。现在，与你的推理方法并不偏离，我想表明，参与那种运动的空
442 气就是一直到最高山顶的那个部分，而且如果这些山对空气没 549
有阻碍，这个部分会一直延伸到地球本身。于是，正如你宣称，山脉周围的空气被运动的粗糙地球带着运转，我们的说法却与此相反，即除了低于山峰的那个部分，所有气元素都被天界的运动带着运转，低于山峰的那个部分则被不动的粗糙地球所阻碍。你会说如果消除这种粗糙不平，空气就会摆脱地球的束缚，而我们则会说，如果消除这种粗糙不平，所有空气都将参与这一运动。由于海面平滑平整，从东边会持续吹来微风，而且在两条回归线之间靠近赤道的地方会更加显著，因为那里天界的运动非常快。

将论证颠倒过来可以表明，空气自东向西的持续运动来自天界的运动。

由于这种天界运动有足够的力量带动空气，我们可以非常合理地说，它会把这一运动赋予移动的水。因为水是流体，不

水的运动依赖于天界运动。

附于不动的地球。既然你自己承认，这一运动相比于其动力因很小，因为天界在一个自然日里绕整个地球一圈，每小时走数千英里（尤其是赤道附近），而海流每小时只走几英里，我们就更有把握断言这一点。这样一来，我们向西航行会省事和迅速得多，因为我们不仅受助于从东边持续吹来的微风，而且也受助于水流。

潮汐可能依赖于天界的周日运动。

也许同一海流也会引起潮汐。正如河流经验向我们表明的，水流冲击不同地点的海岸时，甚至可能反向流回。由于河岸不规则，河里的水常常碰到某个突出部分或者水底下有个凹陷，就会回旋起来，而且可以明显看到水的回流。因此，如果我们主张地球不动并且恢复天界的运动，那么在我看来，你用来论证地球运动的那些结果（你认为地球运动是这些结果的一个原因）仍然可以得到充分解释。

550

萨尔维阿蒂：不能否认你的论证别出心裁，且具有一定的 443
可能性，但我说只有表面的可能性，而没有实际的可能性。你的论证有两个部分；在第一部分中，你为东风的持续运动和水的运动提供了理由；在第二部分中，你还试图从同一理由推出潮汐的原因。如我所说，第一部分有某种表面的可能性，尽管远小于我们从地球运动获得的可能性。第二部分不仅全无可能性，而且是绝对不可能和错误的。

让地球运动要比让地球不动更能合理地解释空气和水的持续运动。

在第一部分中，你说月亮天球的凹陷带动火元素和所有空气，一直到最高的山峰，我首先要说，火元素是否存在还是个疑问。就算假定火元素存在，月亮天球是否存在，甚至是否有任何其他“天球”存在，也是极为可疑的。也就是说，我们怀疑是真的存在这些坚固且极为巨大的物体，还是在空气之外弥漫着一种比我们的空气稀薄和纯粹得多的物质，以及行星是否在这些物质中漫游，就像这些哲学家当中的大多数现在开始主张的那样。

火元素不可能被月亮天球带着走。

但无论如何，我们没有理由相信，通过简单接触你认为非常光滑平坦的表面，整个火元素就能被带着与自身倾向相反地运动。这已为《试金者》所彻底证明，也为可感的实验所证明。此外，将这种运动从最精微的火传给致密得多的空气，再从空气传给水，同样是不可能的。

然而通过旋转，一个表面崎岖不平且多山的物体不仅可能，而且必然会带着与其突出部分相邻接的空气一起运动；这一点可见于经验，尽管我相信即使没有亲眼见到，也没有人会怀疑它。

551

潮汐不可能依赖于天界运动。

至于其余，假定空气甚至水被天界的运动所带动，这样一
种运动将与潮汐没有任何关系。因为既然一个齐一的原因只能
444 产生一个齐一的结果，那就必须在水中发现一种持续而均匀的
自东向西的水流，这种水流只存在于环绕地球自己流回来的海
洋中。在像地中海这样东部被包围的内陆海中，就不可能有这
样的运动。倘若水流被天界的运行带着向西流，地中海在许多
个世纪之前就会干涸；此外，我们的水不仅向西流，而且定期
向东流回。如果真如你所说，河流的例子表明，海水最初只是
自东向西流，但海岸的不同位置也许迫使一些水回流，那么辛
普利邱，我将同意你的说法；但你必须注意，只要水是因此而
折回的，它总会流回来，而只要水向前流动，它将总保持同一

方向，这一点你从你河流的例子就可以看到。至于潮汐，你必须发现并提出使潮汐在同一地点时而朝这个方向流、时而朝另一个方向流的理由——你绝不可能由一个恒常不变的原因推导出这些相反且无规律的结果。这不仅推翻了那种把海水的运动归于天界周日运动的想法，也挫败了那些只承认地球有周日运动并相信由此便能解释潮汐的人。因为既然结果是无规律的，那就必然要求其原因也是无规律和可变的。

辛普利邱：我没有更多的话要说；我自己不想说，因为我缺乏创见，也不想替别人说，因为这种观点太新奇了。但我确实相信，如果这种观点在各个学派中传播开来，能对它进行质疑的哲学家一定大有人在。

沙格列陀：那就让我们等着瞧吧。在此期间，萨尔维阿蒂，如果你还满意，我们就继续吧。

萨尔维阿蒂：迄今为止关于这一点所说的一切都与日潮有关，其主要的普遍原因先已得到证明，没有这种原因就不会发生任何结果。然后是在这种周日周期（这一周期是变化的，在某种意义上是不规则的）中观察到的特殊事件，这些事件所依赖的次要的伴随原因还有待讨论。

现在还有另外两种潮期，即月潮和年潮。除了在日潮下已 445
经讨论的事情，这些潮期并没有引入什么新的不同事件，但在太阴月的不同时段和太阳年的不同季节使日潮变大或变小——就好像月亮和太阳参与产生这些结果似的。但这种看法与我的思想格格不入；因为我看到，海洋的这种运动是一种局域的和可感的运动，而且是在巨量的水中产生的，我就无法相信光、温热、隐秘性质的主导以及类似的无聊想象是其产生的原因。它们绝非潮汐的实际原因或可能原因，而是恰恰相反，潮汐倒是它们的原因，即对于那些喜欢夸夸其谈和炫耀卖弄、而不善于思索和探究大自然隐秘作品的人，潮汐会使其想入非非。他们非但不肯明智而谦虚地说“我不知道”，反而会喋喋不休，甚至写出荒谬绝伦的东西。

我们看到，月亮和太阳并不通过光、运动、高热或温热作用于小容器中的水；我们还看到，要通过热使水上升，必须使水接近沸腾。简而言之，除非通过容器的运动，我们无法以任何方式人工地模仿潮汐的运动。那么，这些观察难道还不能让所有人相信，充当这一结果之原因的所有其他事物都是徒劳的幻想，与事情的真相完全格格不入吗？

结果变化意味着原因变化。
详细指明月潮与年潮的原因。

因此我说，如果一个结果只能有一个基本原因，而且原因与结果之间存在一种恒常固定的联系，那么只要看到结果中有一种恒常固定的变化，原因中就必定也有一种恒常固定的变化。现在，既然潮汐在一年和一月的不同时间里发生的变化有其恒常固定的周期，那么潮汐的主要原因中就必定会同时发生规律性的变化。其次，潮汐在上述时间的变化不过是其规模上的变化，即水的升降较大或较小，以及以或大或小的冲力流动。
446 因此，不论潮汐的主要原因是什么，它的力必定会在上述特定时间增减。但我们已经断言，含水容器运动的不规则和不均匀是潮汐的主要原因，因此这种不均匀一定会相应地不时变得更加不规则（即一定增加或减少）。

现在我们必须记住，这种不均匀性（即作为容器的地面某些部分的不同速度）源于这些容器在做一种合成的运动，而这种合成运动乃是属于整个地球的周年运动与周日运动的合成。合成的运动之所以不均匀，是因为周日转动对周年运动的交替增减。于是，容器不均匀运动的主要原因，以及潮汐不均匀运动的主要原因，就在于周日旋转对周年运动的增减。如果这些增减总以相同比例对周年运动进行，那么潮汐的原因固然会继续存在，但仅仅是潮汐永远以同一方式出现的原因。现在，我们必须解释为什么这些潮汐在不同时间有大有小。因此，如果我们希望保持原因不变，那就必须考察这些增减的变化，使之更有能力或更无能力产生依赖于它们的那些结果。但除了让这些增减时大时小，以使合成运动的加速和减速以时大时小的比例进行，我看不出还有别的办法能做到这一点。

月潮与年潮的变化只能依赖于周日运动和周年运动增减上的变化。

沙格列陀：我感觉自己被人牵着走。我虽然看不到路上有什么障碍，但和盲人一样，不知道要把我带到哪里，也猜不出何处是尽头。

萨尔维阿蒂：我缓慢的哲学推理和你的敏捷洞察之间有很大差别。然而在我们现在讨论的这件事上，即使是像你这样睿智的人，也不免为浓雾所遮蔽，望不到我们旅途的目标，我觉
得并不奇怪。回想起我花了多少个日日夜夜去冥思苦想这些问 447
题，我就不会感到惊讶。我还想起，有多少次我都不再指望能够理解它，而只能试着安慰自己，尽管有那么多值得信赖的人当着我的面做过证词，但我仍然像那个不幸的奥兰多一样相信这不可能是真的。所以如果你这次一反常规没有预见到目标，你也不必诧异。如果你仍然感到惊愕，我相信结果（据我所知

是前所未有的）会打消你的迷惑。

沙格列陀：好吧，感谢上帝没有让你因为绝望而落到悲惨的奥兰多那步田地，也没有落到亚里士多德那个可能同样是虚构出来的结局；因为那样一来，包括我在内，人人都将错失揭示我们孜孜以求而又极端隐蔽的真理的良机。所以请求你尽快满足我的渴望吧。

将周日运动加给周年运动的比例可以以三种方式变化。

萨尔维阿蒂：悉听尊便。我们已经研究到地球的周日运动和周年运动的增减如何可能在比例上时大时小；因为除了这种差异，无法为潮汐规模的周月变化和周年变化指定其他原因。接下来我将考虑可以使地球周日运动和周年运动的增减在比例上时大时小的三种方式。

第一种方式是，这可以通过增减周年运动的速度来实现，而周日运动造成的增减在大小上保持不变。因为既然周年运动的速度约为周日运动的 3 倍，[①] 甚至后者在赤道上也是如此，那么如果我们进一步增加周年运动，周日运动的增减将不会引起什么变化。而如果让周年运动放慢一些，则同一周日运动将成比例地引起更大变化。例如，以 20 度运动的物体增加或减少 4 度速度，将比仅以 10 度运动的物体增加或减少 4 度速度，更小地改变行进。

第二种方式是让周日运动的增减较大或较小，而周年运动
448 保持同一速度。这很容易理解，因为比如说，增减 10 度显然要比增减 4 度更多地改变 20 度的速度。

---

① 这一错误说法源于伽利略错误地假设了太阳的距离和地球轨道的尺寸。

第三种方式是前两种方式的结合，即周年运动减小，而周日运动造成的增减增加。

你们看，得到这个结论并不难，但我的确是历尽艰辛才发现这些结果是如何在自然中实现的。然而，我最后发现了某种对我非常有用的事情。在某种意义上，它几乎是难以置信的。

我们很难理解的事情，大自然做起来却非常容易。

我的意思是说，它对我们来说是令人惊讶和不可思议的，但对大自然来说却不然。因为有些事情大自然做起来简易至极，在我们看来却困惑不解，而我们很难理解的事情，大自然做起来却非常容易。

现在继续。我已经证明，周日运动的增减和周年运动的增减，这两者之间的比例可以以两种方式（我说两种是因为第三种是其合成）变得更大或更小，现在我要补充说，大自然的确两种方式都用；而且如果大自然只用其中一种方式，那么潮汐
556 的两种周期变化之一必然会消失。如果没有周年运动的变化，周月周期的变化就会停止，而如果周日运动的增减总保持相等，那么周年周期的变化将会消失。

若周年运动不变，周月周期就会停止。
若周日运动不变，周年周期就会停止。

沙格列陀：那么，潮汐的周月变化是否依赖于地球周年运动的变化呢？潮汐的周年变化是周日运动的增减所引起的吗？现在我比以前更糊涂了，简直无法理解怎么会搞得这样复杂，在我看来比死结还要难解。我羡慕辛普利邱，从他的沉默可以推想他什么都懂，不像我这样想象力陷于迷乱。

辛普利邱：我的确认为你被弄糊涂了，沙格列陀，我还知道你糊涂的原因。在我看来，这是因为萨尔维阿蒂所讲的你只知其一，不知其二。你说我一点不糊涂也是对的，尽管不是因

449 为像你设想的我什么都懂。恰恰相反，关于它，我什么也不懂，糊涂是因为有很多事物——而不是因为一无所有。

沙格列陀： 你看，萨尔维阿蒂，我们过去几次讨论中使用的马缰绳已经把辛普利邱训得服服帖帖了，将他从一匹难以驾驭的小马变成了从容温和的老马。但请不要再拖了，赶紧为我们两个结束这种焦虑吧。

萨尔维阿蒂： 我将尽力克服我这种含糊的表达方式，你的睿智会弥补那些模糊不清的地方。

我们必须研究两件事的原因，一是周月潮汐的变化，二是周年潮汐的变化。我们先讲周月的，再谈周年的。而且我们必须首先根据业已确立的公理和假说来解决整件事，而不能从天文学或从宇宙中引入任何新的说法来帮助解决潮汐的问题。我们将证明，在潮汐中看到的各种事件的原因都存在于已经认识到并且被认为毫无疑问为真的事物中。因此我说，一个运动物体被一个推动力推着旋转，它绕大圆转一圈的时间要比绕小圆转一圈的时间更长，这是一件真实、自然甚至必然的事情。这是大家公认的一条真理，而且与许多实验相一致，我们可以举几个实验为例。

557

一条最真实的假说是，绕小圆转一圈要比绕大圆转一圈时间更短，这可以用两个例子来说明。

为了调节轮钟的时间，尤其是大轮钟，建造者给钟装上一根可以水平摆动的杆。在杆的末端挂上铅锤，当钟走得太慢时，他们只要把铅锤朝杆的中心移动一些，就能使其摆动更快。另一方面，为了使摆动放慢，只要将铅锤朝末端移动一些就够了，因为这样一来，摆动会变得更慢，从而延长小时间隔。这里推动力是恒定的——平衡——而运动物体是同样的铅锤；但

第一个例子。

铅锤靠近中心时，亦即铅锤沿较小的圆移动时，摆动会更快。

第二个例子。

将相等重量的铅锤挂在长度不等的绳子上，拉离垂直位置
并释放。我们将会看到，短绳上的铅锤摆动周期较短，因为它 450
们沿着较小的圆运动。再把这样的铅锤系在一根穿过固定在天花板上的钩环的绳子上，用手握住绳子的另一头。让悬挂的铅锤开始摆动，拉动手中的绳子一头，使铅锤边摆动边上升。你会看到铅锤升起时，摆动频率会增加，因为铅锤持续沿着越来越小的圆运行。

从摆和摆动中可以观察到两个特殊事件。

这里我想让你们注意两个值得关注的细节。一个是这种摆的摆动是严格按照明确的周期进行的，除非通过加长或缩短绳子，否则不可能改变其周期。在这方面，你把一块石头系在绳子上，手持绳子一端，很容易通过实验来证实。除非你加长或缩短绳子，否则你永远也不可能改变石头的摆动周期；你会看到，这是绝对办不到的。

另一个特殊事件非常值得注意，那就是同一个摆沿着既定的圆周摆动，不论经过的是大弧还是很小的弧，其摆动频率都是一样的，或者差异小到几乎无法觉察。我是说，如果我们让摆只偏离垂线 1 度、2 度或 3 度，或者达到 70 度或 80 度甚至整个象限，那么无论是哪种情况，它被释放后都将以同一频率摆动；在前一种情况下，它只需经过 4 度或 6 度的弧，而在后一种情况下，它需要经过 160 度或更多度的弧。如果用两根等长的线悬挂两个等重的摆锤，然后将一个摆锤拉离垂线很短的距离，另一个则拉离很长的距离，就可以更清楚地看到这一点。两者释放后，摆动的周期将是一样的，只不过一个弧很小，另

一个弧很大。

由此便得出了一个非常美妙的问题的解决方案，那就是：给定一个圆的四分之一——我在地上将它画在一张小图上——即这里的AB，它垂直于地平线，沿平面延伸交于B点。用一个非常平滑的 451 凹环弯成圆周ADB那样的弧，使一个平滑的圆球能在其中自由滚动（筛的圆边很适合做这个实验）。现在我说，不论你把球放在哪里，不论它离终点B多近或多远——不论将它放在C点、D点或E点——让它滚动，那么无论它从C、D、E或任何点滚下，它都将在相等的时间内（或以无法觉察的差异）到达B点；[①] 这的确是一个引人注目的现象。

运动物体沿着一个象限下降和沿着整个圆的任何弦下降的问题。

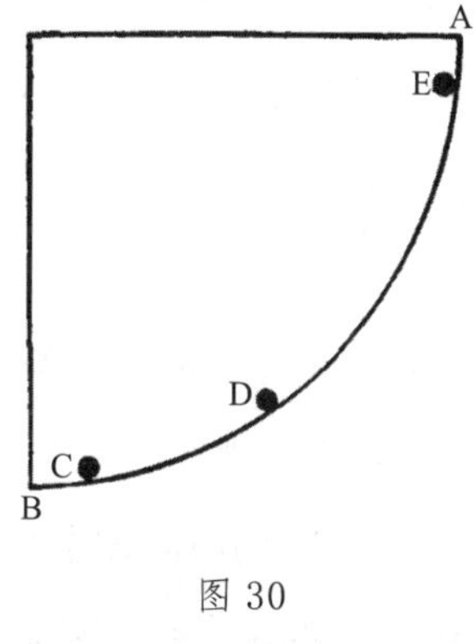

图 30

现在再说一个现象，和前一现象同样美妙。那就是沿着从B点到C、D、E或任何其他点（不仅在象限BA中取，而且在整个圆的整个圆周中取）的所有弦，同一运动物体将以绝对相等的时间下降。例如，它沿着垂直于B点竖起的整个直径下降需要多少时间，它沿着只夹着1度或更小度数的BC弦下降也

① 和往常一样，伽利略注意到一个几乎难以察觉的差异，从而显示出他作为实验家的极度谨慎。实际上，具有等时性的曲线不是圆而是摆线，这是伽利略最先研究和描述的曲线。这一事实的发现和证明构成了17世纪的一个著名的挑战性问题。它于1687年被提出，并由雅各布·伯努利（Jakob Bernoulli）最先解决。摆线也是最速降线（而不是随后讨论中所述的圆）；这个更著名的挑战性问题于1696年由约翰·伯努利（Johann Bernoulli）提出，莱布尼茨在获知该问题的当天便将其解决。在英国数学家的呼吁下，牛顿也立即解决了这个问题。虽然他的解决方案是匿名发表的，但伯努利立即猜到了它的来源。

需要多少时间。

还有一件奇事：物体沿着象限AB的弧下落，要比沿着同弧的弦下落所需时间更短，因此运动物体从A点到B点在最短时间内所做的最快的运动将沿着圆周ADB，而不是沿着直线AB，尽管直线AB是从A点到B点所能作的最短的线。还有，在该弧上任取一点（例如D点），作弦AD和弦DB，那么运动物体沿着弦AD和弦DB要比沿着弦AB从A点到B点所需时间更短。最短的时间将是沿着ADB弧下落的时间，类似的性质适用于从最低点B向上所作的所有较短的弧。

沙格列陀：够了，请别再讲啦，你讲的这些奇事弄得我稀里糊涂，精神无法集中；我恐怕只能弄懂其中一小部分，并应用于我们正在讨论的主题——很遗憾，这个主题本身也太过深奥难解。所以请你行行好，我们先把潮汐理论讨论完，改天再请你 452
光临寒舍讨论其他许多悬而未决的问题。这些问题也许与我们这几天一直在讨论且今天应当结束的问题同样有趣和优雅呢。

萨尔维阿蒂：悉听尊便，不过除了留待分别处理的那些问题，如果我们还想研究一下有关位置运动和抛射体自然运动的许多问题——我们那位猞猁学院院士已经详细研究过的问题——一两次会面是不够的。

回到原来的主题，我们刚才正在解释，在某种保持恒定的推动力的作用下做圆周运动的物体，其循环时间是预先确定的，不可能有所增加。关于这一点，我们已经给出了例子，并且提出了我们所能做的可感实验，可以断言，我们对天上行星运动的经验也是如此，它们遵守同一规则：轨道圆较大的行星，运动周期较长。从周期很短的木星卫星上最容易观察到这种情况。因此，如果月亮继续被同样的推动力推动，逐渐沿着较小的圆运转，则它的周期会有缩短的倾向，就像那个摆在摆动期间，绳子被我们缩短，它所走的圆周半径会减小。我给你们举的这个关于月亮的例子是实际发生的，并且被事实验证的。不要忘了，我们已经和哥白尼一样断言，不可能将月亮与地球分开，月亮无疑是每个月绕地球一圈。我们也记得，总是伴随着月亮的地球在一年时间里沿自己的轨道绕太阳一圈，而在这一年，月亮则绕地球运转了近 13 圈。由这种旋转可知，月亮有时靠近太阳（当月亮位于太阳与地球之间时），有时离太阳较远
453（当地球位于月亮与太阳之间时）。总之，月亮在相合和新月时靠近太阳，而在满月和相冲时则远离太阳，其最远距离与最近距离之差足足有月亮轨道的直径那么大。

地球沿黄道的周年运动因月亮的运动而不规则。

如果推动地球和月亮围绕太阳运转的力永远保持不变，如果被同样的力推动、但沿不等的圆运转的同一运动物体在较短时间内走过较小圆的类似弧，那么必须说，月亮在离太阳最近时（即相合时）要比离太阳最远时（即相冲和满月时）走过地球轨道更大的弧。而且地球也必然分有月亮的这种不规则性。因为如果设想从太阳中心到地球中心有一条直线，也包括月亮的轨道，[①] 则它将是地球单独匀速运动时的轨道半径。但如果在

① 伽利略的敏锐感知无疑值得称赞，尽管他拒绝承认月亮对潮汐的影响，但是，他能够为导致其他人将这种影响归因于月亮的现象找到合理的解释——因此，相比伽利略的拒绝，他们对月亮影响的接受就显得错上加错。伽利略对地球和月亮共同轨道的描述，在措辞上听起来可能自相矛盾。它的逻辑基础（转下页）

那里放置另一个物体让地球带着走，有时将它置于地球与太阳之间，有时置于离太阳最远时的地球外面，那么在后一种情况下，两者沿地球轨道圆周的共同运动，将会因为月亮距离较远而比前一种情况下月亮位于地球与太阳之间、距离较近时更慢。所以这里的情况与钟的快慢如出一辙，月亮对我们来说代表摆锤，要使杆的摆动慢些，就让摆锤离中心远些，要使杆的摆动快些，就让摆锤离中心近些。

由此可以清楚地看到，地球在其轨道上沿黄道的周年运动并非均匀，这种不规则性来自月亮，每月都有其周期和复原。现已确定，潮汐每月和每年的周期变化只可能由于周年运动和周日运动对它的增减比率不同；这些变化可能以两种方式发生：一种是改变周年运动而保持周日运动的增加量不变，一种是改变周日运动的大小而保持周年运动均匀。我们已经发现的 454
是其中第一种方式，它基于周年运动的不均匀性；它依赖于月亮，每月有其周期。因此，潮汐必然有其周月周期，在此期间潮汐会变大和变小。

现在你们知道了周月周期的原因如何在于周年运动，同时也看到月亮在这件事上起了什么作用，而且所起的作用与海洋或海水毫无关系。

沙格列陀：如果将一座高塔指给一个毫无楼梯知识的人看，问他敢不敢爬到这么高的地方，我相信他肯定会说不敢，因为他不知道除了飞以外还有什么办法。但如果把一块只有半

(接上页)仍是托勒密-哥白尼关于天球和本轮的概念，尽管本轮的轨迹游离于天球外，但天球仍然代表了行星的“真实”路径。

码高的石头指给他看，问他能否爬上去，他肯定会说能；他也不会否认，他不仅不费吹灰之力就能爬上去 1 次，而且能爬上去 10 次、20 次或 100 次。因此，如果把楼梯指给他看，让他看到一个人可以同样轻而易举地到达他以前认为不可能到达的位置，我相信他会嘲笑自己，承认自己缺乏想象力。

萨尔维阿蒂，你如此循循善诱地引导我一步步前进，我惊讶地发现，我已经毫不费力地到达了我曾认为不可能到达的高度。楼梯的确非常阴暗，直到我走到光天化日之下，看见了大海和广阔的平原，我才意识到自己已经接近或者到达了顶端。正如一步步攀登并不吃力，你的一个个命题在我看来也很清楚，没有加入什么新东西，让我觉得好像没有什么收获。更让我感到惊讶的是这一论证出乎预料的结论，让我理解了原来认为无法解释的事物。

现在我还有一个困难希望得到解决。如果地球连同月亮围绕黄道的运转是不规则的，那么这种不规则性应当早已被天文学家们观察和注意到，但我不知道有这样的情况发生。既然你比我更了解这些事情，请为我解决这个问题，并告诉我实际情况是怎样的。

455 **萨尔维阿蒂：** 你的怀疑很合理，我对这个反驳的回应是，虽然在研究天体的排列和运动方面，几个世纪以来天文学已经取得了巨大的进步，但尚未达到大多数问题已经解决的地步，可能还有更多东西仍然是未知的。最早的天空观察者可能仅仅认识到，所有星体都在做一种共同运动——周日运动——但我认为他们很快就发现，月亮并不总是与其他星体在一起。然

可能有许多事物尚未被天文学所发现。

土星由于运动缓慢，水星由于很少见到，属于最后才被发现的行星。

而，他们还要经过许多年才能区分所有行星。特别是，我相信土星由于运动缓慢，水星由于很少见到，最后才被认识到在漫游。三颗外行星的留和逆行可能要更久才会被发现，它们对地球的接近和远离，由于需要引入偏心圆和本轮来说明（这些东西甚至连亚里士多德也不知道，因为他从未提及），也是如此。天文学家多少年都确定不了现象引人注目的水星和金星的真位置（如果不提其他的话）。因此一直到哥白尼的时代，甚至连天体的排列和我们所认识的那部分宇宙的整体结构都是可疑的，是哥白尼最终提供了正确的安排和体系，使这些部分得以排列，我们才能确定水星、金星和其他行星围绕太阳转，而月亮则围绕地球转。但我们尚不能确定每颗行星的运转法则和轨道结构（这种研究常被称为行星理论）；火星就是一个例子，它使现代天文学家颇为苦恼。自从哥白尼第一次大大修改了托勒密的理论，人们也将无数理论用于月亮本身。

行星轨道的详细结构仍未解决。

现在回到我们的具体问题，即太阳和月亮的视运动。对于太阳的视运动，人们已经观察到某种巨大的不规则性，它使太阳经过黄道的两个半圆（被二分点分开）的时间差别很大，经过黄道这一半大约要比经过另一半多花 9 天时间；[1] 正如你们看

太阳经过黄道这一半要比经过另一半多花 9 天时间。

① 这里伽利略误将在很大程度上是地球轨道形状的一个后果解释为速度的一种不规则性。他常常因为在这样的证据面前仍然坚持圆形轨道的想法而受到批评，尤其是在他很容易看到开普勒的研究的情况下。但应该记住，他获准撰写的《对话》仅限于讨论托勒密和哥白尼的观点，而两人都假设了圆形轨道。即使他承认开普勒的椭圆，在这里引入它们也会是策略性的错误。这不仅会使同时代的专业人士和外行更加不相信地球的运动，而且会进一步激怒教会当局，尤其后者已经查禁了新教徒开普勒的《哥白尼天文学概要》（*Epitome of the Copernican System*）。

456 到的，这一差别非常明显。我们尚未发现，太阳在经过很小的弧例如黄道各宫时，是保持规则的运动，还是时快时慢。如果周年运动仅仅表面上属于太阳，而实际上属于地球连同月亮，那太阳就必然时快时慢。这个问题也许从未有人探讨过。

人们研究月亮的运动主要是为了研究蚀。

至于月亮，人们研究它的循环主要是为了研究蚀，而研究蚀只要对月亮围绕地球的运转有精确认识就够了。月亮沿黄道特定弧段的运行尚未得到细致彻底的研究。因此，没有明显的不规则性并不足以质疑以下可能性，即地球和月亮通过黄道，即沿着地球轨道的圆周运转时，在新月时加速而在满月时减速。这种情况的发生有两个原因：首先，这一结果是出乎意料的；其次，它不可能很大。

而且为了产生潮汐规模的变化，不规则性也不需要很大。因为不仅是潮汐的变化，甚至连潮汐本身相对于产生潮汐的巨 565
大物体来说也是很小的，尽管相对于渺小的我们来说，它们似乎是庞然大物。在天然存在 700 度或 1000 度速度的地方增加或减少 1 度速度，都称不上是巨大的变化，无论是在给予速度的东西中，还是在获得速度的东西中。而被周日旋转带动的海水每小时却运行 700 英里左右。这种运动是海水和地球共有的，因此我们觉察不到。我们能够感觉到的海流运动甚至不到每小时 1 英里（我说的是大海，而不是海峡），正是它改变了那种巨大而天然的主要运动。

相对于海洋的广阔和地球的速度，潮汐是很小的。

然而，这种变化相对于我们和我们的船却很大。比如说，一只船在静水中靠划桨每小时能走 3 英里，若遇到顺流而非逆流，所走距离可以加倍。对于船的运动来说，这是一个非常显

著的差异，但对于海水的运动却很小，因为只有$\frac{1}{700}$的改变。同 457
样，海水升降1英尺、2英尺或3英尺（即使是两千英里或更长的海床也几乎不到4英尺或5英尺），对于数百英尺深的海水来说也是很小的。这种变化甚至远小于给我们装运淡水的驳船在停船时，船首的水只升起一片树叶那么高。由此我可以得出结论，相对于尺寸巨大、速度极快的海洋来说是很小的变化，但相对于渺小的我们和我们的现象，却足以造成巨大的变化。

沙格列陀：对于这个部分，我是完全满意的。接下来，你还要为我们解释一下由周日运动产生的这些增减是如何增减的，而潮汐的周年增减则依赖于你所暗示的这些变化。

萨尔维阿蒂：我将尽力让你们懂得我的意思，但这些现象本身非常困难，而且需要高度抽象的思考才能理解它们，这让我感到惶恐。

566

周日运动对周年运动增减不均的原因。

周日运动对周年运动造成的增减，其不规则性源于地轴对地球轨道平面或黄道面的倾斜。由于这种倾斜，赤道与黄道相交，并且和地轴一样与黄道成同样的倾角。地心位于二至点时，增加的量和整个赤道直径一样大，但在二至点以外，增加的量则随着地心接近二分点而越来越少，到了二分点则达到最少。① 这就是完整的故事，但隐藏在你所看到的朦胧外表背后。

① 对伽利略的理论来说不幸的是，至点潮和分点潮的情况恰好相反。由于分点潮受到太阳引力牵引的影响最大，所以分点潮最为汹涌。见牛顿的《原理》(Newton, *Principia*, bk. iii, prop, xxiv)。不过由于两者的差异很小，而且经常被当地季节性风暴的影响抵消，所以伽利略不加鉴别地接受了这个从他那巧妙但错误的潮汐理论推出来的结论。

沙格列陀：不如说隐藏在我不理解的东西背后，因为到目前为止我什么也不懂。

萨尔维阿蒂：正如我所料。现在让我们画一张小图，看能不能讲清楚一些。用立体来表现这种结果要比只画一张图更好。不过，我们可以从透视法和透视收缩法得到一些帮助。和以前一样，我们画出地球轨道的圆周，假定 A 点在一个至点上，直径 AP 是二至圈与地球轨道平面或黄道面的共同部分。假定
458 地球中心位于 A 点，倾斜于地球轨道平面的地轴 CAB 落在经过赤道轴和黄道轴的二至圈平面上。为了避免混淆，我们只画出赤道圈，标记为 DGEF，它与地球轨道平面的共同部分是 DE 线，因此赤道的一半 DFE 将低于地球轨道平面，另一半 DGE

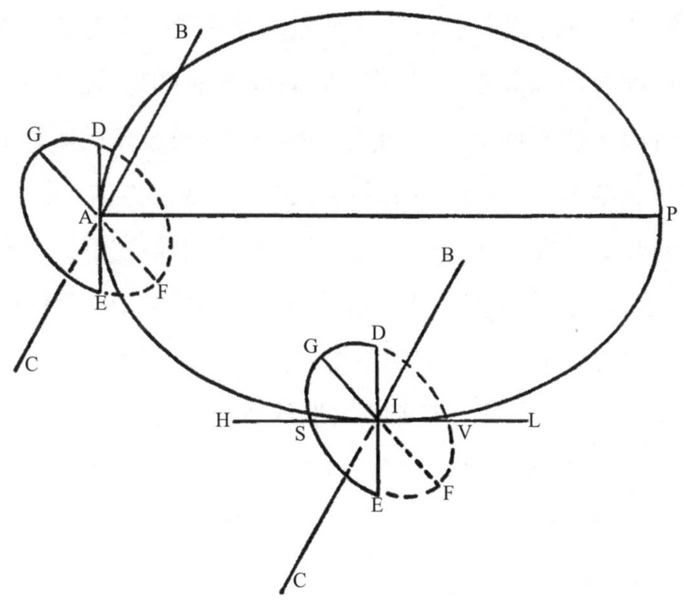

图 31

则将高于地球轨道平面。

现在假定赤道按照 D、G、E、F 的顺序旋转，中心向 E 运动。地球的中心在 A，如我们所说，地轴 CB（垂直于赤道直径 DE）落在二至圈内，它与地球轨道平面的共同部分是直径 PA；因此这条 PA 线将垂直于 DE，因为二至圈垂直于地球轨道。因此，DE 将在 A 点与地球轨道相切，于是在这个位置，中心沿 AE 弧的运动变化很少，每天只有 1 度，甚至像沿着切线 DAE 运动一样。由于带着 D 点由 G 到 E 的周日旋转比中心的运动（实际上沿着同一条 DE 线运动）增加了整个直径 DE 那么多， 459
而另一个半圆 EFD 的运动则减少了同样的量，所以在这一点（即在至点时）的增减将以整个直径 DE 来量度。

接下来我们看看在二分点时，它们是否是同样大小。将地球中心移至 I 点，离 A 点一个象限，取同一赤道 GEFD、它与黄道的共同部分 DE，以及相同斜度的轴 CB。现在，在 I 点与黄道相切的不再是 DE，而是一条与 DE 成直角的不同的线。将它标记为 HIL，中心 I 的运动将沿这条线的方向，沿着地球轨道的圆周前进。在这种情况下，增减不再像原先那样以直径 DE 来度量，因为该直径并不沿着周年运动的线 HL 延伸，而是与之相交成直角，D 和 E 无所增减。

现在，增减必须沿着那条与地球轨道平面垂直并与之交于 HL 线的直径来取，设它为直径 GF。于是，增加的运动将是 G 点沿着半圆 GEF 的运动，而减去的运动则是沿着另一个半圆 FDG 的运动。由于该直径不在与周年运动 HL 相同的线上，而是与之交于 I 点（G 点在地球轨道平面上方，F 点在地球轨道平面下方)，所以增减不由它的整个长度所决定。毋宁说，增减必定是它的一部分，这个部分是从 G 点和 F 点向 HL 所作的两条垂线即 GS 和 FV 的截断部分。因此，增加的量度是 SV 线，它要小于在至点 A 度量增加的 GF 线或 DE 线。

于是，根据把地球中心置于象限 AI 的任何其他点，我们可以在这一点作切线，并从赤道直径两端向它作垂线，赤道直径则由过这条切线与黄道面垂直的平面所决定。这部分切线总在二分点附近时较小，而在二至点附近时较大，它将为我们给
460 出增减量。于是，不难确定最小的增加与最大的增加差多少。这两者之间差异的变化就和整个地轴(或直径)和它位于极圈之间那部分的变化一样。假定增减都在赤道上进行，这将比整个直径小 $\frac{1}{12}$ 左右；而在其他纬度，则随其直径的减小而成比例地减小。

在这个问题上，这就是我能告诉你们的全部，也许在我们的知识范围内，我们就只能理解这么多——众所周知，所谓知识只能是那些固定不变的结论。那就是关于潮汐的三个一般周期，因为它们依赖于一些不变的原因，而且是统一而永恒的原因。但这些主要和普遍的原因还混合了其他一些原因，后者尽管次要和特殊，却能引起巨大的变化；这些次要原因是部分可变和无法观察的(比如风引起的变化)，有的部分虽然固定不变，但由于复杂而未被观察到，比如海床的长度、各个朝向以及水的各种深度。除非经过漫长的观察和可靠的报告，谁能对它们做出完整的论述呢？没有这种论述，一个人能有什么可靠的基础提出假说和假定呢？如果既无基础，又无假定，又如何

能指望他为所有现象提供恰当的理由呢？我还可以补充说，更不能解释海水运动的诸多反常和特殊的不规则性。

我认为能够注意到，偶然原因的确存在于自然之中，并能产生许多变化，就已经很满意了。至于对这些原因的细致观察，我将留给那些常去海洋的人去做。在我们的谈话行将结束之际，我只想提请你们注意，潮汐的精确时限不仅随着海床的长度和深度而有所变化，我认为在大小、位置甚至定向上都各不相同的各个海洋的接合也会引起显著变化。这种对比在这里的亚得里亚海湾就有，亚得里亚海湾比地中海的其余部分小得多，而且两者的定向截然不同，后者的封闭一端在叙利亚海 461
岸东部，而前者则在其西部封闭。由于最大的潮汐发生在尽头——的确，别处没有这么大的涨落——其他海退潮时，威尼斯很可能正在涨潮。地中海比亚得里亚海大得多，而且更直接地自西向东延伸，在某种意义上控制着亚得里亚海。因此，如果依赖于主要原因的那些结果在亚得里亚海未在指定时间得到证实，而且不符合其固有周期，至少不像在地中海的其余部分那样得到证实和符合，那并不奇怪。但这个问题需要进行长期观察，我过去没有做过，将来也不可能做。

沙格列陀：在我看来，你已经为开启通向这些崇高思辨的第一道大门做出了很大贡献。我觉得你的第一条一般命题是无可反驳的，你已经令人信服地解释了，为什么如果海床静止不动，我们观察到的运动就不可能以日常的自然进程发生，以及为什么如果假定地球具有哥白尼根据完全不同的理由归于地球的那些运动，海水的那些变化就必然发生。即使你没有给我们更多东西，我认为单是这一条就已经大大超过别人提出的那些无聊货色了，即便只是重新想到那些东西，也会令我作呕。过去曾有那么多聪明绝顶之士，竟然没有一位意识到容器中水的往复运动与容器不动之间是不相容的，而在我现在看来，这种矛盾是非常明显的，这让我感到非常惊讶。

萨尔维阿蒂：更奇怪的是，曾经有人想到把潮汐的原因归于地球的运动（这显示了这些人的非凡睿智），然而在研究这个问题时却一无所获。这是因为他们没有注意到，一种简单的均匀运动，例如地球简单的周日运动，并不足以引起潮汐，还需

地球的简单运动不足以产生潮汐。

462 要一种时快时慢的不均匀的运动。因为如果容器的运动是均匀的，所盛的水将习惯于这种运动而不会有任何变化。

同样，说潮汐是由地球的运动与月亮天球的运动之间的冲突引起的（据说这是一位古代数学家[①]说的），这是完全无用的，

571

因为这既不明显，也没有解释这种冲突为何必定会产生潮汐；而且它还有一个明显的错误，那就是地球的转动与月亮的运动并不相反，而是朝着同一方向。因此，前人的种种臆测在我看来都是完全无效的。但在对这一引人注目的结果做哲学思考的所有伟人当中，我对开普勒的惊讶甚于对其他任何人。[②] 他虽

对那位数学家塞琉古见解的批评。

对开普勒的恭敬责备。

① 这里指塞琉古（Seleucus），塞琉古是巴比伦人，活跃于公元前 150 年左右。他是古代阿里斯塔克日心说的极少数追随者之一，普鲁塔克将潮汐由地球运动引起这一观点归功于他。

② 伽利略这里对开普勒的批评一直遭到误解甚至某种程度的错误诠释。从根本上说，伽利略对开普勒潮汐理论的反驳有两方面：首先，开普勒的潮汐理论忽视了地球的双重运动向伽利略暗示的纯力学假说；其次，它赋予月亮一种对地球水体的特殊吸引。开普勒认为，如果地球不再吸引其水体，水就会流向月亮，他推断，月亮绕地球运转时会将水引向赤道。现代读者容易忽视这样一（转下页）

然思想开明、头脑敏锐，而且对归于地球的那些运动驾轻就熟，但却同情和赞同月亮对海水的支配、隐秘属性以及诸如此类的幼稚说法。

沙格列陀：我猜想，在这些善于沉思的人那里发生的事情就是我现在遇到的情形，那就是没能理解日潮、月潮和年潮这三个周期的相互关系，以及这些周期的原因为何好像依赖于太阳和月亮，但实际上这两者与海水本身毫无关系。要想完全弄懂这个问题，我还需要更长时间的集中思考。这个问题既新奇又困难，目前仍然让我费解。但我并不心灰意冷，让我默默地从头再来，对自己并未充分理解的东西进行思索，应该会弄懂它的。

在这四天的谈话中，我们看到了支持哥白尼体系的有力证据，可以看出，其中有三种证据非常令人信服：首先是行星的留和逆行及其对地球的靠近和远离；其次是太阳自身的运转以

(接上页)个事实，即月亮对地球水体的主宰是一种古老的迷信，而不是对牛顿万有引力定律的科学预示。因此在伽利略看来，它具有被哲学家引作原因的“隐秘性质”的所有缺陷。伽利略和开普勒的理论都有一个缺陷，即暗示了单一的每日潮汐，两人都诉诸局部的偶然现象来解释潮汐的双周期。对作为物理学家的伽利略来说，其解释背后的纯力学根据才是决定性的。另一方面，相比于其他那些将潮汐归因于月亮对水体的吸引的人，开普勒更接近于正确的引力观，而伽利略则未能研究这一想法。在1609年的《新天文学》(*Astronomia Nova*)序言中，开普勒将重力描述为物体之间的相互吸引，因此地球对石头的吸引远大于石头对地球的吸引。他猜测，如果地球和月亮不受束缚会飞到一起去，地球每移动1个单位，月亮会移动53个单位。他进一步猜测，若将两块石头置于宇宙中其他物体的力的范围之外的任何地方，它们会相互靠近。伽利略一般不会对这些超出实验范围的事情进行思辨，他的物理学始终是一种地界物理学，只不过他主张用地界类比来阐释天界观测。由于不信任这位德国天文学家在几何与和谐意义上的神秘主义，他对开普勒的钦佩总是大打折扣。

及观察到的太阳黑子现象；第三是海洋潮汐的涨落。

萨尔维阿蒂：除了这些证据，也许还可以加上第四种甚至第五种。在我看来，第四种证据可能来自恒星，因为通过极为
463 精确地观测恒星，可能会发现哥白尼认为无法觉察的那些微小变化。目前还隐隐约约能看到第五种新奇的证据，说不定可以用来论证地球的运动。大名鼎鼎的切萨雷·马西利(Cesare Marsili)非常清楚地向我们揭示了这一点，他出身博洛尼亚的名门望族，也是猞猁学院的院士。在一份学识渊博的手稿中，他说他曾经观察到子午线在不断变动，尽管变化非常缓慢。我最近见到了这部著作，感到非常惊异。希望所有研究自然奇迹的学者都能看到。

切萨雷·马西利观察到子午线在运动。

沙格列陀：这位先生的精深学问，我已经屡有耳闻，他对所有科学人文学者的热忱关照有目共睹。倘若他这部著作或其他著作能够公开发表，我想一定会闻名于世。

萨尔维阿蒂：现在我们的讨论即将结束，最后我想请求你，今后考察我所提出的见解时，如果碰上什么困难或尚未完全解决的问题，希望你能原谅我的不足，因为这种见解太过新奇，而我的能力又如此有限；还因为这个主题涉及面太广；最后，由于我本人并未同意这种创见，我并不要求也从未要求别人同意它，事实很可能表明，它其实是一种非常愚蠢的幻觉和极大的悖论。

沙格列陀，我有一言相告，虽然在我论证期间，你对我的一些观点表示满意并给予高度赞许，但我认为，这在一定程度上是因为它们新奇，而不是因为它们确定，甚至更有可能是出

于你的客气，因为一个人听到别人同意并赞许自己的看法，自然会感到高兴。正如你的温文尔雅让我感动，辛普利邱的聪明才智也让我愉快。的确，他那样矢志不渝、无所畏惧地支持他老师的学说，让我对他越来越喜欢了。沙格列陀，感谢你的友好促成，如果我有时讲话过于激烈固执而有所冒犯，也请辛普利邱原谅。请你们相信，在这方面我绝无其他意图，只想给你们介绍那些崇高的思想，获得更多的知识。

辛普利邱：你不必做任何辩解；尤其对我而言，这些都是 464
多余的。我早已习惯于公开辩论，我有无数次看到那些辩论者火冒三丈、怒不可遏，甚至出言不逊，有时几乎要拳脚相加。

至于我们举行的几次讨论，尤其这最后一次关于海洋潮汐原因的讨论，老实说我并不完全信服。不过我对这个问题只有一些粗浅的看法，我承认你的想法似乎比我听到的许多人的想法更巧妙。因此，我并不认为它们是真实和确凿的；事实上，我曾经从一位极为杰出的学者那里听到一种最可靠的学说，[①]我始终铭记于心，在它面前，人只能陷入沉默；我知道，如果被问起上帝以他无限的力量和智慧能否在不移动盛水容器的情况下，用别的什么手段让水元素做我们观察到的那种往复运动，你们二位都会回答他能做到，而且他知道如何用我们不可思议的许多方式做到。由此我立刻可以断言，但凡一个人要把上帝的力量和智慧限制于他自己的某种特殊幻想中，都未免太

① 这段著名的话提出了乌尔班八世最喜欢的论证，以反对地球运动的决定性“证据”。让辛普利邱来说出这段话，是伽利略被明确命令将这段话包括进去之后唯一可能的做法。然而他的这种做法却成为起诉他的一个要点。

大胆了。

萨尔维阿蒂：这是一种颇可钦敬的天使般的学说，而且和另一条同样神圣的学说相吻合，那就是虽然上帝容许我们讨论宇宙的构成（也许是为了让人的心灵运作不致削弱或变得懒惰），但又说我们发现不了上帝之手的运作。所以无论我们多么不配窥测上帝无限智慧的奥秘，为了认识上帝的伟大，从而更加钦敬上帝的伟大，让我们继续从事这些为上帝容许和规定的活动吧。

沙格列陀：我们就这样为四天的讨论最后作结吧。然后，如果萨尔维阿蒂想休息一段时间，我们持续不断的好奇心必须容许他这样做。不过有一个条件，那就是在他比较方便的时候，根据我们的约定，他应当回来再谈一两次，讨论那些被搁置一旁和我记下的问题，以满足我们的愿望，尤其是我的愿望。
465 特别是，我已经迫不及待地想听我们那位院士朋友关于自然和受迫的位置运动的新科学的原理了。

现在，依照惯例，让我们到已在等候的小船上休息片刻，提一提神吧！

（第四天［最后一天］完）

索　　引

（索引中的数字为原书页码，即本书边码，
涉及页边注的页码用字母 m 表示。）

译 后 记

《关于托勒密和哥白尼两大世界体系的对话》(*Dialogo sopra i due massimi sistemi del mondo, tolemaico e copernicano*, 后简称《对话》)是伽利略·伽利莱(Galileo Galilei, 1564-1642)于 1632 年出版的一部意大利文著作, 它对哥白尼体系与传统的托勒密体系进行了比较。《对话》题献给伽利略的赞助人、托斯卡纳大公费迪南多二世·德·美第奇(Ferdinando II de' Medici), 他于 1632 年 2 月 22 日收到了《对话》的第一本印刷本。1635 年, 马蒂亚斯·贝尔内格(Matthias Bernegger)将其译成拉丁文, 即《世界体系》(*Systema cosmicum*)。

在哥白尼体系中, 地球和其他行星围绕太阳运转, 而在托勒密体系中, 宇宙中的一切都围绕地球运转。经宗教裁判所的正式许可,《对话》在佛罗伦萨出版。1633 年, 基于《对话》, 伽利略被认定为“具有异端邪说的严重嫌疑”, 该书随后被列入《禁书目录》, 直到 1835 年才被移出(在它讨论的理论于 1822 年被允许刊印之后)。

在写这本书时, 伽利略称之为《关于潮汐的对话》(*Dialogue on the Tides*), 当手稿送交宗教裁判所批准时, 书名为《关于海潮涨落的对话》(*Dialogue on the Ebb and Flow of the*

Sea)。他被命令从标题中删除所有提及潮汐的内容，并修改序言，因为批准这样一个标题看起来就像批准他以地球运动为证据的潮汐理论。结果，扉页上的正式标题为“对话”，后面是伽利略的名字、学术职务，然后是一个很长的副标题。

《对话》是两位哲学家和一位外行在四天时间内进行的一系列讨论，这三位对话者分别为：

• 萨尔维阿蒂（Salviati），得名于伽利略的朋友菲利波·萨尔维阿蒂（Filippo Salviati，1582–1614）。他主张哥白尼的立场，而且直接提出伽利略的一些观点，并称伽利略为“院士”（Academician），以向伽利略在猞猁学院（Accademia dei Lincei）的会员资格致敬。

• 沙格列陀（Sagredo），得名于伽利略的朋友乔瓦尼·弗朗西斯科·沙格列陀（Giovanni Francesco Sagredo，1571–1620）。他是一位聪明的门外汉，其立场最初是中立的。

• 辛普利邱（Simplicio），据说得名于公元 6 世纪的亚里士多德评注家西里西亚的辛普利邱（Simplicius of Cilicia），但人们怀疑这个名字是双关语，因为意大利语中表示“简单”（如“头脑简单”）的词是“semplice”。他是托勒密和亚里士多德的忠实追随者，提出传统观点，反对哥白尼的立场。辛普利邱的原型是当时的两位保守派哲学家：伽利略的对手洛多维科·德莱·科隆贝（Lodovico delle Colombe，1565–1616？）和拒绝透过望远镜观看天空的帕多瓦同事切萨雷·克雷莫尼尼（Cesare Cremonini，1550–1631）。

《对话》中的讨论不仅限于天文学主题，而且涉及当时科学的大部分内容。其中一些讨论是为了展示伽利略认为好的科学，比如对威廉·吉尔伯特（William Gilbert）《论磁》（*De magnete*）的讨论。还有一些讨论则对于辩论很重要，回应了反对地球运动的错误论证。

伽利略的论证大体上可分为三类：

• 对传统哲学家提出的反对意见所作的反驳，例如在船上进行的思想实验。

• 与托勒密模型不相容的观测，如金星的相位，它根本不可能发生，或者太阳黑子的视运动，它在托勒密体系或第谷体系中只能被解释为太阳自转轴难以置信的复杂进动所导致的结果。

• 表明哲学家们所持有的优雅而统一的天界理论（据信可以证明地球是静止的）是不正确的。例如，月球的山脉、木星的卫星以及太阳黑子的存在都不是旧天文学的组成部分。

伽利略还尝试作第四类论证：

• 通过对潮汐的解释，直接从物理上论证地球的运动。

作为对潮汐成因的解释或对地球运动的证明，这些论证是失败的，其基本论点并不具有内在的一致性，实际上导出了潮汐并不存在这一结论。但伽利略很喜欢这些论证，并将讨论的“第四天”专门用于这些论证。它们在多大程度上失败了，这是一个有争议的问题：一方面，整个事情最近被有些学者称为“荒谬可笑”（cockamamie）；另一方面，爱因斯坦给出了一种相当不同的描述：“正因为急于为地球的运动找到一种力学证明，伽利略才提出了一种错误的潮汐理论。若不是受性情影响，伽利略几乎不会把最后一天的对话中那些迷人的论据当作证明。”

《对话》并未讨论第谷体系，在《对话》出版时，该体系已成为许多天文学家的首选体系，但最终被证明是不正确的。第谷体系是一个地静体系，但不是托勒密体系；它是哥白尼模型与托勒密模型的混合体系，认为地球静止不动居于宇宙中心，月亮、太阳绕地球转动，水星、金星、火星、木星、土星绕太阳旋转，同时随太阳一起绕地球转动，而最外层的恒星天每 24 小时绕地球旋转一周。第谷体系在数学上与哥白尼体系等价，只是哥白尼体系预言了恒星视差，而第谷体系则没有预言。恒星视差直到 19 世纪才可被观测到，因此当时没有经验证据可以对第谷体系作出有效反驳，也没有任何决定性的观测证据可以支持哥白尼体系。

从伽利略的通信中可以看出，他从未认真对待第谷体系，他认为这是一个不当的且在物理上不令人满意的妥协方案。之所以没有提及第谷体系（尽管《对话》中多次提及第谷及其工作），原因或可见于伽利略的潮汐理论。哥白尼体系和第谷体系虽然在几何上等价，但在动力学上却截然不同。伽利略的潮汐理论涉及地球实际的物理运动。也就是说，如果伽利略的潮汐理论是正确的，它将提供傅科摆在两个世纪后提供的那种证明。如果不考虑伽利略的潮汐理论，哥白尼体系与第谷体系之间就没有区别。

伽利略也没有讨论非圆周轨道的可能性，尽管约翰内斯·开普勒给他寄了一本自己 1609 年出版的《新天文学》（*Astronomia Nova*），在这部著作中，开普勒提出了椭圆轨道，并且正确地计算出火星轨道。在 1612 年写给伽利略的信中，费德里科·切西(Federico Cesi)亲王已将《新天文学》中提出的两个行星运动定律视为常识；开普勒第三定律则于 1619 年发表。伽利略去世 45 年后，艾萨克·牛顿发表了他的运动定律和万有引力定律，由此可以推导出行星在近似椭圆轨道上的日心体系。[①]

关于《关于托勒密和哥白尼两大世界体系的对话》复杂的历史背景以及对宗教、文化、社会的影响，研究文献已经汗牛充栋，这里仅就翻译情况略作说明。此前该书只有一个中译本，由著名英国文学翻译家周煦良(1905-1984)先生翻译，1974 年由上海人民出版社出版(当时译者署名为“上海外国自然科学哲学著作编译组”)，2006 年由北京大学出版社再版。周先生的译本妙笔生花，很好地表达了伽利略诙谐幽默的风格，其生动流畅的文笔也使这个译本成为那个时代最优秀的中文科学经典译著之一。美中不足的是，周先生对个别科学概念不太熟悉，对一些科学内容也不够了解，导致译文中出现少数讹误，而且不知何故，爱因斯坦为《对话》所写的序言以及英译者所附大量注释也没有译出。在恩师吴国盛教授的提议和鼓励下，我参照周煦良先生的译本，根据斯蒂尔曼·德雷克的权威英译本第二版重新作了翻译，这里要向周煦良先生所付出的艰辛努力致以诚挚的谢意！《对话》篇幅甚大，内容晦涩的长句比比皆是，诙谐的言辞和微妙的神韵实难准确传达。虽有周先生

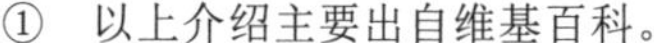

① 以上介绍主要出自维基百科。

出色的译本作基础，我还是花了一年时间才诚惶诚恐地将它译出。老实说，书中不少细节我也没有弄得太清楚，还有一些模糊不清的内容有待厘清，只能恳请读者不吝指正。

张卜天

西湖大学

2023年10月16日

图书在版编目(CIP)数据

关于托勒密和哥白尼两大世界体系的对话/(意)伽利略著;张卜天译.—北京:商务印书馆,2024
(汉译世界学术名著丛书:120年纪念版:珍藏本:增订本)
ISBN 978-7-100-23697-3

Ⅰ.①关… Ⅱ.①伽…②张… Ⅲ.①日心地动说—研究 Ⅳ.①P134

中国国家版本馆CIP数据核字(2024)第076642号

汉译世界学术名著丛书
(120年纪念版·珍藏本·增订本)
关于托勒密和哥白尼两大世界体系的对话
〔意〕伽利略 著
张卜天 译

商务印书馆出版
(北京王府井大街36号 邮政编码100710)
商务印书馆发行
北京通州皇家印刷厂印刷
ISBN 978-7-100-23697-3

2024年5月第1版 开本710×1000 1/16
2024年5月北京第1次印刷 印张37½
定价:225.00元